教科書ガイド 数研出版版【化学／706】

化学

本書は，数研出版版教科書
「化学」
にそった参考書として，教科書の予習・復習を効果的に進められること，教科書の内容をよりよく理解できることに照準を合わせ編集しました。構成はもちろん，細部にわたる理論の展開にいたるまで，教科書の内容に合わせてあります。

また，問題解法の力をつけることにも重点を置きました。教科書に掲載されているすべての問題について，その考え方と解法・解答を説明してあります。

目次

第1章 固体の構造

教 p.6 ～ p.25

1 結晶とアモルファス

A 結晶

粒子が規則的に配列している固体を**結晶**という。結晶は，おもに金属結晶，イオン結晶，分子結晶，共有結合の結晶の4つに分類される。

●**結晶格子と単位格子**　結晶中の規則正しい粒子の配列構造のことを**結晶格子**といい，結晶格子の最小のくり返し構造を**単位格子**という。教 p.7 図1

●**配位数**　ある1つの粒子に着目したときに，その粒子に最も近い他の粒子の数を**配位数**という。

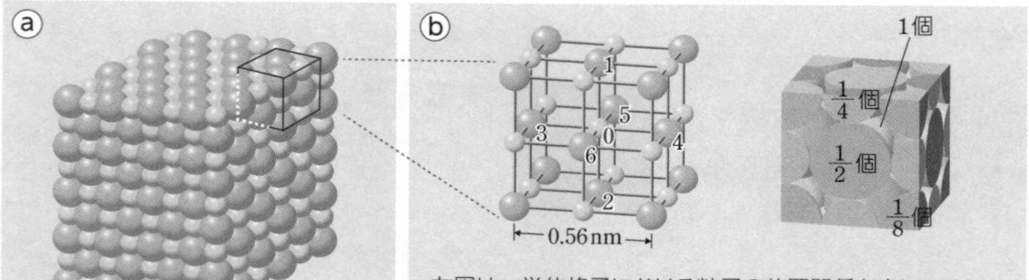

左図は，単位格子における粒子の位置関係を表している。
右図は，単位格子の中で粒子の占める大きさを表している。

▲**配位数**　0をつけた粒子○に接する粒子●に番号をふった。

B アモルファス

結晶構造をもつ固体物質は**結晶質**とよばれ，原子，イオン，あるいは分子が規則的に配列していて，その構造に三次元の周期性がある。

結晶質に対して，構成単位の配列に規則性をもたずに集合した固体物質は**非晶質**とよばれ，その構造に周期性がない。このような状態を**アモルファス**（または無定形）という。教 p.9 図3

●**アモルファス金属**　通常の金属は結晶質であるが，原子が不規則に配列した金属を**アモルファス金属**という（2種類以上の元素からつくられるときは，**アモルファス合金**ともいう）。アモルファス金属は，高温で融解した金属を急速に冷却することで得られる。アモルファス金属やアモルファス合金は，強靱性，耐腐食性，優れた磁気特性などの通常の金属にはない特徴をもつ。教 p.9 図4

●**アモルファスシリコン**　ケイ素の結晶はダイヤモンドと同じような構造をもつが，アモルファスシリコンはケイ素原子の配列が不規則な非晶質である。アモルファスシリコンは，ケイ素の結晶よりも安価で，薄膜にでき，太陽電池や液晶パネルなどに広く利用されている。

●ガラス　水晶 SiO_2 は共有結合の結晶であるが，水晶あるいはけい砂(しゃ)を高温で融解し，凝固させると非晶質である石英ガラスが得られる。石英ガラスは，光ファイバーの材料などに用いられる。また，窓やコップなどに用いられるソーダ石灰ガラスは，ケイ素原子と酸素原子からなる立体網目構造に Na^+ や Ca^{2+} などのイオンが入りこんだ非晶質で，一定の融点はなく，加熱により変形する。

2 金属結晶

●金属結晶　金属元素の原子どうしが金属結合で引きあい，規則正しく配列してできる結晶を**金属結晶**という。多くの金属結晶の結晶格子は，**体心立方格子**，**面心立方格子**，**六方最密構造**のいずれかである。

▼金属の結晶格子　原子の配列（単位格子）の上の図は，原子の位置関係を表したもので，灰色の部分が単位格子である。下の図は，原子の占める大きさと位置関係を表したものである。

	体心立方格子	面心立方格子	六方最密構造
原子の配列（単位格子）	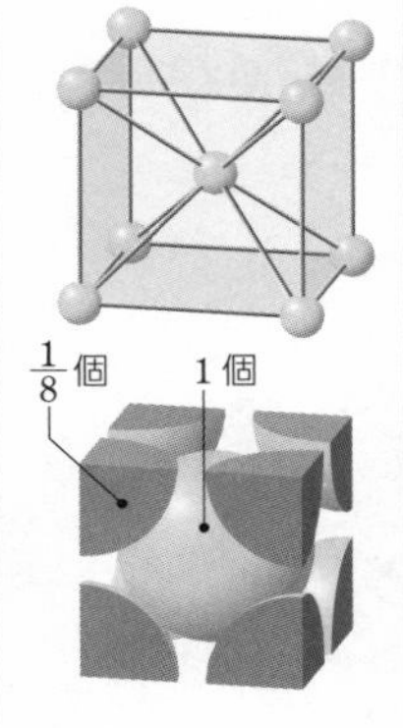	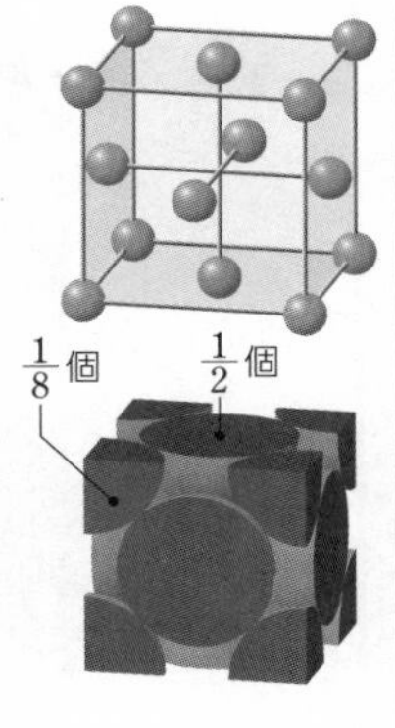	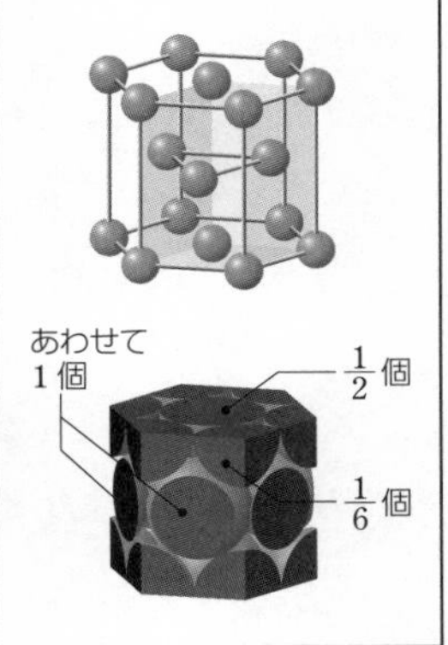
単位格子中の原子の数	$\underbrace{\frac{1}{8}\times 8}_{頂点} + \underbrace{1\times 1}_{中心} = 2$ 	$\underbrace{\frac{1}{8}\times 8}_{頂点} + \underbrace{\frac{1}{2}\times 6}_{面} = 4$ 	$\left(\underbrace{\frac{1}{6}\times 12}_{頂点} + \underbrace{\frac{1}{2}\times 2}_{上下面} + \underbrace{1\times 3}_{中間部}\right)\div 3 = 2$ 
配位数	8	12	12
充塡率	68%	74%（最密）	74%（最密）
例	Na，Fe など	Al，Cu，Ag など	Mg，Zn など

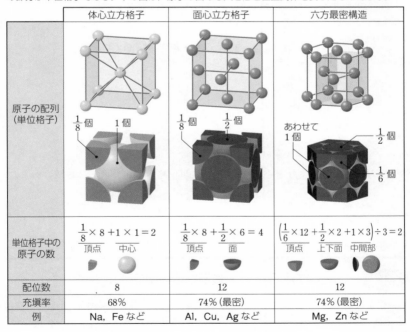

●原子半径　原子を球とみなしたときの半径を，**原子半径**という。原子半径 r は，単位格子の一辺の長さ a から，次のように求められる。

ⓐ面心立方格子　面 AEFB は一辺 a の正方形なので，面の対角線 AF の長さは $\sqrt{2}a$ である。また，AF は半径 4 個分なので，

$$4r = \sqrt{2}a \quad r = \frac{\sqrt{2}}{4}a \qquad (1)$$

ⓑ体心立方格子　直角三角形 AEG において，三平方の定理より，立方体の対角線 AG の長さは $\sqrt{3}a$ である。また，AG は半径 4 個分なので，

$$4r = \sqrt{3}a \quad r = \frac{\sqrt{3}}{4}a \qquad (2)$$

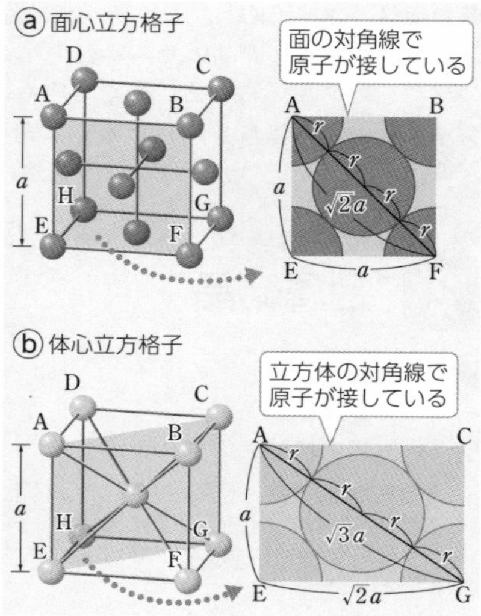

▲金属の結晶格子と断面

●充塡率　結晶の体積のうち原子の体積が占める割合を**充塡率**という。結晶格子は単位格子がくり返されてできているので，充塡率は単位格子に着目して次のように求められる。

ⓐ面心立方格子　(1)式より $r = \frac{\sqrt{2}}{4}a$ であり，単位格子の中に原子は 4 個分あるので，

$$充塡率 = \frac{単位格子中の原子の体積}{単位格子の体積} = \frac{\frac{4}{3}\pi r^3 \times 4}{a^3} = \frac{\sqrt{2}}{6}\pi \fallingdotseq 0.74$$

よって，充塡率は，74％となる。

ⓑ体心立方格子　(2)式より $r = \frac{\sqrt{3}}{4}a$ であり，単位格子の中に原子は 2 個分あるので，

$$充塡率 = \frac{単位格子中の原子の体積}{単位格子の体積} = \frac{\frac{4}{3}\pi r^3 \times 2}{a^3} = \frac{\sqrt{3}}{8}\pi \fallingdotseq 0.68$$

よって，充塡率は，68％となる。

参考　面心立方格子と六方最密構造の関係

面心立方格子と六方最密構造は，いずれも原子が空間に最も密に詰まった構造(最密構造)をしており，その充塡率は 74％である。これらの結晶構造の違いは，教 p.12 図 A のような原子の層の積み重なり方によるものである。

3 イオン結晶

●イオン結晶　イオン結合によってできる結晶を**イオン結晶**という。イオン結晶の結晶格子には，塩化ナトリウム NaCl 型，塩化セシウム CsCl 型，硫化亜鉛 ZnS 型などの種類がある。

塩化ナトリウムの単位格子に含まれる各イオンの数は Na^+，Cl^- ともに 4 個であるから，イオンの数の比は $Na^+ : Cl^- = 1 : 1$ で，組成式は NaCl となる。

▼イオン結晶の結晶格子　0をつけた陽イオンに接する陰イオンに番号をふった。

	塩化ナトリウム	塩化セシウム	硫化亜鉛
イオンの配列（単位格子）	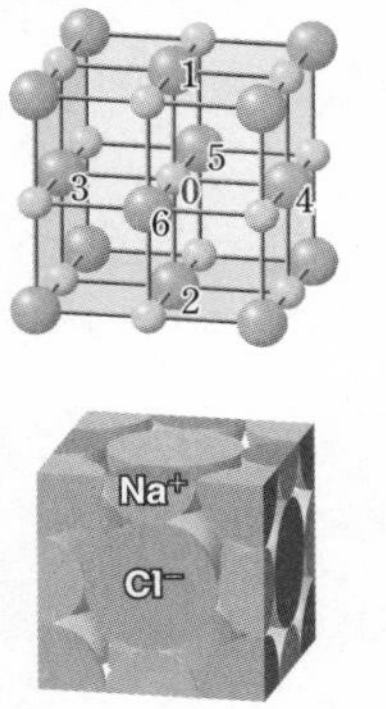	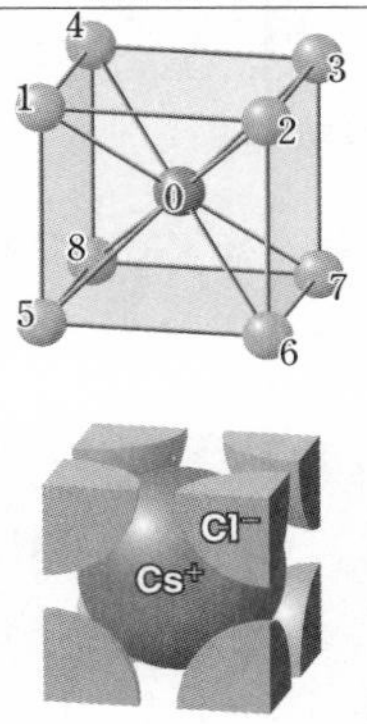	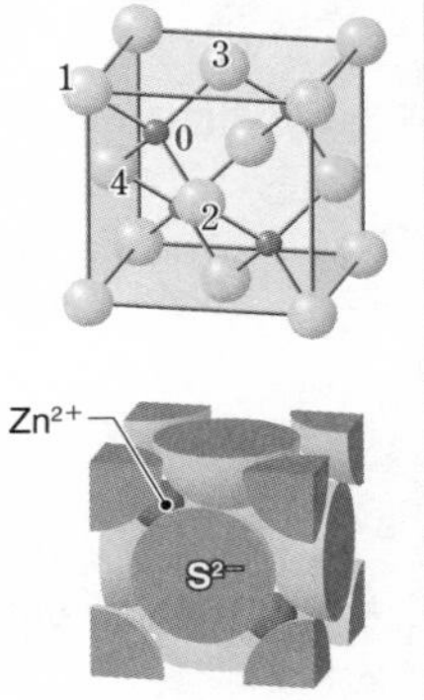
単位格子中のイオンの数	$Na^+ : \frac{1}{4}\times 12 + 1\times 1 = 4$ $Cl^- : \frac{1}{8}\times 8 + \frac{1}{2}\times 6 = 4$	$Cs^+ : 1 \times 1 = 1$ $Cl^- : \frac{1}{8}\times 8 = 1$	$Zn^{2+} : 1 \times 4 = 4$ $S^{2-} : \frac{1}{8}\times 8 + \frac{1}{2}\times 6 = 4$
組成式	NaCl	CsCl	ZnS
配位数	$Na^+ : 6$　$Cl^- : 6$	$Cs^+ : 8$　$Cl^- : 8$	$Zn^{2+} : 4$　$S^{2-} : 4$

●イオン結晶の構造とイオン半径の比　陽イオンと陰イオンの数の比が 1：1 であるイオン結晶の構造は，陽イオンと陰イオンの大きさの比によって決まる。右図のように，それぞれのイオンは反対符号のイオンと接していて，配位数が大きい結晶ほど安定である。

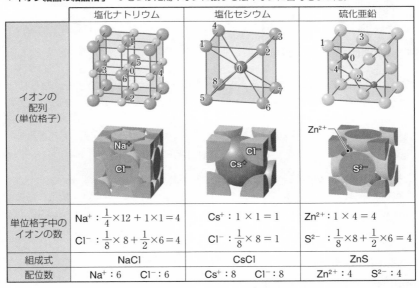

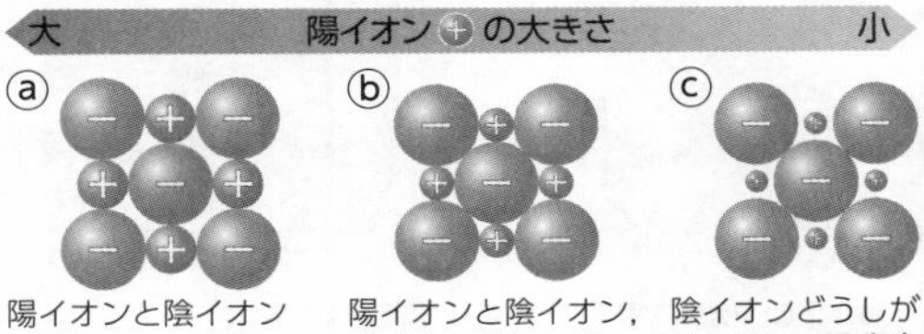

▲イオン結晶の陽イオンの大きさと安定性

●そのほかのイオン結晶　1種類の原子だけからなる金属結晶と異なり，イオン結晶は陽イオンと陰イオンからなるので，結晶格子の種類が金属結晶よりも多い。

教 p.15 表 3

発展　単位格子とイオン半径

単位格子の一辺の長さ a と陽イオンの半径 r_+，陰イオンの半径 r_- との関係を用いて，イオン結晶が安定に存在できる条件を考える。

●塩化ナトリウム NaCl の結晶格子

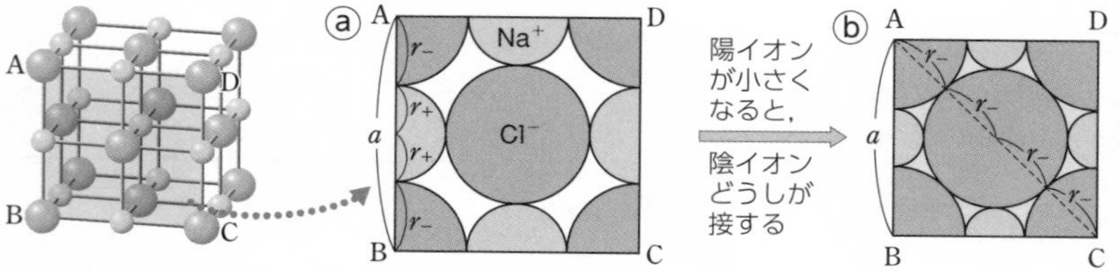

▲ NaCl の単位格子とイオン半径の関係

上図ⓐの辺 AB について，$a = 2r_+ + 2r_-$　①

NaCl の結晶格子では，陽イオンが陰イオンと接していて，陰イオンどうしは離れている。ここで，仮に陽イオンを小さくしていくと，やがてⓑのように陰イオンどうしが接するようになる。

このとき，直角三角形 ABC について $\sqrt{2}\,\mathrm{AB} = \mathrm{AC}$ であるので，①式から $\sqrt{2}(2r_+ + 2r_-) = 4r_-$ より，イオン半径の比は，$\dfrac{r_+}{r_-} = \sqrt{2} - 1 \fallingdotseq 0.414$ になる。

さらに陽イオンが小さくなり，イオン半径の比が小さくなると，陽イオンと陰イオンが離れ，陰イオンどうしが接して反発力がはたらき，不安定な構造になる。

したがって，イオン半径の比 $\dfrac{r_+}{r_-} \geqq 0.414$ であれば，配位数 6 の NaCl 型の構造をとることができる。

NaCl の結晶格子の場合，$\dfrac{r_+}{r_-} = \dfrac{0.116\,\mathrm{nm}}{0.167\,\mathrm{nm}} \fallingdotseq 0.695$ であり，安定である。

●塩化セシウム CsCl の結晶格子

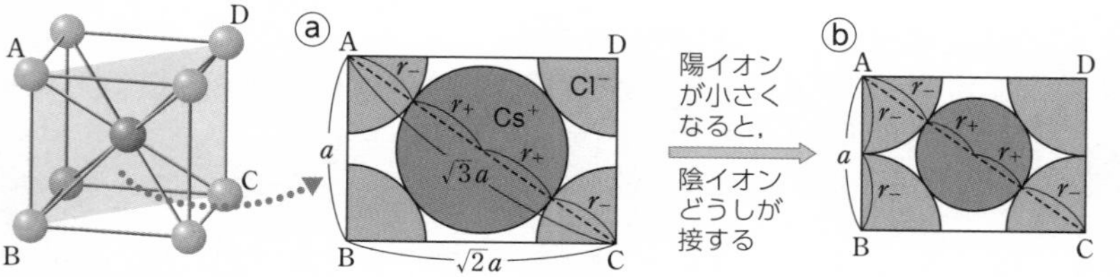

▲ CsCl の単位格子とイオン半径の関係

上図ⓐの対角線 AC について，$\sqrt{3}a = 2r_+ + 2r_-$　②

NaCl の場合と同様，陽イオンと陰イオンおよび陰イオンどうしが接するときの構造を考える。直角三角形 ABC について $\sqrt{3}\,\mathrm{AB} = \mathrm{AC}$ であるので，②式から，$\sqrt{3} \times 2r_- = 2r_+ + 2r_-$ より，イオン半径の比は，$\dfrac{r_+}{r_-} = \sqrt{3} - 1 \fallingdotseq 0.732$ に

なる。

さらに陽イオンが小さくなり，イオン半径の比が小さくなると，陽イオンと陰イオンが離れ，陰イオンどうしが接して反発力がはたらき，不安定な構造になる。したがって，イオン半径の比 $\dfrac{r_+}{r_-} \geqq 0.732$ であれば，配位数 8 の CsCl 型の構造をとることができる。

CsCl の結晶格子の場合，$\dfrac{r_+}{r_-} = \dfrac{0.181\,\mathrm{nm}}{0.167\,\mathrm{nm}} \fallingdotseq 1.08$ であり，安定である。

●硫化亜鉛 ZnS の結晶格子

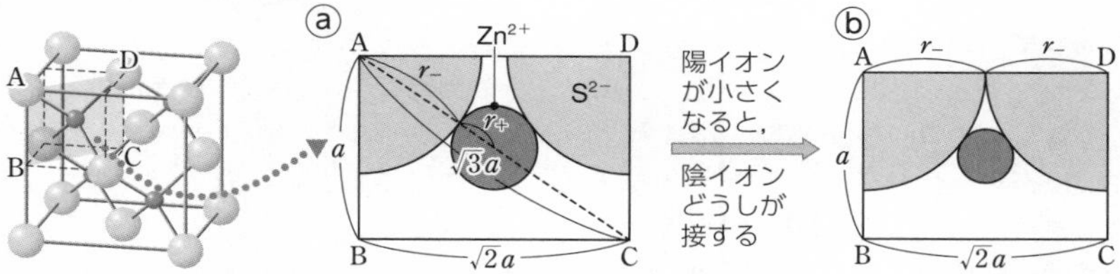

▲ ZnS の単位格子とイオン半径の関係

上図ⓐの対角線 AC について，$\mathrm{AC} = \sqrt{3}a = 2(r_+ + r_-)$　　③

陽イオンと陰イオンおよび陰イオンどうしが接するときの構造を考える。$\mathrm{BC} : \mathrm{AC} = \sqrt{2} : \sqrt{3}$ であるので，③式より，$2r_- : 2(r_+ + r_-) = \sqrt{2} : \sqrt{3}$ となり，イオン半径の比は，$\dfrac{r_+}{r_-} = \dfrac{\sqrt{6} - 2}{2} \fallingdotseq 0.225$ になる。

NaCl と同様に，これよりイオン半径の比が小さくなると不安定になるので，$\dfrac{r_+}{r_-} \geqq 0.225$ であれば，配位数 4 の ZnS 型の構造をとることができる。

以上と配位数が大きい結晶ほど安定であることを合わせると，イオン半径の比が，$\dfrac{r_+}{r_-} \geqq 0.732$ では配位数 8 の CsCl 型，$0.732 > \dfrac{r_+}{r_-} \geqq 0.414$ では配位数 6 の NaCl 型，$0.414 > \dfrac{r_+}{r_-} \geqq 0.225$ では配位数 4 の ZnS 型の構造になることが推測される。ただし，陽イオンと陰イオンの大きさから推測される構造と実際の構造が異なる物質も存在する。

4 分子間力と分子結晶

A 分子間力

●分子間力 分子間にはたらく力を総称して，**分子間力**という。分子間力は，化学結合(イオン結合・共有結合・金属結合)と比べると，非常に弱い。

●分子間力と沸点・融点 分子からなる物質の沸点や融点は，分子間力が強いほど高くなる。よって，沸点や融点を調べることで，分子間力の強さを推測することができる。分子間力には，ファンデルワールス力や水素結合などがある。

●ファンデルワールス力 分子中の電子は止まることなく動いているため，電荷の瞬間的なかたよりが常に生じており，それによる弱い静電気力(引力)がはたらく。この弱い静電気力を**ファンデルワールス力**という。ファンデルワールス力はあらゆる分子の間にはたらき，分子量が大きくなるほど，多くの電子をもち，分子の大きさも大きくなるため，強くなる。**教 p.18 図7**

●極性分子間にはたらく静電気力 極性分子は，ファンデルワールス力に加えて，極性によって生じる静電気力(引力)が分子間にはたらくので，無極性分子よりも分子間力が強い。そのため，分子量が近い物質の沸点を比較すると，無極性分子からなる物質の沸点よりも，極性分子からなる物質の沸点のほうが高くなる。**教 p.19 図8**

●水素結合 F−H，O−H，N−H の共有結合がある分子は，H 原子と F，O，N 原子の電気陰性度の差が大きいので大きな極性をもつ。そのため，正に帯電した H 原子と隣の分子の負に帯電した F，O，N 原子(の非共有電子対)との間に，強い静電気力(引力)がはたらく。このような，非共有電子対をもつ電気陰性度の大きい原子(F，O，N)どうしの間に，H 原子をはさんで形成される結合を**水素結合**という(**教 p.19 図9, 10**)。水素結合の強さは，化学結合(イオン結合・共有結合・金属結合)よりも非常に小さいが，ファンデルワールス力よりはかなり大きい。

●水素化合物の沸点 14 ～ 17 族の元素の水素化合物について，分子量と沸点の関係から，どのような分子間力がはたらいているのかを考えることができる。

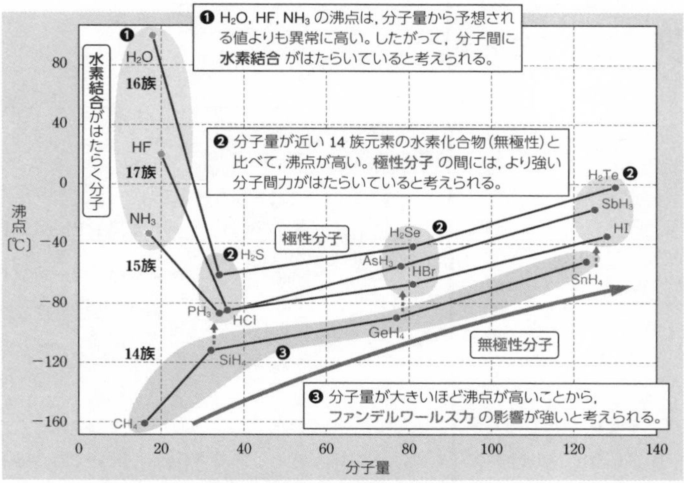

▲ 14 ～ 17 族の元素の水素化合物の分子量と沸点の関係

B 分子結晶

●分子結晶　分子どうしが分子間力で引きあい，規則正しく配列してできた結晶を**分子結晶**という。水 H_2O，二酸化炭素 CO_2，ヨウ素 I_2，ナフタレン $C_{10}H_8$，スクロース（ショ糖）$C_{12}H_{22}O_{11}$ の結晶は，分子結晶である。**教** p.21 図 12

●分子からなる物質の性質と利用　分子間力は弱い力なので，分子結晶はやわらかい。また，沸点や融点が低く，常温・常圧で気体や液体であるものが多い。特に，無極性分子からなる物質（二酸化炭素・ヨウ素・ナフタレンなど）は，分子間力が非常に弱いので，昇華しやすいことが多い。

分子からなる物質は，電気を通さない。しかし，塩化水素や酢酸のように，固体や液体のままでは電気を通さないが，水に溶けると電離してイオンに分かれ，電気を通すようになる物質もある。

●氷（水）の結晶　氷は水分子からなる分子結晶である。氷の結晶中では，水分子が 1 個当たり 4 個の水分子と水素結合によって引きあい，すきまの多い正四面体構造をとっている（**教** p.21 図 14）。氷が融解して水になると，一部の水素結合が切断され，自由になった水分子がそのすき間に入ることができる。そのため，氷の密度は水よりも小さく，氷は水に浮く。固体が液体に浮く現象は水の特徴で，他のほとんどの物質の固体は液体に沈む。**教** p.21 図 15

発展　双極子モーメント

分子や原子間の結合の極性の大きさを示す尺度として，双極子モーメントがあり，分子構造や結合のイオン結合性を調べるのに役立つ。正電荷$+q$〔C〕と負電荷$-q$〔C〕が距離r〔m〕だけ離れているときに，双極子モーメントμは，$\mu = qr$（単位はC·m）で表される。双極子モーメントが大きいものほど，極性が大きいことになる。

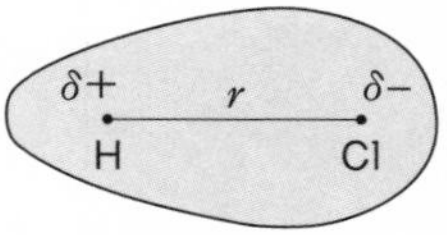

▲A 双極子モーメント

▼A 双極子モーメントの例

物質	双極子モーメントμ
HF	6.09×10^{-30} C·m
HCl	3.70×10^{-30} C·m
HBr	2.8×10^{-30} C·m
HI	1.5×10^{-30} C·m

双極子モーメントを測定することにより，共有結合にイオン結合性がどの程度混ざっているかを調べることができる。

例えば，HCl分子の双極子モーメントμは3.70×10^{-30} C·m，結合距離は1.27×10^{-10} m である。仮に，H−Cl が純粋なイオン結合で結びついているとすると，双極子モーメントμ_0は，電子の電荷の大きさは1.60×10^{-19} C であることから，

$$\mu_0 = 1.60 \times 10^{-19}\,\text{C} \times 1.27 \times 10^{-10}\,\text{m} = 2.032 \times 10^{-29}\,\text{C·m} \fallingdotseq 2.03 \times 10^{-29}\,\text{C·m}$$

HCl の双極子モーメントの測定値μと，HCl がすべてイオン結合であると仮定した双極子モーメントμ_0の比から，HCl の結合にどの程度のイオン結合性があるかがわかる。

$$\frac{\mu}{\mu_0} = \frac{3.70 \times 10^{-30}\,\text{C·m}}{2.03 \times 10^{-29}\,\text{C·m}} = 0.1822\cdots \fallingdotseq 0.18$$

すなわち，HCl の結合には18％程度のイオン結合性があると考えられる。

5 共有結合の結晶

●**共有結合の結晶**　非金属元素の原子が次々に共有結合した構造からなる結晶を**共有結合の結晶**という。共有結合の結晶は，結晶全体が共有結合によって強く結びついているため，一般に融点が非常に高く，きわめて硬い。また，水に溶けにくく，電気を通さないものが多い。

●**ダイヤモンド**　ダイヤモンドの結晶は，炭素原子Cが4個の価電子すべてを使って次々に共有結合でつながってできた共有結合の結晶である。その構造は，C原子でできた正四面体が三次元的にくり返されたものである。ダイヤモンドは無色透明で，きわめて硬い。また，融点が高く，電気を通さない。

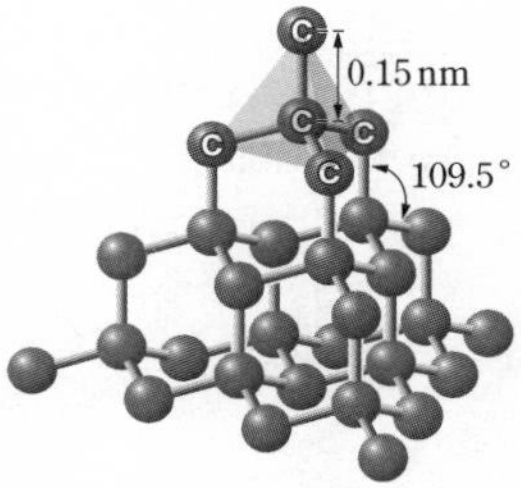
C
0.15 nm
109.5°
▲ダイヤモンドの構造

●**ダイヤモンドの単位格子**　ダイヤモンドは右図のような立体構造をしており，炭素原子の配位数は4である。また，その単位格子中には8個の炭素原子が含まれている。

$$\underbrace{\frac{1}{8}\times 8}_{\text{ⓑ頂点}}+\underbrace{\frac{1}{2}\times 6}_{\text{ⓑ面}}+\underbrace{1\times 4}_{\text{ⓒ格子の中}}=\underbrace{8}_{\text{ⓐ単位格子中の合計}}\ (\text{個})$$

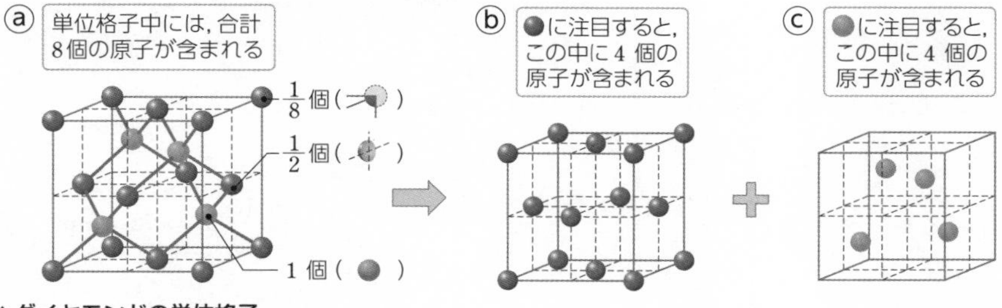
ⓐ 単位格子中には，合計8個の原子が含まれる
1/8個（ ）
1/2個（ ）
1個（ ）
ⓑ ●に注目すると，この中に4個の原子が含まれる
ⓒ ●に注目すると，この中に4個の原子が含まれる
▲ダイヤモンドの単位格子

●**黒鉛**　黒鉛の結晶も共有結合の結晶であり，C原子が4個の価電子のうち3個を使い次々に共有結合でつながって正六角形の網目状の平面構造をつくっている。平面構造どうしは弱い分子間力で引きあい層状に重なりあってできているため，黒鉛は薄くはがれやすい。黒鉛のC原子の1個ずつの価電子は，平面構造の中を自由に動くことができるので，黒鉛は電気を通す。**教 p.24** 図18，20（黒鉛）

●**ケイ素と二酸化ケイ素**　単体のケイ素Siの結晶は，ダイヤモンドと同じく正四面体構造をもつ共有結合の結晶である。電気伝導性が導体（金属）と絶縁体（非金属）の中間であり，**半導体**とよばれる。二酸化ケイ素SiO_2の結晶も共有結合の結晶であり，Si原子とO原子の共有結合Si−Oが三次元的にくり返されてできる。

教 p.24 図19，20（ケイ素，水晶）

問　題

問１（教 p.7）　2種類の粒子○，●からなるある結晶は，右のような単位格子をもつ。●粒子の配位数はいくつか。

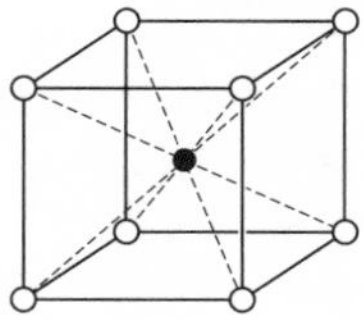

考え方　ある１つの粒子に着目したとき，その粒子に最も近い他の粒子の数を配位数という。

解説&解答　●粒子に最も近い○粒子の数は，8　**答**

例題１（教 p.12）　鉄が体心立方格子の結晶構造をとるとき，単位格子の一辺の長さは，2.9×10^{-8} cm である。鉄原子の原子半径は何 cm か。また，この鉄の密度は何 g/cm^3 か。アボガドロ定数を 6.0×10^{23}/mol，$(2.9)^3 = 24$，$\sqrt{3} = 1.7$ とする。　　（原子量 Fe = 56）

考え方　原子半径を求めるには，原子どうしが接している面に着目する。体心立方格子では立方体の対角線上で，原子どうしが接している。

$$\text{原子1個の質量} = \frac{\text{モル質量}}{\text{アボガドロ定数}}$$

解説&解答　単位格子の一辺の長さを a とすると，立方体の対角線の長さは $\sqrt{3}a$ で，これが原子半径 r の4倍に等しい。

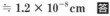

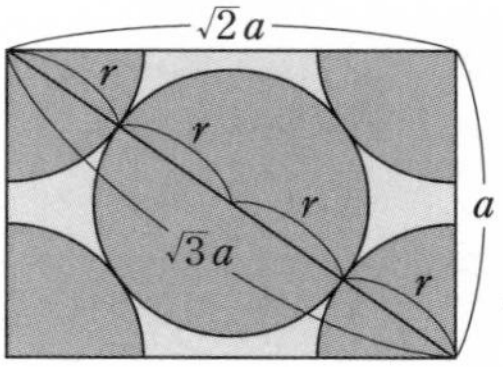

$$r = \frac{\sqrt{3}}{4}a = \frac{1.7}{4} \times 2.9 \times 10^{-8}\,\text{cm}$$

$$\fallingdotseq \mathbf{1.2 \times 10^{-8}\,cm}\quad \text{答}$$

単位格子には2個の原子が含まれているから，鉄の密度は，

$$\frac{\text{単位格子中の原子の質量}}{\text{単位格子の体積}} = \frac{\dfrac{56\,\text{g/mol}}{6.0 \times 10^{23}/\text{mol}} \times 2}{(2.9 \times 10^{-8}\,\text{cm})^3} \fallingdotseq \mathbf{7.8\,g/cm^3}\quad \text{答}$$

類題１（教 p.12）　面心立方格子の結晶で，単位格子の一辺の長さが 4.05×10^{-8} cm の金属がある。この金属の原子量を求めよ。この金属の密度を 2.7 g/cm^3，アボガドロ定数を 6.0×10^{23}/mol，$(4.05)^3 = 66$ とする。

考え方　面心立方格子の単位格子に含まれる原子の数は，

$$\underbrace{\frac{1}{8} \times 8}_{\text{頂点}} + \underbrace{\frac{1}{2} \times 6}_{\text{面}} = 4\ (\text{個})$$

解説&解答　面心立方格子の単位格子には4個の原子が含まれている。この金属のモル質量を M〔g/mol〕とすると，

$$\frac{\dfrac{M}{6.0 \times 10^{23}/\text{mol}} \times 4}{(4.05 \times 10^{-8}\,\text{cm})^3} = 2.7\,\text{g/cm}^3$$

$$M = \frac{2.7 \times 66 \times 10^{-24} \times 6.0 \times 10^{23}}{4} = 26.73\,\text{g/mol} \fallingdotseq 27\,\text{g/mol}$$

原子量は **27**　**答**

第1編　物質の状態

問A（教 p.17）　次の値はいくつかのイオンのイオン半径を表したものである。

【陽イオン】　Li^+：0.090 nm　Na^+：0.116 nm　Cs^+：0.181 nm

【陰イオン】　Cl^-：0.167 nm　Br^-：0.182 nm　I^-　：0.206 nm

(ア)～(ウ)のイオン結晶について，イオン半径比から考えられるイオン結晶の配位数を答えよ。

(ア)　LiCl　　(イ)　NaBr　　(ウ)　CsI

考え方　イオン半径比と，安定なイオン結晶の配位数と構造の関係は，次のようになる。

（r_+：陽イオンの半径，r_-：陰イオンの半径）

$\frac{r_+}{r_-} \geqq 0.732$　　… 配位数 8（CsCl 型の構造）

$0.732 > \frac{r_+}{r_-} \geqq 0.414$　… 配位数 6（NaCl 型の構造）

$0.414 > \frac{r_+}{r_-} \geqq 0.225$ … 配位数 4（ZnS 型の構造）

解説&解答　(ア)　$\frac{r_+}{r_-} = \frac{0.090\,\text{nm}}{0.167\,\text{nm}} \fallingdotseq 0.539$　**答**　**6**

(イ)　$\frac{r_+}{r_-} = \frac{0.116\,\text{nm}}{0.182\,\text{nm}} \fallingdotseq 0.637$　**答**　**6**

(ウ)　$\frac{r_+}{r_-} = \frac{0.181\,\text{nm}}{0.206\,\text{nm}} \fallingdotseq 0.879$　**答**　**8**

考　**問2**（教 p.20）　フッ素 F_2，フッ化水素 HF，塩化水素 HCl のうち，沸点が最も高いものはどれか。

考え方　分子からなる物質の沸点は，分子量が大きいほど，分子間力が強くなるため高くなる。極性分子は分子間に静電気力がはたらくため，無極性分子より沸点が高い。極性分子の中には静電気力に加えて，さらに強い引力の水素結合がはたらくものがある。

解説&解答　F_2 は無極性分子，HF と HCl は極性分子である。HF は分子間に水素結合がはたらいているので，分子量から予想される値よりも沸点が異常に高くなる。

答　**HF**

問A（教 p.22）　フッ化水素 HF 分子の結合距離は 9.17×10^{-11} m である。p.12 の 発展（教 p.22）の考え方と表 A を参考にして，HF の結合に何％のイオン結合性があるかを計算せよ。

考え方　H−F が純粋なイオン結合で結びついていると仮定すると，双極子モーメント μ_0〔C·m〕は，電子の電荷の大きさ〔C〕×結合距離〔m〕で求められる。

（解説&解答）H–F が純粋なイオン結合であるときの双極子モーメントを μ_0，HF の双極子モーメントの測定値を μ とすると，

$$\mu_0 = 1.60 \times 10^{-19}\,\mathrm{C} \times 9.17 \times 10^{-11}\,\mathrm{m} \fallingdotseq 14.67 \times 10^{-30}\,\mathrm{C{\cdot}m}$$

結合のイオン結合性は，

$$\frac{\mu}{\mu_0} = \frac{6.09 \times 10^{-30}\,\mathrm{C{\cdot}m}}{14.67 \times 10^{-30}\,\mathrm{C{\cdot}m}} \times 100 \fallingdotseq \mathbf{42\%}$$ 答

章末問題

教 p.25

必要があれば，原子量は次の値を使うこと。アボガドロ定数は 6.0×10^{23}/mol とする。
Na = 23，Cl = 35.5

1 銅 Cu の単位格子は，一辺の長さが 3.6×10^{-8}cm の立方体である。銅の密度を $9.0\,\mathrm{g/cm^3}$，$(3.6)^3 = 47$，$\sqrt{2} = 1.4$ として，次の問いに答えよ。

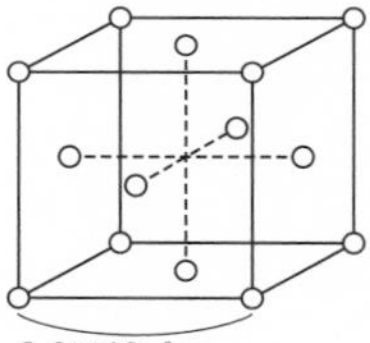

(1)　この単位格子からなる結晶格子を何というか。
(2)　1個の原子に接している原子は何個か。
(3)　単位格子に含まれる原子は何個か。
(4)　結晶 $1.0\,\mathrm{cm^3}$ には，およそ何個の原子が含まれているか。
(5)　銅原子1個の質量は何 g か。
(6)　銅の原子量を求めよ。　(7)　銅原子の原子半径は何 cm か。

（考え方）(1)　単位格子の原子のうち，頂点以外の原子の位置に注目する。
(2)　単位格子を2つ横に並べて考える。
(3)　頂点の原子は $\frac{1}{8}$ 個で，頂点は8個，面の中心にある原子は $\frac{1}{2}$ 個で，面は6面ある。
(4)　単位格子の一辺の長さから求められる体積と，(3)で求めた単位格子に含まれる原子の個数から考える。
(5)　密度×体積で求められる単位格子中の原子の全体の質量と，(3)で求めた単位格子に含まれる原子の個数から考える。
(6)　モル質量＝原子1個の質量×アボガドロ定数　から考える。
(7)　面心立方格子の原子半径 r は，単位格子の一辺の長さ a より，$r = \frac{\sqrt{2}}{4}a$

（解説&解答）(1)　頂点以外の原子が面の中心にあるので，**面心立方格子** 答
(2)　右図のように，面心立方格子の単位格子を2つ横に並べて考える。図の原子●に着目すると，12個の原子●に囲まれていることがわかる。答　**12個**

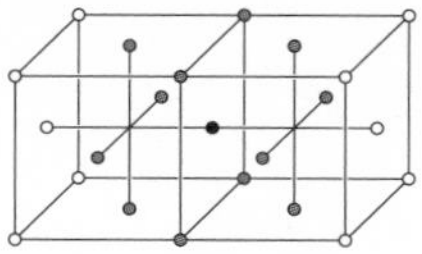

(3)　$\dfrac{1}{8}\times 8+\dfrac{1}{2}\times 6=$ **4 個**　答

(4)　結晶 $1.0\,\mathrm{cm^3}$ 中に含まれる Cu 原子の数を x とすると，

$$(3.6\times10^{-8}\,\mathrm{cm})^3 : 4 = 1.0\,\mathrm{cm^3} : x$$

$$x=\frac{1.0\,\mathrm{cm^3}\times 4}{(3.6\times10^{-8}\,\mathrm{cm})^3}=\frac{4}{47}\times10^{24}=8.51\cdots\times10^{22}\fallingdotseq \mathbf{8.5\times10^{22}}\ \text{個}\quad \text{答}$$

(5)　$$\frac{9.0\,\mathrm{g/cm^3}\times(3.6\times10^{-8}\,\mathrm{cm})^3}{4}=\frac{9.0\times47}{4}\times10^{-24}=1.05\cdots\times10^{-22}$$

$$\fallingdotseq \mathbf{1.1\times10^{-22}\,g}\quad \text{答}$$

(6)　$$\frac{9.0\,\mathrm{g/cm^3}\times(3.6\times10^{-8}\,\mathrm{cm})^3}{4}\times6.0\times10^{23}/\mathrm{mol}=\frac{9.0\times47\times6.0}{4}\times10^{-1}$$

$$=63.45\,\mathrm{g/mol}\fallingdotseq 63\,\mathrm{g/mol}$$

原子量は **63**　答

(7)　立方体の面の対角線で原子が接しているので，単位格子の一辺の長さ a〔cm〕と原子半径 r〔cm〕の関係は $\sqrt{2}\,a=4r$

$$r=\frac{\sqrt{2}}{4}a=\frac{1.4}{4}\times3.6\times10^{-8}\,\mathrm{cm}=1.26\times10^{-8}\,\mathrm{cm}\fallingdotseq \mathbf{1.3\times10^{-8}\,cm}\quad \text{答}$$

2　塩化ナトリウム NaCl の単位格子は，一辺の長さが $5.6\times10^{-8}\,\mathrm{cm}$ の立方体である。$(5.6)^3=176$ として，次の問いに答えよ。

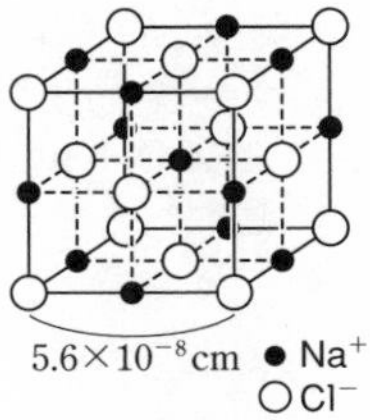

(1)　1 個の Na^+ に接している Cl^- は何個か。

(2)　1 個の Na^+ に最も近い Na^+ は何個か。

(3)　単位格子に含まれる Na^+ と Cl^- はそれぞれ何個か。

(4)　結晶の密度は何 $\mathrm{g/cm^3}$ か。

(5)　Cl^- のイオン半径を $1.7\times10^{-8}\,\mathrm{cm}$ とすると，Na^+ のイオン半径は何 cm か。

考え方　(1)　単位格子の中心の Na^+ に接している Cl^- を数える。

(2)　単位格子の中心にある Na^+ に注目すると，単位格子内の Na^+ は，すべて等距離にあり，最も近い。

(3)　各辺にある Na^+ は 4 個の単位格子が共有しているから $\dfrac{1}{4}$ 個分で，中心には Na^+ が 1 個ある。また，各頂点の Cl^- は 8 個の単位格子が共有しているから $\dfrac{1}{8}$ 個分で，面の中心の Cl^- は 2 個の単位格子が共有しているから $\dfrac{1}{2}$ 個分である。

(4)　密度 $=\dfrac{\text{単位格子中の原子の質量}}{\text{単位格子の体積}}$ から求める。

(5)　Na^+ と Cl^- は立方体の各辺上で接しているので，単位格子の一辺の長さは Na^+ と Cl^- の直径の和に等しい。

解説&解答

(1) 単位格子の中心のNa^+に接している各面の中心にあるCl^-を数えると，**6個** 答

(2) 単位格子の中心にあるNa^+から最も近いNa^+は各辺にある12個である。

答 **12個**

(3) Na^+：$\frac{1}{4}\times 12+1=4$（個）　Cl^-：$\frac{1}{8}\times 8+\frac{1}{2}\times 6=4$（個）

答 **Na^+：4個，Cl^-：4個**

(4) $密度=\dfrac{\dfrac{(23+35.5)\,\mathrm{g/mol}}{6.0\times 10^{23}/\mathrm{mol}}\times 4}{(5.6\times 10^{-8}\mathrm{cm})^3}=2.21\cdots\mathrm{g/cm^3}\fallingdotseq \mathbf{2.2\,g/cm^3}$ 答

(5) Na^+のイオン半径をr〔cm〕とすると，

$5.6\times 10^{-8}\mathrm{cm}=2r+2\times 1.7\times 10^{-8}\mathrm{cm}$

$r=\mathbf{1.1\times 10^{-8}cm}$ 答

考 考えてみよう！

3 ダイヤモンドの構造について，$\sqrt{3}=1.7$として次の問いに答えよ。

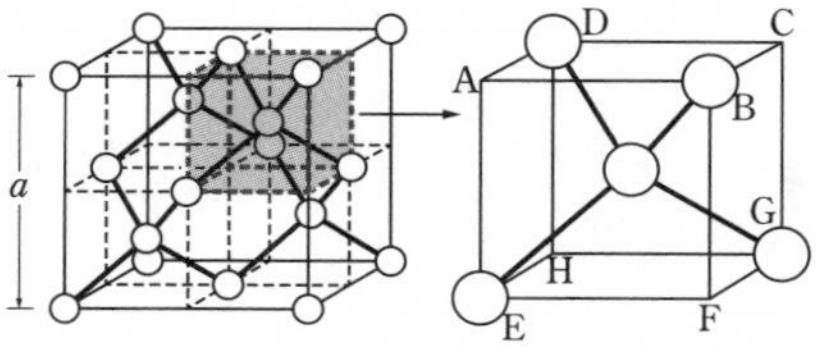

(1) p.6の図（**教 p.11 図5**）にならって，ダイヤモンドの結晶格子中の立方体ABCD–EFGHを長方形AEGCで切断したときの断面図をかけ。

(2) 切断面の対角線AGに注目して，単位格子の一辺の長さaと炭素の原子半径rとの関係を式で表せ。

(3) ある装置を用いてaを測定したところ，3.56×10^{-10}mであった。rは何mか。

考え方 (1) 原子の中心が位置している箇所に注目する。

(2) 対角線AGは，半分の長さが$2r$である。

(3) (2)のaとrの関係式を用いる。

解説&解答

(1) 立方体ABCD–EFGHの中心と，頂点D，B，E，Gに原子の中心があるので

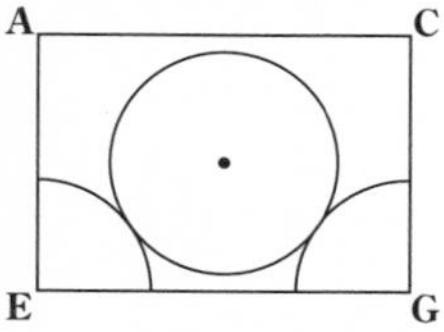

答

(2) 長方形AEGCにおいて，AEは単位格子の一辺の半分の長さなので$\frac{1}{2}a$。したがって，対角線AGの長さは$\frac{\sqrt{3}}{2}a$になり，これが原子半径rの4倍に等しい。

よって，$\boldsymbol{\frac{\sqrt{3}}{2}a=4r}$ 答

(3) $r=\frac{1}{4}\times\frac{\sqrt{3}}{2}a=\frac{1.7}{8}\times 3.56\times 10^{-10}\mathrm{m}=7.565\times 10^{-11}\mathrm{m}\fallingdotseq\mathbf{7.6\times 10^{-11}m}$ 答

第 2 章　物質の状態変化

教 p.26 ～ p.37

1 粒子の熱運動

A 拡散と粒子の熱運動

●拡散と熱運動　物質が自然にゆっくりと全体に広がる現象を**拡散**という。拡散は，物質を構成する粒子が，その状態(固体・液体・気体)にかかわらず，常に**熱運動**しているために起こる現象である。

●気体分子の熱運動と運動エネルギー　気体分子は熱運動によって空間を飛びまわっている。それぞれの分子の速さはさまざまであるが，その分布は温度によって決まっている。温度が高いほど，速さの大きな分子の割合が多くなる。教 p.26 図 1

速さの大きな分子は，もっている熱運動のエネルギーが大きいので，温度が高いほど，大きなエネルギーをもつ分子の割合が多いともいえる。

この関係は固体や液体の状態の粒子にも当てはまり，温度が高いほど，粒子がもつエネルギーは大きいので，粒子の熱運動は温度が高くなるほど激しくなるといえる。

B 物質の三態と熱運動

●物質の三態　物質には**固体**・**液体**・**気体**という 3 つの状態があり，これらを物質の**三態**という。一般に，温度や圧力を変化させると，物質の状態は三態の間で変化する。この変化を**状態変化**という。

物質の状態は，熱運動と粒子間にはたらく引力(分子の場合は分子間力)との大小関係によって決まる。

教 p.27 図 2

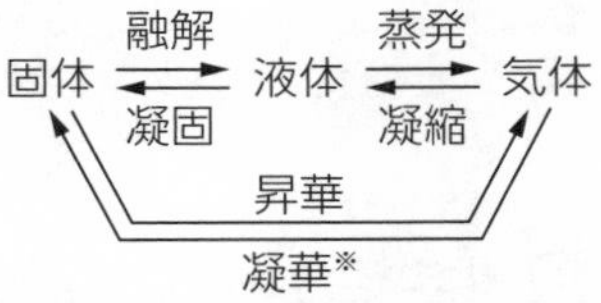

▲物質の状態変化

※気体が直接固体になる状態変化も昇華という場合がある。

2 三態の変化とエネルギー

A 状態変化とエネルギー

●融解熱　固体 1mol が液体になるときに吸収する熱量を**融解熱**という。純粋な物質では，固体のすべてが融解して液体になるまで，温度は融点のまま一定に保たれる。これは，与えられた熱が，固体の規則正しく並んだ粒子の配列を崩して，液体にするのに使われるためである。

●凝固熱　液体 1mol が固体になるときに放出する熱量を**凝固熱**という。純粋な物質では，液体のすべてが凝固して固体になるまで，温度は凝固点のまま一定に保たれる。融解のときとは逆に，凝固するときには，粒子が熱を放出する。凝固点と融点は同じ温度であり，凝固熱と融解熱の値は等しい。

●蒸発熱　液体1molが気体になるときに吸収する熱量を**蒸発熱**という。液体の温度を上げて沸点に達すると，液体内部からも蒸発が起こるようになる(**沸騰**)。沸騰している間は，純粋な物質では，液体のすべてが蒸発して気体になるまで，温度は沸点のまま一定に保たれる。これは，与えられた熱が，液体分子の分子間力を振り切って気体になるのに使われるためである。

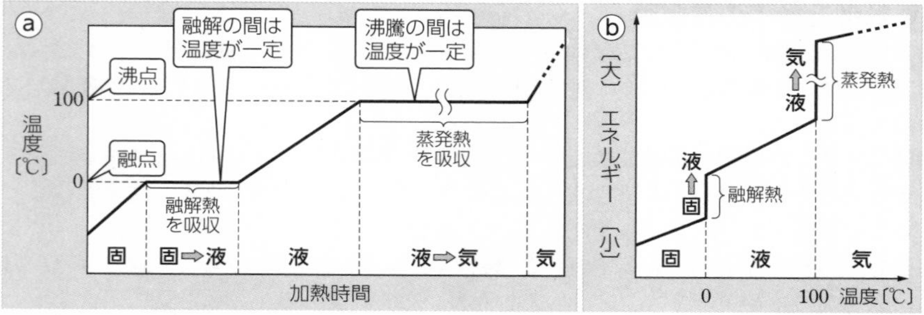

▲加熱による水の状態変化(1.013×10^5 Pa)

●凝縮熱　気体1molが液体になるときに放出する熱量を**凝縮熱**という。純粋な物質では，気体のすべてが凝縮して液体になるまで，温度は一定に保たれる。凝縮熱と蒸発熱の値は等しい。

●昇華熱　固体1molが気体になるときに吸収する熱量を**昇華熱**という。分子結晶であるヨウ素I_2，ナフタレン$C_{10}H_8$，ドライアイスCO_2などは，常温・常圧のもとで昇華しやすい。

B　化学結合と融点・沸点

共有結合の結晶・イオン結晶・金属結晶の融点や沸点が分子結晶の融点や沸点よりはるかに高いのは，化学結合が分子間力に比べてきわめて強い結合だからである。

物質を構成する粒子間にはたらく力の大小

共有結合 ＞ イオン結合，金属結合 ≫ 水素結合 ＞ ファンデルワールス力

（共有結合〜金属結合：**化学結合**，水素結合〜ファンデルワールス力：**分子間力**）

3　気液平衡と蒸気圧

A　気体分子の熱運動と圧力

●気体の圧力　気体分子は熱運動によって空間を飛びまわっているため，容器内に入れると次々と器壁に衝突してはね返される。このとき，器壁を外側に押す力がはたらく。単位面積当たりにはたらくこの力を気体の**圧力**という。

国際単位系(SI)による圧力の単位には**パスカル**(記号Pa)を用いる。1Paは面積$1\,m^2$当たりに1Nの力を加えたときの圧力である($1\,Pa = 1\,N/m^2$)。

●大気圧　地表をとりまく空気の圧力を**大気圧**という。大気圧は，右図のような実験によって測定することができる。一端を閉じたガラス管に水銀を満たし，水銀を入れた容器に倒立させると，ガラス管内の水銀は一部が開口部から流出し，ガラス管内の水銀柱は容器の水銀面から760mmの高さで静止し，ガラス管上部の空間は真空になる。このとき，大気が水銀面を押して水銀柱を押し上げようとする圧力と，高さ760mmの水銀柱の重力によって生じる圧力とがつりあう。

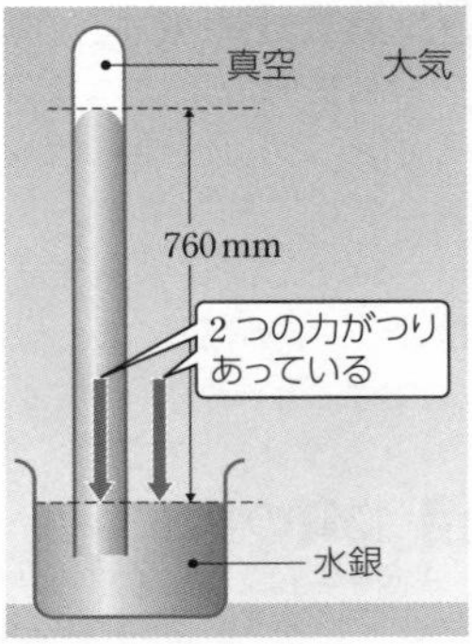

▲大気圧の測定

標準大気圧
1.013×10^5Pa ＝ 760mmHg ＝ 1atm（1気圧）

B 気液平衡

●液体分子の運動エネルギー　液体分子の熱運動による運動エネルギーはさまざまであるが，その分布は温度によって決まっている。教 p.32 図5

液体の表面付近にある運動エネルギーの大きな分子は，分子間力を振り切って液体の表面から飛び出し，気体になる（蒸発）。したがって，温度が高くなると，蒸発する分子の数の割合が増える。

●気液平衡　一定温度の密閉した容器の中に液体を入れて放置すると，単位時間当たりに蒸発する分子の数と，気体から液体にもどる（凝縮する）分子の数が等しくなり，見かけ上，蒸発も凝縮も起こっていないような状態になる。これを**気液平衡**（または蒸発平衡）という。教 p.32 図6

C 蒸気圧

ある温度において気液平衡の状態にあるとき，容器内に気体として存在する分子の数は一定である。このような状態を**飽和**しているといい，このとき気体が示す圧力を**飽和蒸気圧**または単に**蒸気圧**という。

一般に蒸気圧は，温度が高くなるほど大きくなる。蒸気圧と温度との関係をグラフに表した曲線を**蒸気圧曲線**という（教 p.33 図7）。同温で液体が存在する限り，容器の体積や液体の量に関係なく蒸気圧は一定の値を示す。教 p.33 図8

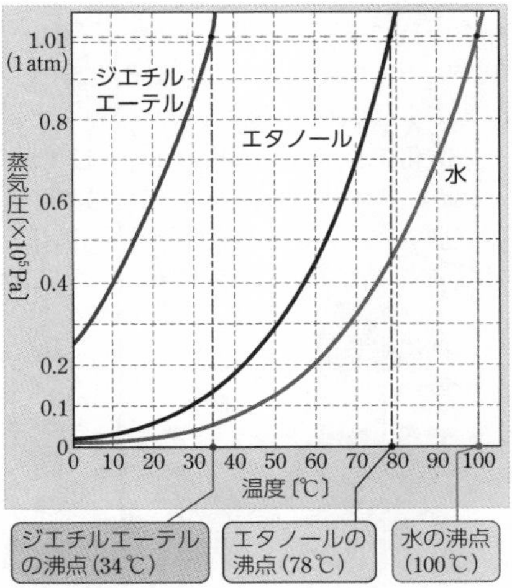

▲蒸気圧曲線と沸点

D 蒸気圧と沸騰

大気圧のもとで水を加熱していくとき，100℃になると水蒸気圧が 1.013×10^5Pa（1atm）で水面を押している圧力（大気圧）に等しくなり，液体の内部からも水蒸気が泡になって発生する。この現象を水の**沸騰**という。教 p.34 図 9

一般に，液体の蒸気圧が液面を押している圧力（外圧）に等しくなったとき，沸騰が起こる。沸騰が起こる温度を，そのときの外圧における**沸点**という。沸点は，前ページの図より，外圧が低くなると低くなり，反対に外圧が高くなると高くなる。

E 物質の状態図

純物質は，温度や圧力によってその状態が決まっている。下の図A，Bは，水と二酸化炭素が，それぞれの温度や圧力でどのような状態にあるかを表したもので，このような図を**状態図**という。

状態図は３本の曲線によって，３つの領域に分けられ，それぞれが固体・液体・気体のいずれかの状態となる。曲線上では，その曲線によって分けられる２つの状態が共存している。また，３本の曲線が交わった点を**三重点**といい，３つの状態が共存していて，物質ごとに固有の値をもつ。

液体と気体を分ける曲線は蒸気圧曲線である。蒸気圧曲線が途切れた点は**臨界点**とよばれ，それ以上の温度や圧力では，物質は液体と気体の中間的な性質（液体の溶解性と気体の拡散性）をもつ状態（超臨界状態という）で存在する。この状態の物質は**超臨界流体**とよばれる。CO_2 の超臨界流体は，コーヒーからカフェインを除く工程で利用されている。

大気圧 1.013×10^5Pa のもとで氷を加熱していくと（図Aのⓐ），0℃で融解が起こり，100℃で沸騰する。また，水は融解曲線（圧力による融点の変化を表すグラフ）の傾きが負であるので，氷を加圧していくと（図Aのⓑ），液体に変化する。これは水の特徴で，他の物質では二酸化炭素のように，融解曲線の傾きが正であり，固体を加圧しても（図Bのⓒ），液体になることはない。

二酸化炭素は，大気圧 1.013×10^5Pa のもとで，固体を加熱していくと（図Bのⓓ），−78.5℃で固体から気体へ変化（昇華）するが，圧力が 5.15×10^5Pa 以上のもとで固体を加熱していくと（図Bのⓔ），固体から液体を経て気体に変化する。

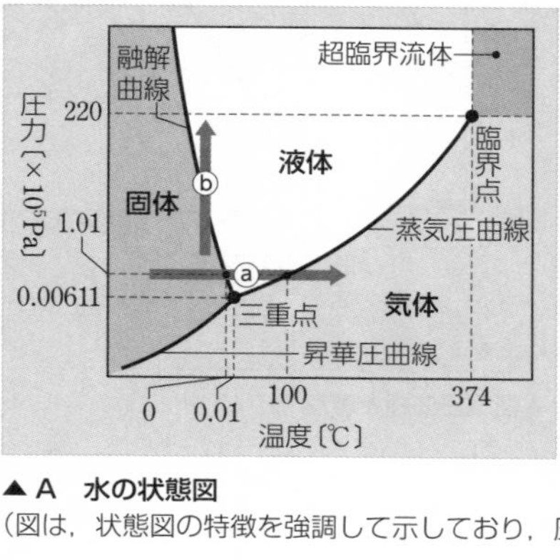

▲A　水の状態図

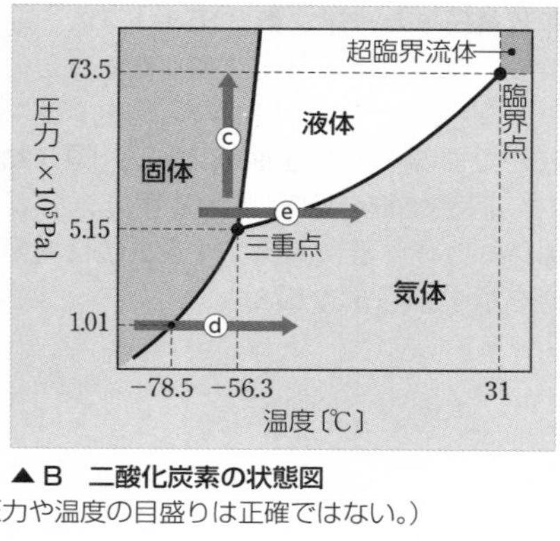

▲B　二酸化炭素の状態図

（図は，状態図の特徴を強調して示しており，圧力や温度の目盛りは正確ではない。）

問　題

例題1（教 p.29）　0℃の氷180gを加熱して，すべて25℃の水にする。このとき吸収される熱量は何kJか。ただし，水（液体）1gを1℃上昇させるために必要な熱量は4.2J，氷の0℃での融解熱を6.0kJ/molとする。（H = 1.0，O = 16）

考え方　0℃の氷を25℃の水にするのに必要な熱量
＝融解に必要な熱量＋0℃の水を25℃に上げるのに必要な熱量

解説&解答　水は$\dfrac{180\,\mathrm{g}}{18\,\mathrm{g/mol}} = 10\,\mathrm{mol}$存在する。

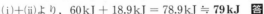

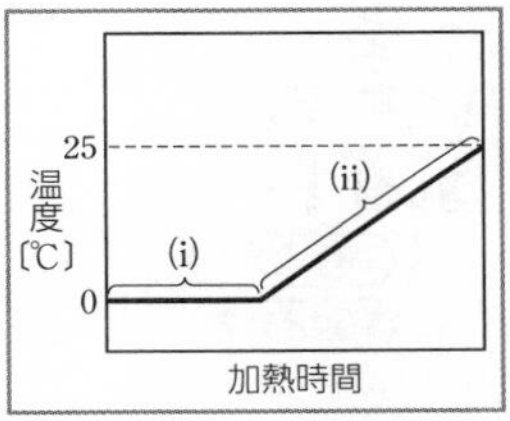

(i)　0℃の氷180gを0℃の水にするために必要な熱量は，

$6.0\,\mathrm{kJ/mol} \times 10\,\mathrm{mol} = 60\,\mathrm{kJ}$

(ii)　0℃の水180gを25℃の水にするために必要な熱量は，

$180\,\mathrm{g} \times 4.2\,\mathrm{J/(g\cdot ℃)} \times (25 - 0)\,℃$
$= 1.89 \times 10^4\,\mathrm{J} = 18.9\,\mathrm{kJ}$

(i)+(ii)より，$60\,\mathrm{kJ} + 18.9\,\mathrm{kJ} = 78.9\,\mathrm{kJ} \fallingdotseq$ **79kJ**　答

類題1（教 p.29）　50℃の水36gを120℃の水蒸気にするのに吸収される熱量は何kJか。ただし，水（液体）1gを1℃上昇させるために必要な熱量は4.2J，水蒸気1gを1℃上昇させるために必要な熱量は2.1J，水の100℃での蒸発熱を41kJ/molとする。（H = 1.0，O = 16）

考え方　水36gの物質量は$\dfrac{36\,\mathrm{g}}{18\,\mathrm{g/mol}} = 2.0\,\mathrm{mol}$

(i)　50℃の水36gを100℃にするのに必要な熱量を計算する。

(ii)　100℃の水2.0molを100℃の水蒸気にするのに必要な熱量を計算する。

(iii)　100℃の水蒸気36gを120℃の水蒸気にするのに必要な熱量を計算する。

(i)+(ii)+(iii)から，求める熱量を求める。

解説&解答　(i)　$36\,\mathrm{g} \times 4.2\,\mathrm{J/(g\cdot ℃)} \times (100 - 50)\,℃ = 7560\,\mathrm{J} = 7.56\,\mathrm{kJ}$

(ii)　$41\,\mathrm{kJ/mol} \times 2.0\,\mathrm{mol} = 82\,\mathrm{kJ}$

(iii)　$36\,\mathrm{g} \times 2.1\,\mathrm{J/(g\cdot ℃)} \times (120 - 100)\,℃ = 1512\,\mathrm{J} = 1.512\,\mathrm{kJ}$

(i)+(ii)+(iii)$= 7.56\,\mathrm{kJ} + 82\,\mathrm{kJ} + 1.512\,\mathrm{kJ} = 91.072\,\mathrm{kJ} \fallingdotseq$ **91kJ**　答

問1
(教 p.33)

教 p.33 図7の蒸気圧曲線を参考にして，次の問いに答えよ。

(1) 70 ℃でのエタノールの蒸気圧を求めよ。

(2) 水・エタノール・ジエチルエーテルの中で，最も蒸発しやすい物質(同じ温度で蒸気圧が最も高い物質)はどれか。

考え方 (2) 読みとりやすい30℃におけるそれぞれの物質の蒸気圧をグラフから読みとり,比較する。蒸気圧が高い物質ほど蒸発しやすい。

解説&解答 (1) 答 **7.0×10^4Pa**

(2) 答 **ジエチルエーテル**

問2
(教 p.34)

富士山の頂上付近では大気圧が 7.0×10^4Pa である。この場所での水の沸点はおよそ何℃か。p.21 の下図(教 p.34 図10)を参照して答えよ。

考え方 液体の蒸気圧が外圧に等しくなると沸騰が起こる。

解説&解答 水の蒸気圧が 7.0×10^4Pa (0.7×10^5Pa)になるときの温度を読みとる。

答 **90℃**

問3
(教 p.36)

p.22(教 p.35 図12)の水の状態図，(教 p.35 図13の)二酸化炭素の状態図を参考にして，次の問いに答えよ。

(1) 水と二酸化炭素は，－40℃，1.01×10^5Pa では，それぞれ固体，液体，気体のいずれとして存在するか。

(2) －40℃，1.01×10^5Pa の水を，温度を－40℃に保ったまま加圧すると，どのような状態に変化するか。

(3) －40℃，1.01×10^5Pa の二酸化炭素を，圧力を 1.01×10^5Pa に保ったまま冷却すると，どのような状態に変化するか。

考え方 (1) 水，二酸化炭素それぞれの状態図について，－40℃，1.01×10^5Pa の交点の状態を読む。

(2) 水の融解曲線(固体と液体を分ける曲線)に注目する。

(3) 二酸化炭素は圧力 1.01×10^5Pa のもとでどのように変化するかを見る。

解説&解答 (1) 答 水：**固体**　　二酸化炭素：**気体**

(2) 水の融解曲線は傾きが負であり，－40℃のまま加圧すると固体から液体に変化する。この性質は水の特徴であり，多くの物質は固体を加圧しても液体にならない。

答 **固体から液体に変化する**

(3) 二酸化炭素は 1.01×10^5Pa のもとで冷却すると，気体から固体へと凝華する。

答 **気体から直接固体に変化する**

章末問題

教 p.37

1 右図は分子結晶をつくっている物質1molを加熱していったときの，加えた熱量と物質の温度の関係を示している。

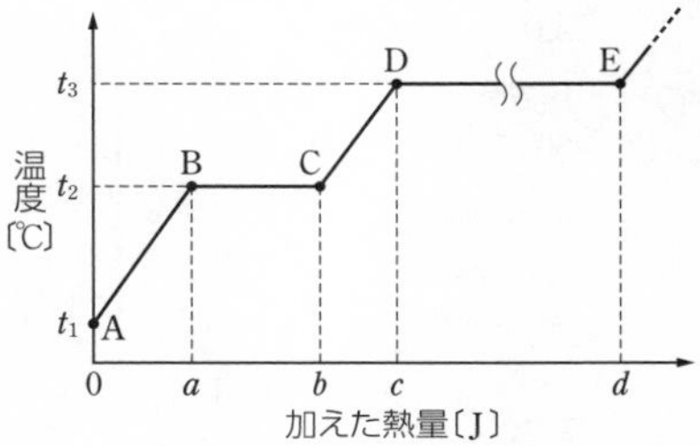

(1) AB間，BC間，CD間，DE間での物質の状態を書け。

(2) この物質1molが融解するときに吸収する熱量〔J〕と蒸発するときに吸収する熱量〔J〕を，それぞれa～dを用いて表せ。

(3) BC間，DE間で温度が一定に保たれているのはなぜか。

(4) この物質1molの結晶の温度を1℃上げるのに必要な熱量〔J/℃〕をa～d，t_1～t_3のうち必要なものを用いて表せ。ただし，状態変化は起こらないものとする。

考え方 (1) BC間，DE間のようにグラフの水平な部分では，2つの状態が混在している。

(2),(3) BC間やDE間では状態変化にエネルギーが使われている。

(4) この分子結晶が固体の状態なのはAB間で，t_2が融点である。t_2になるまでの間に加えられた熱量は，図よりa〔J〕。

解説&解答

(1) 答 AB間：**固体**　BC間：**固体と液体**
CD間：**液体**　DE間：**液体と気体**

(2) BC間の状態変化は融解なので，その間に吸収される熱量が融解熱である。また，DE間の状態変化は蒸発(沸騰)なので，その間に吸収される熱量が蒸発熱である。

答 融解するときに吸収する熱量：$\boldsymbol{(b-a)}$**〔J〕**
蒸発するときに吸収する熱量：$\boldsymbol{(d-c)}$**〔J〕**

(3) 答 BC間：**与えられた熱が，結晶中の分子の配列を崩して，液体にするのに使われるため。**

答 DE間：**与えられた熱が，液体分子の間にはたらく分子間力を断ち切って，気体にするのに使われるため。**

(4) 結晶の状態はAB間であり，t_1からt_2にする間にa〔J〕の熱量が必要である。

答 $\boldsymbol{\dfrac{a}{t_2-t_1}}$**〔J/℃〕**

2 水とエタノールについて，右図の蒸気圧曲線を参考にして答えよ。

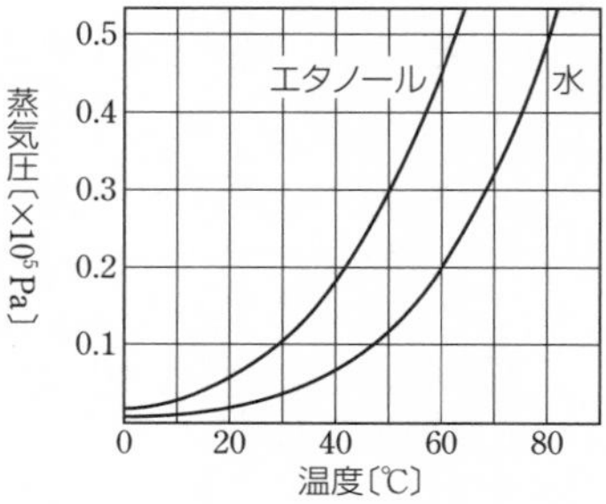

(1) 5.0×10^4 Pa ではエタノールは何℃で沸騰するか。

(2) 60℃，3.0×10^4 Pa で，水とエタノールはそれぞれどのような状態で存在するか。固体，液体，気体の中から適当なものを選べ。

(3) 分子間力が大きいのは，水とエタノールのどちらの液体か。理由も含めて説明せよ。

考え方 (1) 蒸気圧が 5.0×10^4 Pa$(= 0.50 \times 10^5$ Pa$)$になる温度が，その圧力における沸点である。

(2) 60℃，3.0×10^4 Pa$(= 0.30 \times 10^5$ Pa$)$のとき，それぞれの蒸気圧曲線の右下にあるか左上にあるかを考える。

(3) 分子間力が大きい物質は蒸発しにくい。

解説&解答

(1) 蒸気圧が 0.50×10^5 Pa になるときのエタノールの温度をグラフから読みとると，63℃である。

答 63℃

(2) 物質は，蒸気圧曲線の右下の温度・圧力条件下では気体として存在し，左上の温度・圧力条件下では液体として存在する。

答 水：**液体**　エタノール：**気体**

(3) **答** **分子間力が大きい物質のほうが蒸発しにくいので，蒸気圧が低くなる。同じ温度で比較すると，水のほうがエタノールよりも蒸気圧が低いので，分子間力が大きい。**

考 考えてみよう！

3 1.01×10^5 Pa，25℃のもとで，一端を閉じたガラス管に水銀を満たし，水銀を入れた容器の中で倒立させたところ，容器の水銀面から水銀柱は760 mmの高さになった。ただし，水銀の蒸気圧は無視できるものとする。

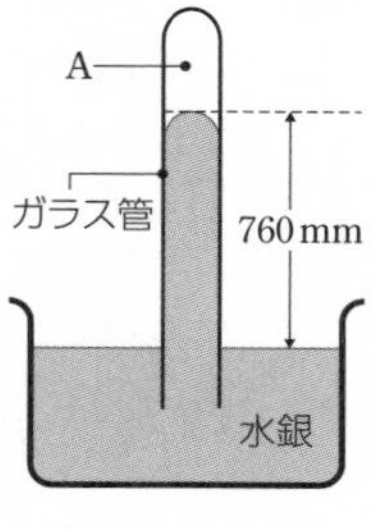

(1) エタノールをガラス管に少しずつ注入していき，Aの空間に液体のエタノールが生じたとき，水銀柱の高さは700 mmであった。エタノールの25℃における蒸気圧は何Paか。

(2) 水銀のかわりに水を用いて初めの状態にすると，水柱の高さは何mか。ただし，密度は水が1.00 g/cm³，水銀が13.5 g/cm³で，25℃の水蒸気圧は 3.00×10^3 Pa とする。なお，ガラス管は水柱に対して十分な高さがあるものとする。

考え方 (1) Aの空間は気体のエタノールで満たされていて，エタノールの蒸気圧により水銀柱は押し下げられる。

(2) 液柱の高さは液体の密度に反比例する。また，Aの空間には水蒸気が存在し，水蒸気圧の分だけ水柱は押し下げられる。

解説&解答

(1)　気体のエタノールの蒸気圧により，水銀柱が(760 − 700) mm = 60 mm 押し下げられているので，高さ60 mm の水銀柱による圧力を Pa 単位に換算する。求める圧力を p〔Pa〕とすると，

$$760\,\mathrm{mm} : 1.01 \times 10^5\,\mathrm{Pa} = 60\,\mathrm{mm} : p\,[\mathrm{Pa}]$$

$$p = 7.97\cdots \times 10^3\,\mathrm{Pa} \fallingdotseq \mathbf{8.0 \times 10^3\,Pa}$$ 答

(2)　液柱の高さは液体の密度に反比例するから，1.01×10^5 Pa のときの水柱の高さは，

$$760\,\mathrm{mm} \times \frac{13.5\,\mathrm{g/cm^3}}{1.00\,\mathrm{g/cm^3}} = 10260\,\mathrm{mm}$$

になるはずである。

実際には，倒立させた管の上部の空間(A の空間)には水蒸気が存在し，水蒸気圧 3.00×10^3 Pa の分だけ水柱が押し下げられる。これを，水銀柱の高さを経て，水柱の高さに換算すると，

$$760\,\mathrm{mm} \times \frac{3.00 \times 10^3\,\mathrm{Pa}}{1.01 \times 10^5\,\mathrm{Pa}} \times \frac{13.5\,\mathrm{g/cm^3}}{1.00\,\mathrm{g/cm^3}} = 304.7\cdots\,\mathrm{mm}$$

よって，実際の水柱の高さは，

$$10260\,\mathrm{mm} - 304.7\,\mathrm{mm} = 9955.3\,\mathrm{mm} \fallingdotseq \mathbf{9.96\,m}$$ 答

第3章 気体

教 p.38 ～ p.59

1 気体の体積

A 気体の体積と圧力

一般に，「**温度が一定のとき，一定量の気体の体積 V は，圧力 p に反比例する。**」この関係は**ボイルの法則**(教 p.39 図 1)とよばれ，次式で表される。

$$V=\frac{k}{p}\quad \text{または}\quad pV=k\quad (k\text{は定数})\tag{1}$$

また，温度が一定で，一定量の気体の体積が V_1，圧力が p_1 のとき，体積を V_2 にすると圧力が p_2 になったとする。このとき，(1)式は次のように表される。

$$\boldsymbol{p_1V_1=p_2V_2}\tag{2}$$

B 気体の体積と温度

一般に，「**圧力が一定のとき，一定量の気体の体積は，その温度を 1℃ 上昇させるごとに，0℃のときの体積の $\frac{1}{273}$ ずつ増加する。**」この関係は**シャルルの法則**(教 p.39 図 2)とよばれる。0℃ で体積 V_0 の気体を，圧力が一定で t℃にしたとき，体積が V になったとすると，シャルルの法則から次式が成りたつ。

$$V=V_0+\frac{t}{273}\times V_0=\frac{V_0}{273}(273+t)\tag{3}$$

●**絶対温度**　気体の温度を下げていくと，理論上，気体分子の熱運動は－273℃で完全に停止し，気体の体積は 0 になる(教 p.40 図 3)。－273℃は最も低い温度で**絶対零度**とよばれる。

(3)式において，$273+t=T$ とおくと，次式が得られる。

$$V=\frac{V_0}{273}\times T\tag{4}$$

ここで，(4)式中の T はセルシウス温度(単位はセルシウス度(記号℃))の数値 t に 273 を加えた温度で**絶対温度**といい，単位には**ケルビン**(記号 K)を用いる。絶対温度は，絶対零度を原点として，セルシウス温度の目盛りと同じ間隔で表した温度である。

$$T\quad=\quad t\quad+\quad 273\tag{5}$$

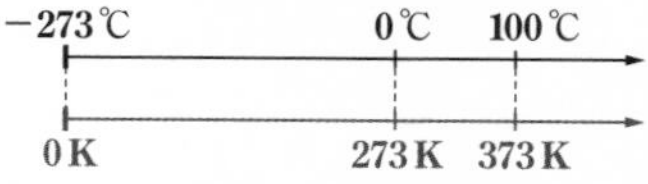

(4)式より，シャルルの法則は「**圧力が一定のとき，一定量の気体の体積 V は，絶対温度 T に比例する**」とも表され，(4)式中の $\frac{V_0}{273}$ を比例定数 k' とおくと次式が得られる。

$$V=k'T\quad \text{または}\quad \frac{V}{T}=k'\quad (k'\text{は定数})\tag{6}$$

また，圧力が一定で，一定量の気体の温度が T_1〔K〕，体積が V_1 のとき，温度を T_2〔K〕にしたときに体積が V_2 になったとすると，(6)式は(7)式のように表される。

$$\frac{\boldsymbol{V_1}}{\boldsymbol{T_1}} = \frac{\boldsymbol{V_2}}{\boldsymbol{T_2}} \qquad (7)$$

C 気体の体積と圧力・温度

圧力 p_1，体積 V_1，温度 T_1〔K〕の気体を，温度を T_1 に保ったまま，圧力を p_2 にしたときの体積を V'とする(右図ⓐ→ⓑの変化)。ここではボイルの法則が成りたつ。

$$p_1V_1 = p_2V' \qquad (\text{i})$$

さらに，圧力を p_2 に保ったまま温度を T_2〔K〕にしたときの体積を V_2 とする(右図ⓑ→ⓒの変化)。ここでは，シャルルの法則が成りたつ。

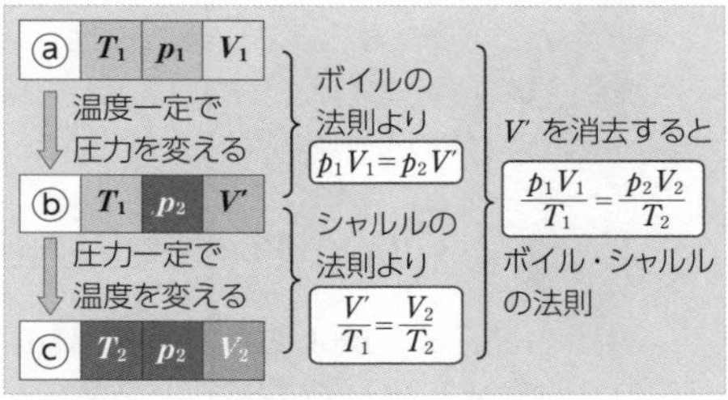

▲ボイル・シャルルの法則

$$\frac{V'}{T_1} = \frac{V_2}{T_2} \qquad (\text{ii})$$

(i)式より，$V' = \frac{p_1V_1}{p_2}$ となり，これを(ii)式に代入して消去すると，(8)式が得られる。

$$\frac{\frac{p_1V_1}{p_2}}{T_1} = \frac{V_2}{T_2}$$

$$\frac{\boldsymbol{p_1V_1}}{\boldsymbol{T_1}} = \frac{\boldsymbol{p_2V_2}}{\boldsymbol{T_2}} \qquad (8)$$

(8)式は，ボイルの法則とシャルルの法則を１つにまとめたもので，「**一定量の気体の体積 V は圧力 p に反比例し，絶対温度 T に比例する**」となり，**ボイル・シャルルの法則**とよばれる。

$$\boldsymbol{pV = k''T} \quad \text{または} \quad \boldsymbol{\frac{pV}{T} = k''}\ (\boldsymbol{k''}\text{は定数}) \qquad (9)$$

コラム 熱気球

熱気球の球皮の中の空気をバーナーで温めると，シャルルの法則より空気の体積は大きくなる(膨張する)。一定量の気体の体積が大きくなると，気体の密度は小さくなるので，浮力が生じて熱気球は浮かび上がることができる。教 p.43 図 A

2 気体の状態方程式

A 気体の状態方程式

ボイル・シャルルの法則の(9)式で，気体 1mol 当たりの体積（モル体積）を v〔L/mol〕，定数を R とすると，次式が得られる。

$pv = RT$　（p：圧力，T：絶対温度）　(10)

温度が 0℃（$T = 273\text{K}$），圧力 $p = 1.013 \times 10^5\text{Pa}$（本書ではこの状態を標準状態とよぶ）で，気体のモル体積は 22.4L/mol であるから，$v = 22.4\text{L/mol}$ を(10)式に代入して R を求めると，次のようになる。

$$R = \frac{pv}{T} = \frac{1.013 \times 10^5\text{Pa} \times 22.4\text{L/mol}}{273\text{K}} = 8.31 \times 10^3\text{Pa·L/(mol·K)}$$

$$(= 8.31\text{Pa·m}^3\text{/(mol·K)} = 0.0821\text{atm·L/(mol·K)})$$

この R は**気体定数**とよばれる。

また，物質量 n〔mol〕の気体の体積 V は，1mol 当たりの気体の体積 v を用いると $V = nv$ となるので，$v = \dfrac{V}{n}$ と表される。これを(10)式に代入して得られる関係式(11)を**気体の状態方程式**という。

$pV = nRT$　（気体定数：$R = 8.31 \times 10^3\text{Pa·L/(mol·K)}$）　(11)

圧力×体積＝物質量×気体定数×絶対温度
〔Pa〕〔L〕〔mol〕〔K〕

B 分子量の算出

モル質量 M〔g/mol〕の気体の質量が m〔g〕であるとき，その物質量 n〔mol〕は $\dfrac{m}{M}$〔mol〕である。

これを気体の状態方程式 $pV = nRT$ に代入すると，次式が得られる。

$pV = \dfrac{m}{M}RT$　または　$M = \dfrac{mRT}{pV}$　（R は気体定数）　(12)

(12)式に気体の圧力 p，体積 V，質量 m，絶対温度 T を代入すれば，モル質量 M を算出できるので，気体の分子量が求められる。

また，気体の質量 m〔g〕は気体の密度 d〔g/L〕と気体の体積 V〔L〕から，$m = dV$ と表すことができるので，(12)式より次式が得られる。

$M = \dfrac{dRT}{p}$　(13)

3 混合気体の圧力

A 分圧と全圧

温度 T〔K〕において，同じ容積 V〔L〕の２つの容器に，互いに化学反応しない気体Aと気体Bが，それぞれ n_A〔mol〕，n_B〔mol〕入っており，それぞれの圧力が p_A〔Pa〕，p_B〔Pa〕である場合，A，Bそれぞれについて，気体の状態方程式は次のようになる。

［気体A］　$p_A V = n_A RT$　⒁

［気体B］　$p_B V = n_B RT$　⒂

次に，気体Aと気体Bを同じ容積 V〔L〕の容器に混合したときの圧力を p〔Pa〕とすると，気体の状態方程式は次のようになる。教 p.46 図5

［混合気体］　$pV = (n_A + n_B)RT$　⒃

また，⒁式＋⒂式より，

$(p_A + p_B)V = (n_A + n_B)RT$　⒄

⒃式，⒄式より，

$p = p_A + p_B$　⒅

p_A，p_B のように，混合気体の全体積を各成分気体が単独で占めるときに示す圧力を**分圧**といい，p のように，混合気体全体が示す圧力を**全圧**という。⒅式より，全圧と分圧の間には，次の関係が成りたち，ドルトンの**分圧の法則**とよばれる。

「混合気体の全圧は，その成分気体の分圧の和に等しい」
「混合気体の全圧＝成分気体の分圧の和（$\boldsymbol{p = p_A + p_B}$）」

B 分圧と物質量・体積

●分圧と物質量の関係　⒁式と⒂式の辺々をわり算すると $\dfrac{p_A}{p_B} = \dfrac{n_A}{n_B}$ であるから，$p_A : p_B = n_A : n_B$ となる。すなわち，混合気体の成分気体の分圧の比は，成分気体の物質量の比に等しい。

●分圧と体積の関係　温度 T〔K〕が一定のもと，気体A（分圧 p_A）と気体B（分圧 p_B）を分離して，圧力を全圧と同じ p〔Pa〕にしたときの体積をそれぞれ V_A〔L〕，V_B〔L〕とすると，ボイルの法則から次式が成りたつ。

［気体A］　$p_A V = p V_A$　⒆

［気体B］　$p_B V = p V_B$　⒇

ここで，⒆式と⒇式の辺々をわり算すると $\dfrac{p_A}{p_B} = \dfrac{V_A}{V_B}$ であるから，

$p_A : p_B = V_A : V_B$ となる。すなわち，成分気体の分圧の比は，同温・同圧における成分気体の体積の比とも等しくなる。

まとめると，**「分圧の比＝物質量の比**（体積・温度一定では）　**分圧の比＝体積※の比」**（圧力・温度一定では）

※圧力を全圧と同じにしたとき

C 分圧とモル分率

成分気体 A，B の分圧 p_A，p_B は，混合気体の全圧 p を使って，次のように表せる。

$$\frac{(14)式}{(16)式} より \quad \frac{p_AV}{pV} = \frac{n_ART}{(n_A + n_B)RT} \quad ゆえに \quad p_A = p \times \frac{n_A}{n_A + n_B} \tag{21}$$

$$\frac{(15)式}{(16)式} より \quad \frac{p_BV}{pV} = \frac{n_BRT}{(n_A + n_B)RT} \quad ゆえに \quad p_B = p \times \frac{n_B}{n_A + n_B} \tag{22}$$

ここで，$\frac{n_A}{n_A + n_B}$ と $\frac{n_B}{n_A + n_B}$ は，混合気体の全物質量に対する成分気体の物質量の割合を表し，それぞれ気体 A，B の**モル分率**という。したがって，**混合気体中の成分気体の分圧は，全圧にモル分率をかけることによって求められる**。

D 平均分子量

混合気体についても気体の状態方程式や(12)式は成りたつが，そこで算出される分子量は，成分気体の分子量にモル分率をかけて足しあわせたもので，**平均分子量**(見かけの分子量)とよばれる。

例えば，気体 A，B が物質量の比で $n_A : n_B$ からなる混合気体を考えると，その混合気体の平均分子量 M は次のように求められる。

$$M = \underset{\text{A の分子量}}{M_A} \times \frac{n_A}{n_A + n_B} + \underset{\text{B の分子量}}{M_B} \times \frac{n_B}{n_A + n_B} \tag{23}$$

E 水上置換で捕集した気体の分圧

水上置換で捕集された気体は，水蒸気との混合気体である。例えば水素を水上置換で捕集すると，水素の分圧 p_{H_2} は，その温度での水の蒸気圧 p_{H_2O} および大気圧 p と右図のような関係になる。したがって，p_{H_2} は次のように求めることができる。

$$\underset{\text{水素の分圧}}{p_{H_2}} = \underset{\text{大気圧}}{p} - \underset{\text{水の蒸気圧}}{p_{H_2O}} \tag{24}$$

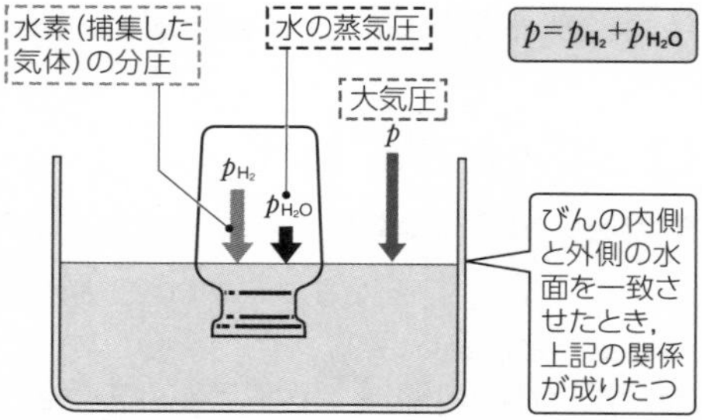

▲水上置換の気体の圧力と大気圧の関係

4 実在気体

A 実在気体と理想気体

●実在気体　気体の状態方程式 $pV = nRT$ に従う気体では，圧力 p が一定で温度 T を下げたり，温度 T が一定で圧力 p を大きくしたりすると，気体の体積 V は限りなく 0 に近づく。ところが，実際の気体は，体積が 0 になる前に液体や固体になってしまい，体積が 0 にはならない。このような実際に存在する気体を**実在気体**という。

実在気体では，気体の状態方程式が厳密には成りたたない。**教 p.50 表 1**

●理想気体　あらゆる条件下で気体の状態方程式に従う仮想的な気体を**理想気体**という。理想気体は，分子自身の占める体積が0で，分子間力がはたらかないと仮定した気体である。

B 実在気体の理想気体からのずれ

理想気体では，次の(25)式の値 Z は，圧力 p や温度 T に関係なく常に1となる。

$$\frac{pV}{nRT} = Z \qquad (\text{理想気体では，} Z = 1) \tag{25}$$

Z の値が1より大きくずれるほど，理想気体からかけ離れていることになる。

教 p.51 図8，p.52 図9

●圧力の影響　実在気体は，圧力を大きくすると分子自身の占める体積の影響が大きくなり，(25)式の Z の値は1より大きくなる。圧力を小さくすると分子自身の占める体積の影響が小さくなり，(25)式の Z の値は1に近くなる。教 p.51 図8

●温度の影響　実在気体は，温度を低くすると分子間力の影響が大きくなり，圧力の値が小さくなるので(25)式の Z の値は1より小さくなる。温度を高くすると分子間力の影響が小さくなり，(25)式の Z の値は1に近くなる。教 p.52 図9

以上より，**実在気体でも，高温・低圧では理想気体とみなして扱うことができる。**

●分子の種類　分子量が小さく，無極性分子からなる気体は分子間力の影響が小さくなり，理想気体に近くなる。

発展　実在気体の状態方程式

気体の状態方程式 $pV = nRT$ は**理想気体の状態方程式**ともよばれ，実在気体では，厳密には成りたたない。そこで，ファンデルワールス(オランダ)は，実在気体でも成りたつように，次の2つの補正を加えた**ファンデルワールスの状態方程式**を考案した。ここでは，実在気体の圧力を $p_{実}$〔Pa〕，実在気体の体積を $V_{実}$〔L〕とする。

①分子間力に対する補正　分子間力がはたらくと，分子が器壁に衝突するとき，近くの分子に引かれて圧力が低くなる(教 p.53 図A)。この分子間力による圧力の低下は気体分子の濃度 $\frac{n}{V_{実}}$ の2乗に比例する。比例定数を a（気体の種類によって異なる定数）とすると，**補正された圧力は** $\boldsymbol{p_{実} + \frac{n^2}{V_{実}{}^2}a}$ になる。

②分子自身の占める体積に対する補正　気体の体積とは，気体分子が自由に動ける体積のことであるが，分子自身の体積により，動ける体積が減少する(教 p.53 図B)。この減少する体積を排除体積とよび，1mol 当たりの排除体積を b（気体の種類によって異なる定数）とすると，**補正された体積は** $\boldsymbol{V_{実} - nb}$ になる。

以上より，$pV = nRT$ に補正された圧力と体積を代入すると，ファンデルワールスの状態方程式になる。

$$\left(p_{実} + \frac{n^2}{V_{実}{}^2}a\right)(V_{実} - nb) = nRT$$

なお，定数 a，b はファンデルワールス定数とよばれており，気体の種類によって決まる。教 p.53 表 A

問　題

問１（教 p.39）

(1)　1.0×10^5Pa で 6.0L を占める気体を，温度を一定に保ちながら体積を 2.0L に圧縮すると，圧力は何 Pa になるか。

(2)　1.0×10^5Pa で 25mL を占める気体を，温度を一定に保ちながら圧力を 5.0×10^4Pa にすると，体積は何 mL になるか。

考え方　ボイルの法則の(2)式 $p_1V_1 = p_2V_2$ を利用する。

解説&解答　(1)　求める圧力を p〔Pa〕とすると，

$$1.0 \times 10^5\text{Pa} \times 6.0\text{L} = p \times 2.0\text{L}$$

$$p = 3.0 \times 10^5\text{Pa}$$

答　**3.0×10^5Pa**

(2)　求める体積を V〔mL〕とすると，

$$1.0 \times 10^5\text{Pa} \times 25\text{mL} = 5.0 \times 10^4\text{Pa} \times V$$

$$V = 50\text{mL}$$

答　**50mL**

問２（教 p.41）

27℃，1.00×10^5Pa で 10.0L の窒素がある。同じ圧力のもとで，

(1)　温度を 177℃にすると，体積は何 L になるか。

(2)　体積を 18.0L にするためには，温度を何℃にすればよいか。

考え方　シャルルの法則の(7)式 $\dfrac{V_1}{T_1} = \dfrac{V_2}{T_2}$ を利用する。

解説&解答　(1)　求める体積を V〔L〕とすると，

$$\frac{10.0\text{L}}{(27 + 273)\text{K}} = \frac{V}{(177 + 273)\text{K}} \qquad V = 15.0\text{L}$$

答　**15.0L**

(2)　求める温度を T〔K〕とすると，

$$\frac{10.0\text{L}}{(27 + 273)\text{K}} = \frac{18.0\text{L}}{T} \qquad T = 540\text{K}$$

$540 - 273 = 267$ より，求める温度は 267℃

答　**267℃**

例題１（教 p.42）

27℃，1.0×10^5Pa で 60L の気体がある。この気体の温度を 77℃，圧力を 2.5×10^5Pa にすると，体積は何 L になるか。

考え方　ボイル・シャルルの法則の(8)式 $\dfrac{p_1V_1}{T_1} = \dfrac{p_2V_2}{T_2}$ を利用する。

解説&解答　求める体積を V〔L〕とすると,

$$\frac{1.0\times10^5\text{Pa}\times60\text{L}}{(27+273)\text{K}}=\frac{2.5\times10^5\text{Pa}\times V\text{〔L〕}}{(77+273)\text{K}}$$

$$V=28\text{L}$$

答　**28L**

類題 1（教 p.42）　27℃, 2.0×10^5Pa で 5.0L の水素がある。この水素の温度を 87℃, 体積を 3.0L にすると, 圧力は何 Pa になるか。

考え方　ボイル・シャルルの法則の(8)式 $\frac{p_1V_1}{T_1}=\frac{p_2V_2}{T_2}$ を利用する。

解説&解答　求める圧力を p〔Pa〕とすると,

$$\frac{2.0\times10^5\text{Pa}\times5.0\text{L}}{(27+273)\text{K}}=\frac{p\times3.0\text{L}}{(87+273)\text{K}}$$

$$p=4.0\times10^5\text{Pa}$$

答　**4.0×10^5Pa**

問 3（教 p.44）　27℃, 1.5×10^5Pa で 8.3L の気体がある。この気体の物質量は何 mol か。ただし, 気体定数は $R=8.3\times10^3$Pa·L/(mol·K) とする。

考え方　気体の状態方程式 $pV=nRT$ を利用する。

解説&解答　気体の状態方程式 $pV=nRT$ を n について変形して,

$$n=\frac{pV}{RT}=\frac{1.5\times10^5\text{Pa}\times8.3\text{L}}{8.3\times10^3\text{Pa·L/(mol·K)}\times(27+273)\text{K}}=0.50\text{mol}$$

答　**0.50mol**

例題 2（教 p.45）　ある気体 10g をとり, 27℃, 1.0×10^5Pa のもとで体積を測定したところ, 8.3L であった。この気体の分子量を求めよ。
ただし, 気体定数は $R=8.3\times10^3$Pa·L/(mol·K) とする。

考え方　(12)式 $M=\frac{mRT}{pV}$ に, $p=1.0\times10^5$Pa, $V=8.3$L, $m=10$g, $R=8.3\times10^3$Pa·L/(mol·K), $T=(27+273)$K を代入してモル質量 M〔g/mol〕を求める。

解説&解答

$$M=\frac{mRT}{pV}=\frac{10\text{g}\times8.3\times10^3\text{Pa·L/(mol·K)}\times(27+273)\text{K}}{1.0\times10^5\text{Pa}\times8.3\text{L}}$$

$$=30\text{g/mol}$$

よって, 分子量は 30

答　**30**

類題 2（教 p.45）　ある揮発性の物質 2.4g を気体にしたところ, 77℃, 1.0×10^5Pa で, 体積は 1.2L であった。この物質の分子量を求めよ。
ただし, 気体定数は $R=8.3\times10^3$Pa·L/(mol·K) とする。

考え方　(12)式 $M=\frac{mRT}{pV}$ に, $p=1.0\times10^5$Pa, $V=1.2$L, $m=2.4$g, $R=8.3\times10^3$Pa·L/(mol·K), $T=(77+273)$K を代入してモル質量 M〔g/mol〕を求める。

解説&解答 $M = \frac{mRT}{pV} = \frac{2.4\,\mathrm{g} \times 8.3 \times 10^3\,\mathrm{Pa \cdot L/(mol \cdot K)} \times (77 + 273)\,\mathrm{K}}{1.0 \times 10^5\,\mathrm{Pa} \times 1.2\,\mathrm{L}}$

$= 58.1\,\mathrm{g/mol} \fallingdotseq 58\,\mathrm{g/mol}$

よって，分子量は 58　**答** **58**

例題 3
(教 p.47) 温度が一定で，2.0×10^5Pa の窒素 6.0L と 1.0×10^5Pa の水素 3.0L を，5.0L の容器に入れた。窒素と水素の分圧と混合気体の全圧を求めよ。

考え方 ボイルの法則の(2)式 $p_1V_1 = p_2V_2$ から窒素の分圧と水素の分圧をそれぞれ求め，分圧の法則の(18)式 $p = p_A + p_B$ から全圧を求める。

解説&解答 窒素の分圧を p_{N_2}〔Pa〕，水素の分圧を p_{H_2}〔Pa〕，全圧を p〔Pa〕とおく。温度が一定であるから，ボイルの法則の(2)式より，

$2.0 \times 10^5\,\mathrm{Pa} \times 6.0\,\mathrm{L} = p_{N_2} \times 5.0\,\mathrm{L}$　　$p_{N_2} = 2.4 \times 10^5\,\mathrm{Pa}$

$1.0 \times 10^5\,\mathrm{Pa} \times 3.0\,\mathrm{L} = p_{H_2} \times 5.0\,\mathrm{L}$　　$p_{H_2} = 6.0 \times 10^4\,\mathrm{Pa}$

分圧の法則より，

$p = p_{N_2} + p_{H_2} = 2.4 \times 10^5\,\mathrm{Pa} + 0.60 \times 10^5\,\mathrm{Pa} = 3.0 \times 10^5\,\mathrm{Pa}$

答 p_{N_2} = **2.4×10^5Pa**，p_{H_2} = **6.0×10^4Pa**，p = **3.0×10^5Pa**

類題 3
(教 p.47) 温度が一定で，1.6×10^5Pa の酸素 3.0L と 2.4×10^5Pa の窒素 2.0L を 4.0L の容器に入れた。酸素の分圧と混合気体の全圧を求めよ。

考え方 ボイルの法則の(2)式 $p_1V_1 = p_2V_2$ と分圧の法則の(18)式 $p = p_A + p_B$ から全圧を求める。

解説&解答 酸素の分圧を p_{O_2}〔Pa〕，窒素の分圧を p_{N_2}〔Pa〕，全圧を p〔Pa〕とすると，

$1.6 \times 10^5\,\mathrm{Pa} \times 3.0\,\mathrm{L} = p_{O_2} \times 4.0\,\mathrm{L}$　　$p_{O_2} = 1.2 \times 10^5\,\mathrm{Pa}$

$2.4 \times 10^5\,\mathrm{Pa} \times 2.0\,\mathrm{L} = p_{N_2} \times 4.0\,\mathrm{L}$　　$p_{N_2} = 1.2 \times 10^5\,\mathrm{Pa}$

分圧の法則より，

$p = p_{O_2} + p_{N_2} = 1.2 \times 10^5\,\mathrm{Pa} + 1.2 \times 10^5\,\mathrm{Pa} = 2.4 \times 10^5\,\mathrm{Pa}$

答 酸素の分圧：**1.2×10^5Pa**，混合気体の全圧：**2.4×10^5Pa**

問 4
(教 p.48) 空気は，窒素と酸素が物質量の比 4：1 で混合した気体と考えられる。1×10^5Pa の空気の窒素と酸素の分圧をそれぞれ求めよ。

考え方 混合気体中の成分気体の分圧は，全圧にモル分率をかけることによって求められる。

解説&解答 窒素の分圧：$1 \times 10^5\,\mathrm{Pa} \times \frac{4}{4 + 1}$ = **8×10^4Pa**　**答**

酸素の分圧：$1 \times 10^5\,\mathrm{Pa} \times \frac{1}{4 + 1}$ = **2×10^4Pa**　**答**

問 5
(教 p.48) 空気は，窒素と酸素が物質量の比 4：1 で混合した気体と考えられる。空気の平均分子量を求めよ。　(N = 14.0，O = 16.0)

考え方　混合気体の平均分子量は，成分気体の分子量にモル分率をかけて足しあわせて求められる。

解説&解答　窒素 N_2 の分子量は 28.0，酸素 O_2 の分子量は 32.0 より，

$$28.0 \times \frac{4}{4+1} + 32.0 \times \frac{1}{4+1} = 28.8$$

答　**28.8**

例題 4
(教 p.49)　水素を水上置換で捕集したところ，27℃，1.04×10^5Pa で 249mL の気体が得られた。得られた水素の物質量は何 mol か。有効数字 2 桁で答えよ。ただし，気体定数は $R = 8.3 \times 10^3$Pa·L/(mol·K)，27℃での水の蒸気圧は 4.0×10^3Pa とする。

考え方　捕集した気体は，水素と水蒸気の混合気体であるから，水素の分圧は全圧から水蒸気の分圧(水の蒸気圧)を差し引いて求める。

解説&解答　水素の分圧は，$1.04 \times 10^5\text{Pa} - 4.0 \times 10^3\text{Pa} = (1.04 - 0.040) \times 10^5\text{Pa}$
$= 1.00 \times 10^5\text{Pa}$

よって，気体の状態方程式 $pV = nRT$ から，求める物質量 n は，

$$n = \frac{pV}{RT} = \frac{1.00 \times 10^5\text{Pa} \times \frac{249}{1000}\text{L}}{8.3 \times 10^3\text{Pa·L/(mol·K)} \times (27 + 273)\text{K}}$$

$= \mathbf{0.010\,mol}$　答

類題 4
(教 p.49)　一酸化窒素を水上置換で捕集したところ，27℃，1.04×10^5Pa で 830mL の気体が得られた。得られた一酸化窒素の質量は何 g か。有効数字 2 桁で答えよ。ただし，気体定数は $R = 8.3 \times 10^3$Pa·L/(mol·K)，27℃での水の蒸気圧は 4.0×10^3Pa とする。　(N = 14，O = 16)

考え方　捕集した気体は，一酸化窒素と水蒸気の混合気体である。大気圧から水の蒸気圧を差し引くと一酸化窒素の分圧が求められる。

解説&解答　一酸化窒素の分圧は，$1.04 \times 10^5\text{Pa} - 4.0 \times 10^3\text{Pa} = 1.00 \times 10^5\text{Pa}$

一酸化窒素 NO の分子量は 30 で，その質量は，$pV = \frac{m}{M}RT$ より，

$$m = \frac{pVM}{RT} = \frac{1.00 \times 10^5\text{Pa} \times \frac{830}{1000}\text{L} \times 30\text{g/mol}}{8.3 \times 10^3\text{Pa·L/(mol·K)} \times (27 + 273)\text{K}}$$

$= \mathbf{1.0g}$　答

問 6
(教 p.52)　300K，1.0×10^5Pa の水素と，400K，5.0×10^4Pa の水素では，どちらが理想気体に近いか。

考え方　(25)式 $\frac{pV}{nRT} = Z$ で，理想気体では Z の値は p や T に関係なく一定で，常に 1 である。実在気体では，T が大きい(高温)ほど，p が 0 に近づく(低圧)ほど理想気体に近づく。

解説&解答　実在気体は，高温·低圧では理想気体とみなして扱うことができる。

答　**400K，5.0×10^4Pa の水素**

考 **問7** (教 p.52)

図は1molの水素H_2，二酸化炭素CO_2，酸素O_2の3種類の気体の，横軸に圧力p，縦軸に$Z=\frac{pV}{RT}$をとったときのグラフで，実線は300K，破線は400Kのものを示している。Vは気体の体積(モル体積)，Tは絶対温度，Rは気体定数である。

(1) 図の破線は，図の実線①～③のどれと同じ気体のグラフか。

(2) 水素の300Kのときのグラフと二酸化炭素の300Kのときのグラフは図の実線①～③のうちのどれか。

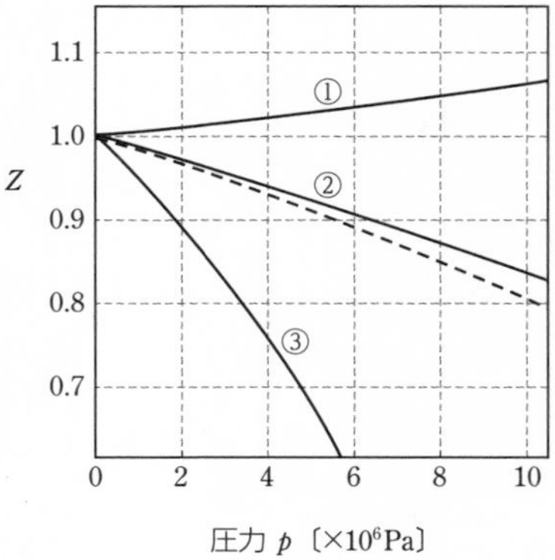

考え方 理想気体は，$Z=\frac{pV}{nRT}$の値は常に1となるが，実在気体は圧力，温度などの条件によりZの値が1からずれるほど，理想気体からかけ離れる。

解説&解答 (1) 高温なほど理想気体に近いので，400Kのときより理想気体から離れているものを選ぶ。 **答** ③

(2) 分子量が小さい分子ほど理想気体に近いので，水素は最も理想気体に近いグラフ，二酸化炭素は理想気体から最も離れたグラフを選ぶ。 **答** 水素：① 二酸化炭素：③

問A (教 p.53)

1.0molの酸素を27℃で1.0Lにしたときの圧力pを，理想気体の状態方程式を使って求めよ。また，ファンデルワールスの状態方程式を使った場合の圧力$p_{実}$も求めよ。
気体定数は$R=8.3\times10^3\,\text{Pa·L/(mol·K)}$とし，ファンデルワールス定数は教 p.53 表Aのものを用いよ。

考え方 理想気体の状態方程式$pV=nRT$は実在気体では厳密には成りたたないので，分子間力に対する補正と分子自身の占める体積に対する補正を加えたものが，ファンデルワールスの状態方程式である。

解説&解答 理想気体の状態方程式における圧力をpとすると，$pV=nRT$より，

$$p=\frac{nRT}{V}=\frac{1.0\,\text{mol}\times8.3\times10^3\,\text{Pa·L/(mol·K)}\times(27+273)\,\text{K}}{1.0\,\text{L}}$$

$$=2.49\times10^6\,\text{Pa}\fallingdotseq\mathbf{2.5\times10^6\,Pa}$$ **答**

ファンデルワールスの状態方程式における圧力を$p_{実}$とすると，

$$\left(p_{実}+\frac{n^2}{V_{実}{}^2}a\right)(V_{実}-nb)=nRT$$ より，

$$p_{実}=\frac{nRT}{V_{実}-nb}-\frac{n^2}{V_{実}{}^2}a$$

$$= \frac{1.0\,\text{mol} \times 8.3 \times 10^3\,\text{Pa·L/(mol·K)} \times (27 + 273)\,\text{K}}{1.0\,\text{L} - 1.0\,\text{mol} \times 0.0319\,\text{L/mol}}$$

$$- \frac{(1.0\,\text{mol})^2}{(1.0\,\text{L})^2} \times 138000\,\text{Pa·L}^2/\text{mol}^2$$

$$= 2.43\cdots \times 10^6\,\text{Pa} \fallingdotseq \mathbf{2.4 \times 10^6\,Pa}$$ 答

思考学習　気体の蒸気圧と状態方程式

教 p.57

気体の状態方程式やボイル・シャルルの法則は，気体において成りたつ関係式である。したがって，気体の一部が凝縮して気体と液体が共存する可能性がある場合は，単純にこれらの関係式を用いることはできない。次の問題を考えてみよう。

問題　水 1.8g を体積 8.3L の密閉容器に入れ，温度を 77℃ に保った。次に容器を冷却し，温度を 27℃ に保った。77℃ と 27℃ における容器内の気体の圧力を求めよ。気体定数は $R = 8.3 \times 10^3\,\text{Pa·L/(mol·K)}$，
水の蒸気圧は 27℃ で $3.6 \times 10^3\,\text{Pa}$，77℃ で $4.2 \times 10^4\,\text{Pa}$ とし，液体の水の体積は無視できるものとする。　(H = 1.0，O = 16)

例えば 27℃ の場合，容器内の気体の圧力を p_1〔Pa〕として，気体の状態方程式から，

$$p_1\,[\text{Pa}] \times 8.3\,\text{L} = \frac{1.8\,\text{g}}{18\,\text{g/mol}} \times 8.3 \times 10^3\,\text{Pa·L/(mol·K)} \times 300\,\text{K}$$

と何の断りもなく立式してはならない。なぜなら，この式は容器内に入れた 1.8g の水がすべて気体のときしか成立しない式だからである。

一般に，揮発性の液体を密閉容器に入れた場合，「①すべて気体」「②気体と液体が共存」のどちらの状態かわからないため，圧力を気体の関係式から計算するときには注意が必要である。このようなときは，蒸気圧を利用して次のように考えるのがよい。

Step 1　その物質がすべて気体と仮定して，気体の関係式から，仮の圧力を計算する。

Step 2　得られた仮の圧力を，その温度におけるその気体の蒸気圧の値と比べる。

①仮の圧力≦蒸気圧のとき，
→仮定は正しく，すべて気体として存在。
気体の圧力は，計算した仮の圧力の値。

②仮の圧力＞蒸気圧のとき，
→仮定は誤りで，気体と液体が共存する。
気体の圧力は，蒸気圧の値。

①
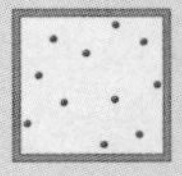
すべて気体

②

気体と液体が共存

考察1　上の問題で，77 ℃と 27 ℃のときの容器内の気体の圧力をそれぞれ求めよ。

考察2　上の問題で，77 ℃と 27 ℃のときに容器内に存在する液体の水の質量をそれぞれ求めよ。

解説&解答　**1**　77℃のとき，容器内の水がすべて気体だと仮定して，その圧力を p_1〔Pa〕とおく。$pV = nRT$ より，

$$p_1 \times 8.3\,\text{L} = \frac{1.8\,\text{g}}{18\,\text{g/mol}} \times 8.3 \times 10^3\,\text{Pa·L/(mol·K)} \times 350\,\text{K}$$

$$p_1 = 3.5 \times 10^4\,\text{Pa}$$

この圧力は77℃における水の蒸気圧 4.2×10^4 Pa より小さいので，仮定は正しく，水はすべて気体で存在する。よって，求める圧力は 3.5×10^4 Pa。27℃のときも同様に，すべて気体だと仮定したときの圧力 p_2〔Pa〕は，

$$p_2 \times 8.3\,\text{L} = \frac{1.8\,\text{g}}{18\,\text{g/mol}} \times 8.3 \times 10^3\,\text{Pa·L/(mol·K)} \times 300\,\text{K}$$

$$p_2 = 3.0 \times 10^4\,\text{Pa}$$

この圧力は27℃における水の蒸気圧 3.6×10^3 Pa より大きいので，仮定は誤りで，水は気体と液体が共存する。よって，容器内の気体の圧力は蒸気圧に等しく，3.6×10^3 Pa。

答　77℃のとき：**3.5×10^4 Pa**，27℃のとき：**3.6×10^3 Pa**

2　77℃のときは容器内の水はすべて気体なので，液体の水は0g。27℃のときの気体の水の質量を m〔g〕とすると，$pV = nRT$ より，

$$3.6 \times 10^3\,\text{Pa} \times 8.3\,\text{L} = \frac{m}{18\,\text{g/mol}} \times 8.3 \times 10^3\,\text{Pa·L/(mol·K)} \times 300\,\text{K}$$

よって，$m = 0.216$ g

液体の水の質量は，

$$1.8\,\text{g} - 0.216\,\text{g} = 1.584\,\text{g} \fallingdotseq 1.6\,\text{g}$$

答　77℃のとき：**0g**，27℃のとき：**1.6g**

章 末 問 題

教 p.58 ～ p.59

必要があれば，原子量は次の値を使うこと。気体定数 $R = 8.3 \times 10^3$ Pa·L/(mol·K) とする。

H = 1.0，He = 4.0，C = 12，N = 14，O = 16，Cl = 35.5

1　0℃，1.0×10^5 Pa で 10L の気体の温度と圧力を次のように変化させると，体積は何 L になるか。

(1)　0℃，1.0×10^3 Pa　　(2)　273℃，1.0×10^5 Pa

(3)　− 27.3℃，2.5×10^5 Pa

考え方　(1)　温度一定なので，ボイルの法則を用いる。

(2)　圧力一定なので，シャルルの法則を用いる。

(3)　温度と圧力が変化するので，ボイル・シャルルの法則を用いる。

解説&解答

求める体積を V〔L〕とすると，

(1)　ボイルの法則より，$1.0\times10^5\text{Pa}\times10\text{L}=1.0\times10^3\text{Pa}\times V$

$V=1.0\times10^3\text{L}$　　**答　1.0×10^3L**

(2)　シャルルの法則より，$\dfrac{10\text{L}}{273\text{K}}=\dfrac{V}{(273+273)\text{K}}$

$V=20\text{L}$　　**答　20L**

(3)　ボイル・シャルルの法則より，

$$\frac{1.0\times10^5\text{Pa}\times10\text{L}}{273\text{K}}=\frac{2.5\times10^5\text{Pa}\times V}{(-27.3+273)\text{K}}$$

$V=3.6\text{L}$　　**答　3.6L**

2　理想気体について，(1)～(5)のときの x と y との関係は，それぞれ(ア)～(オ)のどのグラフで示すことができるか。

(1)　温度と圧力が一定のときの，気体の物質量 x と体積 y との関係

(2)　物質量と温度が一定のときの，気体の圧力 x と体積 y との関係

(3)　物質量と圧力が一定のときの，気体の絶対温度 x と体積 y との関係

(4)　物質量と温度が一定のときの，気体の圧力 x と圧力と体積の積 y との関係

(5)　物質量と体積が一定のときの，気体の絶対温度 x と圧力 y との関係

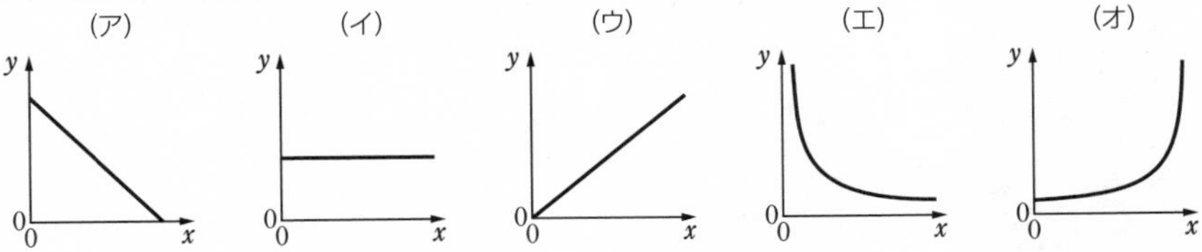

考え方　気体の状態方程式 $pV=nRT$ を変形して考える。

解説&解答

(1)　$V=\dfrac{RT}{p}\times n$ において，T と p が一定のとき，$\dfrac{RT}{p}$ は定数となり，V と n は $y=ax$ の関係になり，グラフは原点を通る傾きが正の直線になる。　　**答　(ウ)**

(2)　$V=nRT\times\dfrac{1}{p}$ において，n と T が一定のとき，nRT は定数となり，V と p は $y=\dfrac{a}{x}$ の関係になり，グラフは双曲線の一部になる。　　**答　(エ)**

(3)　$V=\dfrac{nR}{p}\times T$ において，n と p が一定のとき，$\dfrac{nR}{p}$ は定数となり，V と T は $y=ax$ の関係になり，グラフは原点を通る傾きが正の直線になる。　　**答　(ウ)**

(4) y は p と V の積なので，$y=pV=nRT$ である。n と T が一定のとき，$y=$ 定数の関係になり，グラフは x 軸に平行な直線になる。 **答** (イ)

(5) $p=\dfrac{nR}{V}\times T$ において，n と V が一定のとき，$\dfrac{nR}{V}$ は定数となり，p と T は $y=ax$ の関係になり，グラフは原点を通る傾きが正の直線になる。 **答** (ウ)

3 次の(1)〜(3)に当てはまる気体を(ア)〜(オ)からそれぞれ選べ。

(1) 同温・同圧で，密度が最も大きいもの。

(2) 同温・同圧で，一定質量の気体の体積が最も大きいもの。

(3) 同温・同圧で，一酸化窒素 NO と最も密度の近いもの。

(ア) He (イ) CO (ウ) Cl_2 (エ) CO_2 (オ) CH_4

考え方 気体の状態方程式 $pV=\dfrac{m}{M}RT$ を変形して考える。

解説&解答

各気体の分子量は，(ア) He $=4.0$ (イ) CO$=12+16=28$ (ウ) $Cl_2=35.5\times 2=71$
(エ) $CO_2=12+16\times 2=44$ (オ) $CH_4=12+1.0\times 4=16$

(1) $pV=\dfrac{m}{M}RT$ を変形すると，$pM=\dfrac{m}{V}RT$

気体の密度 d〔g/L〕$=\dfrac{m}{V}$ を代入すると，

$pM=dRT$ より，$d=\dfrac{p}{RT}\times M$

T，p が一定のとき，$\dfrac{p}{RT}$ は定数となり，密度 d はモル質量 M，すなわち分子量に比例する。

よって，密度が最も大きい気体は，分子量が最も大きい(ウ) **答**

(2) $pV=\dfrac{m}{M}RT$ を変形すると，$V=\dfrac{mRT}{p}\times\dfrac{1}{M}$

T，p，m が一定のとき，$\dfrac{mRT}{p}$ は定数となり，体積 V はモル質量 M，すなわち分子量に反比例する。

よって，体積が最も大きい気体は，分子量が最も小さい(ア) **答**

(3) (1)で求めたように，密度は分子量に比例する。

NO と最も密度が近い気体は，NO と最も分子量が近い気体である。一酸化窒素 NO の分子量は 14+16=30 なので，最も分子量が 30 に近いのは(イ) **答**

4 互いに反応しない 2 種類の気体 A, B がある。次の問いに有効数字 2 桁で答えよ。

(1) 気体 A 25g は 27℃，5.0×10^5Pa で体積は 4.15L である。A の分子量はいくらか。

(2) 気体 A 12g と気体 B 9.6g からなる混合気体 16.6L の全圧を 27℃で測定したところ，1.5×10^5Pa であった。この混合気体中での A の分圧ならびに B の分圧，および B の分子量を求めよ。

考え方　(1)　気体の状態方程式 $pV=\dfrac{m}{M}RT$ を利用して M を求める。

(2)　分圧の法則が成りたつ。また，分圧の比＝物質量の比　を利用する。

解説&解答

(1)　気体Aのモル質量を M〔g/mol〕とすると，$pV=\dfrac{m}{M}RT$ より，

$$M=\frac{mRT}{pV}=\frac{25\,\mathrm{g}\times 8.3\times 10^3\,\mathrm{Pa\cdot L/(mol\cdot K)}\times(27+273)\,\mathrm{K}}{5.0\times 10^5\,\mathrm{Pa}\times 4.15\,\mathrm{L}}$$
$$=30\,\mathrm{g/mol}$$

答　30

(2)　混合気体の物質量は，$pV=nRT$ より，

$$n=\frac{pV}{RT}=\frac{1.5\times 10^5\,\mathrm{Pa}\times 16.6\,\mathrm{L}}{8.3\times 10^3\,\mathrm{Pa\cdot L/(mol\cdot K)}\times(27+273)\,\mathrm{K}}=1.0\,\mathrm{mol}$$

Aの物質量は $\dfrac{12\,\mathrm{g}}{30\,\mathrm{g/mol}}=0.40\,\mathrm{mol}$ なので，

Bの物質量は $1.0\,\mathrm{mol}-0.40\,\mathrm{mol}=0.60\,\mathrm{mol}$

Aの分圧 p_A〔Pa〕は，$p_A=1.5\times 10^5\,\mathrm{Pa}\times\dfrac{0.40\,\mathrm{mol}}{1.0\,\mathrm{mol}}=6.0\times 10^4\,\mathrm{Pa}$

Bの分圧 p_B〔Pa〕は，$p_B=1.5\times 10^5\,\mathrm{Pa}\times\dfrac{0.60\,\mathrm{mol}}{1.0\,\mathrm{mol}}=9.0\times 10^4\,\mathrm{Pa}$

Bのモル質量は，$\dfrac{9.6\,\mathrm{g}}{0.60\,\mathrm{mol}}=16\,\mathrm{g/mol}$

答　Aの分圧：**6.0×10^4Pa**，Bの分圧：**9.0×10^4Pa**，Bの分子量：**16**

5　図のように，温度によって体積が変化しない耐圧容器A，BがコックCで連結されている。容器A，Bの容積は，それぞれ4.0L，1.0Lである。また，容器Bには着火装置がついている。次のような操作を行った。

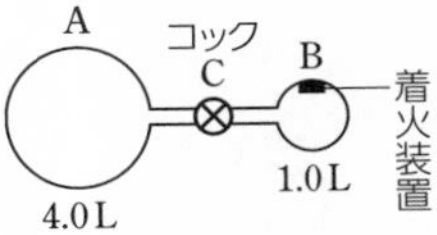

〔操作1〕　27℃で，コックを閉じた状態で，容器Aにメタン0.050mol，容器Bに酸素0.10molをそれぞれ封入した。

〔操作2〕　コックCを開けてしばらく放置した。

〔操作3〕　着火装置を使用したところ，容器内の気体は完全燃焼した。その後，容器A，Bを27℃に保った。

次の問いに答えよ。ただし，連結部や液体の水の体積は無視できる。27℃の水の蒸気圧は 3.6×10^3Paとする。

(1)　〔操作1〕の後の容器B内の圧力は何Paか。

(2)　〔操作2〕の後の容器内の酸素の分圧と全圧はそれぞれ何Paか。

(3)　〔操作3〕の後の容器内の全圧は何Paか。

考え方　(2)　容器A，Bについてボイルの法則が成りたつ。これより，酸素の分圧を求める。

［別解］　混合気体についても気体の状態方程式 $pV=nRT$ は成りたつ。また，分圧＝全圧×モル分率　を利用して全圧を求めることもできる。

(3) 起こった化学反応は，$CH_4 + 2O_2 \longrightarrow CO_2 + 2H_2O$ である。
〔操作3〕の後，存在する気体は，CO_2：0.050 mol および H_2O である（生じた 0.10 mol の水が，すべてが気体として存在しているかを調べる必要がある）。まず，それぞれの分圧を求め，全圧＝分圧の和より，全圧を求める。

解説&解答

(1) 〔操作1〕後の容器B内の酸素の圧力を p_1〔Pa〕とすると，$pV = nRT$ より，

$$p_1 = \frac{nRT}{V} = \frac{0.10\,\text{mol} \times 8.3 \times 10^3\,\text{Pa·L/(mol·K)} \times (27 + 273)\,\text{K}}{1.0\,\text{L}}$$
$$= 2.49 \times 10^5\,\text{Pa} \fallingdotseq 2.5 \times 10^5\,\text{Pa}$$

答 $\mathbf{2.5 \times 10^5\,Pa}$

(2) 〔操作2〕後の酸素の分圧を p_{O_2}〔Pa〕とすると，$p_1V_1 = p_2V_2$ より，

$$2.49 \times 10^5\,\text{Pa} \times 1.0\,\text{L} = p_{O_2} \times (1.0 + 4.0)\,\text{L}$$
$$p_{O_2} = 4.98 \times 10^4\,\text{Pa} \fallingdotseq 5.0 \times 10^4\,\text{Pa}$$

容器内には 0.050mol ＋ 0.10mol ＝ 0.15mol の混合気体が存在し，気体の圧力は，同温・同体積では物質量に比例するので，全圧を p_2〔Pa〕とすると，

$$p_2 = 4.98 \times 10^4\,\text{Pa} \times \frac{0.15\,\text{mol}}{0.10\,\text{mol}} = 7.47 \times 10^4\,\text{Pa} \fallingdotseq 7.5 \times 10^4\,\text{Pa}$$

答 酸素の分圧：$\mathbf{5.0 \times 10^4\,Pa}$，全圧：$\mathbf{7.5 \times 10^4\,Pa}$

(3) 〔操作3〕で容器内の気体は完全燃焼したので，各物質の変化は，

	CH_4	＋ $2O_2$	⟶ CO_2	＋ $2H_2O$	
（反応前）	0.050	0.10	0	0	(mol)
（変化量）	−0.050	−0.10	＋0.050	＋0.10	(mol)
（反応後）	0	0	0.050	0.10	(mol)

生成した CO_2 は 0.050 mol であり，その分圧 p_{CO_2}〔Pa〕は，

$$p_{CO_2} = \frac{0.050\,\text{mol} \times 8.3 \times 10^3\,\text{Pa·L/(mol·K)} \times 300\,\text{K}}{5.0\,\text{L}} = 2.49 \times 10^4\,\text{Pa}$$

生成した H_2O は 0.10 mol であり，すべて気体として存在すると仮定すると，その分圧 p_{H_2O}〔Pa〕は，

$$p_{H_2O} = \frac{0.10\,\text{mol} \times 8.3 \times 10^3\,\text{Pa·L/(mol·K)} \times 300\,\text{K}}{5.0\,\text{L}} = 4.98 \times 10^4\,\text{Pa}$$

これは，27℃の水の蒸気圧 3.6×10^3 Pa より大きいので，仮定は誤りで，容器内には気体の水（水蒸気）と液体の水が共存する。よって，気体の水（水蒸気）の分圧 p_{H_2O}〔Pa〕は，蒸気圧と同じ 3.6×10^3 Pa。

したがって，容器内の全圧 p〔Pa〕は，

$$p = p_{CO_2} + p_{H_2O} = 2.49 \times 10^4\,\text{Pa} + 3.6 \times 10^3\,\text{Pa}$$
$$= 2.85 \times 10^4\,\text{Pa} \fallingdotseq 2.9 \times 10^4\,\text{Pa}$$

答 $\mathbf{2.9 \times 10^4\,Pa}$

6 水素を水上置換で捕集したところ，27℃，1.0×10^5 Pa で 516 mL の水蒸気が飽和した混合気体が得られた。この混合気体から水蒸気を除いたところ，同じ温度・圧力のもとで 498 mL になった。次の問いに有効数字2桁で答えよ。

(1) 水上置換で捕集された混合気体中の水蒸気の分圧は何 Pa か。

(2) 水上置換で捕集された混合気体中の水素の物質量は何 mol か。

考え方　水上置換で捕集された気体は，水素と水蒸気の混合気体である。1.0×10^5 Pa で 516mL あった混合気体から水蒸気を除いたら 498mL になったということは，この圧力での体積の減少分が水蒸気であったといえる。

解説&解答

(1)　水蒸気の体積は，取り除いた後に減少した分であるので，

$$516\,\text{mL} - 498\,\text{mL} = 18\,\text{mL}$$

成分気体の分圧の比は，同温・同圧における成分気体の体積の比と等しいので，水蒸気の分圧 p_{H_2O}〔Pa〕は，

$$p_{H_2O} = 1.0 \times 10^5\,\text{Pa} \times \frac{18\,\text{mL}}{516\,\text{mL}} = 3.48\cdots \times 10^3\,\text{Pa} \fallingdotseq \mathbf{3.5 \times 10^3\,Pa}$$ **答**

(2)　水素の物質量を n〔mol〕とすると，$pV = nRT$ より，

$$n = \frac{pV}{RT} = \frac{1.0 \times 10^5\,\text{Pa} \times \frac{498}{1000}\,\text{L}}{8.3 \times 10^3\,\text{Pa·L/(mol·K)} \times (27 + 273)\,\text{K}} = \mathbf{2.0 \times 10^{-2}\,mol}$$ **答**

考えてみよう！

7　理想気体 1mol について，圧力 p，体積 V および絶対温度 T の関係を右図に示した。この図に関して誤りを含む式は(ア)〜(オ)のどれか。理由とともに答えよ。

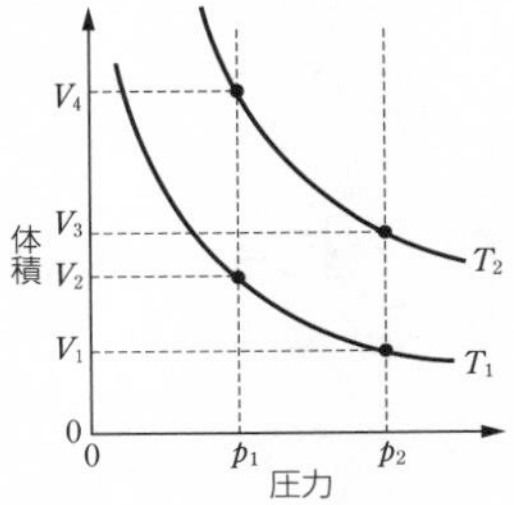

(ア)　$T_2 > T_1$　　(イ)　$p_2V_1 = p_1V_2$

(ウ)　$\dfrac{V_1}{T_1} = \dfrac{V_4}{T_2}$　　(エ)　$\dfrac{p_1V_2}{T_1} = \dfrac{p_2V_3}{T_2}$

(オ)　$p_1(V_2 + V_4) = p_2(V_1 + V_3)$

考え方　気体の状態方程式 $pV = nRT$ において，$n = 1$ だから nR は定数となり，図はボイル・シャルルの法則を表すグラフとなる。

解説&解答

(ア)　同じ圧力で比較すると，T_2 のときのほうが体積が大きいので，シャルルの法則より $T_2 > T_1$ は正しい。

(イ)　$(p_2,\ V_1)$，$(p_1,\ V_2)$ は，同じ温度 T_1 の双曲線上にあるので，ボイルの法則が成りたち，$p_2V_1 = p_1V_2$ は正しい。

(ウ)　理由：グラフより，温度 T_1，体積 V_1 のときの圧力は p_2，温度 T_2，体積 V_4 のときの圧力は p_1 で，圧力が異なる。シャルルの法則は圧力が同じでないと成立しないので，$\dfrac{V_1}{T_1} = \dfrac{V_4}{T_2}$ は誤りである。 **答**

(エ)　ボイル・シャルルの法則 $\dfrac{pV}{T} = k$ は，気体の物質量が一定ならば常に成りたつので，$\dfrac{p_1V_2}{T_1} = \dfrac{p_2V_3}{T_2}$ は正しい。

(オ)　ボイルの法則より，温度 T_1 のとき，$p_1V_2 = p_2V_1$ …①
温度 T_2 のとき，$p_1V_4 = p_2V_3$ …②

①式＋②式より，$p_1(V_2 + V_4) = p_2(V_1 + V_3)$ は正しい。

第4章　溶液

教 p.60 ～ p.88

1 溶解とそのしくみ

A 溶解

●溶液　液体に他の物質が溶けて均一な液体になることを**溶解**という。他の物質を溶解する液体を**溶媒**，溶媒に溶かす物質を**溶質**，溶解によってできた均一な混合物を**溶液**という。溶媒が水の場合の溶液を特に**水溶液**という。教 p.60 図 1

●溶質　溶質は，固体，液体，気体のどの状態でもよい。液体どうしの混合では，一般に物質量の多いほうを溶媒，少ないほうを溶質として扱う。

●溶媒　溶媒は，極性分子からなるもの(極性溶媒)と無極性分子からなるもの(無極性溶媒)に分けられる。

●電解質と非電解質　物質が水溶液中などでイオンに分かれることを**電離**といい，水に溶けたときに電離する物質を**電解質**という。電解質の水溶液は電気を通す。電解質は，水溶液中でほぼ完全に電離する**強電解質**と，一部しか電離しない**弱電解質**に分けられる。水に溶けても電離しない物質を**非電解質**という。非電解質の水溶液は電気を通さない。

B イオン結晶の水への溶解

●水和　極性溶媒である水(教 p.61 図 2)に塩化ナトリウム NaCl のようなイオン結晶を入れると，結晶表面のイオンに水分子が静電気力によって引きつけられる。このように，溶質粒子が水分子を強く引きつける現象を**水和**(溶媒が水以外の場合は**溶媒和**)といい，水和しているイオンを**水和イオン**という。水和イオンは水中に拡散していき，全体として均一になる。このようにして，イオン結晶は水に溶解する。教 p.62 図 3

●イオン結晶の溶解性　イオン結晶は水に溶けやすいものが多いが，塩化銀 AgCl，硫酸バリウム $BaSO_4$，炭酸カルシウム $CaCO_3$ などのように，イオンどうしの結びつきが非常に強い結晶をつくるため，水に溶けにくいものもある。また，イオン結晶はベンゼン，四塩化炭素，ヘキサンなどの無極性溶媒にはほとんど溶解しない。

C 分子からなる物質の水への溶解

●極性分子　(1)　**非電解質の分子**　極性分子であるエタノール C_2H_5−OH は，エチル基 C_2H_5−とヒドロキシ基−OH が結合した構造で，非電解質であるが水に溶けやすい(化合物の構造の中で，エチル基やヒドロキシ基のように，化合物に特有の性質のもとになる原子団を**基**という)。

これは，−OH の H 原子に水分子の O 原子が，−OH の O 原子に水分子の H 原子がそれぞれ水素結合によって水和し(教 p.62 図 4)，水中に水和分子として拡散していくからである。ヒドロキシ基−OH のように極性をもち水和されやすい基を**親水基**といい，エチル基 C_2H_5−のように無極性で水和されにくい基を**疎水基**という。

(2)**電解質の分子**　極性の大きい塩化水素HClは，共有結合でできた分子であるが，水によく溶け電離する(教 p.63 図6)ので，電解質である。

$$\mathrm{HCl + H_2O \longrightarrow \underset{オキソニウムイオン}{H_3O^+} + \boxed{Cl^-}}\ (\rightarrow 水和イオンになっている) \qquad (1)$$

●**無極性分子**　無極性分子は水分子との水和がほとんど起こらないので，水にはほとんど溶けない。ただし，ヨウ素I_2やナフタレン$C_{10}H_8$などの無極性分子は分子間力が弱く，無極性溶媒であるベンゼン・四塩化炭素・ヘキサンなどにはよく溶ける。

●**分子の極性と溶解性**　一般に，極性の大きい分子どうし，あるいは小さい分子どうしはよく混ざりあう。

2 溶解度

A 溶解平衡

限界まで溶質が溶けた溶液を**飽和溶液**という。飽和溶液では，単位時間当たりに，水和して溶解する粒子の数と，溶液から結晶にもどって析出する粒子の数が等しくなる。このような状態を**溶解平衡**(教 p.65 図7)という。

B 固体の溶解度

●**溶解度**　ある温度で一定量の溶媒に溶解する溶質の最大量を，溶質の溶媒に対する**溶解度**という。固体の溶解度は，飽和溶液中の溶媒100g当たりに溶けている溶質の質量〔g〕で表すことが多い。溶媒が水の場合，溶解度の単位は，g/100g水　と表す。

$$\frac{\textbf{溶質の質量}}{\textbf{飽和溶液中の溶媒の質量}} = \frac{S}{100\,\mathrm{g}}\ \textbf{または}\ \frac{\textbf{溶質の質量}}{\textbf{飽和溶液の質量}} = \frac{S}{100\,\mathrm{g} + S} \qquad (2)$$

(溶解度Sは，飽和溶液中の溶媒100g当たりに溶けている溶質の質量〔g〕)

●**溶解度曲線**　右図は溶解度と温度の関係を表したもので，**溶解度曲線**とよばれる。固体の溶解度は，ふつう温度が高くなるほど大きくなる。

●**水和物**　結晶中に水分子を一定の割合で含んでいる物質を**水和物**といい，結晶中の水分子を**水和水**という。水和物の溶解度は，水100gに溶けることができる**無水物**(水和水をもたない化合物)の質量〔g〕で表す。

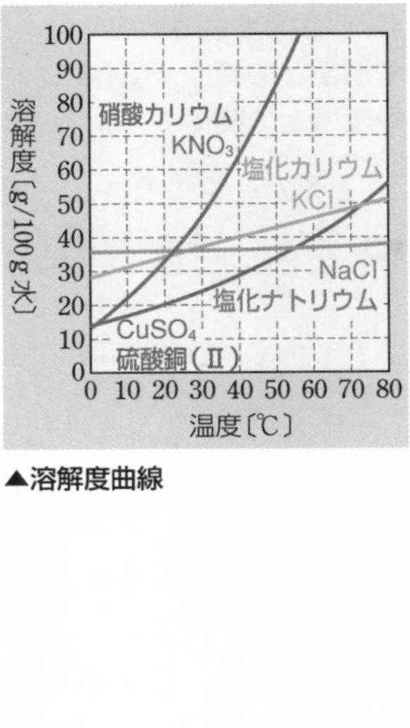

▲**溶解度曲線**

●再結晶 硝酸カリウム KNO_3 60g と硫酸銅(Ⅱ)(無水物) $CuSO_4$ 6g の混合物を高温で 100g の水に溶かした後，溶液を冷やしていくと，溶液の温度が 38℃で KNO_3 について飽和溶液になる(右図の❶)。さらに 20℃まで冷却していくと，KNO_3 の結晶が析出してくる(右図の❷)が，$CuSO_4$ の結晶は析出してこない(右図の❸)。

温度により溶解度の変化が大きい物質を溶かした高温の溶液を冷却していくと，溶質が析出してくる。この操作を**再結晶**といい，物質の精製に利用される。先の例では，析出した結晶をろ過で集めて少量の冷水で洗えば，純粋な KNO_3 が得られる。

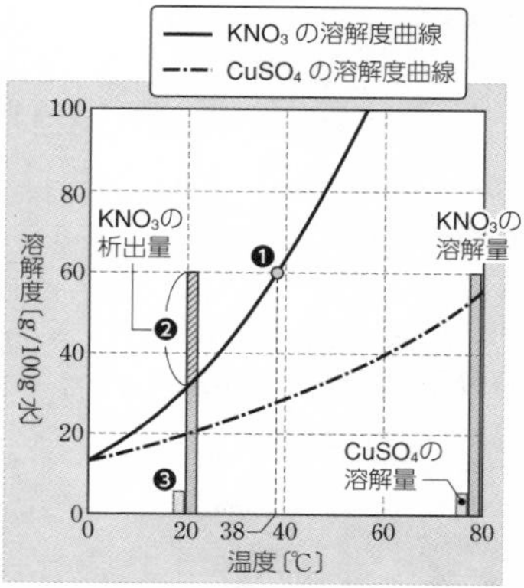

▲再結晶

高温の溶液を冷却していくと，飽和に達したのに，結晶が析出してこないことがある。このように，溶解度以上の溶質が溶けている状態を**過飽和**といい，その溶液を**過飽和溶液**という。過飽和溶液は不安定で，振動などですぐに結晶が析出して飽和溶液になる。

C 気体の溶解度

●気体の溶解度 一定量の溶媒に溶解する気体の最大量を溶媒に対する**気体の溶解度**といい，気体の分圧が 1.013×10^5 Pa のときに，一定量の溶媒(1L や 1mL)に溶解する気体の物質量や体積(0℃，1.013×10^5 Pa に換算したもの)で表される。

▼気体の溶解度
(10^{-3} mol/1L 水；気体の分圧 1.013×10^5 Pa)

温度＼気体	H_2	N_2	O_2	CO_2	HCl
0° C	0.98	1.06	2.19	76.5	23.1×10^3
20° C	0.81	0.71	1.39	39.0	19.7×10^3
40° C	0.74	0.55	1.04	23.7	17.2×10^3
60° C	0.73	0.49	0.88	16.6	15.1×10^3

●温度との関係 気体の水への溶解度は，一般に温度が高くなるほど小さくなる。
●圧力との関係

「温度が一定のとき，一定量の液体に溶ける気体の質量(または物質量)は，液体に接している気体の圧力(混合気体の場合は分圧)に比例する。」

この法則を**ヘンリーの法則**という(**教 p.69 図 11**)。ヘンリーの法則は，液体への溶解度が小さく，液体と反応しない気体で，圧力があまり高くない場合について成りたつ法則である。

D 溶液の濃度

溶液中に溶質がどれくらいの割合で溶けているかを示す量を溶液の**濃度**という。
●質量パーセント濃度 溶液の質量に対する溶質の質量の割合を，パーセント(%)で表した濃度である。

$$\text{質量パーセント濃度〔\%〕} = \frac{\text{溶質の質量〔g〕}}{\text{溶液の質量〔g〕}} \times 100 \tag{3}$$

（溶液の質量〔g〕＝溶質の質量〔g〕＋溶媒の質量〔g〕）

●モル濃度　溶液 1L 当たりに溶けている溶質の量を，物質量〔mol〕で表した濃度で，単位記号には mol/L を使う。

$$\text{モル濃度〔mol/L〕} = \frac{\text{溶質の物質量〔mol〕}}{\text{溶液の体積〔L〕}} \tag{4}$$

●質量モル濃度　溶媒 1kg 当たりに溶けている溶質の量を物質量〔mol〕で表した濃度で，単位記号には mol/kg を使う。特に，沸点上昇や凝固点降下などの測定のように，溶液の温度が変化する場合には，温度により体積が変化するので，質量モル濃度が使われる。

$$\text{質量モル濃度〔mol/kg〕} = \frac{\text{溶質の物質量〔mol〕}}{\text{溶媒の質量〔kg〕}} \tag{5}$$

→「溶液」ではない！

薄い濃度の水溶液（希薄水溶液）では，溶媒に対する溶質の質量が小さいため，溶液の質量と溶媒の質量，溶液の密度と溶媒の密度がほとんど等しくなり，モル濃度と質量モル濃度は同じ値とみなしてよい場合が多い。

3　希薄溶液の性質

A　蒸気圧降下

密閉された容器に入った純粋な液体（純溶媒）は温度に応じた蒸気圧（飽和蒸気圧）を示すが，その液体表面では液体分子の蒸発と気体分子の凝縮が同時に起こり，気液平衡の状態となる。教 p.72 図 12ⓐ

純溶媒に不揮発性物質（解説）を溶かすと，溶液全体の粒子に対する溶媒分子の割合が減少し，液体表面から蒸発する溶媒分子の数が減少する（教 p.72 図 12ⓑ）。その結果，溶液の蒸気圧は純溶媒より低くなる。これを**蒸気圧降下**という。蒸気圧降下の度合い（純溶媒と溶液の蒸気圧の差）は，希薄溶液では溶媒に溶けている溶質の分子やイオンの質量モル濃度に比例する。

> **解説　揮発性と不揮発性**
> 常温で気体になりやすい物質を**揮発性物質**といい，常温では気体にならない物質を**不揮発性物質**という。

発展　ラウールの法則

溶液の蒸気圧を p，溶媒のモル分率を x，純溶媒の蒸気圧を p_0 すると，

$$p = xp_0 \tag{①}$$

溶媒の物質量を n_A，溶質の物質量を n_B とすると，$x = \dfrac{n_A}{n_A + n_B}$ である。一般に蒸気圧は溶質の種類に関係なく，溶媒のモル分率に比例する。

また，蒸気圧降下の割合は，①式から次のようになる。

$$\frac{p_0 - p}{p_0} = 1 - \frac{p}{p_0} = 1 - x = 1 - \frac{n_A}{n_A + n_B} = \boxed{\frac{n_B}{n_A + n_B}} \leftarrow \text{溶質のモル分率} \qquad ②$$

よって，蒸気圧降下の度合い $\Delta p(= p_0 - p)$ は溶質のモル分率に比例する。なお，希薄溶液では $n_A \gg n_B$ であるから，Δp は $\frac{n_B}{n_A}$ に比例する。

上記の蒸気圧降下に関する関係を**ラウールの法則**という。

B 沸点上昇

液体の沸騰は，液体の蒸気圧が外圧に等しくなったときに起こる。不揮発性物質を溶かした溶液では，蒸気圧降下が起こるため，液体の蒸気圧を外圧と同じにするためには純溶媒の沸点よりも高い温度にしなければならず，下の図のように，沸点は純溶媒よりも高くなる。これを**沸点上昇**という。

また，純溶媒と溶液の沸点の差 Δt〔K〕を沸点上昇度といい，非電解質の希薄溶液の場合，沸点上昇度と質量モル濃度の間には「**希薄溶液の沸点上昇度 Δt〔K〕は，溶質の種類に無関係で，溶液の質量モル濃度 m〔mol/kg〕に比例する**」という関係がある。

$$\Delta t = K_b m \qquad (6)$$

（K_b〔K·kg/mol〕は溶媒の種類で決まる比例定数）

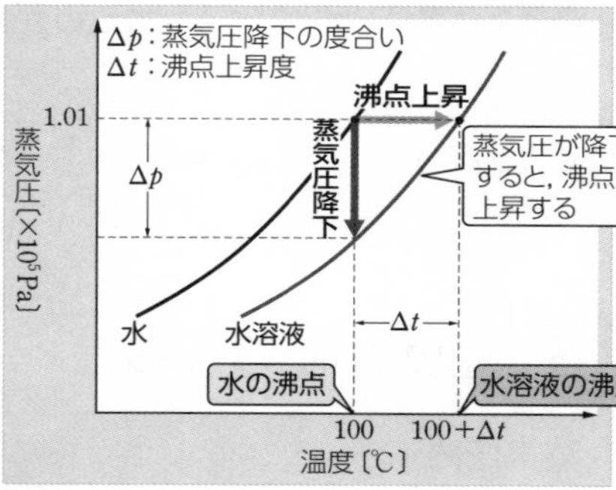

▲蒸気圧曲線と沸点上昇

(6)式の比例定数 K_b は，質量モル濃度 1mol/kg 当たりの沸点上昇度で，これを**モル沸点上昇**（右表）という。電解質溶液の場合には，溶質の一部またはすべてが水溶液中で電離するので，沸点上昇度は溶液中のすべての溶質粒子（電離で生じたイオンを含む）の質量モル濃度に比例する。

▼モル沸点上昇

溶媒	沸点〔℃〕	モル沸点上昇〔K·kg/mol〕
水	100	0.515
ベンゼン	80.1	2.53
ナフタレン	218	5.80

C 凝固点降下

水は0℃で凝固し始めるが，水溶液は0℃では凝固せず，水1kgに不揮発性の非電解質0.10molを溶解した溶液では−0.19℃になると溶媒の水が凝固し始める。このように，溶液の凝固点が純溶媒よりも低くなることを**凝固点降下**という。教 p.74 図 14

純溶媒と溶液の凝固点の差 Δt〔K〕を凝固点降下度といい，非電解質の希薄溶液では，凝固点降下度と質量モル濃度との間には，「**希薄溶液の凝固点降下度 Δt〔K〕は，溶質の種類に無関係で，溶液の質量モル濃度 m〔mol/kg〕に比例する**」という関係がある。

$$\Delta t = K_f m \qquad (7)$$

（K_f〔K·kg/mol〕は溶媒の種類で決まる比例定数）

(7)式の比例定数 K_f は，質量モル濃度 1mol/kg 当たりの凝固点降下度で，これを**モル凝固点降下**(右表)という。

▼モル凝固点降下

溶媒	融点〔℃〕	モル凝固点降下〔K·kg/mol〕
水	0	1.85
ベンゼン	5.53	5.12
ナフタレン	80.3	6.94

電解質溶液の場合には，溶質の一部またはすべてが水溶液中で電離するので，凝固点降下度は溶液中のすべての溶質粒子(電離で生じたイオンを含む)の質量モル濃度に比例する。

●冷却曲線　液体を冷却していくと，凝固点(右図の A，A′)以下になってもすぐに凝固しないことがある(右図の AB，AB′)。この状態を**過冷却**(過冷)という。過冷却の状態で凝固が始まると，温度が上昇する。その後，純溶媒の場合は，凝固点で温度が一定の部分がある(右図の CD)が，溶液の場合，温度が一定の部分は存在せず右下がりになる(右図の C′D′)。これは，溶液を冷却すると，溶媒の凝固によって残りの溶液の濃度が高くなり，溶液の凝固点が次第に低くなるからである。このとき，溶液の凝固点は，過冷却が起こらなかったと仮定して，C′D′ の部分の直線を左へ延ばしたときの交点 A′ の温度とする。

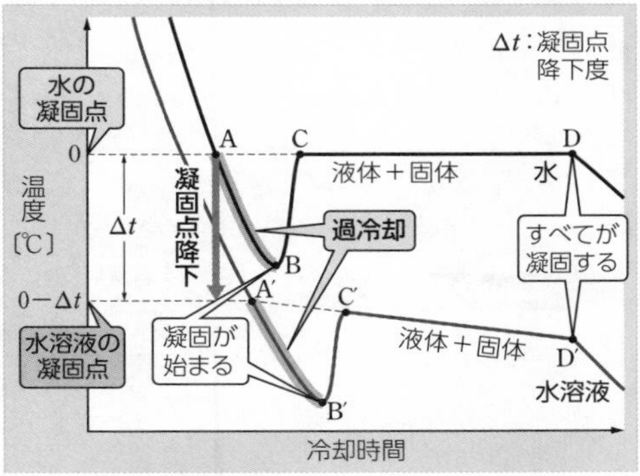

▲冷却曲線と凝固点降下

D　沸点上昇・凝固点降下と分子量

モル質量 M〔g/mol〕の非電解質 w〔g〕が溶媒 W〔kg〕に溶けているとき，質量モル濃度 m〔mol/kg〕は次のようになる。

$$m = \frac{\frac{w}{M}}{W} = \frac{w}{MW} \tag{8}$$

また，沸点上昇度や凝固点下降度を Δt〔K〕，モル沸点上昇やモル凝固点降下を K〔K·kg/mol〕とすれば，この溶液の Δt は(9)式のようになる。

$$\Delta t = Km \tag{9}$$

(8)，(9)式より，(10)式のようになる。

$$\Delta t = K \times \frac{w}{MW} \tag{10}$$

$$\boldsymbol{M = \frac{Kw}{\Delta t W}} \tag{11}$$

このように，希薄溶液の沸点上昇度や凝固点降下度を測定することによって，溶質のモル質量，つまり分子量を求めることができる。

沸点上昇や凝固点降下を用いて分子量を求めることができる溶質は，加熱しても変化しない分子量の小さな不揮発性物質である。

E 浸透圧

●半透膜　溶液の一部の成分は通すが，他の成分は通さない膜を**半透膜**という。

●浸透圧　U字管を半透膜で仕切り，両側にそれぞれ純水とスクロース水溶液を同じ高さまで入れて長時間放置すると，純水側の液面が下がり，スクロース水溶液側の液面が上がる(下図ⓐ)。このように，半透膜を通って溶媒分子が水溶液中に移動する現象を**浸透**という。図ⓐでは，水の液面が$\frac{h}{2}$下降し，水溶液の液面が$\frac{h}{2}$上昇し，液面の差がhになったところで浸透が止まっている。溶媒が半透膜を通って浸透しようとする圧力を**浸透圧**という。溶媒と水溶液の液面を同じ高さに保つためには，水溶液側に圧力を加えなければならない(下図ⓑ)。この圧力は，最初の水溶液の浸透圧に等しい。溶媒が浸透した後の浸透圧は，液面の高さの差hに相当する水柱の圧力に等しく，hと浸透した後の水溶液の密度から求めることができる。

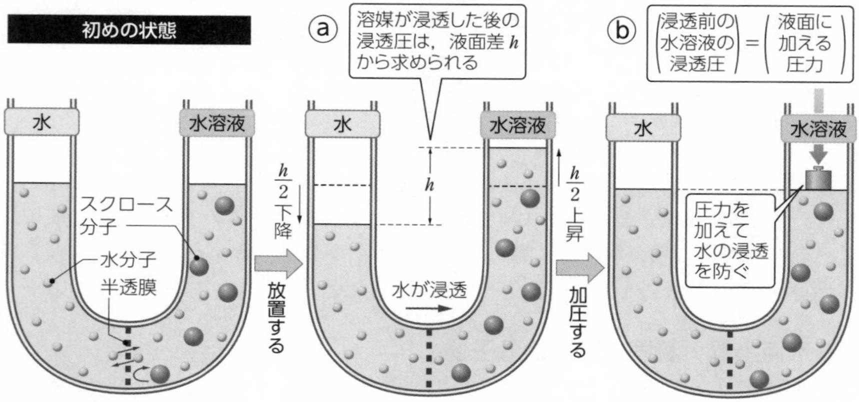

▲溶液の浸透圧　水分子●は半透膜を通過できるが，スクロース分子●は半透膜を通過できない。

F 浸透圧と分子量

一般に，希薄溶液の浸透圧は，モル濃度と絶対温度との間に，次のような関係がある。

「希薄溶液の浸透圧は，溶質の種類に無関係で，溶液のモル濃度〔mol/L〕と絶対温度に比例する。」

溶液のモル濃度をc〔mol/L〕，絶対温度をT〔K〕，定数をRとすると，浸透圧Π〔Pa〕は次のように表すことができる。

$$\Pi = cRT \tag{12}$$

この定数Rは，気体定数Rの値(8.31×10^3 Pa·L/(mol·K))に等しいことが知られている。体積V〔L〕の溶液に物質量n〔mol〕の溶質が溶けているとすると，$c = \frac{n}{V}$より

(12)式は(13)式のように表すことができる。

$$\Pi V = nRT \cdots\cdots \text{気体の状態方程式と同じ形になる} \qquad (13)$$

これらの関係を**ファントホッフの法則**という。溶液中にモル質量M〔g/mol〕の非電解質がm〔g〕溶けているとすると，(13)式に$n=\dfrac{m}{M}$を代入して，モル質量，つまり分子量を求める次の式を導くことができる。

$$\boldsymbol{M = \frac{mRT}{\Pi V}} \quad (R = 8.31 \times 10^3 \mathrm{Pa \cdot L/(mol \cdot K)}) \qquad (14)$$

電解質溶液の場合は，溶質の一部またはすべてが水溶液中で電離するので，浸透圧は溶液中のすべての溶質粒子（電離で生じたイオンを含む）のモル濃度に比例する。

4 コロイド溶液

A コロイド

●**コロイド**　ふつうの分子やイオンより大きい，直径が10^{-9}m(1nm)から10^{-7}m(10^2nm)程度の粒子を**コロイド粒子**という。コロイド粒子は，ろ紙を通過できるが半透膜を通過できない(**教 p.80 図17**)。コロイド粒子が沈殿しないで溶媒中に分かれて散らばり(**分散**)，混ざりあっている溶液を**コロイド溶液**または**ゾル**という。一般に，コロイド粒子が物質中に均一に分散したものを**コロイド**という。コロイド溶液(ゾル)には，加熱などの操作をすると流動性を失い，全体が固まるものがある。この状態を**ゲル**といい，ゲルを乾燥させたものを**キセロゲル**という。**教 p.80 図18**

●**コロイドの分類**　(1)**コロイドの分散系**　分散しているコロイド粒子のことを**分散質**，コロイド粒子を均一に分散させる物質のことを**分散媒**といい，これらをあわせて**分散系**という。分散質と分散媒には，それぞれ固体・液体・気体の状態があり，さまざまな組合せの分散系がある。分散媒が気体で，分散質が液体・固体のコロイドを**エーロゾル(エアロゾル)**，分散媒が液体で分散質が液体のコロイドを**乳濁液(エマルション)**，分散媒が液体で分散質が固体のコロイドを**懸濁液(サスペンション)**という。**教 p.81 図19**

(2)**分子コロイドと会合コロイド**　タンパク質やデンプンのような分子量の大きな分子は，1分子でもコロイド粒子の大きさをもち，これらの粒子が分散したコロイドを**分子コロイド**という。また，セッケン水は**教 p.81 図20**のように，ⓐのセッケンが多数集まったⓑのような集合体(ミセル)が水中に分散している。このようなコロイドを**会合コロイド**または**ミセルコロイド**という。

B コロイドの性質

●**チンダル現象**　塩化鉄(Ⅲ)水溶液を沸騰している水に少しずつ加えると，水酸化鉄(Ⅲ)のコロイド溶液が得られる。この溶液に横から光束を当てると，光の通路が輝いて見える。このような現象を**チンダル現象**といい(**教 p.82 図21**)，水酸化鉄(Ⅲ)のコロイド粒子が光を散乱するために起こる。

●ブラウン運動 コロイド粒子の不規則な運動を**ブラウン運動**という。ブラウン運動は，溶媒分子がコロイド粒子に不規則に衝突するために起こる。教 p.82 図 22

●透析 コロイド粒子が通過できないセロハンなどの半透膜でコロイド溶液を包んで，コロイド粒子以外の溶質を取り除き，コロイド粒子を分離・精製する操作を**透析**という。教 p.83 図 23

●電気泳動 水中のコロイド粒子は正または負に帯電しているので，コロイド溶液に直流の電圧を加えると，コロイド粒子は自身が帯電している電荷とは反対の符号の電極に移動して集まる。この現象を**電気泳動**という。教 p.84 図 24

C 親水コロイドと疎水コロイド

●親水コロイド タンパク質やデンプンのように，分子内に多くの親水基をもっているコロイド粒子は，多くの水分子と水和しているので，コロイド粒子どうしが直接接触しにくい。さらに，コロイド粒子はそれぞれ同種の電荷を帯びているので，それらの反発力によって水溶液中に分散している。このようなコロイドを**親水コロイド**という。

親水コロイドに多量の電解質を加えていくと，水和している水分子が引き離され，さらに電荷が中和されて，コロイド粒子どうしが反発力を失って集まり沈殿する。このような現象を**塩析**という。教 p.84 図 25

●疎水コロイド 水酸化鉄(Ⅲ)や粘土などのコロイド粒子は，水に対する親和性が弱いが，それぞれ同種の電荷を帯びているので，その反発力によって水溶液中で分散している。このようなコロイドを**疎水コロイド**という。疎水コロイドに少量の電解質を加えると，コロイド粒子が反発力を失って集まり沈殿する。このような現象を**凝析**(**凝結**)という(教 p.85 図 26)。凝析にはコロイド粒子のもつ電荷と反対符号で大きな電荷(価数)のイオンほど有効である。

●保護コロイド 疎水コロイドに一定量以上の親水コロイドを加えると，親水コロイドが疎水コロイドを取り囲み，少量の電解質では凝析が起こらなくなる。このようなはたらきをする親水コロイドを**保護コロイド**という。教 p.85 図 27

問 題

問1 (教 p.65)

(1) 50℃の水50gに硝酸カリウムは何gまで溶けるか。ただし，硝酸カリウムは水100gに，50℃で85g溶けるとする。

(2) 塩化カリウムの40℃の飽和溶液100g中に塩化カリウムは何g溶けているか。ただし，塩化カリウムは水100gに，40℃で40g溶けるとする。

考え方 温度が同じとき，飽和溶液中に溶けている溶質と溶媒の比は一定である。また，溶液の質量は，溶媒の質量＋溶質の質量である。

解説&解答 (1) 求める質量をx〔g〕とすると，

$$\frac{x}{50\,\mathrm{g}}=\frac{85\,\mathrm{g}}{100\,\mathrm{g}} \qquad x=42.5\,\mathrm{g}\fallingdotseq \mathbf{43\,g}$$ 答

(2)　求める質量を x〔g〕とすると，

$$\frac{x}{100\,\text{g}}=\frac{40\,\text{g}}{100\,\text{g}+40\,\text{g}}\qquad x=28.5\cdots\text{g}\fallingdotseq \mathbf{29\,g}$$ 答

問2（教 p.66）　70℃の水100gに硝酸カリウム40gを溶かした溶液を冷却していくと，約何℃で飽和溶液になるか。p.47の図（教 p.66 図8）を参照して答えよ。

考え方　p.47のグラフより，KNO_3 40gは70℃の水100gにすべて溶けている。溶解度が40g/100g水の温度をグラフより読みとる。

解説&解答　p.47のグラフより，KNO_3 の溶解度が40g/100g水となる温度を読みとると，26℃。

答　**26℃**

例題1（教 p.66）　硫酸銅(Ⅱ)五水和物 $CuSO_4\cdot5H_2O$ は，60℃の水100gに何g溶けるか。整数値で答えよ。ただし，硫酸銅(Ⅱ) $CuSO_4$ は60℃の水100gに40g溶けるとする。　（H = 1.0，O = 16，S = 32，Cu = 64）

考え方　溶ける $CuSO_4\cdot5H_2O$ の質量を x〔g〕とすると，そのうち，$CuSO_4$ の質量は $\frac{160}{250}x$〔g〕，H_2O の質量は $\frac{90}{250}x$〔g〕となる。

解説&解答　温度が同じとき，飽和溶液中に溶けている溶質と溶液の質量の比は一定なので，

$$\frac{\text{溶質の質量〔g〕}}{\text{飽和溶液の質量〔g〕}}=\frac{\frac{160}{250}x\text{〔g〕}}{100\text{g}+x\text{〔g〕}}=\frac{40\,\text{g}}{100\,\text{g}+40\,\text{g}}$$

$x\fallingdotseq 81$g　　答　**81g**

類題1（教 p.66）　硫酸銅(Ⅱ)五水和物は，20℃の水200gに何g溶けるか。整数値で答えよ。ただし，硫酸銅(Ⅱ)は20℃の水100gに20g溶けるとする。
（H = 1.0，O = 16，S = 32，Cu = 64）

考え方　溶ける硫酸銅(Ⅱ)五水和物の質量を x〔g〕とすると，そのうち，硫酸銅(Ⅱ)の質量は $\frac{160}{250}x$〔g〕である。飽和溶液中に溶けている溶質と溶液の質量の比が一定である式を立てる。

解説&解答

$$\frac{\text{溶質の質量〔g〕}}{\text{飽和溶液の質量〔g〕}}=\frac{\frac{160}{250}x}{200\text{g}+x}=\frac{20\text{g}}{100\text{g}+20\text{g}}$$

$x=70.4\cdots$g $\fallingdotseq$ 70g　　答　**70g**

例題2（教 p.67）　硝酸カリウムの飽和溶液100gを60℃で調製し，これを10℃に冷やすと，何gの結晶が析出するか。整数値で答えよ。ただし，硝酸カリウムは水100gに，10℃で22g，60℃で110g溶けるとする。

考え方 高温でつくった飽和溶液を冷やして溶質を析出させるときは，高温での飽和溶液の質量と，冷やしたときの溶質の析出量の比が一定であることを利用する。

解説&解答 水100gを用いて調製した60℃の飽和溶液(100g＋110g)を10℃に冷やすと，(110g－22g)のKNO_3が析出する。
60℃の飽和溶液100gを10℃に冷やしたときに析出するKNO_3の質量をx〔g〕とすると，

$$\frac{\text{析出量〔g〕}}{\text{飽和溶液の質量〔g〕}} = \frac{x\text{〔g〕}}{100\text{g}} = \frac{110\text{g} - 22\text{g}}{100\text{g} + 110\text{g}}$$

$x \fallingdotseq 42\text{g}$ **答 42g**

類題2 (教 p.67) 硝酸カリウムの飽和溶液330gを40℃で調製し，これを15℃に冷やすと，何gの結晶が析出するか。整数値で答えよ。ただし，硝酸カリウムは水100gに，15℃で25g，40℃で65g溶けるとする。

考え方 水100gを用いて調製した40℃の飽和溶液(100g＋65g)を15℃に冷やすと，(65g－25g)のKNO_3が析出する。

解説&解答 40℃の飽和溶液330gを15℃に冷やしたときに析出するKNO_3の質量をx〔g〕とすると，

$$\frac{\text{析出量〔g〕}}{\text{飽和溶液の質量〔g〕}} = \frac{x}{330\text{g}} = \frac{65\text{g} - 25\text{g}}{100\text{g} + 65\text{g}}$$

$x = 80\text{g}$ **答 80g**

問3 (教 p.69)
(1) 酸素は，20℃，1.0×10^5Paで，水1.0Lに1.39×10^{-3}mol溶ける。20℃で2.0×10^5Paの酸素が水に接しているとき，10Lの水に溶けている酸素は何molか。
(2) 酸素は，標準状態(0℃，1.0×10^5Pa)で，水1.0Lに0.049L溶ける。0℃で2.0×10^5Paの酸素が水に接しているとき，1.0Lの水に溶けている酸素の体積は，標準状態に換算して何Lか。また，0℃，2.0×10^5Paのもとでは何Lか。

考え方 ヘンリーの法則から，温度が変わらないとき，水に溶ける酸素の物質量は圧力と溶媒の体積に比例する。

解説&解答
(1) 溶けている酸素の物質量は，

$$1.39 \times 10^{-3}\text{mol} \times \frac{2.0 \times 10^5\text{Pa}}{1.0 \times 10^5\text{Pa}} \times \frac{10\text{L}}{1.0\text{L}} = 2.78 \times 10^{-2}\text{mol}$$

$\fallingdotseq$ **2.8×10^{-2}mol 答**

(2) 溶けている酸素の物質量は，

$$\frac{0.049\text{L}}{22.4\text{L/mol}} \times \frac{2.0 \times 10^5\text{Pa}}{1.0 \times 10^5\text{Pa}} = \frac{0.098\text{L}}{22.4\text{L/mol}}$$

よって，標準状態での体積は **0.098 L** 答

ボイルの法則より，0℃，2.0×10^5 Pa のもとでの体積 V〔L〕は，

$$1.0 \times 10^5\,\mathrm{Pa} \times 0.098\,\mathrm{L} = 2.0 \times 10^5\,\mathrm{Pa} \times V \qquad V = \mathbf{0.049\,L}$$ 答

問4（教 p.69） 窒素は，40℃，1.0×10^5 Pa で水 1.0 L に 5.5×10^{-4} mol 溶ける。40℃で 1.0×10^5 Pa の空気が水に接しているとき，10 L の水に溶解している窒素の質量は何 g か。ただし，空気は窒素と酸素が体積の比 4：1 で混合した気体とする。（N = 14）

考え方 温度が一定なので，溶解する窒素の質量は，分圧と溶媒の体積に比例する。また，窒素のモル質量は，28 g/mol である。

解説&解答 窒素の分圧は，

$$1.0 \times 10^5\,\mathrm{Pa} \times \frac{4}{4+1} = 8.0 \times 10^4\,\mathrm{Pa}$$

溶解している窒素の物質量は，窒素の分圧と溶媒の体積に比例するので，窒素の質量は，

$$5.5 \times 10^{-4}\,\mathrm{mol} \times \frac{8.0 \times 10^4\,\mathrm{Pa}}{1.0 \times 10^5\,\mathrm{Pa}} \times \frac{10\,\mathrm{L}}{1.0\,\mathrm{L}} \times 28\,\mathrm{g/mol} \fallingdotseq 0.12\,\mathrm{g}$$

答 **0.12 g**

問5（教 p.70） 質量パーセント濃度が 20％の塩化ナトリウム水溶液を 120 g つくるためには，溶質と溶媒はそれぞれ何 g 必要か。

考え方 $\text{質量パーセント濃度〔\%〕} = \dfrac{\text{溶質の質量〔g〕}}{\text{溶液の質量〔g〕}} \times 100$ を利用する。

解説&解答 必要な溶質の質量を x〔g〕とすると，

$$\text{質量パーセント濃度} = \frac{x}{120\,\mathrm{g}} \times 100 = 20 \qquad x = 24\,\mathrm{g}$$

溶媒は，120 g － 24 g ＝ 96 g　　答 溶質：**24 g**　溶媒：**96 g**

問6（教 p.70） グルコース $C_6H_{12}O_6$ 18 g を水に溶かして 500 mL とした溶液のモル濃度を求めよ。（H = 1.0，C = 12，O = 16）

考え方 $\text{モル濃度〔mol/L〕} = \dfrac{\text{溶質の物質量〔mol〕}}{\text{溶液の体積〔L〕}}$ を利用する。

解説&解答 $C_6H_{12}O_6$ の分子量は，12 × 6 ＋ 1.0 × 12 ＋ 16 × 6 ＝ 180 なので，

$$\frac{18\,\mathrm{g}}{180\,\mathrm{g/mol}} \div \frac{500}{1000}\,\mathrm{L} = \mathbf{0.20\,mol/L}$$ 答

問7（教 p.71） 尿素 $(NH_2)_2CO$ 9.0 g を水 200 g に溶かした溶液の質量モル濃度を求めよ。（H = 1.0，C = 12，N = 14，O = 16）

考え方 $\text{質量モル濃度〔mol/kg〕} = \dfrac{\text{溶質の物質量〔mol〕}}{\text{溶媒の質量〔kg〕}}$ を利用する。

解説&解答 $(NH_2)_2CO$ の分子量は，$(14+1.0\times2)\times2+12\times1+16\times1=60$ なので，

$$\frac{9.0\,\text{g}}{60\,\text{g/mol}}\div\frac{200}{1000}\text{kg}=\mathbf{0.75\,mol/kg}$$ 答

例題3（教 p.71） 質量パーセント濃度が98%の濃硫酸（密度 $1.8\,\text{g/cm}^3$）がある。

(1) この濃硫酸のモル濃度は何 mol/L か。

(2) この濃硫酸の質量モル濃度は何 mol/kg か。

（H = 1.0, O = 16, S = 32）

考え方 溶液の体積が与えられていないので，溶液を1Lとして考える。

(1) 濃硫酸1Lの質量を密度から求め，その質量の濃硫酸中の硫酸 H_2SO_4 の質量を質量パーセント濃度より求める。最後に，溶質の硫酸 H_2SO_4（分子量 $1.0\times2+32\times1+16\times4=98$）の物質量を求める。

(2) 質量モル濃度は，溶媒の質量〔kg〕当たりの溶質の物質量〔mol〕である。溶媒である水の質量を求めることに注意する。

解説&解答 (1) 濃硫酸1Lの質量を求める。

$1\,\text{L}=1000\,\text{mL}=1000\,\text{cm}^3$ なので，

$1.8\,\text{g/cm}^3\times1000\,\text{cm}^3=1800\,\text{g}$

濃硫酸1800g中の硫酸 H_2SO_4 の質量を求める。

$$H_2SO_4\text{の質量}=1800\,\text{g}\times\frac{98}{100}=1764\,\text{g}$$

よって，H_2SO_4 1764g の物質量は，

$$H_2SO_4\text{の物質量}=\frac{H_2SO_4\text{の質量}}{H_2SO_4\text{のモル質量}}=\frac{1764\,\text{g}}{98\,\text{g/mol}}=18\,\text{mol}$$

したがって，この濃硫酸のモル濃度は **18 mol/L** 答

(2) 硫酸 H_2SO_4 の物質量は，(1)と同様に18mol。

濃硫酸1Lに含まれる水の質量は，

$$\text{水の質量}=1800\,\text{g}\times\frac{100-98}{100}=36\,\text{g}=0.036\,\text{kg}$$

よって，この濃硫酸の質量モル濃度は，

$$\text{質量モル濃度}=\frac{\text{溶質の物質量}}{\text{溶媒の質量}}=\frac{18\,\text{mol}}{0.036\,\text{kg}}$$

$$=\mathbf{5.0\times10^2\,mol/kg}$$ 答

類題3（教 p.71）

(1) 質量パーセント濃度が28%のアンモニア水（密度 $0.90\,\text{g/cm}^3$）のモル濃度と質量モル濃度を求めよ。（H = 1.0, N = 14）

(2) モル濃度が13mol/Lの濃硝酸（密度 $1.4\,\text{g/cm}^3$）の質量パーセント濃度は何%か。（H = 1.0, N = 14, O = 16）

考え方　(1)　アンモニア水1Lの質量を求め，その質量のアンモニア水中の溶質のアンモニアNH_3の質量を求める。最後に，溶質のアンモニアNH_3(分子量$14 \times 1 + 1.0 \times 3 = 17$)の物質量を求める。質量モル濃度を求めるには，溶媒である水の質量を求めることに注意する。

(2)　濃硝酸1Lの質量を求め，硝酸HNO_3(分子量$1.0 \times 1 + 14 \times 1 + 16 \times 3 = 63$)13molの質量を求め，質量パーセント濃度を計算する。

解説&解答　(1)　アンモニア水1L(＝1000cm^3)の質量は，

$$0.90\,\mathrm{g/cm^3} \times 1000\,\mathrm{cm^3} = 900\,\mathrm{g}$$

この中のNH_3の質量と物質量は，

$$900\,\mathrm{g} \times \frac{28}{100} = 252\,\mathrm{g}$$

$$\frac{252\,\mathrm{g}}{17\,\mathrm{g/mol}} = 14.8\cdots\mathrm{mol} \fallingdotseq 15\,\mathrm{mol}$$

アンモニア水1Lに15molのNH_3が含まれているので，

モル濃度は**15mol/L**　答

また，アンモニア水1Lに含まれる水の質量は，

$$900\,\mathrm{g} \times \frac{(100-28)}{100} = 648\,\mathrm{g}$$

したがって，質量モル濃度は，

$$\frac{252\,\mathrm{g}}{17\,\mathrm{g/mol}} \div \frac{648}{1000}\,\mathrm{kg} = 22.8\cdots\mathrm{mol/kg} \fallingdotseq \mathbf{23\,mol/kg}$$　答

(2)　濃硝酸1L(＝1000cm^3)の質量は，

$$1.4\,\mathrm{g/cm^3} \times 1000\,\mathrm{cm^3} = 1400\,\mathrm{g}$$

濃硝酸1L中のHNO_3の質量は，

$$63\,\mathrm{g/mol} \times 13\,\mathrm{mol} = 819\,\mathrm{g}$$

よって，質量パーセント濃度は，

$$\frac{819\,\mathrm{g}}{1400\,\mathrm{g}} \times 100 = 58.5 \fallingdotseq 59$$

答　**59%**

問8
(教 p.73)
0.10mol/kgの塩化ナトリウム水溶液の沸点を，小数第2位まで求めよ。ただし，塩化ナトリウムはすべて電離するものとする。また，水の沸点は100.00℃，水のモル沸点上昇は0.515K·kg/molとする。

考え方　$\Delta t = K_b m$　(K_b:水のモル沸点上昇　m:質量モル濃度)を利用する。塩化ナトリウムは水溶液中ですべて電離するので，mは溶質粒子(電離したNa^+とCl^-)の質量モル濃度で考える。

解説&解答　塩化ナトリウムは水溶液中で次のように電離する。

$$NaCl \longrightarrow Na^+ + Cl^-$$

よって，溶質粒子の質量モル濃度は，

$$0.10\,\mathrm{mol/kg} \times 2 = 0.20\,\mathrm{mol/kg}$$

$\Delta t = K_b m = 0.515\,\mathrm{K \cdot kg/mol} \times 0.20\,\mathrm{mol/kg} = 0.103\,\mathrm{K}$

この水溶液の沸点は,

$100.00℃ + 0.103℃ = 100.103℃ \fallingdotseq 100.10℃$　　**答　100.10℃**

問9
(教 p.74)

0.10mol/kg の塩化ナトリウム水溶液の凝固点を，小数第２位まで求めよ。ただし，塩化ナトリウムはすべて電離するものとする。また，水の凝固点を 0.00℃，水のモル凝固点降下は 1.85K·kg/mol とする。

考え方　$\Delta t = K_f m$　(K_f：水のモル凝固点降下　m：質量モル濃度) を利用する。塩化ナトリウムは水溶液中ですべて電離するので，溶質粒子の質量モル濃度で考える。

解説&解答　塩化ナトリウムは水溶液中で次のように電離する。

$NaCl \longrightarrow Na^+ + Cl^-$

よって，溶質粒子の質量モル濃度は,

$0.10\,\mathrm{mol/kg} \times 2 = 0.20\,\mathrm{mol/kg}$

$\Delta t = K_f m = 1.85\,\mathrm{K \cdot kg/mol} \times 0.20\,\mathrm{mol/kg} = 0.37\,\mathrm{K}$

この水溶液の凝固点は,

$0.00℃ - 0.37℃ = -0.37℃$　　**答　－0.37℃**

問10
(教 p.75)

次の水溶液を凝固点の低い順に並べよ。ただし，電解質はすべて電離するものとする。

(ア)　0.12mol/kg の硝酸カリウム水溶液
(イ)　0.20mol/kg のグルコース水溶液
(ウ)　0.10mol/kg の塩化カルシウム水溶液

考え方　溶液の凝固点は溶質粒子の質量モル濃度が大きいほど低くなる。グルコースは非電解質，硝酸カリウム KNO_3 と塩化カルシウム $CaCl_2$ は電解質である。

解説&解答　(ア)　硝酸カリウムは水溶液中で次のように電離する。

$KNO_3 \longrightarrow K^+ + NO_3^-$

溶質粒子の質量モル濃度は，$0.12\,\mathrm{mol/kg} \times 2 = 0.24\,\mathrm{mol/kg}$

(イ)　グルコースは非電解質なので,

溶質粒子の質量モル濃度は，0.20mol/kg

(ウ)　塩化カルシウムは水溶液中で次のように電離する。

$CaCl_2 \longrightarrow Ca^{2+} + 2Cl^-$

溶質粒子の質量モル濃度は，$0.10\,\mathrm{mol/kg} \times 3 = 0.30\,\mathrm{mol/kg}$

溶質粒子の質量モル濃度は(ウ)＞(ア)＞(イ)の順で，凝固点もこの順番で低い。

答　(ウ)，(ア)，(イ)

例題４
(教 p.76)

ベンゼン(凝固点 5.53℃) 80g に，ある非電解質 1.2g を溶かしたところ，この溶液の凝固点は 4.93℃であった。この非電解質の分子量を有効数字２桁で求めよ。ただし，ベンゼンのモル凝固点降下は 5.12K·kg/mol とする。

考え方　質量モル濃度 m〔mol/kg〕の溶液の凝固点降下度 Δt〔K〕は，モル凝固点降下を K〔K·kg/mol〕とすると，次のようになる。

$$\Delta t = Km$$

この溶液は，モル質量 M〔g/mol〕の非電解質 w〔g〕が溶媒 W〔kg〕に溶解しているとすると，

$$\Delta t = K \times \frac{w}{MW} \qquad したがって，M = \frac{Kw}{\Delta tW}$$

解説&解答　$M = \frac{Kw}{\Delta tW}$ に $K = 5.12\,\mathrm{K \cdot kg/mol}$，$w = 1.2\,\mathrm{g}$，

$W = \frac{80}{1000}\,\mathrm{kg} = 0.080\,\mathrm{kg}$，$\Delta t = (5.53 - 4.93)\,\mathrm{K}$ を代入すると，

$$M = \frac{5.12\,\mathrm{K \cdot kg/mol} \times 1.2\,\mathrm{g}}{(5.53 - 4.93)\,\mathrm{K} \times 0.080\,\mathrm{kg}} = 128\,\mathrm{g/mol} \fallingdotseq 1.3 \times 10^2\,\mathrm{g/mol}$$

答　**1.3×10^2**

類題 4
(**教** p.76)　ベンゼン 200g に，ある非電解質の有機化合物 2.1g を溶かしたところ，溶液の凝固点はベンゼンの凝固点よりも 0.64K だけ低くなった。この有機化合物の分子量を有効数字 2 桁で求めよ。ただし，ベンゼンのモル凝固点降下は 5.12K·kg/mol とする。

考え方　有機化合物のモル質量を M〔g/mol〕として，このベンゼン溶液の質量モル濃度 m を求め，$\Delta t = Km$ に代入して，M の値を求める。溶媒の質量の単位は kg に換算して計算する。

解説&解答

$$M = \frac{Kw}{\Delta tW} = \frac{5.12\,\mathrm{K \cdot kg/mol} \times 2.1\,\mathrm{g}}{0.64\,\mathrm{K} \times 0.200\,\mathrm{kg}} = 84\,\mathrm{g/mol}$$

答　**84**

問11
(**教** p.78)　27℃で，ある非電解質 6.0g を溶解した水溶液 100mL の浸透圧は 8.3×10^5 Pa であった。この非電解質の分子量を有効数字 2 桁で求めよ。ただし，気体定数は $R = 8.3 \times 10^3\,\mathrm{Pa \cdot L/(mol \cdot K)}$ とする。

考え方　ファントホッフの法則より，次式が成りたつ。

$$\Pi V = nRT$$

モル質量 M〔g/mol〕の非電解質が m〔g〕溶けているとすると，

$$n = \frac{m}{M} \qquad したがって，M = \frac{mRT}{\Pi V}$$

解説&解答

$$M = \frac{mRT}{\Pi V} = \frac{6.0\,\mathrm{g} \times 8.3 \times 10^3\,\mathrm{Pa \cdot L/(mol \cdot K)} \times (27 + 273)\,\mathrm{K}}{8.3 \times 10^5\,\mathrm{Pa} \times \frac{100}{1000}\,\mathrm{L}}$$

$$= 180\,\mathrm{g/mol}$$

答　**1.8×10^2**

問12
（教 p.85）

正の電荷を帯びている水酸化鉄(Ⅲ)のコロイドを最も凝析させやすいと考えられるのは，次のうちのどれか。

(ア)　$CaCl_2$　　(イ)　KI　　(ウ)　$Al(NO_3)_3$　　(エ)　Na_2SO_4

考え方　水酸化鉄(Ⅲ)のコロイドは正に帯電しているので，負の電荷をもち，かつ価数の大きなイオンが凝析させやすい。

解説&解答　それぞれの負の電荷をもつイオンは，

(ア)　Cl^-（1価）　(イ)　I^-（1価）　(ウ)　NO_3^-（1価）　(エ)　SO_4^{2-}（2価）

なので，(エ)。

答　(エ)

章　末　問　題

教 p.87 ～ p.88

必要があれば，原子量は次の値を使うこと。 H = 1.0，C = 12，N = 14，O = 16，Na = 23，S = 32，Cl = 35.5，Ca = 40，Cu = 64

1　エタノール C_2H_5OH は水によく溶けるが，ヨウ素 I_2 は水に溶けにくい。この理由を，それぞれの分子の構造をもとに説明せよ。

考え方　極性分子のエタノール C_2H_5-OH は，ヒドロキシ基 $-OH$ が大きな極性をもち，水和しやすい。一方，ヨウ素は無極性分子で，水分子との水和がほとんど起こらないので，水にはほとんど溶けない。

解説&解答

答　エタノールは極性分子であり，親水基であるヒドロキシ基が水素結合により水和しやすいため，水によく溶ける。ヨウ素は無極性分子であるため，水和しにくく水に溶けにくい。

2　次の問いに有効数字2桁で答えよ。

(1)　硝酸ナトリウムの溶解度は，30℃では96g/100g水，60℃では124g/100g水である。30℃の硝酸ナトリウム飽和溶液392gを60℃に加熱すると，あと何gの硝酸ナトリウムを溶かすことができるか。

(2)　硝酸カリウムの溶解度は，10℃では22g/100g水，80℃では169g/100g水である。80℃の硝酸カリウムの飽和溶液100gを加熱して20gの水を蒸発させ，10℃に冷却すると，何gの硝酸カリウムの結晶が析出するか。

(3)　硫酸銅(Ⅱ)の溶解度は，20℃では20g/100g水，60℃では40g/100g水である。60℃の硫酸銅(Ⅱ)の飽和溶液280gを20℃に冷却すると，何gの硫酸銅(Ⅱ)五水和物の結晶が析出するか。

(考え方) 固体の溶解度は，飽和溶液中の溶媒100g当たりに溶けている溶質の質量で表すことが多い。温度が同じとき，飽和溶液中の溶質と溶媒の比は一定である。

(1) 30℃の飽和溶液392g中の溶質の質量を求めて，60℃でさらに溶解する溶質の質量を考える。

(2) 80℃の飽和溶液100g中の溶質の質量を求めて，10℃に冷却して溶媒が20g減ったときに溶けきれずに析出する溶質の質量を考える。

(3) 60℃の飽和溶液280g中の溶質の質量を求めて，20℃に冷却したときに析出する溶質の質量を考える。硫酸銅(Ⅱ)$CuSO_4$は，ふつう硫酸銅(Ⅱ)五水和物$CuSO_4 \cdot 5H_2O$のように水和物の結晶になるが，溶解度は無水物の質量で表す。

(解説&解答)

(1) 30℃の飽和溶液392g中の硝酸ナトリウムの質量は，

$$392\,\mathrm{g} \times \frac{96\,\mathrm{g}}{100 + 96\,\mathrm{g}} = 192\,\mathrm{g}$$

60℃でさらに溶解する硝酸ナトリウムの質量をx〔g〕とすると，

$$\frac{溶質の質量〔g〕}{飽和溶液の質量〔g〕} = \frac{192\,\mathrm{g} + x}{392\,\mathrm{g} + x} = \frac{124\,\mathrm{g}}{100\,\mathrm{g} + 124\,\mathrm{g}} \qquad x = \mathbf{56\,g}$$ 答

(2) 80℃の飽和溶液100g中の硝酸カリウムの質量は，

$$100\,\mathrm{g} \times \frac{169\,\mathrm{g}}{100\,\mathrm{g} + 169\,\mathrm{g}} = 62.8\cdots\mathrm{g}$$

結晶析出後の上澄み液は10℃の飽和溶液になっているから，析出する硝酸カリウムの質量をx〔g〕とすると，

$$\frac{溶質の質量〔g〕}{飽和溶液の質量〔g〕} = \frac{62.8\,\mathrm{g} - x}{100\,\mathrm{g} - 20\,\mathrm{g} - x} = \frac{22\,\mathrm{g}}{100\,\mathrm{g} + 22\,\mathrm{g}}$$

$x = 59.0\cdots\mathrm{g} \fallingdotseq \mathbf{59\,g}$ 答

(3) 60℃の飽和溶液280g中の硫酸銅(Ⅱ)の質量は，

$$280\,\mathrm{g} \times \frac{40\,\mathrm{g}}{100\,\mathrm{g} + 40\,\mathrm{g}} = 80\,\mathrm{g}$$

$CuSO_4 = 160$，$CuSO_4 \cdot 5H_2O = 250$なので，析出する$CuSO_4 \cdot 5H_2O$の質量をx〔g〕とすると，$CuSO_4$の質量は$\frac{160}{250}x$〔g〕。

結晶析出後の上澄み液は20℃の飽和溶液になっているから，

$$\frac{溶質の質量〔g〕}{飽和溶液の質量〔g〕} = \frac{80\,\mathrm{g} - \frac{160}{250}x}{280\,\mathrm{g} - x} = \frac{20\,\mathrm{g}}{100\,\mathrm{g} + 20\,\mathrm{g}} \qquad x = 70.4\cdots\mathrm{g} \fallingdotseq \mathbf{70\,g}$$ 答

3 18℃で水1.0Lに溶ける1.0×10^5Paの酸素および窒素の体積を0℃，1.0×10^5Paに換算すると，それぞれ0.032L，0.016Lであった。1.0×10^5Paの空気が18℃の水に接しているとき，水に溶けた酸素と窒素の質量の比はいくらか。整数比で答えよ。ただし，空気は窒素と酸素を体積の比4：1で混合した気体とする。

(考え方) ヘンリーの法則を利用する。窒素と酸素を4:1の体積の比で混合したということは，それぞれの分圧の比も4:1になっている。

(解説&解答)

1.0×10^5Paの空気中の酸素の分圧 p_{O_2}〔Pa〕および，窒素の分圧 p_{N_2}〔Pa〕は，

$$p_{O_2} = 1.0 \times 10^5\text{Pa} \times \frac{1}{4+1} = 2.0 \times 10^4\text{Pa}$$

$$p_{N_2} = 1.0 \times 10^5\text{Pa} \times \frac{4}{4+1} = 8.0 \times 10^4\text{Pa}$$

水に溶けた気体の質量は，水に接している気体の分圧に比例するから，水1.0Lに溶けたO_2とN_2の質量をそれぞれ m_{O_2}〔g〕，m_{N_2}〔g〕とすると，

$$m_{O_2} : m_{N_2} = \frac{0.032\text{L}}{22.4\text{L/mol}} \times \frac{2.0 \times 10^4\text{Pa}}{1.0 \times 10^5\text{Pa}} \times 32\text{g/mol}$$

$$: \frac{0.016\text{L}}{22.4\text{L/mol}} \times \frac{8.0 \times 10^4\text{Pa}}{1.0 \times 10^5\text{Pa}} \times 28\text{g/mol} = \mathbf{4:7}$$ 答

4 水1000gにグルコース0.100molを溶かしたところ，沸点が水の沸点より0.0515℃高くなった。次の問いに答えよ。ただし，水の沸点は100℃とする。

(1) 水1000gに尿素0.200molを溶かすと，沸点は何℃になるか。小数第2位まで求めよ。

(2) 水200gに塩化ナトリウム2.34gを溶かすと，沸点は何℃になるか。小数第2位まで求めよ。ただし，塩化ナトリウムは完全に電離するものとする。

(考え方) 沸点上昇度 Δt は，溶質粒子の質量モル濃度 m〔mol/kg〕に比例し，$\Delta t = K_b m$ で求められる。

(解説&解答)

水1000gにグルコース0.100molを溶かした溶液の質量モル濃度は，1000g = 1kgなので，0.100mol/kg。$\Delta t = K_b m$ より，

$$0.0515\text{K} = K_b \times 0.100\text{mol/kg} \qquad K_b = 0.515\text{K·kg/mol}$$

(1) 尿素は非電解質なので，溶質粒子の質量モル濃度は0.200mol/kg

$$\Delta t = 0.515\text{K·kg/mol} \times 0.200\text{mol/kg} = 0.103\text{K}$$

この水溶液の沸点は，

$$100℃ + 0.103℃ = 100.103℃ \fallingdotseq 100.10℃$$

答 **100.10℃**

(2) 塩化ナトリウムはすべて次のように電離する。

$$NaCl \longrightarrow Na^+ + Cl^-$$

溶質粒子の質量モル濃度は，

$$\frac{2.34\text{g}}{58.5\text{g/mol}} \times 2 \div \frac{200}{1000}\text{kg} = 0.400\text{mol/kg}$$

$$\Delta t = 0.515\text{K·kg/mol} \times 0.400\text{mol/kg} = 0.206\text{K}$$

この水溶液の沸点は，

$$100℃ + 0.206℃ = 100.206℃ \fallingdotseq 100.21℃$$

答 **100.21℃**

5　図はスクロース $C_{12}H_{22}O_{11}$ の希薄水溶液を冷却していったときの，時間と温度の関係を表したグラフである。次の問いに答えよ。

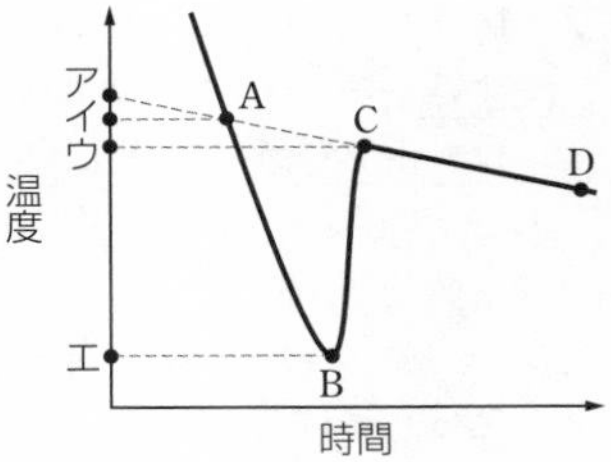

(1)　グラフのAB間の状態は何とよばれているか。
(2)　凝固点はア〜エのどれか。
(3)　凝固が始まるのは，A〜Dのどれか。
(4)　グラフのCD間でグラフが右下がりになっている理由を示せ。

考え方　液体を冷却していくと，凝固点以下になっても凝固しないことがあり，この状態(AB間)を過冷却という。過冷却の状態で凝固が始まる(B)と，凝固熱が発生して，温度が上昇する(C)。また，溶媒が凝固するに従って，残りの溶液の濃度が高くなるので，溶液の凝固点は次第に低くなる(CD間)。

解説&解答

(1)　答　**過冷却**
(2)　答　**イ**
(3)　答　**B**
(4)　答　**溶液を冷却すると，溶媒の凝固によって残りの溶液の濃度が高くなり，溶液の凝固点が次第に低くなるから。**

6　25℃で，0.10mol/Lのグルコース $C_6H_{12}O_6$ 水溶液と同じ大きさの浸透圧を示す塩化カルシウム $CaCl_2$ 水溶液を2.0Lつくるには，塩化カルシウム何gを水に溶かせばよいか。ただし，塩化カルシウムは完全に電離するものとする。

考え方　塩化カルシウムは電解質なので，電離後の溶質粒子の物質量を考える。ファントホッフの法則より，溶液の浸透圧を等しくするためには，溶質粒子のモル濃度が等しくなるようにすればよい。

解説&解答

塩化カルシウムは，次のように電離する。

$$CaCl_2 \longrightarrow Ca^{2+} + 2Cl^-$$

溶解させる $CaCl_2$（式量111）の質量を x〔g〕とすると，

$$\frac{\dfrac{x}{111\,\text{g/mol}} \times 3}{2.0\,\text{L}} = 0.10\,\text{mol/L} \qquad x = \mathbf{7.4\,g}$$ 答

7 硫化ヒ素のコロイド溶液に，(a)少量の電解質を加えるとコロイド粒子が集まり沈殿する。また，このコロイド溶液に２枚の電極を浸し，(b)直流の電圧を加えると，コロイド粒子が陽極側に集まるために陽極付近の色が濃くなる。

(1) 下線部(a)，(b)の現象をそれぞれ何というか。

(2) 硫化ヒ素のコロイド粒子は，正・負のどちらの電荷を帯びているか。

(3) 次の(ア)～(オ)の電解質の水溶液のうち，最も小さいモル濃度で下線部(a)の現象が見られるのはどれか。

(ア) $NaCl$ (イ) $MgCl_2$ (ウ) $Al(NO_3)_3$ (エ) Na_2SO_4 (オ) KNO_3

考え方 疎水コロイドに少量の電解質を加えると，コロイド粒子が反発力を失って集まる現象を凝析という。凝析には，コロイド粒子のもつ電荷と反対符号で価数の大きなイオンほど有効である。

コロイド溶液に直流の電圧を加えると，コロイド粒子が自身が帯電している電荷とは反対の電極のほうに移動し，集まっていく。この現象を電気泳動という。

解説&解答

(1) **答** (a) **凝析** (b) **電気泳動**

(2) 電気泳動により陽極に移動したことから，コロイド粒子は負に帯電していることがわかる。 **答** **負**

(3) (ア) Na^+，(イ) Mg^{2+}，(ウ) Al^{3+}，(エ) Na^+，(オ) K^+ より(ウ) **答** **(ウ)**

考えてみよう！

8 酢酸 CH_3COOH をベンゼンに溶かしたときの凝固点を測ると，ベンゼンのモル凝固点降下と溶液の質量モル濃度から予測される温度より高かった。酢酸の一部は，ベンゼン中で図のように２分子間で水素結合を形成し，１分子のようにふるまうことが知られている。このことから，酢酸のベンゼン溶液の凝固点が予測より高くなった理由を説明せよ。

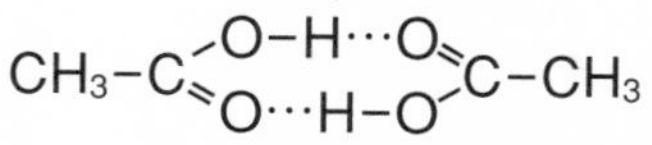

酢酸の二量体

考え方 凝固点降下は溶液中の溶質粒子の質量モル濃度に比例し，溶質粒子の数が多いほど凝固点が低くなる。

解説&解答

答 **一部の酢酸分子が２分子で１分子としてふるまうから，実際の溶質粒子の物質量は，溶解した酢酸の物質量より小さくなる。したがって，溶質粒子の質量モル濃度も小さくなるので，凝固点は予測より高くなる。**

第1章　化学反応とエネルギー　教 p.90 ～ p.115

1 化学反応と熱

A 化学反応とさまざまなエネルギー

物質はそれぞれエネルギー(化学エネルギー)をもっている。化学反応で出入りする熱は，反応物がもつエネルギーと生成物がもつエネルギーの差に相当する。このエネルギーの差は，熱や光以外に電気エネルギーとして現れる場合もある。教 p.90 図1

B 発熱反応と吸熱反応

化学反応が起こり，観察の対象となる部分を**系**といい，それ以外の部分を**外界**とよぶ。

系の熱を外界に放出しながら進む反応を**発熱反応**という。例えば，カイロは中に入っている鉄粉 Fe が空気中の酸素 O_2 と反応して酸化鉄(Ⅲ) Fe_2O_3 などが生成し，鉄1mol当たり824kJ（J：熱量の単位ジュール）の熱量が系から放出される。外界にいる私たちは熱を受け取って温まることができる。教 p.91 図3

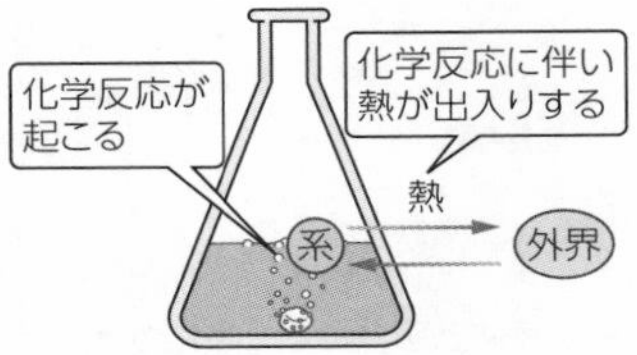

▲系と外界の関係

また，外界の熱を系に吸収しながら進む反応を**吸熱反応**という。例えば，硝酸カリウムは水に溶ける際に硝酸カリウム1mol当たり35kJの熱量を系に吸収するため，外界にいる私たちは冷却効果を得ることができる。

C 化学反応とエンタルピー

●エンタルピー　物質がもつエネルギーは**エンタルピー H** という量で表せる。一般に，化学反応は大気圧など一定圧力下で起こることが多く，一定圧力下で化学反応に伴って放出・吸収する熱量を**反応エンタルピー**という。反応エンタルピーは生成物と反応物がそれぞれもつエンタルピーの差である**エンタルピー変化 ΔH** で表される。

反応エンタルピー ΔH
＝(生成物がもつエンタルピー)－(反応物がもつエンタルピー)

●発熱反応や吸熱反応の ΔH　発熱反応は系の熱を外界に放出する反応であり，熱を外界に放出するとエンタルピーは小さくなる。つまり，$\Delta H < 0$ となる。逆に吸熱反応は外界の熱を系に吸収し，$\Delta H > 0$ となる。

発熱反応：系の熱を外界に放出する。$\Delta H < 0$　(ΔH は負)
(生成物がもつエンタルピー)＜(反応物がもつエンタルピー)
吸熱反応：外界の熱を系に吸収する。$\Delta H > 0$　(ΔH は正)
(生成物がもつエンタルピー)＞(反応物がもつエンタルピー)

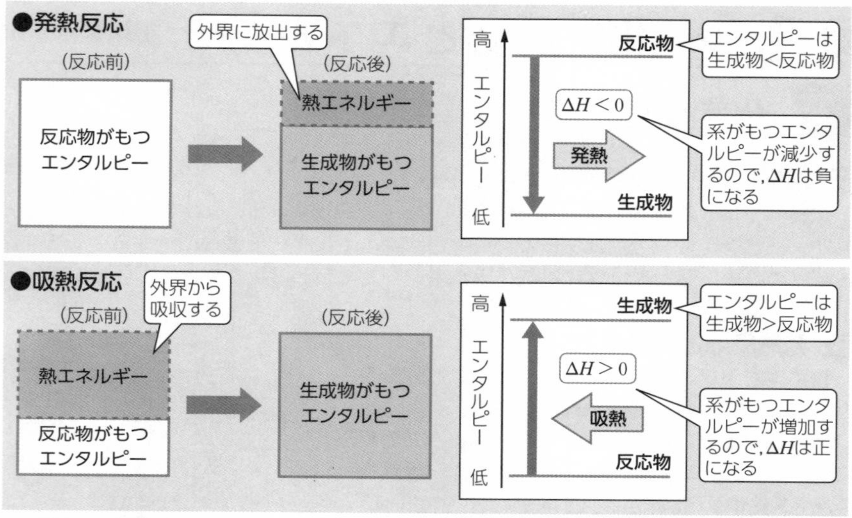

▲**発熱反応と吸熱反応** 反応物と生成物がもつエンタルピーの関係を表した図。反応前後で，物質がもつエンタルピーと熱エネルギーの和は変わらない。

●反応が自発的に進む要因 一般に，物質はエンタルピーが低いほうが安定であるため，発熱反応では外部からのはたらきかけがなくても反応が自発的に進みやすい。例えば，鉄 Fe を空気中に放置すると自然にさびて酸化鉄(Ⅲ) Fe_2O_3 となる。これと同じ反応を利用したものがカイロであり，発熱反応である。

一方，吸熱反応ではエンタルピーは大きくなるので反応は自発的に進まなさそうであるが，氷の融解のように熱を吸収しながらも自発的に起こる現象は私たちの身のまわりにもある。これは，反応が自発的に進む要因として熱の出入り以外に，**乱雑さ**(粒子の散らばり)があるためである。一般に，物質の状態変化や化学反応は乱雑さが大きくなる方向に進みやすい。水の場合，固体より液体のほうが乱雑さが大きく，液体より気体のほうが乱雑さが大きい。**教 p.93 図5**

乱雑さは**エントロピー** S という量で定義され，乱雑さの変化は，**エントロピー変化** ΔS で表すことができる。

一般に，反応が自発的に進むかどうかは，熱の出入り ΔH と乱雑さの変化 ΔS との兼ね合いによって決まる。

D エンタルピー変化と化学反応式

●エンタルピー変化を付した反応式 化学反応に伴う熱の出入りは，化学反応式にエンタルピー変化を付した式で示すことができる。エンタルピー変化を付した反応式の化学式では，それぞれ係数で示された物質量の物質がもつエンタルピーを表し，ΔH の単位は「kJ」で示す。

エンタルピー変化を付した反応式のつくり方（例：H_2 の完全燃焼）

① 化学反応式を書く。

$$2H_2 + O_2 \longrightarrow 2H_2O$$

② 着目する物質の係数を1にする。

着目する物質（この場合は水素 H_2）の係数が1になるように，化学反応式をつくる。このとき，他の物質の係数が分数になることもある。

$$1H_2 + \frac{1}{2}O_2 \longrightarrow 1H_2O$$ （係数の1は以後省略する）

③ 物質の状態とエンタルピー変化 ΔH を書く。

それぞれの物質の状態を化学反応式の後ろに書き，反応式の横にエンタルピー変化 ΔH を書く。ΔH は発熱反応では負の値，吸熱反応なら正の値となる。

$$H_2(\text{気}) + \frac{1}{2}O_2(\text{気}) \longrightarrow H_2O(\text{液}) \quad \Delta H = -286\,\text{kJ} \tag{1}$$

書き方　物質の状態

物質の状態により物質がもつエンタルピーが異なるため，物質の状態を明記する。物質の状態は25℃，1.013×10^5 Pa のときのものを明記し，気体(gas)の場合は（気）または(g)，液体(liquid)の場合は（液）または(l)，固体(solid)の場合は（固）または(s)で表す。また，炭素Cのような同素体をもつ物質では，C（黒鉛），C（ダイヤモンド）のように同素体の名前を書く。水に溶解した状態も，例えばNaClaqのように書く。「aq」はラテン語aqua（水）の略である。ただし，25℃，1.013×10^5 Pa で，その状態が明らかな場合には，状態を書かないこともある。

●エンタルピー変化を表した図　化学反応に伴うエンタルピー変化は下のようなエネルギー図にまとめて表すことができる。

エンタルピー変化を表した図のつくり方（例：H_2 の完全燃焼）

① 反応物と生成物がもつエンタルピーの関係を調べる。

$$H_2(\text{気}) + \frac{1}{2}O_2(\text{気}) \longrightarrow H_2O(\text{液}) \quad \Delta H = -286\,\text{kJ}$$

$\Delta H < 0$ より，（生成物がもつエンタルピー）＜（反応物がもつエンタルピー）

② ①で調べたことを図にまとめる。

ⓐ反応物を書く　ⓑ生成物を書く　ⓒ熱の出入りを書く

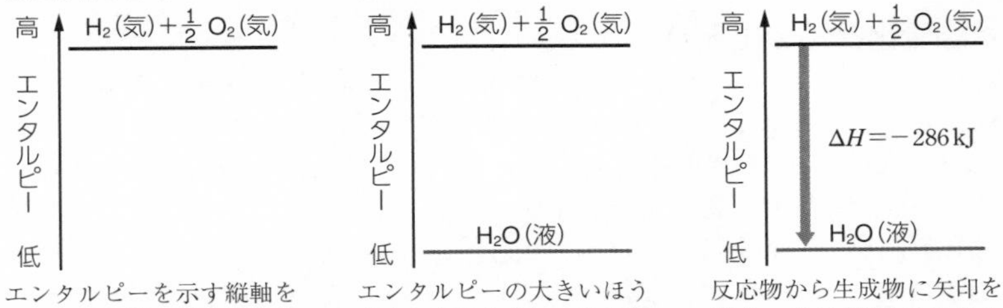

ⓐエンタルピーを示す縦軸をとる。その横に反応物を状態とともに書く。

ⓑエンタルピーの大きいほうが上になるように，生成物を状態とともに書く。

ⓒ反応物から生成物に矢印を書き，その横にエンタルピー変化を示す。

E 反応エンタルピーの種類

反応エンタルピーには，反応の種類によって固有の名称でよばれるものがあり，着目する物質1mol当たりの熱量で表される。反応エンタルピーの単位にはkJ/molを用いるが，エンタルピー変化を付した反応式の単位にはkJを用いる。

●燃焼エンタルピー 物質1molが完全燃焼するときの反応エンタルピーを**燃焼エンタルピー**という。教 p.96 図6，表1

$$CO(気) + \frac{1}{2}O_2(気) \longrightarrow CO_2(気) \quad \Delta H = -283\,kJ \tag{2}$$

●生成エンタルピー 化合物1molがその成分元素の単体から生成するときの反応エンタルピーを**生成エンタルピー**という。単体の生成エンタルピーは0とする。なお，同素体が存在する場合には，25℃で最も安定な同素体から生成する反応を用いる。教 p.96 図7，図8，表2

$$C(黒鉛) + 2H_2(気) \longrightarrow CH_4(気) \quad \Delta H = -74.9\,kJ \tag{3}$$

$$\frac{1}{2}N_2(気) + \frac{1}{2}O_2(気) \longrightarrow NO(気) \quad \Delta H = 90.3\,kJ \tag{4}$$

●溶解エンタルピー 溶質1molが多量の溶媒に溶解するときの反応エンタルピーを**溶解エンタルピー**という。溶解は化学反応ではなく，物理的な現象であるが，溶解エンタルピーも広い意味で反応エンタルピーに含める。教 p.97 図9，図10，表3

$$NaOH(固) + aq \longrightarrow NaOH\,aq \quad \Delta H = -44.5\,kJ \tag{5}$$

$$KCl(固) + aq \longrightarrow KCl\,aq \quad \Delta H = 17.2\,kJ \tag{6}$$

●中和エンタルピー 酸と塩基とが中和反応して水1molができるときの反応エンタルピーを**中和エンタルピー**という。教 p.97 図11

$$HCl\,aq + NaOH\,aq \longrightarrow NaCl\,aq + H_2O(液) \quad \Delta H = -56.5\,kJ \tag{7}$$

この中和エンタルピーは，次のように表すこともできる。

$$H^+aq + OH^-aq \longrightarrow H_2O(液) \quad \Delta H = -56.5\,kJ \tag{8}$$

強酸と強塩基の薄い水溶液の中和エンタルピーは，その種類によらず－56.5kJ/mol（25℃）となり，一定の値となる。弱酸や弱塩基の関わる中和反応では，弱酸・弱塩基の電離が吸熱反応であるため，中和エンタルピーは－56.5kJより大きくなる（絶対値が小さくなる）。

F 状態変化と熱の出入り

物質の状態が変化するときも，一定量の熱の出入りが起こるため，エンタルピー変化を付して示すことができる。1.013×10^5Paにおいて，0℃の氷の融解エンタルピーは6.0kJ/mol，100℃の水の蒸発エンタルピーは41kJ/molであり，それぞれ次式で表される。教 p.98 図12，表4，表5，表6

$$H_2O(固) \longrightarrow H_2O(液) \quad \Delta H = 6.0\,kJ \tag{9}$$

$$H_2O(液) \longrightarrow H_2O(気) \quad \Delta H = 41\,kJ \tag{10}$$

また，これらと逆の変化となる0℃の水の凝固エンタルピーと100℃の水蒸気の凝縮エンタルピーは，それぞれ次式で表される。

$$\mathrm{H_2O}(\text{液}) \longrightarrow \mathrm{H_2O}(\text{固})\quad \Delta H = -\,6.0\,\mathrm{kJ} \tag{11}$$

$$\mathrm{H_2O}(\text{気}) \longrightarrow \mathrm{H_2O}(\text{液})\quad \Delta H = -\,41\,\mathrm{kJ} \tag{12}$$

G 反応エンタルピーの測定

反応エンタルピーは，反応に伴って放出または吸収される熱量を測定することで求められる。例えば，図Aのような装置に20℃の純水48gを入れ，そこに固体の水酸化ナトリウム NaOH 2.0g (0.050mol)を加えて完全に溶かすと，図Bのような温度変化のグラフが得られる。この実験では，反応に伴って放出される熱の一部が外へ逃げてしまう。そのため，熱が逃げなかったと仮定して，放冷を示す直線部分を左方向に延ばしたときの縦軸との交点の値を用いて温度変化を求める。図Bでは，30℃を読みとる。

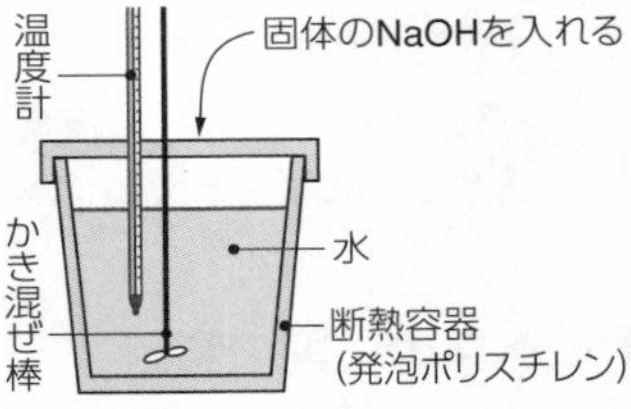

▲A　熱量計

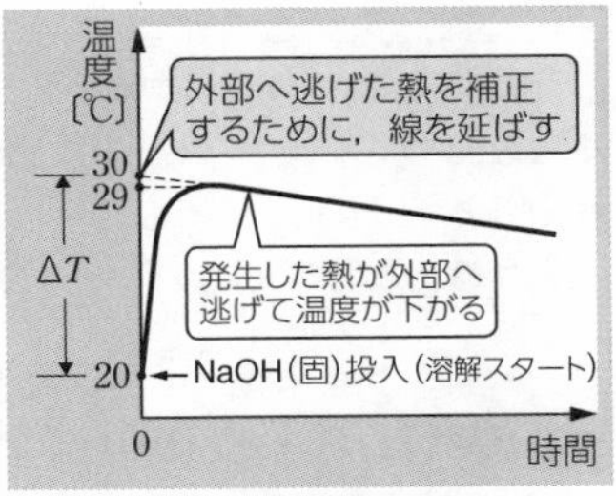

▲B　溶解による温度変化

水溶液の温度変化 ΔT〔K〕と水溶液の比熱(1gの物質の温度を1K上げるのに必要な熱量) c〔J/(g·K)〕，水とNaOHの質量の和 m〔g〕を用いると，発熱量 q〔J〕は次式のように求められる。

$$q = mc\Delta T \tag{13}$$

(13)式に得られた実験データを用いると，q は，

$$q = 50\,\mathrm{g} \times 4.2\,\mathrm{J/(g\cdot K)} \times 10\,\mathrm{K} = 2100\,\mathrm{J} = 2.1\,\mathrm{kJ}$$

この実験では，系(NaOHと水)から放出された熱により，外界(水溶液)の温度が上がっていることから，この反応は発熱反応であることがわかり，溶解エンタルピーは負の値になる。したがって，この実験で得られるNaOHの溶解エンタルピー ΔH は，

$$\Delta H = -\frac{2.1\,\mathrm{kJ}}{0.050\,\mathrm{mol}} = -\,42\,\mathrm{kJ/mol}$$

2 ヘスの法則

A ヘスの法則

●ヘスの法則　固体の水酸化ナトリウム・水・塩酸から塩化ナトリウム水溶液ができる反応には，次の2つの反応経路がある。

反応経路〔Ⅰ〕　固体の水酸化ナトリウム1molを水に溶かし，得られた水酸化ナトリウム水溶液を，塩化水素1molを含む塩酸と反応させる。

$$\mathrm{NaOH}(\text{固}) + \mathrm{aq} \longrightarrow \mathrm{NaOH\,aq}\qquad \Delta H_1 = -\,44.5\,\mathrm{kJ} \tag{14}$$

$$\mathrm{NaOH\,aq} + \mathrm{HCl\,aq} \longrightarrow \mathrm{NaCl\,aq} + \mathrm{H_2O}(\text{液})\qquad \Delta H_2 = -\,56.5\,\mathrm{kJ} \tag{15}$$

反応経路〔Ⅱ〕 固体の水酸化ナトリウム 1mol を，塩化水素 1mol を含む塩酸と直接そのまま反応させる。

$$\mathrm{NaOH(固) + HClaq \longrightarrow NaClaq + H_2O(液)} \quad \Delta H_3 = -101\,\mathrm{kJ} \qquad (16)$$

(14)式と(15)式の反応エンタルピーの和(− 44.5kJ ＋(− 56.5kJ) ＝− 101kJ)は，(16)式の反応エンタルピー(− 101kJ)に等しい($\Delta H_1 + \Delta H_2 = \Delta H_3$)。

一般に，反応エンタルピーと反応経路(や方法)の間には，次のような関係が成りたち，**ヘスの法則**(**総熱量保存の法則**)とよばれる。教 p.100 図 15

「物質が変化するときの反応エンタルピーの総和は，変化の前後の物質の種類と状態だけで決まり，変化の経路や方法には関係しない。」

B ヘスの法則の利用

●ヘスの法則の利用 ヘスの法則を利用すると，実験で測定することが難しい反応エンタルピーを，計算によって求めることができる。

例えば，黒鉛 C と酸素 O_2 とから一酸化炭素 CO だけを発生させようとしても，二酸化炭素 CO_2 も同時に発生してしまうので，CO の生成エンタルピーを直接測定することは難しい。一方，C や CO の完全燃焼は容易に行うことができ，その反応はそれぞれ次のように表せる。

$$\mathrm{C(黒鉛) + O_2(気) \longrightarrow CO_2(気)} \quad \Delta H_1 = -394\,\mathrm{kJ} \qquad (17)$$

$$\mathrm{CO(気) + \frac{1}{2}O_2(気) \longrightarrow CO_2(気)} \quad \Delta H_2 = -283\,\mathrm{kJ} \qquad (18)$$

これらの反応とヘスの法則を利用した次の手順により，CO の生成エンタルピーは − 111kJ/mol と求められる。

ヘスの法則を利用した ΔH の求め方（例：CO の生成エンタルピー）

① 目的の反応のエンタルピー変化を付した反応式を書く。

$$\mathrm{C(黒鉛) + \frac{1}{2}O_2(気) \longrightarrow CO(気)} \quad \Delta H_3 = Q\,〔\mathrm{kJ}〕 \qquad (19)$$

② 与えられた式を用いて①の反応式をつくる。

それぞれの式の反応物，生成物および係数(物質量)に着目する。エンタルピー変化 ΔH は，着目する物質の物質量に比例し，逆向きの化学反応の ΔH は，もとの反応の ΔH と絶対値が等しく，符号が逆になる。

まず，(17)式を見ると，反応物に C(黒鉛)があり，係数も等しい。次に，(18)式を見ると，①の反応式の生成物の CO(気)が反応物になっていることから，逆向きの反応に変形して(18')式のようにする。

上記より，2 つの式を組み合わせて目的の式を得ることができる。

$$\mathrm{C(黒鉛) + O_2(気) \longrightarrow CO_2(気)} \quad \Delta H_1 = -394\,\mathrm{kJ} \qquad (17)$$

$$\mathrm{CO_2(気) \longrightarrow CO(気) + \frac{1}{2}O_2(気)} \quad \Delta H_2{}' = 283\,\mathrm{kJ} \qquad (18')$$

$$\mathrm{C(黒鉛) + \frac{1}{2}O_2(気) \longrightarrow CO(気)} \quad \Delta H_3 = -111\,\mathrm{kJ} \qquad (19)$$

また，CO の生成エンタルピーを求めるには，エンタルピー変化を表した図を組み合わせる方法もある。⒄式，⒅式は図 A のように表せる。ここで，⒄式と⒅式はどちらも生成物が CO_2 であり，⒄式の反応物のほうがエンタルピーが大きいので，⒄式と⒅式の図を組み合わせて図 B を得ることができる。矢印の向きを考慮して図を見ると，次の関係があることがわかる。

$$\Delta H_3 = \Delta H_1 - \Delta H_2 \tag{20}$$

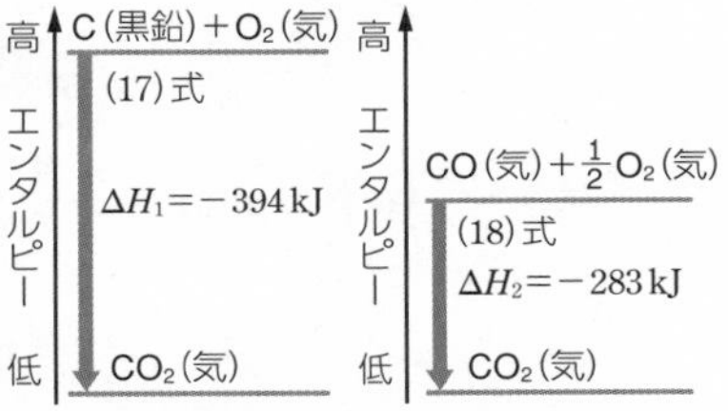

▲ A　C および CO の完全燃焼

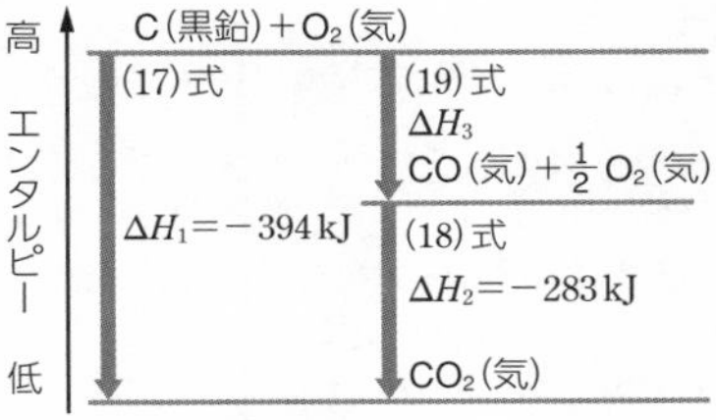

▲ B　ヘスの法則の利用

●生成エンタルピーと反応エンタルピー　反応エンタルピーは，その反応に関係する化合物の生成エンタルピーから求めることもできる。

例えば，メタン CH_4 の燃焼反応は次のように表すことができる。

CH_4(気) + $2O_2$(気) ⟶ CO_2(気) + $2H_2O$(液)　$\Delta H_1 = Q$〔kJ〕　㉑

メタンの燃焼反応にかかわる各物質の生成エンタルピーを付した反応式は次のように表せる（単体の生成エンタルピーは 0 とするため，酸素 O_2 は除く）。

C(黒鉛) + $2H_2$(気) ⟶ CH_4(気)　$\Delta H_2 = -75$ kJ　㉒

C(黒鉛) + O_2(気) ⟶ CO_2(気)　$\Delta H_3 = -394$ kJ　㉓

H_2(気) + $\frac{1}{2}O_2$(気) ⟶ H_2O(液)　$\Delta H_4 = -286$ kJ　㉔

㉓式＋㉔式× 2 −㉒式より㉑式が得られるので，メタンの燃焼エンタルピーは，

$$Q = \{(-394\,\text{kJ}) + (-286\,\text{kJ}) \times 2\} - (-75\,\text{kJ}) = -891\,\text{kJ}$$

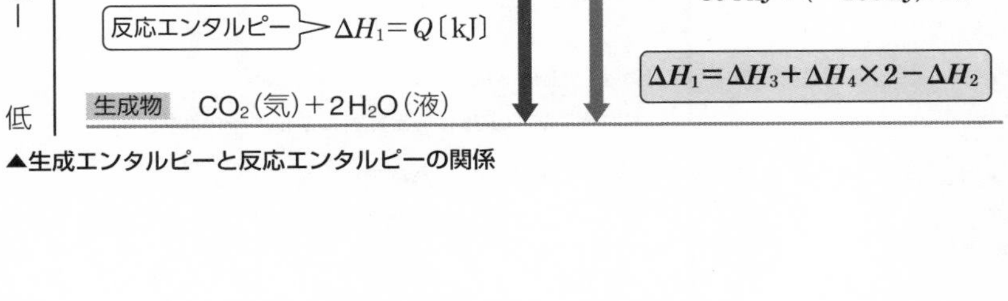

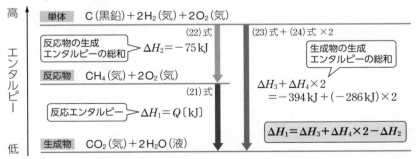

▲生成エンタルピーと反応エンタルピーの関係

一般に，ある化学反応における反応エンタルピーとその反応に関係する物質の生成エンタルピーの間には，次の関係が成りたつ。

反応エンタルピー＝(生成物の生成エンタルピーの総和)
－(反応物の生成エンタルピーの総和)

C 結合エネルギー

●結合エネルギー　分子内の共有結合を切断してばらばらの原子にするのに必要なエネルギーを，その共有結合の**結合エネルギー**という。

結合エネルギーは，ふつう結合1mol当たりの熱量で示され，単位はkJ/molとなる。結合を切断するにはエネルギーを加える必要があるため，結合エネルギーは必ず正になる。例えば，1molの水素分子H_2の共有結合をすべて切断して2molの水素原子Hにするには436kJが必要である。

$$H_2(気) \longrightarrow 2H(気) \quad \Delta H = 436\,\mathrm{kJ} \qquad (25)$$

●結合エネルギーとヘスの法則　ヘスの法則を利用して，結合エネルギーから反応エンタルピーを求めることができる。

例えば，1molの水素と1molの塩素から2molの塩化水素が生成するときの反応は次のように表される。

$$H_2(気) + Cl_2(気) \longrightarrow 2HCl(気) \quad \Delta H = Q\,[\mathrm{kJ}] \qquad (26)$$

塩化水素の生成にかかわる物質がばらばらの原子になる反応は，次のように表せる。

$$H_2(気) \longrightarrow 2H(気) \quad \Delta H_1 = 436\,\mathrm{kJ} \qquad (27)$$
$$Cl_2(気) \longrightarrow 2Cl(気) \quad \Delta H_2 = 243\,\mathrm{kJ} \qquad (28)$$
$$HCl(気) \longrightarrow H(気) + Cl(気) \quad \Delta H_3 = 432\,\mathrm{kJ} \qquad (29)$$

(27)式＋(28)式－(29)式×２より(26)式が得られるので，

$$Q = (436\,\mathrm{kJ}) + (243\,\mathrm{kJ}) - (432\,\mathrm{kJ}) \times 2 = -185\,\mathrm{kJ}$$

一般に，反応物と生成物がすべて気体の場合，反応に関与する物質がすべてばらばらの原子の状態を基準として，ヘスの法則を用いることで，反応エンタルピーは次のように求めることができる。

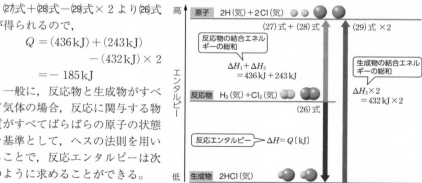

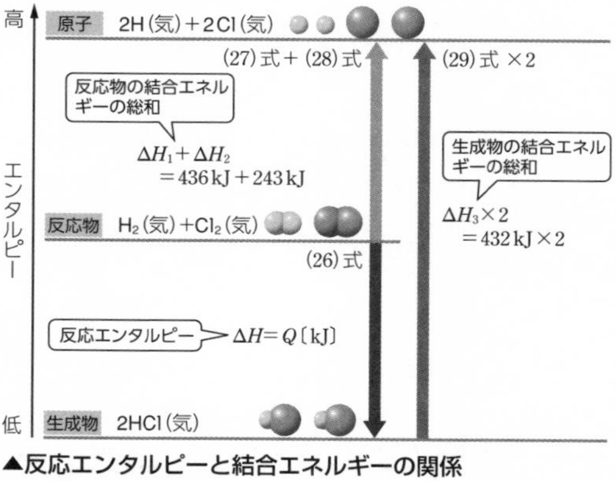

▲反応エンタルピーと結合エネルギーの関係

反応エンタルピー＝(反応物の結合エネルギーの総和)
－(生成物の結合エネルギーの総和)

発展　イオン結晶の格子エネルギー

1 mol のイオン結晶のイオン結合を切断して，気体状態のばらばらのイオンにするのに必要なエネルギーを**格子エネルギー**という。

格子エネルギーは，そのイオン結晶が安定かどうかの目安になるが，直接測定することはできないので，ヘスの法則を用いることによって，間接的に求める。例えば，NaCl(固)の格子エネルギーは，次のような式で表すことができる。

$$\mathrm{NaCl(固)} \longrightarrow \mathrm{Na^+(気)} + \mathrm{Cl^-(気)} \quad \Delta H = Q\,\mathrm{[kJ]}$$

NaCl の結晶を気体状態のばらばらのイオンにする過程は次の図のように表すことができ，NaCl(固)の格子エネルギーを求めることができる。

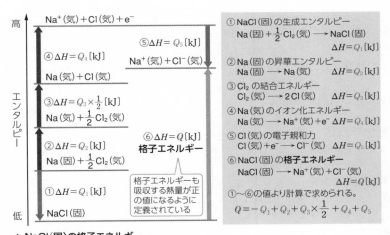

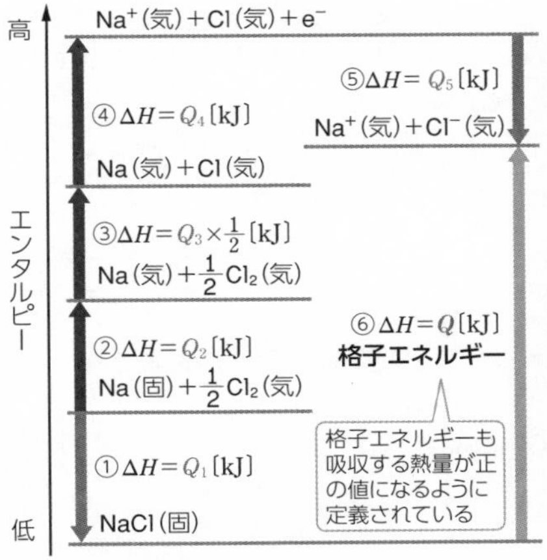

① NaCl(固)の生成エンタルピー
$\mathrm{Na(固)} + \frac{1}{2}\mathrm{Cl_2(気)} \longrightarrow \mathrm{NaCl(固)}$　$\Delta H = Q_1\,\mathrm{[kJ]}$

② Na(固)の昇華エンタルピー
$\mathrm{Na(固)} \longrightarrow \mathrm{Na(気)}$　$\Delta H = Q_2\,\mathrm{[kJ]}$

③ Cl_2 の結合エネルギー
$\mathrm{Cl_2(気)} \longrightarrow 2\,\mathrm{Cl(気)}$　$\Delta H = Q_3\,\mathrm{[kJ]}$

④ Na(気)のイオン化エネルギー
$\mathrm{Na(気)} \longrightarrow \mathrm{Na^+(気)} + \mathrm{e^-}$　$\Delta H = Q_4\,\mathrm{[kJ]}$

⑤ Cl(気)の電子親和力
$\mathrm{Cl(気)} + \mathrm{e^-} \longrightarrow \mathrm{Cl^-(気)}$　$\Delta H = Q_5\,\mathrm{[kJ]}$

⑥ NaCl(固)の**格子エネルギー**
$\mathrm{NaCl(固)} \longrightarrow \mathrm{Na^+(気)} + \mathrm{Cl^-(気)}$　$\Delta H = Q\,\mathrm{[kJ]}$

①〜⑥の値より計算で求められる。

$$Q = -Q_1 + Q_2 + Q_3 \times \frac{1}{2} + Q_4 + Q_5$$

▲ NaCl(固)の格子エネルギー

補足　化学反応に伴う熱の出入りの表し方

以前は，化学反応中に等号(＝)を用いて熱の出入りを表す書き方が用いられていた。C(黒鉛)の燃焼反応を現在の表し方と以前の表し方で書くと，

現在：　$\mathrm{C(黒鉛)} + \mathrm{O_2(気)} \longrightarrow \mathrm{CO_2(気)} \quad \Delta H = -394\,\mathrm{kJ}$

以前：　$\mathrm{C(黒鉛)} + \mathrm{O_2(気)} = \mathrm{CO_2(気)} + 394\,\mathrm{kJ}$

現在の表し方は系の物質の視点に立っているのに対して，以前の表し方は外界の観察者の視点に立っていたため，熱量の符号が逆になっている。以前の文献を用いる際にはどちらの表し方をしているかに注意する必要がある。

3 化学反応と光

A 光とエネルギー

化学反応では，熱の出入りを伴うほか，光の放出や吸収を伴うこともある。電気や磁気により生じる波を電磁波といい，光は電磁波の一つである。光は波長によって赤外線，可視光線，紫外線，X線などに分けられる(教 p.111 図 21)。光がもつエネルギーは波長の長さに反比例し，波長が短いほどエネルギーは大きくなる。

B 化学発光

反応物がもつエネルギーと生成物がもつエネルギーの差が光エネルギーに変換されて光を放出することを**化学発光**という。

●ルミノール　ルミノールは，塩基性溶液中で過酸化水素やオゾンなどにより酸化されると，明るく青い光を発する。この反応は**ルミノール反応**とよばれ，血液中の成分によって反応が促進されるため，血痕の検出に用いられている。

●シュウ酸ジフェニル　シュウ酸ジフェニルは過酸化水素で酸化されるとき，放出されるエネルギーを蛍光物質に与える。用いる蛍光物質の種類によって，さまざまな色の光を発する。教 p.111 図 22

C 光化学反応

可視光線や紫外線などの光の吸収によって引き起こされたり，促進されたりする化学反応を**光化学反応**という。

●水素と塩素の爆発　水素 H_2 と塩素 Cl_2 の混合気体に強い光を当てると，爆発的に反応して，塩化水素 HCl が生成する。

$$H_2 + Cl_2 \xrightarrow{\text{光}} 2HCl \tag{30}$$

●有機化合物と光　酸化チタン(Ⅳ) TiO_2 をコーティングした面に油などの有機化合物が付着したとき，この面に光が当たると有機化合物が分解される。例えば，酢酸は次のように分解される。

$$CH_3COOH + 2O_2 \xrightarrow{\text{光},\ TiO_2} 2CO_2 + 2H_2O \tag{31}$$

このときの TiO_2 のように，光が当たると触媒のはたらきを示すものを**光触媒**という。

●光合成　植物は光を吸収して，二酸化炭素 CO_2 と水 H_2O からグルコースを経てデンプンなどの糖類を合成する(教 p.113 図 23)。このような植物のはたらきを**光合成**という。グルコース $C_6H_{12}O_6$ が合成されるときの反応は，次のように表される。

$$6CO_2(\text{気}) + 6H_2O(\text{液}) \longrightarrow C_6H_{12}O_6(\text{固}) + 6O_2(\text{気}) \quad \Delta H = 2803\,\text{kJ} \tag{32}$$

発展　基底状態と励起状態

物質が光や熱などのエネルギーを吸収すると，電子が通常よりもエネルギーの高い不安定な**励起状態**になる。通常の電子は最もエネルギーが低く安定な**基底状態**にある。電子はふつう励起状態からすぐにエネルギーの低い状態にもどる。このとき，エネルギー差に相当する光が放出されることがあり，この光エネルギーは次の式で表される。

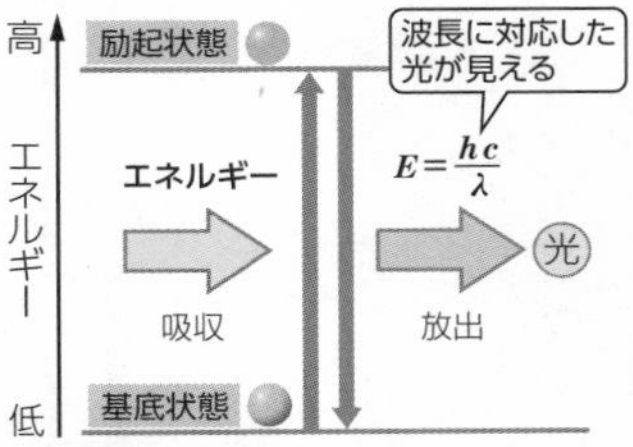

▲基底状態と励起状態

$$E = h\nu = \frac{hc}{\lambda}$$

h：プランク定数（6.6×10^{-34} J·s）　ν：光の振動数　λ：光の波長
c：光の速さ（3.0×10^{8} m/s）

このときの光の波長λが可視光線の波長範囲（400nm〜800nm）であれば，私たちの目に光の色が感じられる。化学発光は，原子や分子が化学エネルギーにより励起されて起こるが，他の要因で励起されて発光する現象もある。

アルカリ金属元素などの化合物を炎に入れて高温にすると，その元素に固有の色をもつ光が放出されることがある。これが**炎色反応**であり，金属の定性分析や花火などに利用されている。

問　題

問1（教 p.95）　次の反応をエンタルピー変化を付した反応式で表せ。また，エンタルピー変化を表した図を書け。

(1)　気体のエタン C_2H_6 1mol を完全燃焼させると，二酸化炭素 CO_2 と液体の水 H_2O が生じ，1561kJ の熱量を放出する。

(2)　炭素（黒鉛）C 1mol と水蒸気を反応させると，一酸化炭素 CO と水素 H_2 が生じ，131kJ の熱量を吸収する。

考え方　エンタルピー変化を付した反応式は，次のようにつくる。

①　化学反応式を書く。
②　着目する物質（エタン，炭素（黒鉛））の係数を1にする。
③　物質の状態とエンタルピー変化 ΔH を書く。

系の熱を外界に放出する反応（発熱反応）では ΔH が負の値，外界の熱を系に吸収する反応（吸熱反応）では ΔH が正の値となる。

エンタルピー変化を表した図は，反応物と生成物のエンタルピーの関係を調べて，エンタルピーの大きいほうが上になるように書く。反応物，生成物は状態とともに書き，エンタルピー変化も示す。

解説&解答 (1) ① $2C_2H_6 + 7O_2 \longrightarrow 4CO_2 + 6H_2O$

② $C_2H_6 + \frac{7}{2}O_2 \longrightarrow 2CO_2 + 3H_2O$

③ $\mathbf{C_2H_6}$**(気)**$+ \frac{7}{2}\mathbf{O_2}$**(気)**$\longrightarrow \mathbf{2CO_2}$**(気)**$+ \mathbf{3H_2O}$**(液)**

$\Delta H = -1561\,\mathrm{kJ}$ **答**

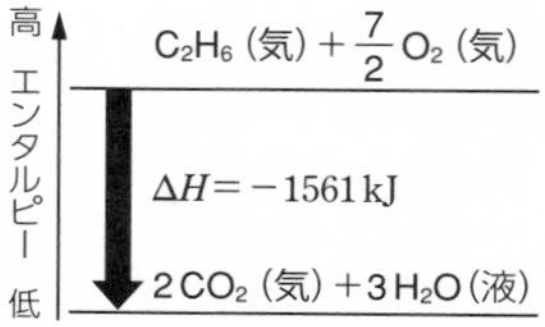

(2) ①，② $C + H_2O \longrightarrow CO + H_2$

③ **C(黒鉛)**$+ \mathbf{H_2O}$**(気)**$\longrightarrow$ **CO(気)**$+ \mathbf{H_2}$**(気)**

$\Delta H = 131\,\mathrm{kJ}$ **答**

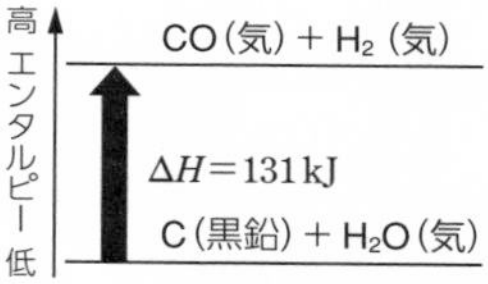

問２
(教 p.98)

次の変化をエンタルピー変化を付した反応式で表せ。

(H ＝ 1.0，O ＝ 16，Na ＝ 23)

(1) プロパン C_3H_8 の燃焼エンタルピーは－ 2219kJ/mol である。

(2) アンモニアの生成エンタルピーは－ 46kJ/mol である。

(3) 塩化アンモニウムの溶解エンタルピーは 14.8kJ/mol である。

(4) 25℃の水の蒸発エンタルピーは 44kJ/mol である。

(5) 固体の水酸化ナトリウム 4.0g を水に溶かすと，25℃で 4.5kJ の熱量を放出する。

(6) 0.100mol/L の塩酸 200mL と 0.100mol/L の水酸化ナトリウム水溶液 200mL を混合すると，25℃で 1.13kJ の熱量を放出する。

考え方 (1) 燃焼エンタルピーは，物質 1mol が完全燃焼するときの反応エンタルピーである。C_3H_8 の係数を 1 にする。

(2) 生成エンタルピーは，化合物 1mol がその成分元素の単体から生成するときの反応エンタルピーである。アンモニア NH_3 の係数を 1 にする。

(3) 溶解エンタルピーは，溶質 1mol が多量の水に溶解するときの反応エンタルピーである。

(4) 物質の状態が変化するとき，一定量の熱の出入りが起こるため，エンタルピー変化を付して示すことができる。

(5) 溶解エンタルピーは溶質が1molのときの反応式で示す。水酸化ナトリウム NaOH4.0gの物質量を求めて，1molのときに放出する熱量を計算する。

(6) 酸と塩基が中和反応して水1molができるときの反応エンタルピーが中和エンタルピーである。中和により生成した水の物質量を求めて，水1molを生成したときに放出する熱量を計算する。

解説&解答 (1) C_3H_8(気) + $5O_2$(気) ⟶ $3CO_2$(気) + $4H_2O$(液)

$\Delta H = -2219\,\text{kJ}$ 答

(2) $\frac{1}{2}N_2$(気) + $\frac{3}{2}H_2$(気) ⟶ NH_3(気)　$\Delta H = -46\,\text{kJ}$ 答

(3) NH_4Cl(固) + aq ⟶ NH_4Claq　$\Delta H = 14.8\,\text{kJ}$ 答

(4) H_2O(液) ⟶ H_2O(気)　$\Delta H = 44\,\text{kJ}$ 答

(5) NaOH(式量40)4.0gの物質量は，

$$\frac{4.0\,\text{g}}{40\,\text{g/mol}} = 0.10\,\text{mol}$$

よって，1.0molを溶かしたときに放出する熱量は，

$$4.5\,\text{kJ} \times \frac{1.0\,\text{mol}}{0.10\,\text{mol}} = 45\,\text{kJ}$$

NaOH(固) + aq ⟶ NaOHaq　$\Delta H = -45\,\text{kJ}$ 答

(6) 中和により生成した水の物質量は，

$$0.100\,\text{mol/L} \times \frac{200}{1000}\,\text{L} = 2.00 \times 10^{-2}\,\text{mol}$$

よって，水1.00molが生成するときに放出する熱量は，

$$1.13\,\text{kJ} \times \frac{1.00\,\text{mol}}{2.00 \times 10^{-2}\,\text{mol}} = 56.5\,\text{kJ}$$

HClaq + NaOHaq ⟶ NaClaq + H_2O(液)

$\Delta H = -56.5\,\text{kJ}$ 答

例題1 (教p.103) 黒鉛とダイヤモンドの燃焼エンタルピーはそれぞれ−394 kJ/mol，−396 kJ/molである。黒鉛1 molからダイヤモンド1 molが生成するときの生成エンタルピーは何kJ/molか。

考え方 ダイヤモンドの生成エンタルピーをQとして反応式を書き，黒鉛とダイヤモンドの燃焼の反応式を組み合わせてQを求める。

解説&解答 ダイヤモンドの生成を表す式は次の通り。

C(黒鉛) ⟶ C(ダイヤモンド)　$\Delta H_1 = Q$〔kJ〕 ①

また，黒鉛とダイヤモンドの燃焼は次の通り。

C(黒鉛) + O_2(気) ⟶ CO_2(気)　$\Delta H_2 = -394\,\text{kJ}$ ②

C(ダイヤモンド) + O_2(気) ⟶ CO_2(気)

$\Delta H_3 = -396\,\text{kJ}$ ③

①式＝②式＋③式×(−1)より，

第2編 物質の変化

$$
\begin{array}{ll}
\text{C(黒鉛)} + O_2\text{(気)} \longrightarrow CO_2\text{(気)} & \Delta H_2 = -394\,\text{kJ} \\
CO_2\text{(気)} \longrightarrow \text{C(ダイヤモンド)} + O_2\text{(気)} & \Delta H_3' = 396\,\text{kJ} \\
\hline
\text{C(黒鉛)} \longrightarrow \text{C(ダイヤモンド)} & \Delta H_1 = 2\,\text{kJ}
\end{array}
$$

答　2kJ/mol

類題１（教p.103）　次の反応から，二酸化窒素 NO_2 の生成エンタルピーを求めよ。

$$N_2\text{(気)} + O_2\text{(気)} \longrightarrow 2NO\text{(気)} \quad \Delta H_1 = 180.6\,\text{kJ}$$

$$NO\text{(気)} + \frac{1}{2}O_2\text{(気)} \longrightarrow NO_2\text{(気)} \quad \Delta H_2 = -\,57.1\,\text{kJ}$$

考え方　二酸化窒素 NO_2 の生成エンタルピーを Q として反応式を書き，与えられた式を組み合わせて Q を求める。

解説＆解答　問題で与えられた反応式を，次のように①式，②式とする。

$$N_2\text{(気)} + O_2\text{(気)} \longrightarrow 2NO\text{(気)} \quad \Delta H_1 = 180.6\,\text{kJ} \quad ①$$

$$NO\text{(気)} + \frac{1}{2}O_2\text{(気)} \longrightarrow NO_2\text{(気)} \quad \Delta H_2 = -\,57.1\,\text{kJ} \quad ②$$

二酸化窒素の生成を表す反応式は次の通り。

$$\frac{1}{2}N_2\text{(気)} + O_2\text{(気)} \longrightarrow NO_2\text{(気)} \quad \Delta H_3 = Q\,\text{〔kJ〕} \quad ③$$

③式＝①式×$\frac{1}{2}$＋②式より，$\Delta H_3 = \Delta H_1 \times \frac{1}{2} + \Delta H_2$ となるので，

$$Q = 180.6\,\text{kJ} \times \frac{1}{2} + (-\,57.1\,\text{kJ}) = 33.2\,\text{kJ}$$

答　33.2kJ/mol

例題２（教p.105）　次の反応からメタン CH_4 の生成エンタルピーを求め，整数値で答えよ。

$$\text{C(黒鉛)} + O_2\text{(気)} \longrightarrow CO_2\text{(気)} \quad \Delta H_1 = -\,394\,\text{kJ} \quad ①$$

$$H_2\text{(気)} + \frac{1}{2}O_2\text{(気)} \longrightarrow H_2O\text{(液)} \quad \Delta H_2 = -\,286\,\text{kJ} \quad ②$$

$$CH_4\text{(気)} + 2O_2\text{(気)} \longrightarrow CO_2\text{(気)} + 2H_2O\text{(液)} \quad \Delta H_3 = -\,891\,\text{kJ} \quad ③$$

考え方　メタン CH_4 の生成エンタルピーを Q として反応式を書き，与えられた式を組み合わせて Q を求める。

［別解］　反応エンタルピー＝(生成物の生成エンタルピーの総和)－(反応物の生成エンタルピーの総和)より求める。

解説＆解答　メタンの生成を表す反応式は次の通り。

$$\text{C(黒鉛)} + 2H_2\text{(気)} \longrightarrow CH_4\text{(気)} \quad \Delta H_4 = Q\,\text{〔kJ〕} \quad ④$$

④式＝①式＋②式×２＋③式×(－１)より，

$$
\begin{array}{ll}
\text{C(黒鉛)} + O_2\text{(気)} \longrightarrow CO_2\text{(気)} & \Delta H_1 = -394\,\text{kJ} \\
2H_2\text{(気)} + O_2\text{(気)} \longrightarrow 2H_2O\text{(液)} & \Delta H_2' = -286\,\text{kJ} \times 2 \\
CO_2\text{(気)} + 2H_2O\text{(液)} \longrightarrow CH_4\text{(気)} + 2O_2\text{(気)} & \Delta H_3' = 891\,\text{kJ} \\
\hline
\text{C(黒鉛)} + 2H_2\text{(気)} \longrightarrow CH_4\text{(気)} & \Delta H_4 = -75\,\text{kJ}
\end{array}
$$

答　－75kJ/mol

別解　$\Delta H_3 = (\Delta H_1 + \Delta H_2 \times 2) - \Delta H_4$ となるので，

$-891\,\text{kJ} = -394\,\text{kJ} + (-286\,\text{kJ}) \times 2 - Q \qquad Q = -75\,\text{kJ}$

答　**－75kJ/mol**

第2編　物質の変化

類題2（教p.105）　二酸化炭素，水(液体)，アセチレン C_2H_2(気体)の生成エンタルピーはそれぞれ－394kJ/mol，－286kJ/mol，227kJ/molである。このとき，アセチレンの燃焼エンタルピーは何kJ/molか。

考え方　アセチレン C_2H_2 の燃焼エンタルピーを Q として反応式を書き，与えられた式を組み合わせて求める。

解説&解答　二酸化炭素 CO_2，水 H_2O(液体)，アセチレン(気体)の生成を表す反応式は次の通り。

$$\text{C(黒鉛)} + O_2\text{(気)} \longrightarrow CO_2\text{(気)} \qquad \Delta H_1 = -394\,\text{kJ} \quad ①$$

$$H_2\text{(気)} + \frac{1}{2}O_2\text{(気)} \longrightarrow H_2O\text{(液)} \qquad \Delta H_2 = -286\,\text{kJ} \quad ②$$

$$2\text{C(黒鉛)} + H_2\text{(気)} \longrightarrow C_2H_2\text{(気)} \qquad \Delta H_3 = 227\,\text{kJ} \quad ③$$

アセチレンの燃焼を表す反応式は次の通り。

$$C_2H_2\text{(気)} + \frac{5}{2}O_2\text{(気)} \longrightarrow 2CO_2\text{(気)} + H_2O\text{(液)}$$

$$\Delta H_4 = Q\,[\text{kJ}] \quad ④$$

④式＝①式×2＋②式＋③式×(－1)より，

$\Delta H_4 = \Delta H_1 \times 2 + \Delta H_2 - \Delta H_3$ となるので，

$Q = (-394\,\text{kJ}) \times 2 + (-286\,\text{kJ}) - 227\,\text{kJ} = -1301\,\text{kJ}$

答　**－1301kJ/mol**

例題3（教p.107）　教p.106表7の値を用いて，次の反応の Q[kJ]を求めよ。

$$2H_2\text{(気)} + O_2\text{(気)} \longrightarrow 2H_2O\text{(気)} \quad \Delta H = Q\,[\text{kJ}]$$

考え方　水 H_2O の生成にかかわる物質がばらばらの原子になる反応を組み合わせて求める。1molの H_2O にはO−H結合が2molある。

［別解］　反応エンタルピー＝(反応物の結合エネルギーの総和)－(生成物の結合エネルギーの総和)より求める。

解説&解答　水の生成にかかわる物質がばらばらの原子になる反応は次の通り。

$$H_2\text{(気)} \longrightarrow 2\text{H(気)} \qquad \Delta H_1 = 436\,\text{kJ} \quad ①$$

$$O_2\text{(気)} \longrightarrow 2\text{O(気)} \qquad \Delta H_2 = 498\,\text{kJ} \quad ②$$

$$H_2O\text{(気)} \longrightarrow 2\text{H(気)} + \text{O(気)} \qquad \Delta H_3 = 463\,\text{kJ} \times 2 \quad ③$$

(与式)＝①式×2＋②式＋③式×(－2)より，

$$2H_2\text{(気)} \longrightarrow 4\text{H(気)} \qquad \Delta H_1' = 436\,\text{kJ} \times 2$$

$$O_2\text{(気)} \longrightarrow 2\text{O(気)} \qquad \Delta H_2 = 498\,\text{kJ}$$

$$4\text{H(気)} + 2\text{O(気)} \longrightarrow 2H_2O\text{(気)} \qquad \Delta H_3' = -(463\,\text{kJ} \times 2) \times 2$$

$$2H_2\text{(気)} + O_2\text{(気)} \longrightarrow 2H_2O\text{(気)} \qquad \Delta H = \mathbf{-482\,kJ}$$ **答**

別解 $\Delta H = (\Delta H_1 \times 2 + \Delta H_2) - \Delta H_3 \times 2$ となり，
$Q = 436\,\text{kJ} \times 2 + 498\,\text{kJ} - (463\,\text{kJ} \times 2) \times 2 = -482\,\text{kJ}$ **答**

類題3
(教p.107)

教 p.106 表7の値と次の反応式を用いて N≡N の結合エネルギーを求め，整数値で答えよ。 N_2(気)＋$3H_2$(気) ⟶ $2NH_3$(気) $\Delta H = -92\,\text{kJ}$

考え方 アンモニア NH_3 の生成にかかわる物質がばらばらの原子になる反応を組み合わせて求める。1mol の NH_3 には N−H 結合が 3mol ある。

解説&解答 アンモニアの生成にかかわる物質がばらばらの原子になる反応は次の通り。

N_2(気) ⟶ 2N(気) $\Delta H_1 = Q$〔kJ〕 ①
H_2(気) ⟶ 2H(気) $\Delta H_2 = 436\,\text{kJ}$ ②
NH_3(気) ⟶ N(気)＋3H(気) $\Delta H_3 = 391\,\text{kJ} \times 3$ ③

(与式)＝①式＋②式×3＋③式×(−2)より，
$\Delta H = \Delta H_1 + \Delta H_2 \times 3 - \Delta H_3 \times 2$ となるので，
$-92\,\text{kJ} = Q + (436\,\text{kJ}) \times 3 - (391\,\text{kJ} \times 3) \times 2$
$Q = 946\,\text{kJ}$

答 **946 kJ/mol**

問A
(教p.110)

p.75 発展の図(教 p.110 図A)の関係を用いて，NaCl(固)の格子エネルギーを求め，整数値で答えよ。ただし，$Q_1 = -411\,\text{kJ}$，$Q_2 = 92\,\text{kJ}$，$Q_3 = 243\,\text{kJ}$，$Q_4 = 496\,\text{kJ}$，$Q_5 = -349\,\text{kJ}$ とする。

考え方 NaCl(固)の生成エンタルピーと結晶を気体状態のばらばらのイオンにする過程を組み合わせて考える。

解説&解答 NaCl(固)の生成を表す反応は次の通り。

Na(固)＋$\frac{1}{2}Cl_2$(気) ⟶ NaCl(固) $\Delta H = -411\,\text{kJ}(Q_1)$ ①

Na(固)と Cl_2(気)をばらばらのイオンにするには，Na(固)を昇華によりNa(気)にして(Q_2)，Cl_2(気)をばらばらの原子のCl(気)にして(Q_3)，さらにNa(気)をイオンの Na^+(気)にする(Q_4)。

Na(固) ⟶ Na(気) $\Delta H_2 = 92\,\text{kJ}(Q_2)$ ②
Cl_2(気) ⟶ 2Cl(気) $\Delta H_3 = 243\,\text{kJ}(Q_3)$ ③
Na(気) ⟶ Na^+(気)＋e^- $\Delta H_4 = 496\,\text{kJ}(Q_4)$ ④

また，Cl(気)がイオンの Cl^-(気)になる反応は次の通り。

Cl(気)＋e^- ⟶ Cl^-(気) $\Delta H_5 = -349\,\text{kJ}(Q_5)$ ⑤

NaCl(固)の格子エネルギー Q は次のような式で表すことができる。

NaCl(固) ⟶ Na^+(気)＋Cl^-(気) $\Delta H = Q$〔kJ〕 ⑥

⑥式＝①式×(−1)＋②式＋③式×$\frac{1}{2}$＋④式＋⑤式より，

$$Q = 411\,\text{kJ} + 92\,\text{kJ} + 243\,\text{kJ} \times \frac{1}{2} + 496\,\text{kJ} - 349\,\text{kJ} \fallingdotseq 772\,\text{kJ}$$

答 **772 kJ/mol**

章　末　問　題

教 p.114 ～ p.115

必要があれば，原子量は次の値を使うこと。
H = 1.0，C = 12，O = 16

1　メタン CH_4 の燃焼エンタルピーは－891 kJ/mol である。

(1)　メタンの完全燃焼をエンタルピー変化を付した反応式で表せ。

(2)　メタン 32 g を燃焼させると，何 kJ の熱量が放出されるか。「○○kJ の熱量が放出される」のような形式で答えよ。ただし，○○に入る数値は整数値とする。

考え方　燃焼エンタルピーは，物質 1 mol が完全燃焼するときの反応エンタルピーである。

解説&解答

(1)　**答**　**CH_4(気) + $2O_2$(気) ⟶ CO_2(気) + $2H_2O$(液)　$\Delta H = -891\,\mathrm{kJ}$**

(2)　CH_4(分子量 16) 32 g の物質量は，

$$\frac{32\,\mathrm{g}}{16\,\mathrm{g/mol}} = 2.0\,\mathrm{mol}$$

よって，この反応の反応エンタルピーは，

$-891\,\mathrm{kJ/mol} \times 2.0\,\mathrm{mol} = -1782\,\mathrm{kJ}$　　**答　1782 kJ の熱量が放出される**

2　水素，炭素(黒鉛)，プロパン C_3H_8 の燃焼エンタルピーは，それぞれ－286 kJ/mol，－394 kJ/mol，－2219 kJ/mol である。次の問いに整数値で答えよ。

(1)　水(液体)の生成エンタルピーは何 kJ/mol か。

(2)　プロパンの生成エンタルピーは何 kJ/mol か。

考え方　水素 H_2，炭素 C(黒鉛)，プロパン C_3H_8 の燃焼エンタルピーは次のように表せる。

H_2(気) + $\frac{1}{2}O_2$(気) ⟶ H_2O(液)　　$\Delta H_1 = -286\,\mathrm{kJ}$　①

C(黒鉛) + O_2(気) ⟶ CO_2(気)　　$\Delta H_2 = -394\,\mathrm{kJ}$　②

C_3H_8(気) + $5O_2$(気) ⟶ $3CO_2$(気) + $4H_2O$(液)　　$\Delta H_3 = -2219\,\mathrm{kJ}$　③

解説&解答

(1)　水(液体)の生成エンタルピーは，①式で示される。よって，**－286 kJ/mol　答**

(2)　プロパンの生成を表す反応式は次の通り。

3C(黒鉛) + $4H_2$(気) ⟶ C_3H_8(気)　　$\Delta H = Q$〔kJ〕　④

④式＝①式× 4 ＋②式× 3 ＋③式×(－1)より，

$\Delta H = \Delta H_1 \times 4 + \Delta H_2 \times 3 - \Delta H_3$ となるので，

$Q = (-286\,\mathrm{kJ}) \times 4 + (-394\,\mathrm{kJ}) \times 3 - (-2219\,\mathrm{kJ}) = -107\,\mathrm{kJ}$

答　－107 kJ/mol

3　エタン C_2H_6 とプロパン C_3H_8 の混合気体があり，その体積は標準状態で 8.96 L である。この混合気体を完全燃焼させたとき，1.85 mol の酸素が消費された。ただし，エタンの燃焼エンタルピーは − 1561 kJ/mol，プロパンの燃焼エンタルピーは − 2219 kJ/mol とする。

(1)　エタンとプロパンの完全燃焼をエンタルピー変化を付した反応式でそれぞれ表せ。

(2)　最初の混合気体中のエタンとプロパンの物質量の比を，最も簡単な整数比で求めよ。

(3)　この混合気体が完全燃焼したとき，何 kJ の熱量が放出されたか。「○○kJ の熱量が放出された」のような形式で答えよ。ただし，○○に入る数値は整数値とする。

考え方　(2)　まず，混合気体の物質量を求める。次に，混合気体中のエタンの物質量を x〔mol〕として，完全燃焼させて消費した酸素の物質量をもとに x を求めることができる。

(3)　(2)で求めた混合気体中のエタンとプロパンの物質量から，それぞれの燃焼で発生する熱量の和を求める。

解説&解答

(1)　**答**　$C_2H_6(気) + \frac{7}{2}O_2(気) \longrightarrow 2CO_2(気) + 3H_2O(液) \quad \Delta H_1 = -1561\,kJ$

$C_3H_8(気) + 5O_2(気) \longrightarrow 3CO_2(気) + 4H_2O(液) \quad \Delta H_2 = -2219\,kJ$

(2)　混合気体の物質量は，

$$\frac{8.96\,L}{22.4\,L/mol} = 0.400\,mol$$

混合気体中のエタンの物質量を x〔mol〕とすると，消費された酸素が 1.85 mol なので，

$$\frac{7}{2}x + 5 \times (0.400\,mol - x) = 1.85\,mol \qquad x = 0.10\,mol$$

プロパンの物質量は，

$$0.40\,mol - 0.10\,mol = 0.30\,mol$$

よって，求める物質量の比は，

エタン：プロパン＝ 0.10：0.30 ＝ 1：3　　**答**　**1：3**

(3)　エタンの燃焼エンタルピーは − 1561 kJ/mol，プロパンの燃焼エンタルピーは − 2219 kJ/mol なので，

$$(-1561\,kJ/mol) \times 0.10\,mol + (-2219\,kJ/mol) \times 0.30\,mol$$
$$= -821.8\,kJ \fallingdotseq -822\,kJ$$

答　**822 kJ の熱量が放出された**

4 炭素の同素体であるフラーレン C_{60} の燃焼反応は，次式で表される。

C_{60}(フラーレン)＋ $60O_2$(気) ⟶ $60CO_2$(気)　$\Delta H = -26110\,\text{kJ}$

また，黒鉛とダイヤモンドの燃焼エンタルピーは，それぞれ－394kJ/mol，－396kJ/mol である。

(1)　C_{60} 1mol を黒鉛から生成するときの反応エンタルピーは何 kJ/mol か。整数値で答えよ。

(2)　C_{60}，黒鉛，ダイヤモンドの中で炭素原子 1mol がもつエンタルピーが最も大きいものはどれか。

考え方　(1)　黒鉛とダイヤモンドの燃焼を表す反応式は次の通り。

C(黒鉛)＋ O_2(気) ⟶ CO_2(気)　$\Delta H_1 = -394\,\text{kJ}$　①

C(ダイヤモンド)＋ O_2(気) ⟶ CO_2(気)　$\Delta H_2 = -396\,\text{kJ}$　②

黒鉛からフラーレンを生成する反応式は次の通り。

60C(黒鉛) ⟶ C_{60}(フラーレン)　$\Delta H_3 = Q$〔kJ〕　③

以上の式と与式を組み合わせる。

(2)　燃焼エンタルピーが大きいものが，炭素原子 1mol がもつエンタルピーが大きい。燃焼したときに同量の CO_2 が生成するときの反応エンタルピーを比べる。

解説&解答

(1)　③式＝①式× 60 ＋(与式)×(－1)より，

$\Delta H_3 = \Delta H_1 \times 60 - \Delta H$ となるので，

$Q = (-394\,\text{kJ}) \times 60 - (-26110\,\text{kJ}) = 2470\,\text{kJ}$　**答　2470kJ/mol**

(2)　フラーレン，黒鉛，ダイヤモンド，それぞれが燃焼し，CO_2 60mol が生成するときの反応エンタルピーは，

C_{60}(フラーレン)＋ $60O_2$(気) ⟶ $60CO_2$(気)　$\Delta H = -26110\,\text{kJ}$

60C(黒鉛)＋ $60O_2$(気) ⟶ $60CO_2$(気)

$\Delta H_1' = (-394\,\text{kJ}) \times 60 = -23640\,\text{kJ}$

60C(ダイヤモンド)＋ $60O_2$(気) ⟶ $60CO_2$(気)

$\Delta H_2' = (-396\,\text{kJ}) \times 60 = -23760\,\text{kJ}$

以上から，炭素原子 1mol がもつエンタルピーはフラーレン C_{60} が最も大きい。

答　C_{60}

5 H－H，C－H，O=O の結合エネルギーをそれぞれ 436kJ/mol，416kJ/mol，498 kJ/mol とし，炭素(黒鉛)の昇華エンタルピーを 718kJ/mol とする。次の問いに整数値で答えよ。

(1)　メタン CH_4 1mol を完全に原子に分解するのに必要なエネルギーは何 kJ か。

(2)　メタン CH_4 の生成エンタルピーは何 kJ/mol か。

(3)　水(液体)の生成エンタルピーと蒸発エンタルピーは，次式で表される。

H_2(気)＋ $\frac{1}{2}O_2$(気) ⟶ H_2O(液)　$\Delta H = -286\,\text{kJ}$

H_2O(液) ⟶ H_2O(気)　$\Delta H = 44\,\text{kJ}$

これらを用いて，H_2O(気)の O－H の結合エネルギーを求めよ。

第2編　物質の変化

考え方 H_2，CH_4，O_2，C(黒鉛)がばらばらの原子になる反応式は次の通り。

H_2(気) ⟶ 2H(気)　$\Delta H_1 = 436\,\text{kJ}$　①

CH_4(気) ⟶ C(気) + 4H(気)　$\Delta H_2 = 416\,\text{kJ} \times 4$　②

O_2(気) ⟶ 2O(気)　$\Delta H_3 = 498\,\text{kJ}$　③

C(黒鉛) ⟶ C(気)　$\Delta H_4 = 718\,\text{kJ}$　④

(1) メタン CH_4 には C−H 結合が 4 本ある。

(2) メタンが生成する反応式は次の通り。

C(黒鉛) + $2H_2$(気) ⟶ CH_4(気)　$\Delta H_5 = Q$〔kJ〕　⑤

(3) 結合エネルギーは気体分子の共有結合を切断するのに必要なエネルギーなので，まず気体の水 H_2O(気)の生成エンタルピーを求めてから，気体の水分子をばらばらの原子にする反応を考える。H_2O には O−H 結合が 2 本ある。

解説&解答

(1) ②式より，$416\,\text{kJ/mol} \times 4\,\text{mol} = 1664\,\text{kJ}$　**答 1664 kJ**

(2) ⑤式＝④式＋①式×2＋②式×(−1)より，

$\Delta H_5 = \Delta H_4 + \Delta H_1 \times 2 - \Delta H_2$ となるので，

$Q = (718\,\text{kJ}) + (436\,\text{kJ}) \times 2 - (416\,\text{kJ} \times 4) = -74\,\text{kJ}$　**答 −74 kJ/mol**

(3) 気体の水 H_2O(気)の生成エンタルピーを求める。

H_2(気) + $\frac{1}{2}O_2$(気) ⟶ H_2O(液)　$\Delta H_6 = -286\,\text{kJ}$　⑥

H_2O(液) ⟶ H_2O(気)　$\Delta H_7 = 44\,\text{kJ}$　⑦

⑥式＋⑦式より，

H_2(気) + $\frac{1}{2}O_2$(気) ⟶ H_2O(気)　$\Delta H_8 = -242\,\text{kJ}$　⑧

気体の水分子をばらばらの原子にする反応は次の通り。

H_2O(気) ⟶ 2H(気) + O(気)　$\Delta H_9 = Q'$〔kJ〕　⑨

⑨式＝①式＋③式×$\frac{1}{2}$＋⑧式×(−1)より，

$\Delta H_9 = \Delta H_1 + \Delta H_3 \times \frac{1}{2} - \Delta H_8$ となるので，

$Q' = (436\,\text{kJ}) + (498\,\text{kJ}) \times \frac{1}{2} - (-242\,\text{kJ}) = 927\,\text{kJ}$

1 mol の H_2O には O−H 結合が 2 mol あるので，O−H 結合 1 mol を切断するのに必要なエネルギーは $\frac{1}{2}Q'$ となる。

よって，

$\frac{927\,\text{kJ}}{2} = 463.5\,\text{kJ} \fallingdotseq 464\,\text{kJ}$　**答 464 kJ/mol**

6 次の文章の(a)～(f)に当てはまる最も適当な語句を，下の(ア)～(コ)から選べ。
血痕の検出に用いられる(a)反応は，反応の際に青い光を発する。この反応は，(b)反応の反応物と生成物がもつ(c)エネルギーの差が，(d)エネルギーとして現れたものである。この逆の過程を行っているのが植物の(e)である。(e)では，デンプンなどの糖類のほかに，気体の(f)も生成する。

(ア) 炎色　(イ) ルミノール　(ウ) 酸化還元　(エ) 中和　(オ) 化学
(カ) 光　(キ) 呼吸　(ク) 光合成　(ケ) 二酸化炭素　(コ) 酸素

考え方　ルミノールは塩基性溶液中で酸化されると光を発する。この反応はルミノール反応とよばれる。これとは逆に，光合成では光エネルギーを吸収して二酸化炭素 CO_2 と水 H_2O からデンプンなどの糖類と酸素 O_2 を生成する。

解説&解答
答 (a) **(イ)**　(b) **(ウ)**　(c) **(オ)**　(d) **(カ)**　(e) **(ク)**　(f) **(コ)**

考 考えてみよう！

7 右の図を利用して，次の問いに答えよ。

(1) C(黒鉛)の燃焼エンタルピーは何 kJ/mol か。

(2) 水(液体)の生成エンタルピーは何 kJ/mol か。

(3) メタン CH_4 の生成を下のように表すとき，Q を ΔH_1，ΔH_2，ΔH_3，ΔH_4 の中から必要なものを用いて2通りの方法で表せ。

$$\text{C(黒鉛)} + 2H_2\text{(気)} \longrightarrow CH_4\text{(気)} \quad \Delta H = Q\,\text{[kJ]}$$

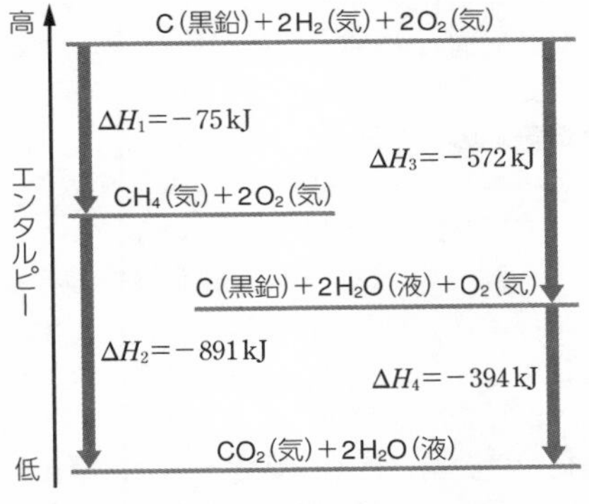

考え方　反応エンタルピーの総和は，変化の前後の物質の種類と状態で決まる。図の化学反応式と熱の出入りを示した矢印の向きから，必要な反応式を読みとる。

解説&解答

(1) C(黒鉛)の燃焼エンタルピーを表しているのは，図の ΔH_4　**答**　**－394kJ/mol**

(2) 図より，下記の反応が読みとれる。

$$\text{C(黒鉛)} + 2H_2\text{(気)} + 2O_2\text{(気)} \longrightarrow \text{C(黒鉛)} + 2H_2O\text{(液)} + O_2\text{(気)} \quad \Delta H_3 = -572\,\text{kJ}$$

反応の前後で変化していない物質を除くと，次のように表すことができる。

$$2H_2\text{(気)} + O_2\text{(気)} \longrightarrow 2H_2O\text{(液)} \quad \Delta H_3 = -572\,\text{kJ}$$

上記の反応式より，水 2mol が生成するときの反応エンタルピーがわかるので，水(液体)の生成エンタルピーは－286kJ/mol となる。　**答**　**－286kJ/mol**

(3) 図の ΔH_1 は CH_4 の生成エンタルピーを表している。
図より，$\Delta H_1 = \Delta H_3 + \Delta H_4 - \Delta H_2$ であることがわかる。反応エンタルピーは変化の経路や方法には関係しないので，$\boldsymbol{\Delta H_1}$，$\boldsymbol{\Delta H_3 + \Delta H_4 - \Delta H_2}$　**答**

第2章 電池と電気分解

教 p.116 ～ p.135

1 電池

A 金属のイオン化傾向と電池のしくみ

●**金属のイオン化傾向** 単体の金属の原子が水溶液中で電子を放出して陽イオンになる性質を**金属のイオン化傾向**といい，金属をイオン化傾向の大きなものから順に並べた列を**金属のイオン化列**という。

金属のイオン化列

Li ＞ K ＞ Ca ＞ Na ＞ Mg ＞ Al ＞ Zn ＞ Fe ＞ Ni ＞ Sn ＞ Pb ＞(H_2) ＞ Cu ＞ Hg ＞ Ag ＞ Pt ＞ Au

（H_2 は金属ではないが，陽イオンになる性質があるので，比較のために入れてある。）

イオン化傾向が大きい金属は，陽イオンになりやすく酸化されやすい。逆に，イオン化傾向が小さい金属は酸化されにくいため，その陽イオンは電子を受け取って金属になりやすく還元されやすい。

●**電池のしくみ** 酸化還元反応によって，化学エネルギーを電気エネルギーに変換して取り出す装置を**電池**という。

右図のように，2種類の金属を導線で結んで電解質の水溶液に浸すと，イオン化傾向の大きな金属から小さな金属へ電子が導線中を移動して電池ができる。2種類の金属を電池の**電極**といい，**酸化反応**が起こり導線に向かって電子が流れ出る電極を**負極**，導線から電子が流れこみ**還元反応**が起こる電極を**正極**という。電池の正極や負極で電子のやりとりをする物質を**活物質**という。また，正極と負極の間に生じる電圧を**起電力**という。

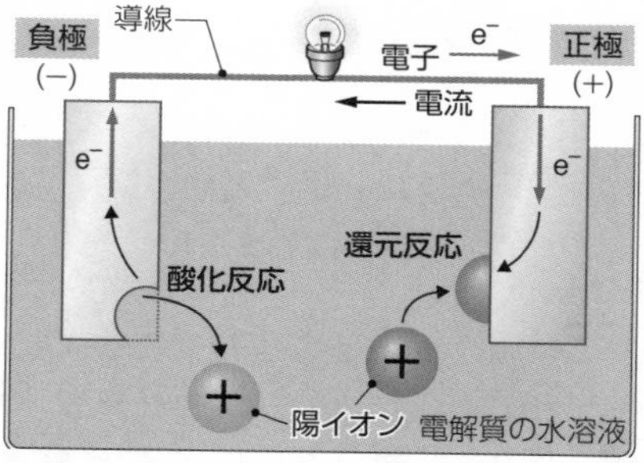

▲**電池のしくみの例** 電極が両方とも金属の場合，イオン化傾向が大きいほうの金属が負極になる。また，イオン傾向の差が大きい2種類の金属を電極に使用すると，起電力が大きい電池となる。

電流の向きは，正の電気の流れの向きと定められているから，負の電気をもった電子の流れとは逆に，電流は正極から負極に流れる。

B ダニエル電池

●ダニエル電池　1836年にイギリスのダニエルは，亜鉛板を浸した硫酸亜鉛 $ZnSO_4$ 水溶液と，銅板を浸した硫酸銅(Ⅱ) $CuSO_4$ 水溶液を，素焼き板で仕切り，亜鉛板と銅板を導線でつないだ電池を考案した。この電池を**ダニエル電池**といい，次のような反応や現象が起こる。

- 亜鉛板が溶けて亜鉛イオンになり，電子を放出する(**酸化反応**)。
- 放出された電子が導線を通って銅板に移動する。
- 銅板上で銅(Ⅱ)イオンが電子を受け取って，銅が析出する(**還元反応**)。
- 亜鉛イオンや硫酸イオンは素焼き板を通過する。

ダニエル電池の負極活物質は Zn，正極活物質は Cu^{2+}，起電力は約1.1Vである。負極と正極では次のような反応が起こる。

負極　$Zn \xrightarrow[酸化]{} Zn^{2+} + 2e^-$　(1)

正極　$Cu^{2+} + 2e^- \xrightarrow[還元]{} Cu$　(2)

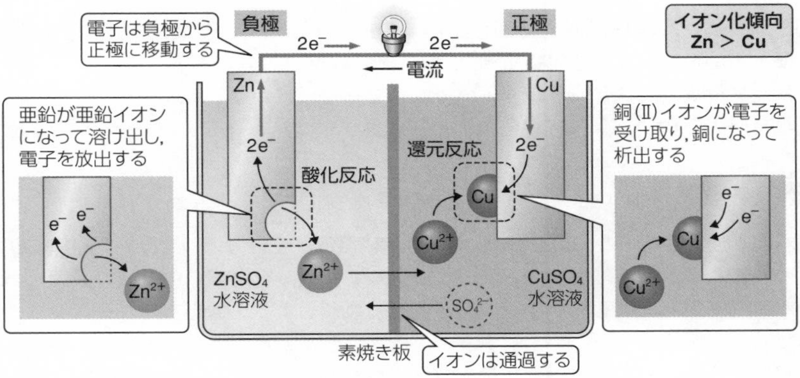

▲ダニエル電池のしくみ　(−)Zn | $ZnSO_4$aq | $CuSO_4$aq | Cu(＋)

C 実用電池

●一次電池と二次電池　電池から電流を流す操作を電池の**放電**という。また，外部電源につないで放電のときとは逆向きに電流を流して電池の起電力をもどす操作を**充電**という。充電によってくり返し使うことができる電池を**二次電池**または**蓄電池**といい，充電による再使用ができない電池を**一次電池**という。

●マンガン乾電池　負極活物質に亜鉛 Zn，正極活物質に酸化マンガン(Ⅳ) MnO_2，電解質に塩化亜鉛 $ZnCl_2$ を主成分とする水溶液を用いた一次電池を**マンガン乾電池**という。起電力は1.5Vで，テレビやエアコンのリモコンなどで日常的に使われている。

教 p.119 図3

▼**実用電池の例(電池の構成と起電力は代表的なものを示す)**

分類	名称	電池の構成			起電力	利用例
		負極活物質	電解質	正極活物質		
一次電池	マンガン乾電池	Zn	$ZnCl_2$ NH_4Cl	MnO_2	1.5 V	懐中電灯，リモコン
一次電池	アルカリマンガン乾電池	Zn	KOH	MnO_2	1.5 V	懐中電灯，リモコン
一次電池	リチウム電池	Li	Li 塩	MnO_2	3.0 V	火災報知器
一次電池	銀電池(酸化銀電池)	Zn	KOH	Ag_2O	1.55 V	時計
一次電池	空気電池(空気亜鉛電池)	Zn	KOH	O_2	1.3 V	補聴器
二次電池	鉛蓄電池	Pb	H_2SO_4	PbO_2	2.0 V	自動車
二次電池	ニッケル-カドミウム蓄電池	Cd	KOH	NiO(OH)	1.3 V	電動工具
二次電池	ニッケル-水素電池	MH※	KOH	NiO(OH)	1.35 V	デジタルカメラ
二次電池	リチウムイオン電池	C_6Li_x	Li 塩 有機溶媒	$Li_{(1-x)}CoO_2$	4.0 V	モバイル機器 電気自動車
燃料電池(リン酸形)		H_2	H_3PO_4	O_2	1.2 V	家庭の電源，自動車

※ MH は水素吸蔵合金(水素を吸収・放出できる金属)である。

●**鉛蓄電池**　負極に鉛 Pb，正極に酸化鉛(Ⅳ) PbO_2 を用い，電解質の水溶液(電解液)に希硫酸を用いた二次電池を**鉛蓄電池**という。起電力は 2.0 V である。

鉛蓄電池を放電させると，負極と正極で次のような反応が起こる。

負極　$$Pb + SO_4^{2-} \xrightarrow{\text{酸化}} PbSO_4 + 2e^- \quad (3)$$

正極　$$PbO_2 + 4H^+ + SO_4^{2-} + 2e^- \xrightarrow[\text{還元}]{} PbSO_4 + 2H_2O \quad (4)$$

鉛蓄電池を放電させると，しだいに両極とも水に溶けにくい白色の硫酸鉛(Ⅱ)$PbSO_4$ でおおわれる。また，硫酸が消費されて水が生じるため，電解液の希硫酸の濃度は小さくなって電圧が低下する。そこで，鉛蓄電池の負極および正極を，それぞれ外部電源の負極および正極につないで充電すると，放電のときと逆向きの反応が起こって電極と電解液がはじめの状態にもどり起電力も回復する。

鉛蓄電池の放電時と充電時の反応をまとめると，次のようになる。

$$Pb + PbO_2 + 2H_2SO_4 \underset{\text{充電}}{\overset{\text{放電}}{\rightleftarrows}} 2PbSO_4 + 2H_2O \quad (5)$$

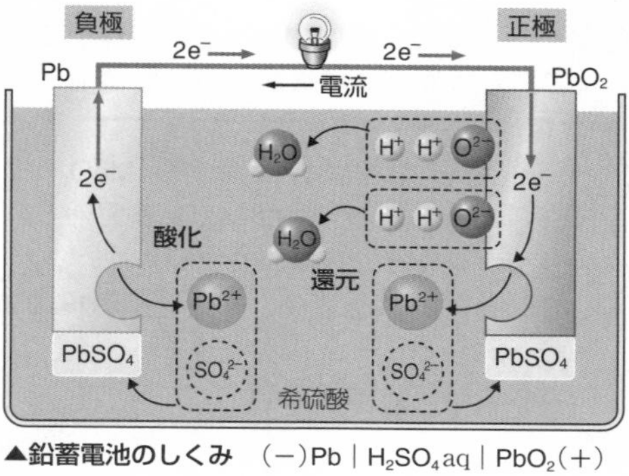

▲**鉛蓄電池のしくみ**　(−)Pb | H_2SO_4aq | PbO_2(＋)

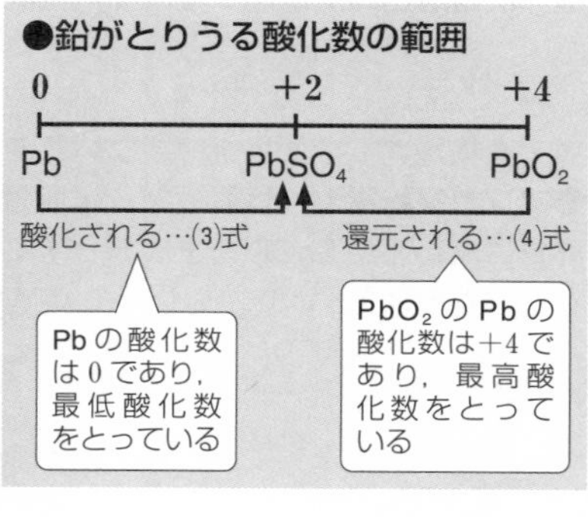

●燃料電池　水素と酸素の反応を利用した電池を**燃料電池**という。燃料電池の負極活物質には水素 H_2，正極活物質には酸素 O_2，電解質にはリン酸 H_3PO_4 や固体の高分子化合物のような H^+ のみを通す性質をもつものなどが用いられる。また，電極には，白金触媒を含む多孔質(たくさんの小さな穴があるもの)の炭素板などが用いられる。

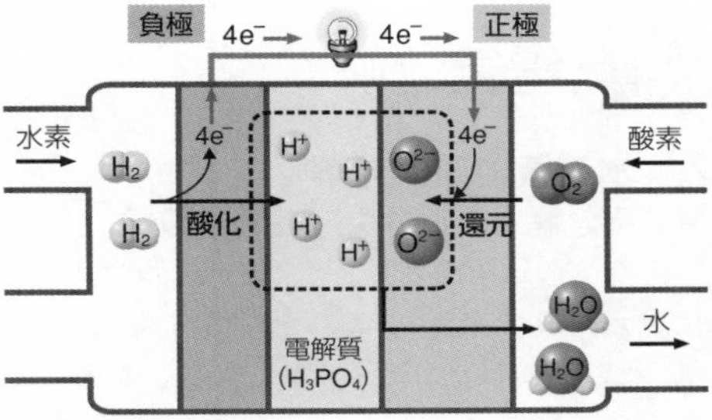

▲燃料電池のしくみ(例：リン酸形)
$(-)H_2 \mid H_3PO_4aq \mid O_2(+)$

負極　$H_2 \xrightarrow{\text{酸化}} 2H^+ + 2e^-$　(6)

正極　$O_2 + 4H^+ + 4e^- \xrightarrow[\text{還元}]{} 2H_2O$　(7)

全体　$2H_2 + O_2 \longrightarrow 2H_2O$　(8)

●リチウムイオン電池　負極活物質に C_6Li_x（リチウムと黒鉛の化合物），正極活物質にコバルト酸リチウム $Li_{(1-x)}CoO_2$，電解質にリチウム塩を含んだ有機溶媒を用いた二次電池を**リチウムイオン電池**という。起電力が約 4.0V と大きく，小型で長寿命であるため，スマートフォンやノートパソコン，デジタルカメラなど幅広く使われている。教 p.122 図 6

リチウムイオン電池の実用化には日本の研究者が貢献しており，2019 年に吉野彰らにノーベル化学賞が授与されている。

参考　リチウムイオン電池の構造と反応

リチウムイオン電池の負極および正極は層状の化合物であり，層と層の間に Li^+ が取りこまれていて，負極と正極の間を Li^+ が移動して充放電が起こる。

教 p.122 図 A

負極　$C_6Li_x \underset{\text{充電}}{\overset{\text{放電}}{\rightleftarrows}} 6C + xLi^+ + xe^-$

正極　$Li_{(1-x)}CoO_2 + xLi^+ + xe^- \underset{\text{充電}}{\overset{\text{放電}}{\rightleftarrows}} LiCoO_2$

第2編　物質の変化

2 電気分解

A 水溶液の電気分解

●電気分解　電解質の水溶液に電極を浸し，直流の電流を流すと，電極表面で酸化還元反応が起こり，これを**電気分解**(電解)という。電池が自発的に起こる酸化還元反応を利用しているのに対し，電気分解では電気エネルギーを利用して強制的に酸化還元反応を起こしている。

電気分解では，電源装置の正極につないだ電極を**陽極**といい，電子を失う酸化反応が起こる。一方，負極につないだ電極を**陰極**といい，電子を受け取る還元反応が起こる。

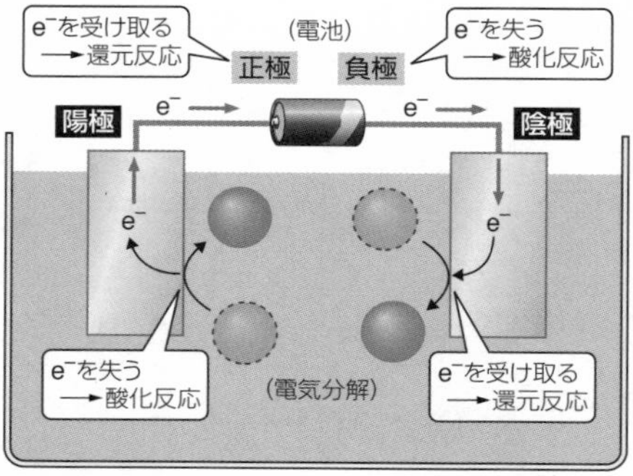

▲電気分解のしくみ

●電気分解の反応

(1)**陰極(還元反応)**…最も**還元されやすい**分子やイオンが電子を受け取る。

ⓐ Cu^{2+} や Ag^+ などのイオン化傾向が小さい金属の陽イオンは還元されやすく，陰極で電子を受け取って金属の単体が析出する。

$$Cu^{2+} + 2e^- \xrightarrow[\text{還元}]{} Cu \quad (9)$$

ⓑ Li^+，K^+，Na^+，Mg^{2+}，Al^{3+} などのイオン化傾向が大きい金属の陽イオンは還元されにくく，かわりに溶媒の水分子 H_2O が陰極で電子を受け取って水素 H_2 が発生する。

$$2H_2O + 2e^- \xrightarrow[\text{還元}]{} H_2 + 2OH^- \quad (10)$$

ただし，酸の水溶液の場合は，多量にある H^+ が電子を受け取って水素 H_2 が発生する。

$$2H^+ + 2e^- \xrightarrow[\text{還元}]{} H_2 \quad \text{(酸の水溶液の場合)} \quad (11)$$

Zn^{2+} や Ni^{2+} のようなイオン化傾向が中程度の金属の陽イオンは，条件によっては，その金属の単体が析出する反応と同時に H_2 が発生する反応も起こる。

(2)**陽極(酸化反応)**…最も**酸化されやすい**分子やイオンが電子を失う。

ⓐ銅や銀などの金属を陽極に用いると，陽極自身が酸化されてイオンとなり，溶け出す。

$$Cu \xrightarrow[\text{酸化}]{} Cu^{2+} + 2e^- \quad (12)$$

ⓑ Cl^- や I^- などのハロゲン化物イオンは酸化されやすく，陽極に電子を与えてハロゲンの単体が生成する。

$$2Cl^- \xrightarrow[\text{酸化}]{} Cl_2 + 2e^- \quad (13)$$

ⓒ SO_4^{2-}やNO_3^-などの多原子イオンは，水溶液中で安定なので酸化されず，溶媒の水分子H_2Oが陽極に電子を与えて酸素O_2が発生する。

$$2H_2O \xrightarrow[\text{酸化}]{} O_2 + 4H^+ + 4e^- \tag{14}$$

ただし，塩基の水溶液の場合は，多量にある水酸化物イオンOH^-が陽極に電子を与えて酸素O_2が発生する。

$$4OH^- \xrightarrow[\text{酸化}]{} 2H_2O + O_2 + 4e^- \quad \text{（塩基の水溶液の場合）} \tag{15}$$

▼まとめ（水溶液の電気分解における電極での反応）

電極	極板	水溶液中のイオン	反応	
陰極（還元反応）	Pt，C，Cu，Ag	イオン化傾向が小さい金属の陽イオン（Cu^{2+}，Ag^+など）	$Ag^+ + e^- \longrightarrow Ag$	金属が析出
			$Cu^{2+} + 2e^- \longrightarrow Cu$	
		H^+（酸の水溶液）	$2H^+ + 2e^- \longrightarrow H_2$	H_2が発生
		イオン化傾向が大きい金属の陽イオン（Li^+，K^+，Na^+，Mg^{2+}，Al^{3+}など）	$2H_2O + 2e^- \longrightarrow H_2 + 2OH^-$（溶媒の水分子が還元される。）	
陽極（酸化反応）	Cu，Ag（CまたはPt以外を電極に用いた場合）		$Cu \longrightarrow Cu^{2+} + 2e^-$	電極が溶解
			$Ag \longrightarrow Ag^+ + e^-$	
	Pt，C	Cl^-，I^-などのハロゲン化物イオン※	$2Cl^- \longrightarrow Cl_2 + 2e^-$	ハロゲンが生成
			$2I^- \longrightarrow I_2 + 2e^-$	
		OH^-（塩基の水溶液）	$4OH^- \longrightarrow 2H_2O + O_2 + 4e^-$	O_2が発生
		SO_4^{2-}，NO_3^-などの多原子イオン	$2H_2O \longrightarrow O_2 + 4H^+ + 4e^-$（溶媒の水分子が酸化される。）	

※ Cl_2が発生すると，Pt電極が反応してしまう。そのため，Cl_2が発生するときはC電極を用いる。

●水溶液の電気分解の例　炭素電極を用いて塩化銅（Ⅱ）$CuCl_2$水溶液を電気分解すると，陰極では銅Cuが析出し，陽極では塩素Cl_2が発生する。**教** p.126 図8，図9

陰極　$Cu^{2+} + 2e^- \xrightarrow[\text{還元}]{} Cu$　(16)

陽極　$2Cl^- \xrightarrow[\text{酸化}]{} Cl_2 + 2e^-$　(17)

▼水溶液の電気分解の例　陽極を（＋），陰極を（－）として表した

電解液	電極	反応式
$CuCl_2$水溶液	（－）C	$Cu^{2+} + 2e^- \longrightarrow Cu$
	（＋）C	$2Cl^- \longrightarrow Cl_2 + 2e^-$
H_2SO_4水溶液	（－）Pt	$2H^+ + 2e^- \longrightarrow H_2$
	（＋）Pt	$2H_2O \longrightarrow O_2 + 4H^+ + 4e^-$
NaOH水溶液	（－）Pt	$2H_2O + 2e^- \longrightarrow H_2 + 2OH^-$
	（＋）Pt	$4OH^- \longrightarrow 2H_2O + O_2 + 4e^-$

電解液	電極	反応式
NaCl水溶液	（－）Fe	$2H_2O + 2e^- \longrightarrow H_2 + 2OH^-$
	（＋）C	$2Cl^- \longrightarrow Cl_2 + 2e^-$
$CuSO_4$水溶液	（－）Pt	$Cu^{2+} + 2e^- \longrightarrow Cu$
	（＋）Pt	$2H_2O \longrightarrow O_2 + 4H^+ + 4e^-$
$CuSO_4$水溶液	（－）Cu	$Cu^{2+} + 2e^- \longrightarrow Cu$
	（＋）Cu	$Cu \longrightarrow Cu^{2+} + 2e^-$

B 電気分解の量的関係

●ファラデーの法則　$CuCl_2$水溶液を電気分解したとき，電子2molが流れると，陰極ではCu^{2+} 1molが還元されてCu 1molが析出し，陽極ではCl^- 2molが酸化されてCl_2 1molが発生する。

陰極　$Cu^{2+} + 2e^- \xrightarrow[\text{還元}]{} Cu$　(18)

陽極　$2Cl^- \xrightarrow[\text{酸化}]{} Cl_2 + 2e^-$　(19)

一般に，電気分解で流れる電気量と変化する物質の量には，次のような関係があり，**ファラデーの法則**とよばれる。

電気分解において，電極で変化する物質の物質量は，流れた電気量に比例する。

●電気量と電子の物質量 電気量の単位はクーロン(記号 C)で，1C は 1A の電流が 1 秒(記号 s)間に運ぶ電気量である。i〔A〕の電流が t〔s〕流れたときの電気量 Q〔C〕は，次式で表される。

$$\boldsymbol{Q}\,[\mathrm{C}] = i\,[\mathrm{A}] \times t\,[\mathrm{s}] = i \cdot t\,[\mathrm{A \cdot s}] = \boldsymbol{it}\,[\mathrm{C}] \qquad (20)$$

また，電子 1mol 当たりの電気量の絶対値を**ファラデー定数**といい，記号 F〔C/mol〕で表す。ファラデー定数は，電子 1 個がもつ電気量の絶対値(電気素量)e〔C〕とアボガドロ定数 N_A〔/mol〕の積で，次式で求められる。

$$\boldsymbol{F = e \times N_A} (= 1.602 \times 10^{-19}\,\mathrm{C} \times 6.022 \times 10^{23}/\mathrm{mol})$$
$$\boldsymbol{= 9.65 \times 10^4\,\mathrm{C/mol}} \qquad (21)$$

ファラデー定数を用いて，次のように電気分解で流れた電子の物質量が求められる。

$$\textbf{電気分解で流れた電子の物質量〔mol〕} = \frac{\textbf{電流 } \boldsymbol{i}\,[\mathrm{A}] \times \textbf{時間 } \boldsymbol{t}\,[\mathrm{s}]}{\boldsymbol{9.65 \times 10^4\,\mathrm{C/mol}}}$$

C 電気分解の利用

●水酸化ナトリウムの製造 陰極に鉄，陽極に炭素を用いて塩化ナトリウム NaCl 水溶液を電気分解すると，陰極では H_2 と OH^- が生じ，陽極では Cl_2 が発生する。

陰極付近の水溶液を濃縮すると，水酸化ナトリウム NaOH が得られる。工業的には，Cl_2 と NaOH が反応しないように，陽イオン交換膜(陽イオンだけを通す膜)で仕切って，純度の高い水酸化ナトリウムを得ている(右図)。

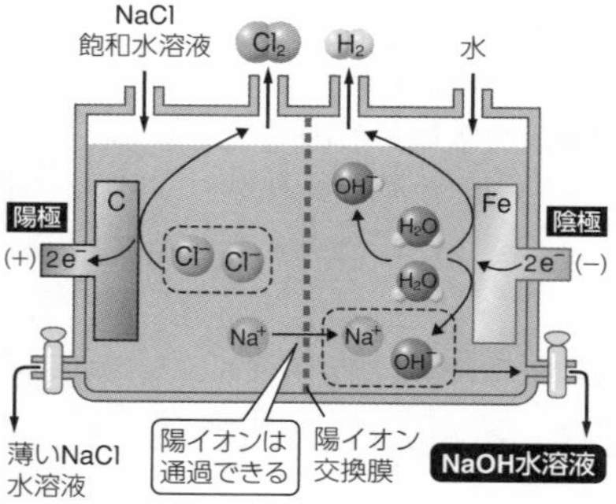

▲水酸化ナトリウムの製造

このような NaOH の製造法を**イオン交換膜法**という。教 p.130 図 10

陰極 $2H_2O + 2e^- \xrightarrow{\text{還元}} H_2 + 2OH^-$ (22)

陽極 $2Cl^- \xrightarrow{\text{酸化}} Cl_2 + 2e^-$ (23)

全体 $2H_2O + 2NaCl \longrightarrow H_2 + Cl_2 + 2NaOH$ (24)

●銅の製錬　銅の鉱石は黄銅鉱(主成分 $CuFeS_2$)が代表的である。黄銅鉱に石灰石やけい砂 SiO_2 を混ぜて加熱すると，硫化銅(Ⅰ) Cu_2S が得られる。これを空気中で強熱すると，硫黄 S が二酸化硫黄 SO_2 となって除かれ，純度99％程度の**粗銅**が得られる。粗銅には不純物が含まれているため，粗銅を陽極，純銅を陰極，硫酸酸性の硫酸銅(Ⅱ)水溶液を電解液にして電気分解し，純度99.99％以上の銅を得ている。このように，電気分解を利用して金属の単体を得る操作を**電解精錬**という。陽極の粗銅板では銅原子が電子を失い，銅(Ⅱ)イオン Cu^{2+} になって溶け出す。陰極の純銅板では銅(Ⅱ)イオン Cu^{2+} が電子を受け取り，銅原子 Cu になって析出する。

陰極　$Cu^{2+} + 2e^- \xrightarrow[\text{還元}]{} Cu$　(25)

陽極　$Cu \xrightarrow[\text{酸化}]{} Cu^{2+} + 2e^-$　(26)

粗銅中に不純物として含まれている金属のうち，銅 Cu よりイオン化傾向が小さい金属(Ag や Au など)は，低電圧の電気分解であれば陽イオンにはならないので，陽極からはがれて下にたまる。これを**陽極泥**という。また，銅よりイオン化傾向が大きい Zn や Fe，Ni などの不純物は，銅とともにイオンになって溶け出す。しかし，低電圧であれば，最も還元されやすい Cu^{2+} だけが電子を受け取って陰極に析出し，不純物はイオンのまま溶液中に残る。**教 p.131 図 12，図 13**

●アルミニウムの製錬　アルミニウムの鉱石はボーキサイト(主成分 $Al_2O_3 \cdot nH_2O$)で，それを精製するとアルミナとよばれる純粋な酸化アルミニウム Al_2O_3 が得られる。

アルミニウムは酸素と強く結びつくので，アルミナは簡単には還元できない。また，アルミニウムはイオン化傾向が大きいので，銅とは異なり，そのイオンを含む水溶液を電気分解しても，水が反応するだけで単体を得ることができない。そのため，アルミニウムは，融解させたアルミナを電気分解して製造されている。

アルミナの融点は2000℃以上と高いため，氷晶石 Na_3AlF_6 を約1000℃に加熱して融解させたものにアルミナを溶かす。炭素電極を用いてこれを電気分解すると，融解状態の Al の単体が得られる。**教 p.132 図 14，「ホール・エルー法」**

陰極　$Al^{3+} + 3e^- \xrightarrow[\text{還元}]{} Al$　(27)

陽極　$C + O^{2-} \xrightarrow[\text{酸化}]{} CO + 2e^-$　(28)

(または $C + 2O^{2-} \longrightarrow CO_2 + 4e^-$)

一般に，イオン化傾向が大きい Li，K，Ca，Na，Mg，Al などの金属は，それらの塩化物，水酸化物，酸化物を加熱・融解して液体にし，水を含まない状態で電気分解して単体を得ている。このようにして，金属の単体を得る操作を**溶融塩電解**(融解塩電解)という。

第2編　物質の変化

問　題

考 **問１**
(教p.118)

(1)　ダニエル電池全体の反応式を書け。

(2)　ダニエル電池の電流を長く流し続けるには，$ZnSO_4$ 水溶液と $CuSO_4$ 水溶液のいずれの濃度を高くするとよいか。また，それはなぜか。

考え方　(1)　ダニエル電池の負極の反応は，$Zn \longrightarrow Zn^{2+} + 2e^-$ であり，正極の反応は $Cu^{2+} + 2e^- \longrightarrow Cu$ なので，両式を足し合わせて $2e^-$ を消去する。

(2)　電流を流し続けると，Zn^{2+} は増え，Cu^{2+} は減少する。

解説&解答　(1)　答　$\mathbf{Zn + Cu^{2+} \longrightarrow Zn^{2+} + Cu}$

(2)　答　**$CuSO_4$ 水溶液**

理由：**放電すると正極では Cu^{2+} が Cu になる反応が進行し，$CuSO_4$ 水溶液の濃度が低くなるから。**

問２
(教p.120)

鉛蓄電池について，次の問いに答えよ。　(O ＝ 16，S ＝ 32，Pb ＝ 207)

(1)　放電のとき，次の質量は増加するか，減少するか。

(a)　負極の質量　　(b)　正極の質量　　(c)　希硫酸の質量

(2)　放電で電子 2.0mol が流れたとき，両極の質量変化はそれぞれ何 g か。

考え方　鉛蓄電池の放電時に各電極で起こる反応は次の通り。

(負極)　$Pb + SO_4^{2-} \longrightarrow PbSO_4 + 2e^-$

(正極)　$PbO_2 + 4H^+ + SO_4^{2-} + 2e^- \longrightarrow PbSO_4 + 2H_2O$

電子 2.0mol が流れるとき，各極でどのように質量が変化するかを考える。

解説&解答　鉛蓄電池の放電で 2.0mol の e^- が流れると，各極では次のような質量変化が起こる。

負極：$Pb \longrightarrow PbSO_4$

96g(SO_4 1.0mol 分)増加

正極：$PbO_2 \longrightarrow PbSO_4$

64g(SO_2 1.0mol 分)増加

水溶液：H_2SO_4　98g/mol × 2.0mol 減少

H_2O　18g/mol × 2.0mol 増加

あわせて

(98g/mol － 18g/mol) × 2.0mol ＝ 160g 減少

(1)　答　(a)　**増加する**　(b)　**増加する**　(c)　**減少する**

(2)　答　負極：**96g 増加**　正極：**64g 増加**

問Ａ
(教p.122)

リチウムイオン電池が放電するときの全体の化学反応式を書け。

考え方　放電時に各電極で起こる反応は次の通り。

（負極）　$C_6Li_x \longrightarrow 6C + xLi^+ + xe^-$　①

（正極）　$Li_{(1-x)}CoO_2 + xLi^+ + xe^- \longrightarrow LiCoO_2$　②

①式＋②式より，xLi^+ と xe^- を消去する。

解説&解答　答　$\mathbf{C_6Li_x + Li_{(1-x)}CoO_2 \longrightarrow 6C + LiCoO_2}$

問3
（教p.128）
ファラデー定数を 9.65×10^4C/mol として，次の問いに有効数字2桁で答えよ。

(1)　48250C は，何 mol の電子がもつ電気量の大きさか。

(2)　電子1個がもつ電気量の大きさは何Cか。ただし，アボガドロ定数は 6.0×10^{23}/mol とする。

(3)　0.60A の電流を32分10秒間流したとき，何 mol の電子が流れたか。

考え方　(1)　電子1mol当たりの電気量の絶対値がファラデー定数である。

(2)　$F = e \times N_A$ より，$e = F \div N_A$ が，電子1個がもつ電気量の大きさになる。

(3)　Q〔C〕$= i$〔A〕$\times t$〔s〕　32分10秒は，$32 \times 60 + 10 = 1930$ 秒

解説&解答　(1)　$\dfrac{48250\text{C}}{9.65 \times 10^4\text{C/mol}} = 0.50\text{mol}$　答　**0.50 mol**

(2)　電子1mol（6.0×10^{23} 個）当たりの電気量が 9.65×10^4C/mol なので，電子1個がもつ電気量は，

$$\frac{9.65 \times 10^4\text{C/mol}}{6.0 \times 10^{23}/\text{mol}} = 1.608\cdots \times 10^{-19}\text{C} \fallingdotseq \mathbf{1.6 \times 10^{-19}C}$$　答

(3)　求める電気量を Q〔C〕とすると，Q〔C〕$= i$〔A〕$\times t$〔s〕より，

$$Q = 0.60\text{A} \times (32 \times 60 + 10)\text{s} = 1158\text{C}$$

よって，流れた電子の物質量は，

$$\frac{Q}{F} = \frac{1158\text{C}}{9.65 \times 10^4\text{C/mol}} = \mathbf{1.2 \times 10^{-2}mol}$$　答

例題1
（教p.128）
白金電極を用いて，硝酸銅(Ⅱ)水溶液を0.50A の電流で3860秒間電気分解した。ファラデー定数を 9.65×10^4C/mol として，次の問いに答えよ。ただし，発生する気体は水溶液に溶解しないものとする。

（O ＝ 16，Cu ＝ 63.5）

(1)　この電気分解で流れた電子は何 mol か。

(2)　陰極および陽極で生成する物質はそれぞれ何gか。

考え方　(1)　流れた電気量は，Q〔C〕$= i$〔A〕$\times t$〔s〕

電子1mol当たりの電気量は 9.65×10^4C であるから，流れた電子の物質量は，$\dfrac{Q}{9.65 \times 10^4\text{C/mol}}$ で求められる。

(2)　陰極で起こる反応は，$Cu^{2+} + 2e^- \longrightarrow Cu$

電子2mol が流れると Cu（式量63.5）が1mol 生成する。

陽極で起こる反応は，$2H_2O \longrightarrow O_2 + 4H^+ + 4e^-$

電子4mol が流れると O_2（分子量32）が1mol 生成する。

解説&解答　(1)　流れた電気量は，

$$0.50\,\mathrm{A} \times 3860\,\mathrm{s} = 1930\,\mathrm{C}$$

流れた電子の物質量は，

$$\frac{1930\,\mathrm{C}}{9.65 \times 10^4\,\mathrm{C/mol}} = 0.020\,\mathrm{mol} = \mathbf{2.0 \times 10^{-2}\,mol}$$ 答

(2)　陰極の反応式より，生成する物質(Cu)の質量は，

$$\underbrace{63.5\,\mathrm{g/mol}}_{\text{Cuのモル質量}} \times \underbrace{\underbrace{0.020\,\mathrm{mol}}_{\mathrm{e^-}\text{の物質量}} \times \frac{1}{2}}_{\text{Cuの物質量}} = 0.635\,\mathrm{g} \fallingdotseq 0.64\,\mathrm{g}$$

答　**0.64 g**

陽極の反応式より，生成する物質(O_2)の質量は，

$$\underbrace{32\,\mathrm{g/mol}}_{\mathrm{O_2}\text{のモル質量}} \times \underbrace{\underbrace{0.020\,\mathrm{mol}}_{\mathrm{e^-}\text{の物質量}} \times \frac{1}{4}}_{\mathrm{O_2}\text{の物質量}} = 0.16\,\mathrm{g}$$

答　**0.16 g**

類題 1
(教p.128)

炭素電極を用いて塩化銅(Ⅱ)水溶液を 0.500 A の電流で電気分解したところ，陰極に 1.27 g の銅が析出した。
ファラデー定数を 9.65×10^4 C/mol として，次の問いに答えよ。ただし，発生する気体は水溶液に溶解しないものとする。　(Cu = 63.5)

(1)　陰極と陽極で起こる反応を，e^- を含む反応式でそれぞれ表せ。
(2)　流れた電子は何 mol か。
(3)　陽極で発生した気体の体積は，標準状態で何 L か。
(4)　電気分解していた時間は何秒間か。

考え方　(2)　陰極の反応式より，電子 2 mol が流れると，銅 Cu(式量 63.5) 1 mol が析出する。1.27 g の物質量を式量から求め，電子が何 mol 流れたかを算出する。

(3)　陽極の反応式より，電子 2 mol が流れると，塩素 Cl_2 1 mol(標準状態で 22.4 L)が発生する。

(4)　電気分解していた時間を t〔s〕とすると，

$$Q\,〔\mathrm{C}〕= i\,〔\mathrm{A}〕\times t\,〔\mathrm{s}〕$$

となるので，これより t〔s〕を算出する。

解説&解答　(1)　答　陰極：$\mathbf{Cu^{2+} + 2e^- \longrightarrow Cu}$

陽極：$\mathbf{2Cl^- \longrightarrow Cl_2 + 2e^-}$

(2)　析出した Cu の物質量は，

$$\frac{1.27\,\mathrm{g}}{63.5\,\mathrm{g/mol}} = 0.0200\,\mathrm{mol}$$

電子 2 mol が流れると，Cu 1 mol が析出するので，流れた電子の物質量は，

$$0.0200\,\mathrm{mol} \times 2 = 0.0400\,\mathrm{mol}$$ 答　**4.00 × 10⁻² mol**

(3)　電子 2 mol が流れると，Cl_2 1 mol が発生するので，発生した気体の物質量は 0.0200 mol。求める体積は，

$$22.4\,\text{L/mol} \times \underset{\text{Cl}_2\text{の物質量}}{\underline{0.0200\,\text{mol}}} = 0.448\,\text{L}$$

答　4.48×10^{-1} L

(4)　流れた電気量は,

$$9.65 \times 10^4\,\text{C/mol} \times 0.0400\,\text{mol} = 3.86 \times 10^3\,\text{C}$$

求める時間を t〔s〕とすると，Q〔C〕$= i$〔A〕$\times t$〔s〕より,

$$t\,[\text{s}] = \frac{Q\,[\text{C}]}{i\,[\text{A}]} = \frac{3.86 \times 10^3\,\text{C}}{0.500\,\text{A}} = 7.72 \times 10^3\,\text{s}$$

答　7.72×10^3 秒間

例題 2　(教p.129)

図のような装置を使って，4.00 A の電流で 1930 秒間電気分解した。ファラデー定数を 9.65×10^4 C/mol として，次の問いに答えよ。ただし，発生する気体は水溶液に溶解しないものとする。　(Cu = 63.5)

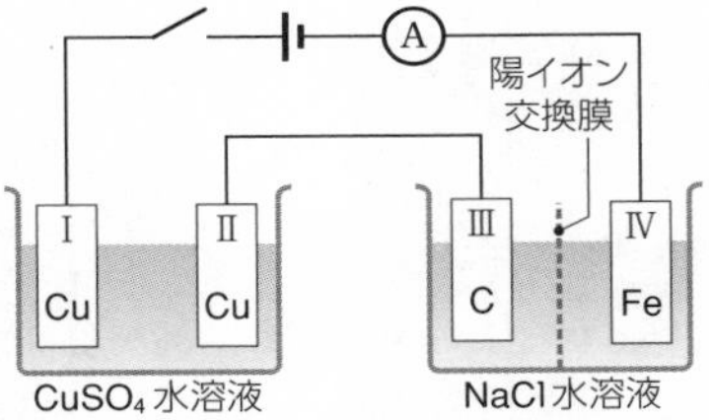

(1)　電極Ⅰ～Ⅳで起こる反応を，e^- を含む反応式でそれぞれ表せ。

(2)　電極Ⅱで析出する物質の質量と，電極Ⅲで発生する気体の標準状態での体積を求めよ。

考え方　(1)　電極ⅠとⅢが陽極，電極ⅡとⅣが陰極である。

(2)　流れた電気量を，Q〔C〕$= i$〔A〕$\times t$〔s〕より求め，ファラデー定数より，流れた電子の物質量を算出する。

直列回路なので，電極Ⅰ～Ⅳに流れる電子の物質量はすべて等しい。

電極Ⅱでは，電子が 2 mol 流れると，Cu(式量 63.5)が 1 mol 析出する。電極Ⅲでは，電子が 2 mol 流れると，Cl_2(標準状態で 22.4 L)が 1 mol 生成する。

解説&解答　(1)　**答**　Ⅰ(陽極)　$Cu \longrightarrow Cu^{2+} + 2e^-$

Ⅱ(陰極)　$Cu^{2+} + 2e^- \longrightarrow Cu$

Ⅲ(陽極)　$2Cl^- \longrightarrow Cl_2 + 2e^-$

Ⅳ(陰極)　$2H_2O + 2e^- \longrightarrow H_2 + 2OH^-$

(2)　流れた電気量は，Q〔C〕$= i$〔A〕$\times t$〔s〕より,

$$4.00\,\text{A} \times 1930\,\text{s} = 7.72 \times 10^3\,\text{C}$$

したがって，流れた電子の物質量は,

$$\frac{7.72 \times 10^3\,\text{C}}{9.65 \times 10^4\,\text{C/mol}} = 0.0800\,\text{mol}$$

直列回路なので，電極Ⅰ～Ⅳに流れる電子はすべて 0.0800 mol。

Ⅱ（陰極）　$\underbrace{63.5\,\text{g/mol}}_{\text{Cuのモル質量}} \times \underbrace{\underbrace{0.0800\,\text{mol}}_{e^-\text{の物質量}} \times \frac{1}{2}}_{\text{Cuの物質量}} = 2.54\,\text{g}$

答　2.54 g

Ⅲ（陽極）　$\underbrace{22.4\,\text{L/mol}}_{\text{モル体積}} \times \underbrace{\underbrace{0.0800\,\text{mol}}_{e^-\text{の物質量}} \times \frac{1}{2}}_{Cl_2\text{の物質量}} = 0.896\,\text{L}$

答　0.896 L

類題 2（教 p.129）

図のような装置を使い，直流電流を流して電気分解を行った。このとき電解槽Bから発生した気体は標準状態で0.84Lであった。ファラデー定数を 9.65×10^4 C/mol として，次の問いに答えよ。ただし，発生する気体は水溶液に溶解しないものとする。（Cu ＝ 63.5）

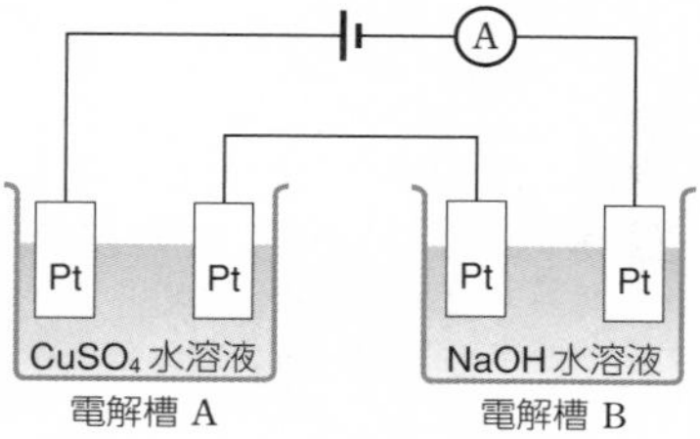

(1)　電解槽Aの陽極付近のpHは大きくなるか，小さくなるか。

(2)　回路に流れた電子は何 mol か。

(3)　電解槽Aの陰極に析出した物質は何 g か。

考え方　電解槽A，Bの各電極での反応は，次のようになる。

A（陰極）$Cu^{2+} + 2e^- \longrightarrow Cu$

（陽極）$2H_2O \longrightarrow O_2 + 4H^+ + 4e^-$

B（陰極）$2H_2O + 2e^- \longrightarrow H_2 + 2OH^-$

（陽極）$4OH^- \longrightarrow 2H_2O + O_2 + 4e^-$

(1)　電解槽Aの陽極付近では H^+ が生成する。

(2)　電解槽Bから発生する気体は，陽極の O_2 と陰極の H_2 である。その合計が0.84Lなので，各電極で起こる反応の式より求める。

(3)　電解槽Aの陰極で起こる反応の式より，電子が2mol流れると，Cuが1mol析出することがわかる。

解説&解答　(1)　H^+ が生成するため，pHは小さくなる。　**答　小さくなる**

(2)　各電極で起こる反応の式より，電解槽Bでは，電子が4mol流れると，気体が合計3mol発生する。

よって，流れた電子の物質量は，

$$\frac{0.84\,\text{L}}{22.4\,\text{L/mol}} \times \frac{4}{3} = 0.050\,\text{mol}$$

答　5.0×10^{-2} mol

(3)　電解槽Aの陰極にはCuが析出する。電子が2mol流れるとCuが1mol析出するので，析出したCuの物質量は0.025mol。

よって，求める質量は，

$$63.5\,\text{g/mol} \times 0.025\,\text{mol} = 1.5875\,\text{g} \fallingdotseq 1.6\,\text{g}$$

答　1.6 g

問4
(教 p.130)

塩化ナトリウム水溶液を電気分解するイオン交換膜法について，次の問いに答えよ。ファラデー定数を 9.65×10^4 C/mol とする。

(1) 陰極と陽極で起こる変化を，e^- を含む反応式で示せ。

(2) 陽極側から陰極側に移動するイオンを化学式で示せ。

(3) 5.00A の電流で電気分解したところ，水酸化ナトリウムが 0.0200mol 生成した。電流を流した時間は何秒間か。また，このとき，両極から発生した気体の体積の合計は標準状態で何 mL か。ただし，発生する気体は水溶液に溶解しないものとする。

考え方

(1) 陰極では，溶媒の水分子 H_2O が電子を受け取って H_2 と OH^- になる。陽極では，Cl_2 が発生する。

(2) イオン交換膜法では，陽イオンだけを通す性質の陽イオン交換膜を使用している。

(3) 陰極の反応式より電気量を求めて，Q〔C〕$= i$〔A〕$\times t$〔s〕より t〔s〕を計算する。また，両極からは H_2 と Cl_2 が発生する。

解説&解答

(1) **答** 陰極：$2H_2O + 2e^- \longrightarrow H_2 + 2OH^-$

陽極：$2Cl^- \longrightarrow Cl_2 + 2e^-$

(2) 陽極側では Cl^- が反応し減少するため，Na^+ が余り正電荷が過剰となる。一方，陰極側では陰イオン OH^- が生成するため，負電荷が過剰となる。この電荷の偏りを解消するため陽極側と陰極側の間でイオンが移動する。ただし，陽イオン交換膜で仕切られているので，陽イオン Na^+ だけが移動する。　**答** Na^+

(3) 陰極の反応式より，電子 1mol が流れると，OH^- 1mol が生成する。NaOH が 0.0200mol 生成したので，電子 0.0200mol が流れたことがわかる。よって，この反応で流れた電気量は，

$$9.65 \times 10^4 \mathrm{C/mol} \times 0.0200 \mathrm{mol} = 1.93 \times 10^3 \mathrm{C}$$

求める時間を t〔s〕とすると，$Q = i \times t$ より，

$$t〔\mathrm{s}〕= \frac{Q}{i} = \frac{1.93 \times 10^3 \mathrm{C}}{5.00 \mathrm{A}} = 386 \mathrm{s}$$

電子 2mol が流れると両極から気体が各 1mol ずつ，合計 2mol 生成するので，求める気体の体積は，

$$22.4 \mathrm{L/mol} \times 0.0200 \mathrm{mol} = 0.448 \mathrm{L} = 448 \mathrm{mL}$$

答 **386 秒間，448 mL**

思考学習　リチウムイオン電池と放電容量

教 p.133

ICT 機器が大好きな雄馬さんは，授業でリチウムイオン電池がスマートフォンに使われていると知り，興味をもった。そこで，いろいろなスマートフォンの性能について調べる中で，次のことがわかった。

・電池の容量のことを「放電容量」といい，mAh（ミリアンペア時）という単位で表される。

・1mAh は 1mA の大きさの電流を 1 時間（1hour）取り出すことができるという意味であり，次の式で表される。

放電容量〔mAh〕＝電流〔mA〕×時間〔h〕

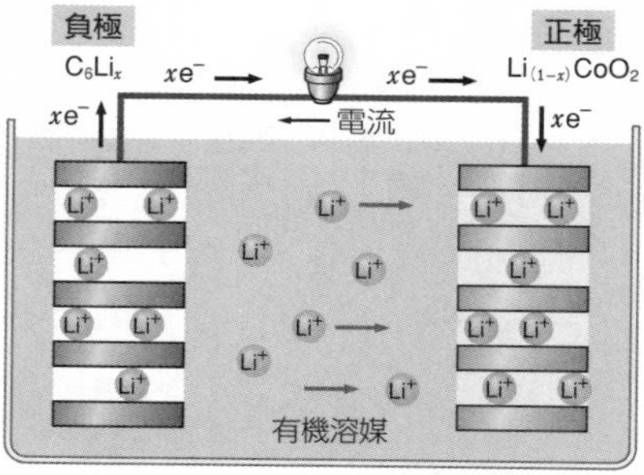

▲リチウムイオン電池のしくみ（放電時）

さらに，雄馬さんは授業で学んだリチウムイオン電池の構造と反応式をもとに，次のような現象について考察した。

負極　$C_6Li_x \underset{充電}{\overset{放電}{\rightleftarrows}} 6C + xLi^+ + xe^-$

正極　$Li_{(1-x)}CoO_2 + xLi^+ + xe^- \underset{充電}{\overset{放電}{\rightleftarrows}} LiCoO_2$

考察1　放電容量 5000mAh のリチウムイオン電池を搭載したスマートフォンを 90% まで充電した。スマートフォンを使用しているときの電流の平均値が 400mA だと仮定した場合，このスマートフォンは何時間使用することができるか。

考察2　考察1の 90% まで充電したスマートフォンを，30 分使用した。放電容量の残量（電池の残量）は何% になるか。ただし，スマートフォンを使用しているときの電流の平均値は 400mA と仮定する。

考察3　考察2において，スマートフォンを 30 分間使用したとき，リチウムイオン電池の正極は何 g 増加したか。ただし，ファラデー定数は 9.65×10^4 C/mol とする。　（Li ＝ 6.9）

考え方　放電容量〔mAh〕＝電流〔mA〕×時間〔h〕より，電池の使用時間や残量を求める。
また，Q〔C〕＝ i〔A〕× t〔s〕より，流れた電子の物質量を計算すると，反応式の係数より正極の質量の変化を求めることができる。正極の反応式より，放電されることにより，電子と同じ物質量の Li^+ が Li となり質量が増加することがわかる。

解説&解答　**1**　放電容量の90%まで充電がされているので，この時点での電池の容量は，

$$5000\,\mathrm{mAh} \times 0.90 = 4500\,\mathrm{mAh}$$

よって，400mAの電流を流すと使用できる時間は，

$$\frac{4500\,\mathrm{mAh}}{400\,\mathrm{mA}} = 11.25\,\mathrm{h}$$

答　**約11時間**

2　30分で使用した容量は，

$$400\,\mathrm{mA} \times 0.50\,\mathrm{h} = 200\,\mathrm{mAh}$$

よって，電池の残りの容量は，

$$4500\,\mathrm{mAh} - 200\,\mathrm{mAh} = 4300\,\mathrm{mAh}$$

電池の残量は，

$$\frac{4300\,\mathrm{mAh}}{5000\,\mathrm{mAh}} \times 100 = 86\%$$

答　**86%**

3　スマートフォンを30分間(1800秒間)使用したときに流れた電気量は，$Q = i \times t$ より，

$$400 \times 10^{-3}\,\mathrm{A} \times 1800\,\mathrm{s} = 720\,\mathrm{C}$$

よって，流れた電子の物質量は，

$$\frac{720\,\mathrm{C}}{9.65 \times 10^4\,\mathrm{C/mol}} = 7.461\cdots \times 10^{-3}\,\mathrm{mol} \fallingdotseq 7.46 \times 10^{-3}\,\mathrm{mol}$$

正極の反応式より，電子1molが流れたとき正極ではLi 1mol分の質量が増加するので，求める質量は，

$$7.46 \times 10^{-3}\,\mathrm{mol} \times 6.9\,\mathrm{g/mol} = 5.1474 \times 10^{-2}\,\mathrm{g} \fallingdotseq 5.1 \times 10^{-2}\,\mathrm{g}$$

答　**5.1×10^{-2}g**

章　末　問　題

教 p.134 ～ p.135

> 必要があれば，原子量は次の値を使うこと。
> H = 1.0，O = 16，S = 32，Cu = 63.5，Pb = 207

1　次の文章の(　ア　)～(　ク　)に当てはまる適切な語句を答えよ。
電池は酸化還元反応を利用して(　ア　)を電気エネルギーに変換して取り出す装置であり，2つの電極を導線で結ぶことで電子が移動する。この際，電子が流れこむ電極を(　イ　)極，電子が流れ出る電極を(　ウ　)極といい，(イ)極では(　エ　)反応が，(ウ)極では(　オ　)反応が起こる。両極の間に生じる電圧を電池の(　カ　)という。私たちの身のまわりにはさまざまな電池があり，マンガン乾電池のように充電してくり返し使うことのできない電池を(　キ　)電池という。一方，リチウムイオン電池のように充電によってくり返し使うことのできる電池を(　ク　)電池という。

考え方　電池は酸化還元反応によって化学エネルギーを電気エネルギーに変換して取り出す装置である。酸化反応が起こり電子が流れ出る電極を負極，電子が流れこ

み還元反応が起こる電極を正極という。正極と負極の間に生じる電圧を起電力という。電池から電流を流す操作を電池の放電といい，外部電源につないで放電とは逆向きに電流を流すことで電池の起電力を戻す操作を充電という。充電によってくり返し使うことができる電池を二次電池(蓄電池)といい，充電による再使用ができない電池を一次電池という。

解説&解答

答 (ア) **化学エネルギー** (イ) **正** (ウ) **負** (エ) **還元** (オ) **酸化**
(カ) **起電力** (キ) **一次** (ク) **二次(蓄)**

2 右図のダニエル電池について，次の問いに答えよ。

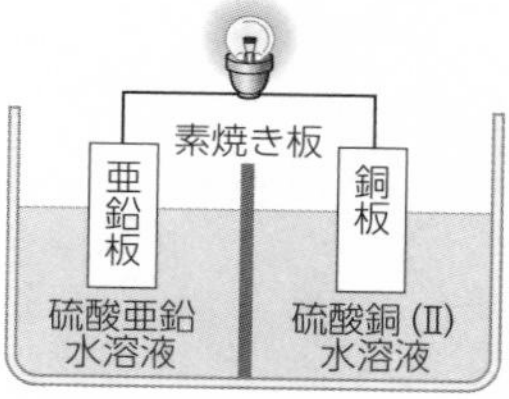

(1) 亜鉛板と銅板では，どちらが負極か。
(2) 導線を流れる電流の向きは，次のどちらか。
(ア) 亜鉛板→銅板 (イ) 銅板→亜鉛板
(3) 放電したとき，負極と正極で起こる変化を，e^-を含む反応式で示せ。
(4) 電子1 mol が流れたとき，正極で生成する物質は何 mol か。
(5) 放電したとき，硫酸銅(Ⅱ)水溶液から素焼き板を通って，硫酸亜鉛水溶液に移動するイオンは何か。化学式で答えよ。

考え方 (1)〜(3) ダニエル電池では，イオン化傾向の大きな亜鉛板が負極になる。電流の向きは電子の流れる向きとは逆になり，正極→負極である。負極では，Zn が電子を放出し，Zn^{2+} となって溶け出す。正極では，$CuSO_4$ 水溶液中の Cu^{2+} が電子を受け取り，Cu となり，析出する。
(4) 正極では，電子 2mol が流れると Cu が 1mol 生成する。
(5) 放電すると，正と負のイオンのバランスをとるためにイオンが素焼き板を通って移動する。

解説&解答

(1) **答** **亜鉛板**
(2) **答** **(イ)**
(3) **答** 負極：$\mathbf{Zn \longrightarrow Zn^{2+} + 2e^-}$
正極：$\mathbf{Cu^{2+} + 2e^- \longrightarrow Cu}$
(4) 電子 1mol が流れたとき，正極で生成する銅の物質量は，

$$1\text{mol} \times \frac{1}{2} = 0.5\text{mol}$$

答 **0.5 mol**

(5) 放電すると，負極側の $ZnSO_4$ 水溶液中では $Zn^{2+} > SO_4^{2-}$ となり，正極側の $CuSO_4$ 水溶液中では $Cu^{2+} < SO_4^{2-}$ となる。溶液中のイオンのバランスをとるために，SO_4^{2-} が，$CuSO_4$ 水溶液から $ZnSO_4$ 水溶液に素焼き板を通って移動する。

答 $\mathbf{SO_4^{2-}}$

3 鉛蓄電池について，次の問いに答えよ。ただし，ファラデー定数は $9.65 \times 10^4 C/mol$ とし，(3)は有効数字2桁で求めよ。

(1) 放電したとき，負極と正極で起こる変化を，e^- を含む反応式で示せ。

(2) (1)の負極と正極の反応を1つにまとめた化学反応式を示せ。

(3) 鉛蓄電池を5.0Aの電流で32分10秒間放電させた。

(a) 負極と正極の質量は，それぞれ何g増加したか，または減少したか。

(b) 電解液の質量は，何g増加したか，または減少したか。

(4) 次の文中の(　　)に適当な語句を入れよ。

鉛蓄電池は，外部電源を用いて，放電とは逆向きに電流を流すことで(　ア　)することができる。この際，鉛蓄電池の負極に外部電源の(　イ　)極，鉛蓄電池の正極に外部電源の(　ウ　)極を接続する。(　ア　)によって電解液の密度は(　エ　)くなる。

考え方 (1), (2) 負極と正極でそれぞれ起こる反応について式を立て，両極の e^- を消去すると，負極と正極を1つにまとめた化学反応式になる。

(3) 5.0Aの電流で32分10秒間放電させたときに流れる電気量とファラデー定数より，電子の物質量を求める。(a) 負極の変化は，Pb(式量207) $\longrightarrow$ $PbSO_4$(式量303)，正極の変化は，PbO_2(式量239) $\longrightarrow$ $PbSO_4$ である。(b) 電解液の変化は，H_2SO_4(分子量98) $\longrightarrow$ H_2O(分子量18)である。

(4) 放電と逆向きの電流を流すことによって，放電とは逆向きの反応が起こって充電することができる。充電によって H_2SO_4 が生成するので，密度は大きくなる。

解説&解答

(1) **答** 負極：$\mathbf{Pb + SO_4^{2-} \longrightarrow PbSO_4 + 2e^-}$

正極：$\mathbf{PbO_2 + 4H^+ + SO_4^{2-} + 2e^- \longrightarrow PbSO_4 + 2H_2O}$

(2) **答** $\mathbf{Pb + PbO_2 + 2H_2SO_4 \longrightarrow 2PbSO_4 + 2H_2O}$

(3) 流れた電気量は，$Q\,[\mathrm{C}] = i\,[\mathrm{A}] \times t\,[\mathrm{s}]$ より，

$$5.0\,\mathrm{A} \times (32 \times 60 + 10)\,\mathrm{s} = 9.65 \times 10^3\,\mathrm{C}$$

よって，流れた電子の物質量は，

$$\frac{9.65 \times 10^3\,\mathrm{C}}{9.65 \times 10^4\,\mathrm{C/mol}} = 0.10\,\mathrm{mol}$$

放電で0.10molの e^- が流れると，各極では次のような質量変化が起こる。

(a) 負極：$Pb \longrightarrow PbSO_4$，電子が0.10mol流れると $PbSO_4$ が0.050mol生じるので，

$(303 - 207)\,\mathrm{g/mol} \times 0.050\,\mathrm{mol} = 4.8\,\mathrm{g}$ 増加　　**答** 負極：**4.8g 増加**

正極：$PbO_2 \longrightarrow PbSO_4$，電子が0.10mol流れると $PbSO_4$ が0.050mol生じるので，

$(303 - 239)\,\mathrm{g/mol} \times 0.050\,\mathrm{mol} = 3.2\,\mathrm{g}$ 増加　　**答** 正極：**3.2g 増加**

(b) 水溶液：電子が0.10mol流れると，H_2SO_4 が0.10mol減少し，H_2O が0.10mol生じるので，

$(98 - 18)\,\mathrm{g/mol} \times 0.10\,\mathrm{mol} = 8.0\,\mathrm{g}$ 減少　　**答** **8.0g 減少**

(4) **答** (ア) **充電**　(イ) **負**　(ウ) **正**　(エ) **大き**

4 次の水溶液を［ ］に示す電極を用いて電気分解した際に陰極と陽極で起こる変化を，e^-を含む反応式でそれぞれ示せ。

(1) $CuCl_2$ 水溶液 ［陰極：C 電極，陽極：C 電極］
(2) $CuSO_4$ 水溶液 ［陰極：Pt 電極，陽極：Pt 電極］
(3) $CuSO_4$ 水溶液 ［陰極：Cu 電極，陽極：Cu 電極］
(4) NaCl 水溶液 ［陰極：Fe 電極，陽極：C 電極］
(5) H_2SO_4 水溶液 ［陰極：Pt 電極，陽極：Pt 電極］
(6) NaOH 水溶液 ［陰極：Pt 電極，陽極：Pt 電極］

考え方 電気分解は，電気エネルギーを利用して酸化還元反応を起こす。電源装置の負極につないだ陰極では電子を受け取る還元反応が起こり，正極につないだ陽極では電子を失う酸化反応が起こる。

解説&解答

(1) **答** 陰極：$Cu^{2+} + 2e^- \longrightarrow Cu$
陽極：$2Cl^- \longrightarrow Cl_2 + 2e^-$

(2) **答** 陰極：$Cu^{2+} + 2e^- \longrightarrow Cu$
陽極：$2H_2O \longrightarrow O_2 + 4H^+ + 4e^-$

(3) **答** 陰極：$Cu^{2+} + 2e^- \longrightarrow Cu$
陽極：$Cu \longrightarrow Cu^{2+} + 2e^-$

(4) **答** 陰極：$2H_2O + 2e^- \longrightarrow H_2 + 2OH^-$
陽極：$2Cl^- \longrightarrow Cl_2 + 2e^-$

(5) **答** 陰極：$2H^+ + 2e^- \longrightarrow H_2$
陽極：$2H_2O \longrightarrow O_2 + 4H^+ + 4e^-$

(6) **答** 陰極：$2H_2O + 2e^- \longrightarrow H_2 + 2OH^-$
陽極：$4OH^- \longrightarrow 2H_2O + O_2 + 4e^-$

5 白金電極を用いて希硫酸を電気分解したところ，陽極から発生した気体の体積は標準状態で 33.6mL であった。ファラデー定数は 9.65×10^4 C/mol とする。

(1) 陰極と陽極で起こる変化を，e^-を含む反応式で示せ。
(2) 電気分解に要した電気量の大きさは何 C か。
(3) 陰極から発生する気体の体積は，標準状態で何 mL か。ただし，発生した気体は水に溶けないものとする。

考え方 (1) 陰極では H^+ が還元される反応，陽極では H_2O が酸化される反応が起こる。
(2) 陽極で発生した O_2 の体積から流れた電子の物質量を求めて，電気量を計算する。
(3) 陰極では電子 2mol が流れると，H_2 が 1mol 発生する。

解説&解答

(1) **答** 陰極：$2H^+ + 2e^- \longrightarrow H_2$
陽極：$2H_2O \longrightarrow O_2 + 4H^+ + 4e^-$

(2)　陽極から発生した O_2 の物質量は，

$$\frac{33.6\times10^{-3}\text{L}}{22.4\text{L/mol}}=1.50\times10^{-3}\text{mol}$$

陽極の反応式より，電子 4mol が流れると O_2 が 1mol 発生するので，流れた電子の物質量は，

$$1.50\times10^{-3}\text{mol}\times4=6.00\times10^{-3}\text{mol}$$

よって，求める電気量は，

$$9.65\times10^{4}\text{C/mol}\times6.00\times10^{-3}\text{mol}=579\text{C}$$ 　**答**　**579C**

(3)　陰極では電子 2mol が流れると H_2 が 1mol 発生するので，発生する H_2 の体積は，

$$22.4\text{L/mol}\times6.00\times10^{-3}\text{mol}\times\frac{1}{2}=0.0672\text{L}=67.2\text{mL}$$ 　**答**　**67.2mL**

別解　(1)より，陽極で，O_2 が 1mol 発生するときに 4mol の電子が放出されるが，陰極で H^+ が 4mol の電子を受け取ると 2mol の H_2 が発生する。よって，H_2 の体積は O_2 の 2 倍なので，　$33.6\text{mL}\times2=$ **67.2mL** **答**

考えてみよう！

6　右図のような電解槽を並列につないだ装置を組みたて，0.60A の電流で 1.93×10^4 秒間電気分解すると，電極Ⅲでは 1.27g の金属が析出した。ファラデー定数は 9.65×10^4C/mol とする。

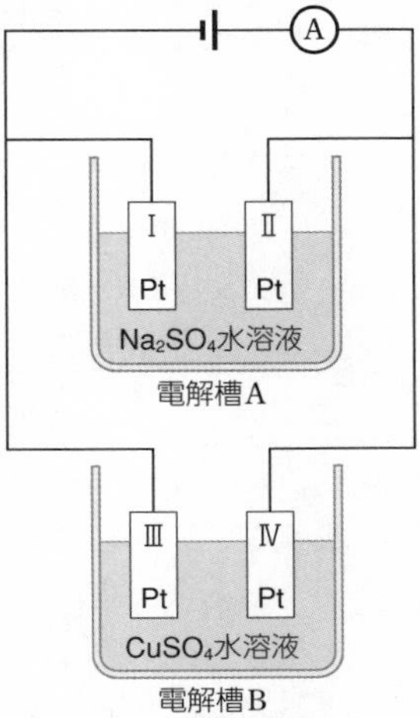

(1)　電極Ⅰと電極Ⅳで起こる変化を，e^- を含む反応式で示せ。

(2)　電解槽Aに流れた電子は何 mol か。有効数字2桁で求めよ。

(3)　電解槽Aで発生する気体の体積の総和は，27℃，1.0×10^5Pa では何Lになるか。有効数字2桁で求めよ。ただし，発生した気体は水に溶けないものとし，気体定数は 8.3×10^3Pa·L/(mol·K) とする。

(4)　電解後，電解槽B内の水溶液 500mL のうち，20mL を取り出した。このとき，電気分解によって生じた H^+ を中和するのに必要な 0.10mol/L の水酸化ナトリウム水溶液は何 mL か。

考え方　(1)　電極Ⅰ，Ⅲが陰極，電極Ⅱ，Ⅳが陽極になる。

(2)　まず，回路全体に流れた電子の物質量を求める。電極Ⅲに析出した金属の物質量から電解槽Bに流れた電子の物質量が求まるので，電解槽Aに流れた電子の物質量がわかる。

(3)　電解槽Aで起こる反応の反応式より，発生した気体の物質量が求まる。$pV=nRT$ より，体積を計算する。

(4)　電解槽Bで起こる反応の反応式より，生成したH^+の物質量がわかるので，これを中和するのに必要な NaOH 水溶液の体積が求まる。

解説&解答

(1)　**答**　（電極Ⅰ）$2H_2O + 2e^- \longrightarrow H_2 + 2OH^-$

（電極Ⅳ）$2H_2O \longrightarrow O_2 + 4H^+ + 4e^-$

(2)　回路全体に流れた電子の物質量は，

$$\frac{0.60\,\mathrm{A} \times 1.93 \times 10^4\,\mathrm{s}}{9.65 \times 10^4\,\mathrm{C/mol}} = 0.12\,\mathrm{mol}$$

電極Ⅲで起こる反応は，

$$Cu^{2+} + 2e^- \longrightarrow Cu$$

電子2molが流れるとCu 1molが析出するので，電解槽Bに流れた電子の物質量は，

$$\frac{1.27\,\mathrm{g}}{63.5\,\mathrm{g/mol}} \times 2 = 0.040\,\mathrm{mol}$$

よって，電解槽Aに流れた電子の物質量は，

$$0.12\,\mathrm{mol} - 0.040\,\mathrm{mol} = 0.080\,\mathrm{mol} = 8.0 \times 10^{-2}\,\mathrm{mol}$$　**答**　$\mathbf{8.0 \times 10^{-2}\,mol}$

(3)　電解槽Aで起こる反応は，

（電極Ⅰ）　$2H_2O + 2e^- \longrightarrow H_2 + 2OH^-$

（電極Ⅱ）　$2H_2O \longrightarrow O_2 + 4H^+ + 4e^-$

電子4molが流れると気体3mol（H_2 2molとO_2 1mol）が発生するので，発生した気体の物質量は，

$$0.080\,\mathrm{mol} \times \frac{3}{4} = 0.060\,\mathrm{mol}$$

求める体積をV〔L〕とすると$pV = nRT$より，

$$V = \frac{nRT}{p} = \frac{0.060\,\mathrm{mol} \times 8.3 \times 10^3\,\mathrm{Pa \cdot L/(mol \cdot K)} \times 300\,\mathrm{K}}{1.0 \times 10^5\,\mathrm{Pa}} = 1.494\,\mathrm{L} \fallingdotseq 1.5\,\mathrm{L}$$

答　**1.5L**

(4)　電極Ⅳの式より，電解槽Bでは電子0.040molが流れるときH^+ 0.040molが生成する。よって，電気分解後の電解槽B内の水溶液の水素イオン濃度は，

$$[H^+] = \frac{0.040\,\mathrm{mol}}{\frac{500}{1000}\,\mathrm{L}} = 0.080\,\mathrm{mol/L}$$

求める NaOH 水溶液の体積をV〔L〕とすると，中和の関係式より，

$$0.080\,\mathrm{mol/L} \times \frac{20}{1000}\,\mathrm{L} = 1 \times 0.10\,\mathrm{mol/L} \times V$$

$$V = 0.016\,\mathrm{L} = 16\,\mathrm{mL}$$　**答**　**16mL**

第 3 章　化学反応の速さとしくみ　教 p.136 ～ p.152

教 p.136 ～ p.152

1 化学反応の速さ

A 速い反応と遅い反応

化学反応には，NaCl 水溶液に $AgNO_3$ 水溶液を加えたときの AgCl の沈殿の生成(教 p.136 図 1)など瞬時に完了する速い反応や，銅や鉄が空気中の酸素によって少しずつ酸化され，さびが生じるような長い時間をかけて進行する反応などさまざまなものがある。なお，同じ反応でも，温度や圧力などの条件によって，その速さは変化する。

B 反応の速さの表し方

●反応速度　反応の速さは，単位時間に減少する反応物の濃度または物質量，あるいは単位時間に増加する生成物の濃度または物質量で表され，これを**反応速度**という。反応が一定体積の中で行われる場合，反応速度 v は次のように表される。

$$v=\frac{\text{反応物のモル濃度の減少量}}{\text{反応時間}}\quad\text{または}\quad v=\frac{\text{生成物のモル濃度の増加量}}{\text{反応時間}}\qquad(1)$$

反応物 A から生成物 B が生じる反応($A \longrightarrow 2B$)を考えた場合，時刻 t_1 から t_2 の間で A のモル濃度(溶液に限らず，単位体積当たりの物質量 $\frac{n\,[\text{mol}]}{V\,[\text{L}]}$ で表す)が $[A]_1$ から $[A]_2$ に減少したとすると，A が減少する平均の反応速度 v_A は，次のように表される。

$$v_A=-\frac{[A]_2-[A]_1}{t_2-t_1}=-\frac{\Delta[A]}{\Delta t}\qquad(2)$$

←反応速度は正の値で表すので，反応物の反応速度のときはマイナス(−)の符号をつける

ここで，$\Delta[A]$ は A のモル濃度の変化量，Δt は反応時間を表す。このとき，$\Delta[A]$ は負の値となるので，v_A を正の値にするために右辺に−(マイナス)をつける。

また，同じ反応時間に B のモル濃度が $[B]_1$ から $[B]_2$ に増加したとすると，B が増加する平均の反応速度 v_B は次のように表される。

$$v_B=\frac{[B]_2-[B]_1}{t_2-t_1}=\frac{\Delta[B]}{\Delta t}^{※}\qquad(3)$$

※反応速度は正の値で表すので，生成物の反応速度のときはマイナス(−)の符号をつけない

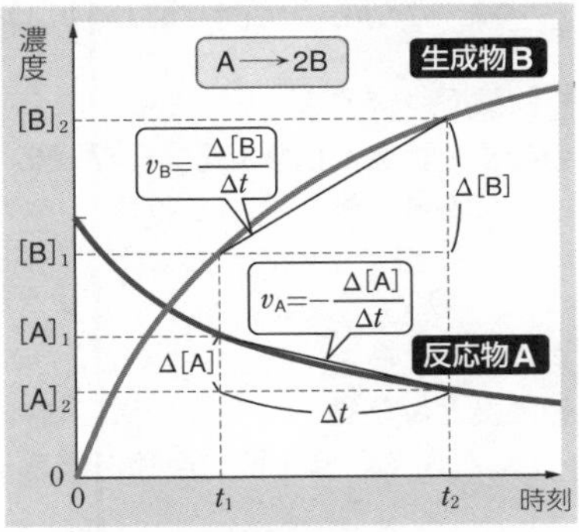

▲反応物と生成物の濃度変化

この反応($A \longrightarrow 2B$)では，A が 1mol/L 減少するとき，B は 2mol/L 増加し，常に $-\Delta[A]:\Delta[B]=1:2$ の関係が成りたつ。したがって，それぞれの反応速度の関係も $v_A:v_B=1:2$ となる。

このように，同じ反応でも着目する物質によって反応速度は異なり，各物質における反応速度の比は，反応式の係数の比に等しくなる。

C 反応速度の求め方

室温の水槽中で，少量の酸化マンガン(Ⅳ)MnO_2 の粉末に 3%（0.88 mol/L）の過酸化水素水 10 mL を加えると，次式の反応が起こる。教 p.138 図 3

$$2H_2O_2 \longrightarrow 2H_2O + O_2 \quad (4)$$

この過酸化水素の分解反応の反応速度は次のように求めることができる。まず，発生した酸素の体積を物質量に換算する。過酸化水素のモル濃度の変化量を直接測定するのは難しいため，測定が容易な酸素の体積をもとにする(ここでは，温度 17℃，水蒸気圧 2.0×10^3 Pa)。次に，(4)式の係数比から，反応した過酸化水素の物質量を求め，そこから未反応の過酸化水素の濃度を算出する。最後に，ある時間帯における過酸化水素のモル濃度の変化量(減少量)から分解反応の反応速度を求める。

▼過酸化水素の分解反応の反応速度

時間〔s〕	O_2の体積〔mL〕	O_2の物質量〔mol〕	未反応のH_2O_2の濃度〔mol/L〕	H_2O_2の変化量〔mol/L〕	反応速度 v〔mol/(L·s)〕
0	0	0	0.88		
				−0.44	1.5×10^{-2}
30	53.4	2.20×10^{-3}	0.44		
				−0.23	7.7×10^{-3}
60	81.3	3.35×10^{-3}	0.21		
				−0.11	3.7×10^{-3}
90	94.7	3.91×10^{-3}	0.10		
				−0.053	1.8×10^{-3}
120	101.0	4.17×10^{-3}	0.047		
				−0.023	7.7×10^{-4}
150	103.8	4.28×10^{-3}	0.024		

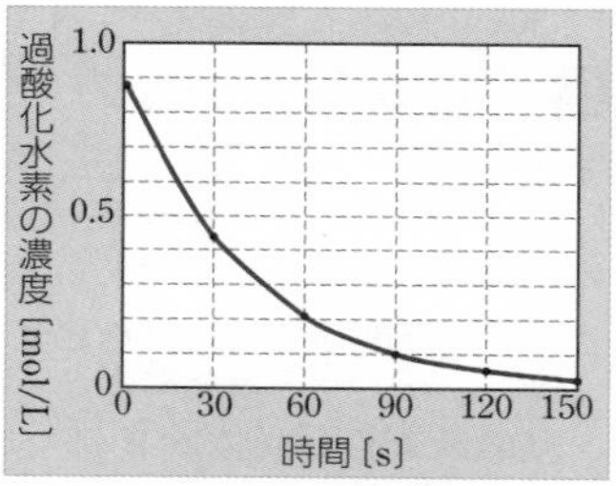

▲過酸化水素の分解の濃度変化

この反応では反応時間によって反応速度が異なり，時間が経過して反応物の濃度が小さくなると，反応速度も小さくなることがわかる。

2 反応条件と反応速度

A 濃度と反応速度

●粒子の衝突と化学反応　化学反応が起こるためには，反応する粒子どうしの衝突が必要である。 例えば，A と B の 2 種類の粒子を考えたとき，A の濃度を m 倍，B の濃度を n 倍にすると，A と B の衝突回数は $m \times n$ 倍になる(教 p.139 図 5)。したがって，一定温度では，反応する粒子の濃度の積に比例して，単位時間の衝突回数が増えることになる。

●濃度と反応性　一般に，**反応物の濃度(または分圧)が大きいほど衝突回数が増えるため反応速度は大きくなる。**

例えば，細い鉄線の塊であるスチールウール Fe を空気中で熱すると，その一部が赤くなり燃焼するが，純粋な O_2（空気中の約 5 倍の濃度）中では，火花を飛ばして激しく燃焼する。教 p.139 図 6

解説 分圧と濃度の関係

気体の場合，$pV = nRT$ より

$p_A = \dfrac{n_A}{V}RT$ が成りたつから，

温度が一定であれば，分圧 p_A は

モル濃度 $\dfrac{n_A}{V}$ に比例する。

また，アルミニウム Al が塩酸に溶けて水素 H_2 を発生する反応も，塩酸の濃度が大きくなるほど反応は激しくなる。

●反応速度式　水素 H_2 とヨウ素 I_2 からヨウ化水素 HI が生成する反応は，(5)式で表せる。

$$H_2 + I_2 \longrightarrow 2HI \qquad (5)$$

この反応の反応速度 v は，実験によって，水素のモル濃度 $[H_2]$ とヨウ素のモル濃度 $[I_2]$ の積に比例することがわかっており，次のように表すことができる。

$$v = k[H_2][I_2] \quad (k \text{ は比例定数}) \qquad (6)$$

また，密閉容器の中でヨウ化水素 HI を加熱すると，HI は水素 H_2 とヨウ素 I_2 に分解される。

$$2HI \longrightarrow H_2 + I_2 \qquad (7)$$

この反応の反応速度 v' は，実験によって，ヨウ化水素のモル濃度 [HI] の2乗に比例することがわかっており，次のように表すことができる。

$$v' = k'[HI]^2 \quad (k' \text{ は比例定数}) \qquad (8)$$

(6)式と(8)式のように，反応物のモル濃度と反応速度の関係を表した式を**反応速度式**または**速度式**という。比例定数 k，k' は**速度定数**または**反応速度定数**とよばれ，反応の種類が同じで温度が一定ならば一定の値となる。また，同じ反応でも，温度を変えたり，触媒を加えたりした場合には，速度定数の値は変化する。

一般に，反応速度式は次のように表すことができる。

> **$A + B \longrightarrow C + D$ の反応の場合**
> **$v = k[A]^a[B]^b$**
> （k は速度定数，[A]，[B] は反応物 A，B のモル濃度，
> a，b は実験で求められる）

この反応速度式の a，b は化学反応式の係数から単純に決まるようなものではなく，実験によって求められるものである。例えば，(4)式の反応速度 v'' は，実験によって(9)式のように表せることがわかっている。

$$2H_2O_2 \longrightarrow 2H_2O + O_2 \qquad (4)$$

$$v'' = k''[H_2O_2] \quad (k'' \text{ は比例定数}) \qquad (9)$$

←2乗ではない

●速度定数の求め方　p.110 の表（**教 p.138 表1**）の過酸化水素の分解反応の実験結果を用いて速度定数 k を求める。まず，各時間帯の過酸化水素の平均の濃度 $\bar{c}$ を求め，次の反応速度式が成りたつと仮定して k を求める。

$$v = k\bar{c} \quad (k \text{ は比例定数}) \qquad (10)$$

(10)式より，速度定数 $k = \dfrac{v}{\bar{c}}$ を計算すると，各時間帯の速度定数の値はほぼ一定となる。したがって，$v = k[H_2O_2]$ と決定でき，その値は次のように求められる。

$$k = \frac{2.3 + 2.3 + 2.3 + 2.4 + 2.1}{5} \times 10^{-2}/\text{s} \fallingdotseq 2.3 \times 10^{-2}/\text{s}$$

第2編　物質の変化

また，$\bar{c}$ に対する v をグラフにすると，右図のようになる。これによっても仮定が正しいことがわかり，k はグラフの傾きから求めることができる。

$$k = 2.3 \times 10^{-2}/\mathrm{s}$$

このように，速度定数や反応速度式は実験結果から求めることができる。

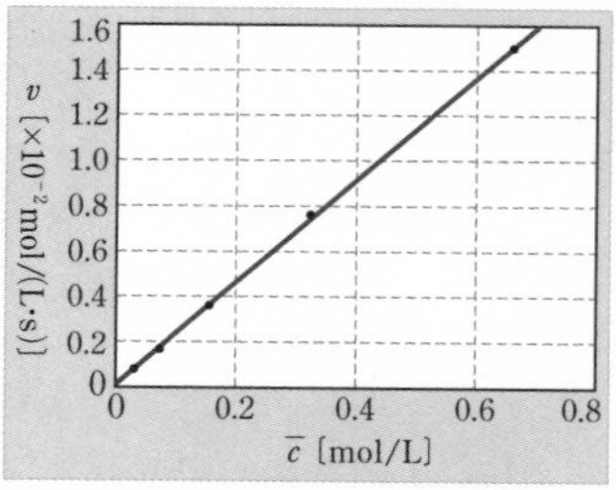

▲過酸化水素の分解反応の平均の濃度と反応速度

B 温度と反応速度

化学反応では温度が高くなるほど反応速度が大きくなる。例えば，過マンガン酸カリウム $KMnO_4$ 水溶液とシュウ酸 $(COOH)_2$ 水溶液の反応では，温度が高いほど反応が速く進み，過マンガン酸カリウム水溶液の赤紫色が消失する。教 p.142 図 8

気体の五酸化二窒素 N_2O_5 は分解して二酸化窒素 NO_2 と酸素を生じる。

$$2N_2O_5 \longrightarrow 4NO_2 + O_2 \qquad (11)$$

右図は，この反応の反応温度と分解反応の反応速度の関係をまとめたものであり，温度が上がると反応速度が大きくなることがわかる。また，この反応の反応速度式は⑿式のように表すことができ，速度定数 k が温度に依存していることがわかる。

$$v = k[N_2O_5] \qquad (12)$$

一般に，反応温度が 10K 上がるごとに，反応速度はおよそ 2 ～ 4 倍になるものが多い。

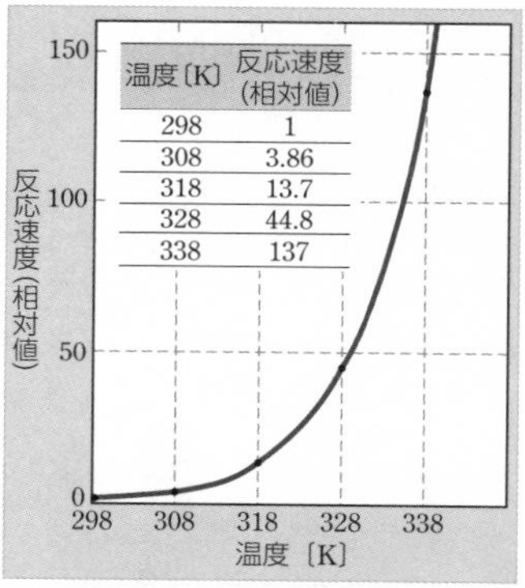

▲ N_2O_5 の分解反応の反応速度と温度
298K の反応速度を 1(基準)とおき，各温度(横軸)での反応速度の相対値を縦軸にとって示してある。

C 固体の表面積と反応速度

一般に，固体が反応するときは，**固体の表面積が大きいほど反応速度は大きくなる。**

例えば，石灰石に希塩酸を加えて二酸化炭素を発生させる反応では，粒状の石灰石よりも細かく砕いた石灰石のほうが激しく反応する。教 p.143 図 10

D 触媒と反応速度

●触媒 薄い過酸化水素 H_2O_2 の水溶液は常温で放置しても変化が見られないが，塩化鉄(Ⅲ) $FeCl_3$ 水溶液または酸化マンガン(Ⅳ) MnO_2 の粉末を少量加えると，常温でも激しく分解反応を起こして酸素 O_2 を発生する。

$$2H_2O_2 \longrightarrow 2H_2O + O_2\uparrow \qquad (13)$$

これは Fe^{3+} や MnO_2 によって反応速度が大きくなったためだが，この反応の前後において Fe^{3+} や MnO_2 は変化していない。このように，**反応の前後で自身は変化せず，反応速度を大きくする物質を触媒という。**

●触媒の種類　均一系触媒は反応物と均一に混じりあってはたらく。水溶液中の H_2O_2 の分解反応のときに加える塩化鉄(Ⅲ) $FeCl_3$ 水溶液は，均一系触媒である。

教 p.143 図 11 ⓐ

不均一系触媒は反応物と均一に混じりあわずにはたらく。水溶液中の H_2O_2 の分解反応のときに加える酸化マンガン(Ⅳ) MnO_2 粉末は，不均一系触媒である。

教 p.143 図 11 ⓑ

●触媒の利用　化合物を合成するには，反応速度が大きいほうが効率的である。そのため，化学工業や私たちの身のまわりでは，それぞれの反応に特有な触媒が用いられることが多い。化学工業では，アンモニアの製造に四酸化三鉄 Fe_3O_4，硝酸の製造に白金 Pt，硫酸の製造に酸化バナジウム(Ⅴ) V_2O_5 などの触媒が使われている。

自動車には，排ガスによる大気汚染を防ぐため，白金 Pt・パラジウム Pd・ロジウム Rh を触媒に用いた浄化装置が取りつけられている。この触媒は，排ガス中の炭化水素，一酸化炭素，窒素酸化物の 3 種類の有害な物質を無害な物質に変えることから，**三元触媒**とよばれている。教 p.144 図 12

●酵素　生体内で起こる化学反応に対して，触媒としてはたらくタンパク質を**酵素**という。微生物は，糖などの有機化合物を自らがもつ酵素によって分解し，必要なエネルギーを得るだけでなく，有用な物質をつくることもできる。これを**発酵**という。

●有機化合物の合成　医薬品やプラスチックなどの有機化合物を合成する反応にも触媒は欠かせない。これらの触媒の立体構造は巧みに設計されており，新触媒の発見に対するノーベル化学賞の受賞も多い。

3 化学反応のしくみ

A 活性化エネルギー

ヨウ化水素が生成する反応は，常温で密閉容器に水素 H_2 とヨウ素 I_2 を封入しただけでは起こらない。H_2 と I_2 の混合気体を約 400℃に加熱することによって，ようやく HI の生成反応が起こる。

$$H_2 + I_2 \longrightarrow 2HI \qquad (5)$$

これは，化学反応は粒子どうしの衝突によって起こるが，衝突したからといって必ずしも反応が起こるわけではないということを意味している。

●遷移状態と活性化エネルギー　化学反応が起こるためには，粒子が衝突するときの角度が適切であることや，衝突するときの速度が大きいことなどが必要である。化学反応が起こるための条件が満たされると，衝突した粒子どうしはエネルギーの高い状態になり，反応が進んでいく。このような反応物から生成したエネルギーの高い不安定な状態を**遷移状態**または**活性化状態**という。遷移状態にするために必要な最小のエネルギーを**活性化エネルギー**という。教 p.146 図 13

●反応の進み方とエネルギー　水素 H_2 とヨウ素 I_2 の結合エネルギーは，それぞれ 436kJ/mol，151kJ/mol で，次のように表される。

$$H_2(気) \longrightarrow 2H(気) \quad \Delta H = 436\,kJ \tag{14}$$

$$I_2(気) \longrightarrow 2I(気) \quad \Delta H = 151\,kJ \tag{15}$$

　したがって，H_2 1mol と I_2 1mol をそれぞれ H 原子 2mol と I 原子 2mol にするためには，587kJ のエネルギーが必要である。しかし，$H_2 + I_2 \longrightarrow 2HI$ の活性化エネルギー E_a は，174kJ と測定されている。このことから，H_2 と I_2 から HI が生成する反応は，H_2 と I_2 がそれぞれ H 原子と I 原子に解離してから，それらが結合して HI 分子をつくるという反応の進み方をしていないことが予想できる。

　また，逆向きの反応（$2HI \longrightarrow H_2 + I_2$）の活性化エネルギー E_b は，反応エンタルピー（−10kJ）の分だけ E_a と異なる。

$$E_b = E_a - \Delta H = 174\,kJ - (-10\,kJ) = 184\,kJ$$

　活性化エネルギーは，反応の種類や触媒の有無などによって異なる。一般に，**活性化エネルギーが小さい反応ほど，反応速度が大きくなる。**

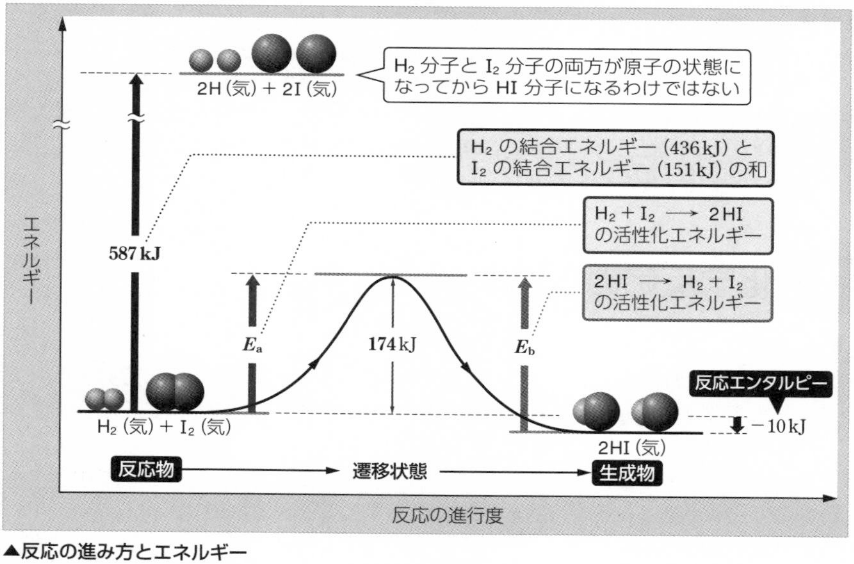

▲反応の進み方とエネルギー
H_2 と I_2 から HI が生成する反応の反応経路を示した図。粒子 1 つが 1mol を表している。

B 触媒と活性化エネルギー

ある反応に適切な触媒を用いると，反応物と触媒からなる活性化エネルギーがより小さな遷移状態ができ，反応が進行して生成物が生じる。生成物ができると触媒はもとの状態にもどり，再び反応物に作用する。教 p.149 図 16

▼触媒の有無による活性化エネルギーの違い

反応	活性化エネルギー	
	触媒なし	触媒あり（触媒）
$H_2 + I_2 \longrightarrow 2HI$	174 kJ/mol	49 kJ/mol (Pt)
$N_2 + 3H_2 \longrightarrow 2NH_3$	234 kJ/mol	96 kJ/mol (Fe_3O_4)
$2SO_2 + O_2 \longrightarrow 2SO_3$	251 kJ/mol	63 kJ/mol (V_2O_5)
$C_2H_4 + H_2 \longrightarrow C_2H_6$	117 kJ/mol	42 kJ/mol (Ni)

触媒を用いると，触媒を用いない場合よりも活性化エネルギーの小さな反応経路をたどるので，反応速度は大きくなる。触媒は反応物に作用して，活性化エネルギーを小さくするような物質である。

一方，反応エンタルピーは，反応物と生成物のもつエンタルピーによって決まるため，**反応エンタルピーの大きさは触媒の有無に関係なく，変わらない。**

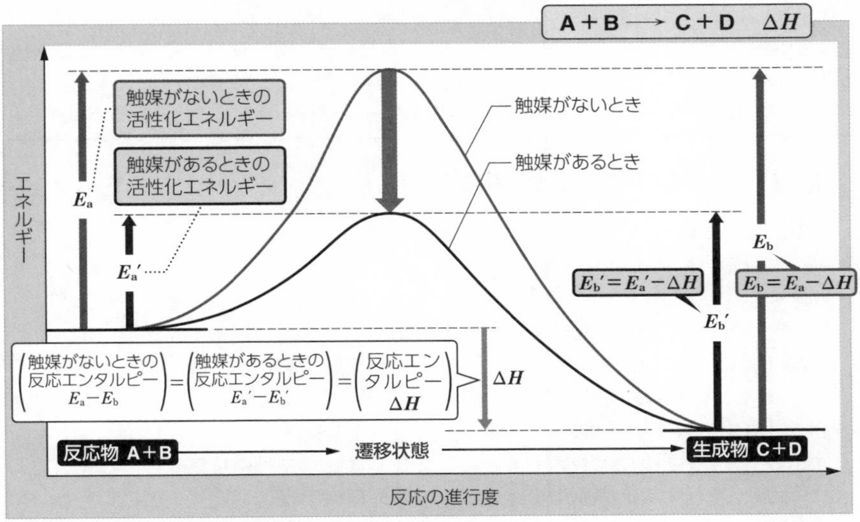

▲触媒と活性化エネルギー

C 温度と活性化エネルギー

気体または液体分子の運動エネルギーは，温度によって決まる一定の分布をとる。温度が高くなると，運動エネルギーの大きな分子の割合が増大し，小さな分子の割合は減少するので，その分布は右図の 低温 のグラフから 高温 のグラフのようになる。温度が上がると，活性化エネルギー E_a 以上のエネルギーをもつ分子が急激に増加するので，反応速度が大きくなる。

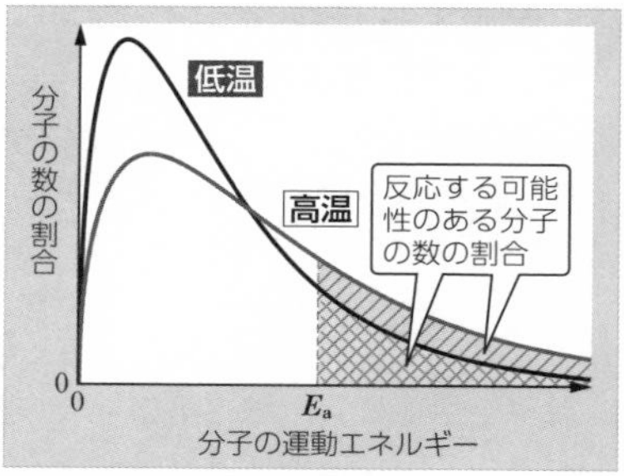

▲粒子のエネルギー分布

D 反応機構

化学反応はふつう1つの反応式で表されるが，反応がどのような過程(機構)を経て進行するのかまでを表すものではない。化学反応が一段階で進行するのはむしろ稀であり，ふつうはいくつかの段階を経て進行する場合が多い。このように，1つの化学反応がどのような過程で起こるのかは**反応機構**とよばれ，実験によって調べられる。

発展 多段階反応と律速段階

五酸化二窒素は，次のような分解反応を起こす。

$2N_2O_5 \longrightarrow 4NO_2 + O_2$ (A)

この化学反応は，次のような3つの反応段階を経ていることがわかっており，それぞれの反応段階を**素反応**という。素反応は一段階で進行する反応である。

$N_2O_5 \longrightarrow N_2O_3 + O_2$ …①
$N_2O_3 \longrightarrow NO + NO_2$ …②
$N_2O_5 + NO \longrightarrow 3NO_2$ …③ (①式＋②式＋③式＝(A)式)

(A)式のような2つ以上の素反応からなる化学反応を**多段階反応**という。素反応は一段階で進行する反応なので，化学反応式の係数と反応速度式の濃度の指数は一致する。したがって，素反応の反応速度式は，次のように表される。

$v_{①} = k_1[N_2O_5]$ …①式の反応速度式
$v_{②} = k_2[N_2O_3]$ …②式の反応速度式
$v_{③} = k_3[N_2O_5][NO]$ …③式の反応速度式

①式の反応速度は，②式と③式の反応速度に比べて非常に小さい。そのため，(A)式全体の反応速度 v は，最も小さい①式の反応速度で決められることになる。

$v_{①} \ll v_{②}$　$v_{①} \ll v_{③}$ ⇨ $v \fallingdotseq v_{①} = k_1[N_2O_5]$

このように，反応速度を決める反応段階のことを**律速段階**という。教 p.151 図A

(A)式の反応速度式は，実験から $v = k[N_2O_5]$ のように表されることがわかっている。これは，(A)式から2つの N_2O_5 が衝突する一段階の反応(この場合，$v = k[N_2O_5]^2$)ではなく，①式を律速段階とする多段階反応であることを意味している。

問　題

問1
（教p.138）
ある一定温度で，同じ物質量の H_2 と I_2 を 10L の密閉容器に封入して加熱したところ，60 秒間で HI が 7.2mol 生成した。この間の HI，I_2 に着目した反応速度（mol/(L·s)）をそれぞれ求めよ。

考え方　反応式は，次のようになる。

$$H_2 + I_2 \longrightarrow 2HI$$

この反応では，HI が 7.2mol 生成したとき，H_2 と I_2 が 3.6mol ずつ減少している。

HI に着目した反応速度は，$v_{HI} = \dfrac{\Delta[HI]}{\Delta t}$

また，I_2 に着目した反応速度は，$v_{I_2} = -\dfrac{\Delta[I_2]}{\Delta t}$

解説&解答　HI に着目した反応速度は，

$$\frac{\dfrac{7.2\,mol}{10L}}{60s} = 1.2 \times 10^{-2}\,mol/(L \cdot s)$$

I_2 に着目した反応速度は，

$$-\frac{\dfrac{-3.6\,mol}{10L}}{60s} = 6.0 \times 10^{-3}\,mol/(L \cdot s)$$

答　HI 増加の反応速度：**1.2×10^{-2} mol/(L·s)**
I_2 減少の反応速度：**6.0×10^{-3} mol/(L·s)**

問2
（教p.141）
$A + 2B \longrightarrow C$ の反応がある。A と B の濃度をそれぞれ変化させたところ反応速度は表のようになった。この反応の反応速度式を速度定数 k を用いて表せ。また，表の空欄アに入る数値を求めよ。

[A]〔mol/L〕	[B]〔mol/L〕	v〔mol/(L·s)〕
0.10	0.10	1.0×10^{-1}
0.10	0.20	2.0×10^{-1}
0.20	0.10	4.0×10^{-1}
0.20	0.20	ア

考え方　A の濃度だけを変えたときと，B の濃度だけを変えたときに，それぞれ反応速度がどう変わるかを考える。

解説&解答　$v = k[A]^a[B]^b$ と表せるとすると，表より [B] が 2 倍になると反応速度は 2 倍になっているので，$b = 1$
また，[A] が 2 倍になると反応速度は 4 倍になっているので，$a = 2$
よって，反応速度は $v = k[A]^2[B]$ となる。
空欄アの反応速度のとき，[A]，[B] がともに 1 段目の 2 倍になるので，v は $2^2 \times 2 = 8$(倍) であり，8.0×10^{-1} mol/(L·s) となる。

答　反応速度式：**$v = k[A]^2[B]$**
ア　**8.0×10^{-1}**

第2編　物質の変化

問３
(教p.142)

ある化学反応は，温度が 10K 上がるごとに反応速度が２倍になる。温度を 50K 上げたとすると，この化学反応の反応速度は初めの反応速度の何倍になるか。

考え方 温度が 50K 上がると反応速度が２倍になる現象が５回起きる。

解説&解答 反応速度は初めの $2^5 = 32$(倍)の速さになる。 **答 32倍**

問４
(教p.145)

触媒に関する次の①～④の記述の中から誤っているものを１つ選べ。

① 触媒は反応に伴って減少する。
② 触媒を用いると化学反応の反応速度が大きくなる。
③ 酸化マンガン(Ⅳ)の粉末は不均一系触媒である。
④ 生体内で触媒としてはたらくタンパク質のことを酵素という。

考え方 触媒は，反応の前後で変化せず，反応速度を大きくする物質である。触媒は，反応物と均一に混じりあうかどうかで均一系触媒と不均一系触媒に分類され，生体内で起こる化学反応に対して触媒としてはたらくタンパク質を酵素という。

解説&解答 触媒自身は反応の前後で変化しないので，①は誤り。 **答 ①**

章 末 問 題

教 p.152

1 $2NO + O_2 \longrightarrow 2NO_2$ の反応について，次の問いに答えよ。

(1) この反応で，ある瞬間の NO の減少速度は 4.0×10^{-3}mol/(L･s)であった。このときの O_2 の減少速度と NO_2 の増加速度を求めよ。

(2) NO の濃度を２倍にしたところ，NO_2 の増加速度は４倍になった。また，O_2 の濃度を３倍にしたところ，NO_2 の増加速度は３倍になった。NO_2 の増加速度 v について，速度定数を k として，反応速度式を示せ。

考え方 (1) 反応速度は，反応式中のそれぞれの物質の係数に比例する。
(2) 反応速度が $v = k[NO]^a[O_2]^b$ と表せるとして，a と b を求める。

解説&解答

(1) $2NO + O_2 \longrightarrow 2NO_2$ より，NO 2mol が減少するとき O_2 1mol が減少し，NO_2 2mol が生成する。よって，O_2 の減少速度は，

$$4.0 \times 10^{-3}\text{mol/(L･s)} \times \frac{1}{2} = 2.0 \times 10^{-3}\text{mol/(L･s)}$$

NO_2 の増加速度は，4.0×10^{-3}mol/(L･s)

答 O_2 の減少速度：**2.0×10^{-3}mol/(L･s)**
NO_2 の増加速度：**4.0×10^{-3}mol/(L･s)**

(2) 反応速度が $v = k[NO]^a[O_2]^b$ と表せるとする。
[NO]を２倍にすると NO_2 の増加速度が４倍(＝ 2^2 倍)になったので，$a = 2$
$[O_2]$を３倍にすると NO_2 の増加速度が３倍になったので，$b = 1$ である。
よって，$v = k[NO]^2[O_2]$ **答 $v = k[NO]^2[O_2]$**

2　一定温度で，過酸化水素 H_2O_2 の水溶液に触媒を加えて H_2O_2 を分解した。

$$2H_2O_2 \longrightarrow 2H_2O + O_2$$

過酸化水素のモル濃度を測定したところ，右表の結果を得た。時間区分を(a) 0 ～ 4 分　(b) 4 ～ 8 分　(c) 8 ～ 12 分として，次の問いに有効数字２桁で答えよ。

時間〔min〕	$[H_2O_2]$〔mol/L〕	時間区分
0	0.54	
		(a)
4	0.36	
		(b)
8	0.24	
		(c)
12	0.16	

(1)　(a)，(b)，(c)での H_2O_2 のモル濃度 $[H_2O_2]$ の平均値をそれぞれ求めよ。

(2)　(a)，(b)，(c)での H_2O_2 の分解速度 v〔mol/(L·min)〕をそれぞれ求めよ。

(3)　H_2O_2 の分解速度が $[H_2O_2]$ に比例するとき，この反応の速度定数を求めよ。

考え方　(1)　モル濃度の平均値 $= \dfrac{[H_2O_2]_1 + [H_2O_2]_2}{2}$ より求める。

(2)　反応速度 $v = -\dfrac{\Delta[H_2O_2]}{\Delta t}$ より求める。

(3)　反応速度 $v = k[H_2O_2]$ より，$k = \dfrac{v}{[H_2O_2]}$

解説&解答

(1)　(a)　$\dfrac{(0.54 + 0.36)\,\text{mol/L}}{2} = \mathbf{0.45\,mol/L}$　答

(b)　$\dfrac{(0.36 + 0.24)\,\text{mol/L}}{2} = \mathbf{0.30\,mol/L}$　答

(c)　$\dfrac{(0.24 + 0.16)\,\text{mol/L}}{2} = \mathbf{0.20\,mol/L}$　答

(2)　(a)　$-\dfrac{(0.36 - 0.54)\,\text{mol/L}}{(4 - 0)\,\text{min}} = \mathbf{4.5 \times 10^{-2}\,mol/(L\cdot min)}$　答

(b)　$-\dfrac{(0.24 - 0.36)\,\text{mol/L}}{(8 - 4)\,\text{min}} = \mathbf{3.0 \times 10^{-2}\,mol/(L\cdot min)}$　答

(c)　$-\dfrac{(0.16 - 0.24)\,\text{mol/L}}{(12 - 8)\,\text{min}} = \mathbf{2.0 \times 10^{-2}\,mol/(L\cdot min)}$　答

(3)　(a)，(b)，(c)における速度定数をそれぞれ求めると，

(a)　$k = \dfrac{0.045\,\text{mol/(L·min)}}{0.45\,\text{mol/L}} = 0.10/\text{min}$

(b)　$k = \dfrac{0.030\,\text{mol/(L·min)}}{0.30\,\text{mol/L}} = 0.10/\text{min}$

(c)　$k = \dfrac{0.020\,\text{mol/(L·min)}}{0.20\,\text{mol/L}} = 0.10/\text{min}$

よって，この反応の速度定数 k は，

$\dfrac{(0.10 + 0.10 + 0.10)\,/\text{min}}{3} = \mathbf{0.10/min}$　答

考えてみよう！

3　図はA＋B ⟶ Cの反応の反応経路を示したものである。なお，図のa〜cはいずれもエネルギーの大きさを表すものとする。

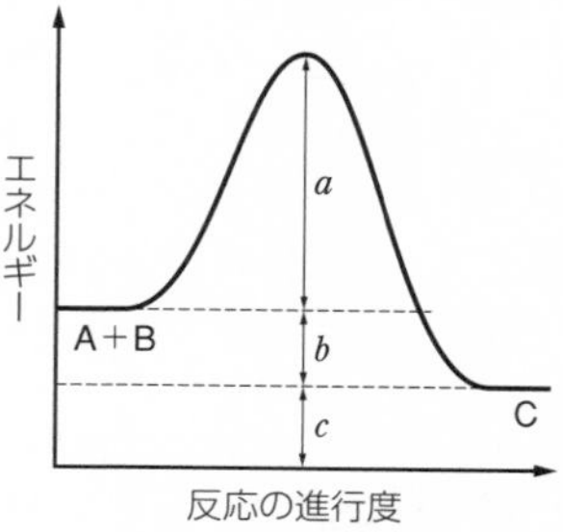

(1)　図のa〜cの記号を用いて，以下のものを表せ。

①　A＋B ⟶ Cの反応が起こるときの活性化エネルギー

②　C ⟶ A＋Bの反応が起こるときの活性化エネルギー

③　A＋B ⟶ Cの反応が起こるときの反応エンタルピー

(2)　A＋B ⟶ Cの反応は，発熱反応か吸熱反応か。

(3)　触媒を用いた場合，どのような反応経路になるか図示せよ。また，そのとき反応エンタルピーは触媒を用いなかった場合と比べてどのようになるか説明せよ。

考え方　反応物A＋Bがもつエンタルピーと遷移状態(カーブの頂点)のエンタルピーの差が活性化エネルギーである。

反応物がもつエンタルピーの総和が，生成物のもつエンタルピーの総和より大きいときは発熱反応になる。

触媒を用いると，活性化エネルギーは小さくなるが，反応エンタルピーは変化しない。

解説&解答

(1)①　反応物A＋Bがもつエンタルピーと，遷移状態(カーブの頂点)のエンタルピーの差だから，a

答　a

②　反応物Cがもつエンタルピーと，遷移状態のエンタルピーの差だから，$a+b$

答　$a+b$

③　$\Delta H =$(正反応の活性化エネルギー)－(逆反応の活性化エネルギー)より，
$\Delta H = a-(a+b) = -b$

答　$-b$

(2)　$\Delta H = -b$より，$\Delta H < 0$なので発熱反応である。　**答**　発熱反応

(3)　**答**

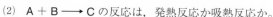

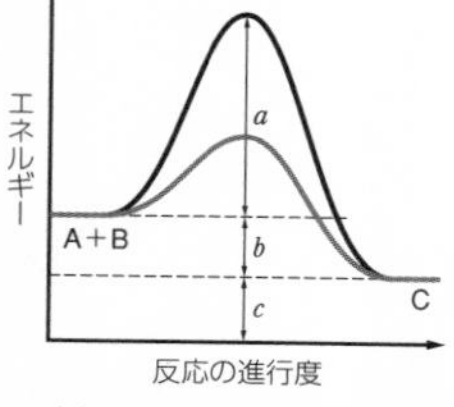

触媒を用いると，活性化エネルギーは小さくなるが，反応物がもつエンタルピーと生成物がもつエンタルピーは変化しないため，反応エンタルピーも変化しない。

第4章　化学平衡

教 p.153 ~ p.192

1 可逆反応と化学平衡

A 可逆反応

水素 H_2 とヨウ素 I_2 の混合気体を加熱するとヨウ化水素 HI が生成し，逆に，HI を加熱すると H_2 と I_2 に分解する。

$H_2 + I_2 \longrightarrow 2HI$　(1)

$2HI \longrightarrow H_2 + I_2$　(2)

このように，ある化学反応について，左辺から右辺への反応も，右辺から左辺への反応も起こりうるとき，この反応は**可逆反応**であるといい，記号 $\rightleftarrows$ を使って表す(一方向だけしか進まない反応は**不可逆反応**という)。

$H_2 + I_2 \underset{v_b}{\overset{v_a}{\rightleftarrows}} 2HI$　(v_a：正反応の反応速度　v_b：逆反応の反応速度)　(3)

可逆反応において，左辺から右辺の反応($\longrightarrow$)を**正反応**，右辺から左辺の反応($\longleftarrow$)を**逆反応**という。

B 反応速度と化学平衡

容積一定の密閉容器に H_2 と I_2 を入れて 600 K に保つと，右図ⓐの曲線①のように H_2 と I_2 の濃度(物質量)はしだいに減少する。(3)式の正反応の反応速度 $\boldsymbol{v_a}$ は右図ⓑの曲線①のように反応時間の経過とともに減少していく。一方，HIの濃度(物質量)は，右図ⓐの曲線②のようにしだいに増加する。(3)式の逆反応の反応速度 $\boldsymbol{v_b}$ は大きくなっていく(ⓑの②)。以上より，見かけ上の反応速度 $\boldsymbol{v}(= \boldsymbol{v_a} - \boldsymbol{v_b})$ は，時間とともに小さくなる(ⓑの③)。

右図ⓑの時刻 t_e 以降は，$\boldsymbol{v_a} = \boldsymbol{v_b} \neq 0$ となり，$\boldsymbol{v} = \boldsymbol{v_a} - \boldsymbol{v_b} = 0$ より，反応が止まったように見える。このような状態を**化学平衡**の状態または単に**平衡状態**という。平衡状態では反応物も生成物も濃度の増減はないが，いずれも一定量存在し，正反応も逆反応も同時に起こっている。

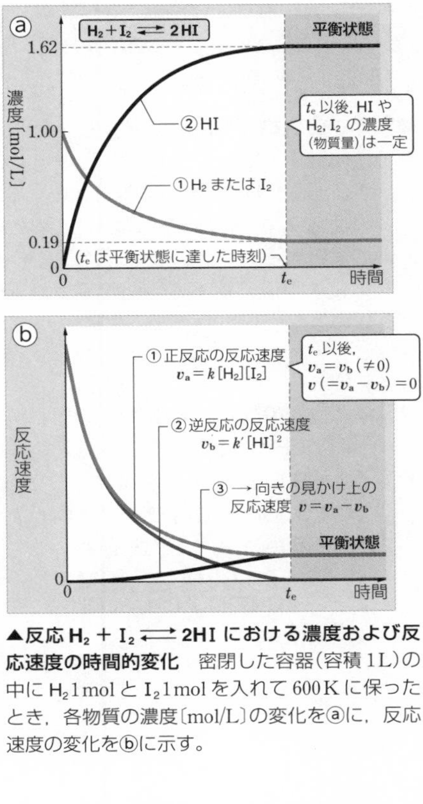

▲反応 $H_2 + I_2 \rightleftarrows 2HI$ における濃度および反応速度の時間的変化　密閉した容器(容積 1L)の中に H_2 1mol と I_2 1mol を入れて 600K に保ったとき，各物質の濃度〔mol/L〕の変化をⓐに，反応速度の変化をⓑに示す。

化学平衡の状態(平衡状態)
正反応の反応速度 $\boldsymbol{v_a}$
＝逆反応の反応速度 $\boldsymbol{v_b}$ ($\neq 0$)

C 平衡定数

●平衡定数 水素 H_2 とヨウ素 I_2 からヨウ化水素 HI が生成する次の可逆反応が，ある温度で平衡状態に達しているとする。

$$H_2 + I_2 \rightleftarrows 2HI \tag{3}$$

このとき，H_2 と I_2 および HI が一定量ずつ存在し，これらの物質のモル濃度の間には，次の関係式が成りたっている。

$$\frac{[HI]^2}{[H_2][I_2]} = \boldsymbol{K}_c \quad (K_c\text{は定数}) \tag{4}$$

この K_c を化学平衡の**平衡定数**(**濃度平衡定数**)という。平衡定数は K と表すこともある。**平衡定数 K_c は温度が一定ならば，濃度や圧力が異なっても，一定の値となる。****教 p.155 表 1**

可逆反応の反応式を一般化して書くと，次のようになる。

$$aA + bB + \cdots \rightleftarrows pP + qQ + \cdots \tag{5}$$

(a，b，…，p，q，… は，それぞれ化学式 A，B，…，P，Q，… の係数)

このとき，平衡定数 K_c は次のように表され，この関係を**化学平衡の法則**(質量作用の法則)という。

$$\boldsymbol{K}_c = \frac{[\mathbf{P}]^p[\mathbf{Q}]^q\cdots}{[\mathbf{A}]^a[\mathbf{B}]^b\cdots} \quad 〔K_c\text{の単位は}(\text{mol/L})^{(p+q+\cdots)-(a+b+\cdots)}〕 \tag{6}$$

([A]，[B]，…，[P]，[Q]，… は，平衡時の A，B，…，P，Q，… のモル濃度)
($p + q + \cdots = a + b + \cdots$ の場合は，K_c に単位はつかない)

●固体が含まれる反応 赤熱したコークス C に水蒸気 H_2O を接触させると，水素 H_2 と一酸化炭素 CO が生成し，温度が一定ならば次のような平衡状態となる。

$$C(\text{固}) + H_2O(\text{気}) \rightleftarrows H_2(\text{気}) + CO(\text{気}) \tag{7}$$

この反応のように固体と気体が関係する化学平衡では，固体は気体と均一に混じりあって反応するわけではないので，反応に必要な最小量の固体が存在すれば反応は進行して化学平衡に達する。化学平衡は固体の量に影響を受けないので，平衡定数 K_c は気体の濃度だけで次のように表される。

$$K_c = \frac{[H_2][CO]}{[H_2O]} \tag{8}$$

●液体どうしの反応 液体どうしの反応においても，化学平衡の法則は成りたつ。例えば，酢酸 CH_3COOH とエタノール C_2H_5OH の混合物に触媒を加えて混合すると，酢酸エチル $CH_3COOC_2H_5$ が生成する。

$$CH_3COOH + C_2H_5OH \rightleftarrows CH_3COOC_2H_5 + H_2O \tag{9}$$

この平衡状態における平衡定数は，各物質のモル濃度を使って次のように表せる。

$$K_c = \frac{[CH_3COOC_2H_5][H_2O]}{[CH_3COOH][C_2H_5OH]} \tag{10}$$

●圧平衡定数　気体が反応する可逆反応では，平衡定数（濃度平衡定数）以外に成分気体の分圧から求めた**圧平衡定数**が使われ，これは $\boldsymbol{K_p}$ で表される。

ここで，可逆反応の式を一般化した⑾式が，すべて気体の反応であるとする。

$$aA + bB + \cdots \rightleftarrows pP + qQ + \cdots \quad (11)$$

（a，b，…，p，q，… は，それぞれ化学式 A，B，…，P，Q，… の係数）

このとき，圧平衡定数 K_p は次のように表される。

$$\boldsymbol{K_p = \frac{p_P{}^p p_Q{}^q \cdots}{p_A{}^a p_B{}^b \cdots}} \quad 〔K_p \text{ の単位は } \mathrm{Pa}^{(p+q+\cdots)-(a+b+\cdots)}〕 \quad (12)$$

（p_A，p_B，…，p_P，p_Q，… は，A，B，…，P，Q，… の分圧）

温度が一定ならば，平衡状態における圧平衡定数 K_p は一定の値となる。例えば，窒素 N_2 と水素 H_2 からアンモニア NH_3 が生成する反応がある。

$$N_2 + 3H_2 \rightleftarrows 2NH_3 \quad (13)$$

この反応の圧平衡定数 K_p は，平衡状態における各成分気体の分圧 p_{N_2}〔Pa〕，p_{H_2}〔Pa〕，p_{NH_3}〔Pa〕を使って，次のように表すことができる。

$$K_p = \frac{p_{NH_3}{}^2}{p_{N_2} p_{H_2}{}^3}〔\mathrm{Pa}^{-2}〕 \quad （温度が一定ならば K_p も一定） \quad (14)$$

●濃度平衡定数と圧平衡定数の関係　例えば，窒素 N_2 と水素 H_2 からアンモニア NH_3 ができる反応が，容積 V〔L〕，温度 T〔K〕のもとで，平衡状態 $N_2 + 3H_2 \rightleftarrows 2NH_3$ になっているとする。このときの各成分気体の分圧を p_{N_2}〔Pa〕，p_{H_2}〔Pa〕，p_{NH_3}〔Pa〕とし，物質量を n_{N_2}〔mol〕，n_{H_2}〔mol〕，n_{NH_3}〔mol〕とする。気体定数を R〔Pa·L/(mol·K)〕として，気体の状態方程式 $pV = nRT$ より，各成分気体の分圧は次のようになる。

$$p_{N_2} = \frac{n_{N_2}}{V}RT = [N_2]RT$$

$$p_{H_2} = \frac{n_{H_2}}{V}RT = [H_2]RT$$

$$p_{NH_3} = \frac{n_{NH_3}}{V}RT = [NH_3]RT$$

これらの分圧を⒁式に代入する。

$$K_p = \frac{p_{NH_3}{}^2}{p_{N_2} p_{H_2}{}^3} = \frac{([NH_3]RT)^2}{([N_2]RT)([H_2]RT)^3} = \frac{[NH_3]^2}{[N_2][H_2]^3}(RT)^{-2}$$

ここで，$\dfrac{[NH_3]^2}{[N_2][H_2]^3} = K_c$ であるので，$K_p = K_c(RT)^{-2}$ となる。

一般に，気体の反応が⑾式の可逆反応の一般式で表されるとき，K_p と K_c には次の関係が成りたつ。

$$\boldsymbol{K_p = K_c(RT)^{(p+q+\cdots)-(a+b+\cdots)}} \quad 〔K_p \text{ の単位は } \mathrm{Pa}^{(p+q+\cdots)-(a+b+\cdots)}〕 \quad (15)$$

2 平衡状態の変化

A ルシャトリエの原理

ある反応が平衡状態にあるとき，濃度・圧力・温度などの条件を変えると，正反応あるいは逆反応がある程度進んで，新しい平衡状態になることが多い。これを**平衡の移動**という。

一般に，条件変化と平衡の移動の間には，

「ある反応が平衡状態にあるときの条件(濃度・圧力・温度など)を変化させると，その影響を緩和する方向に平衡が移動する。」

という関係があり，**ルシャトリエの原理**または**平衡移動の原理**とよばれる。

平衡移動の方向	条件変化			平衡移動の方向
増やした物質の濃度が**減少**する方向	◀**増加**	濃度	**減少**▶	減らした物質の濃度が**増加**する方向
気体分子の総数が**減少**する方向	◀**増加**	圧力	**減少**▶	気体分子の総数が**増加**する方向
吸熱反応($\Delta H > 0$)の方向	◀**加熱**	温度	**冷却**▶	**発熱**反応($\Delta H < 0$)の方向

ルシャトリエの原理は，気液平衡や溶解平衡などの物理変化の平衡においても成りたつ。

B 濃度変化と平衡の移動

密閉容器の中で水素 H_2 とヨウ素 I_2 からヨウ化水素 HI が生成する次の反応が平衡状態になっているとする。

$$H_2 + I_2 \rightleftarrows 2HI \qquad (16)$$

この密閉容器の中に H_2 を加える(**教** p.161 図 2▶▶)と，H_2 の濃度の増加を緩和するように，左辺から右辺の方向(⟶)にいくらか反応が進んで(**教** p.161 図 2▶)，新しい平衡状態になる。また，H_2 を減らすと，H_2 の濃度の減少を緩和するように，右辺から左辺の方向(⟵)にいくらか反応が進んで，新しい平衡状態になる。

C 圧力変化と平衡の移動

体積が一定のとき，気体の圧力(反応に関係する気体の分圧の和)は，気体の分子数(反応に関係する気体分子の数の和)に比例するので，圧力が減少(増加)する方向は気体分子の数が減少(増加)する方向である。このため，圧力を増加(減少)させると，気体分子の化学式の係数の総和が小さく(大きく)なる方向に，平衡が移動する。

四酸化二窒素 N_2O_4 と二酸化窒素 NO_2 が密閉容器内で次式の平衡状態にあるとき，

$$\underset{(無色)}{N_2O_4(気)} \rightleftarrows \underset{(赤褐色)}{2NO_2(気)} \qquad (17)$$

容器の圧力を増加させると(**教** p.162 図 3◀◀)，この影響を緩和するように気体分子の数が少なくなって，圧力が減少する方向(⟵)に反応が進み(**教** p.162 図 3◀)，新しい平衡状態になり，NO_2(赤褐色)が減少して気体の色が薄くなる。

逆に，容器の圧力を減少させると(教 p.162 図3 ▶▶)，気体分子の数が多くなって，圧力が増加する方向(⟶)に反応が進み(教 p.162 図3 ▶)，新しい平衡状態になり，NO_2(赤褐色)が増加して気体の色が濃くなる。

なお，H_2(気)＋I_2(気)⇄2HI(気)のように，化学反応式の両辺で気体分子の数が等しい場合，圧力を変化させても平衡は移動しない。

●反応に関係しない物質を加えたときの平衡の移動　気体反応に関する平衡状態で，体積を一定に保ったまま，反応に関係しない気体であるアルゴン Ar を加えても(教 p.163 図4 ▶▶)，平衡は移動しない。

これは，加えた Ar の分圧 p_{Ar} の分だけ全圧が増えても，反応に関係する気体の分圧に変化がないためである。

一方，全圧を一定に保ちながら Ar を加えると(教 p.163 図4 ▶▶)，p_{Ar} の分だけ $p_{NO_2}+p_{N_2O_4}$ が小さくなるため，$p_{NO_2}+p_{N_2O_4}$ が大きくなる方向(⟶)に平衡が移動する(教 p.163 図4 ▶)。

D 温度変化と平衡の移動

一般に，ある反応が平衡状態に達しているとき，温度を上げると吸熱反応の方向に平衡の移動が起こり，新しい平衡状態となる。また，温度を下げると発熱反応の方向に平衡の移動が起こり，新しい平衡状態となる。

N_2O_4 から NO_2 が生成する反応は吸熱反応であり，次のように表される。教 p.164 図5

N_2O_4(気)(無色) ⇄ $2NO_2$(気)(赤褐色)　　$\Delta H = 57.2\,\mathrm{kJ}$　　(18)

この反応が一定圧力のもとで平衡状態にあるとき，温度を上げると(教 p.164 図6 ▶▶)，吸熱反応($\Delta H > 0$)の方向(⟶)にいくらか反応が進んで(教 p.164 図6 ▶)，新しい平衡状態になるので，NO_2(赤褐色)が増加して気体の色が濃くなる。一方，温度を下げると(教 p.164 図6 ◀◀)，発熱反応($\Delta H < 0$)の方向(⟵)にいくらか反応が進んで(教 p.164 図6 ◀)，新しい平衡状態になるので，NO_2(赤褐色)が減少して気体の色が薄くなる。

E 触媒と平衡の移動

触媒は，正反応と逆反応の活性化エネルギーをともに小さくするため，正反応と逆反応の反応速度の両方が大きくなる。したがって，触媒を加えても平衡の移動は起こらない。

ただし，平衡状態に達するまでの時間は，触媒を用いないときと比べて短くなる。

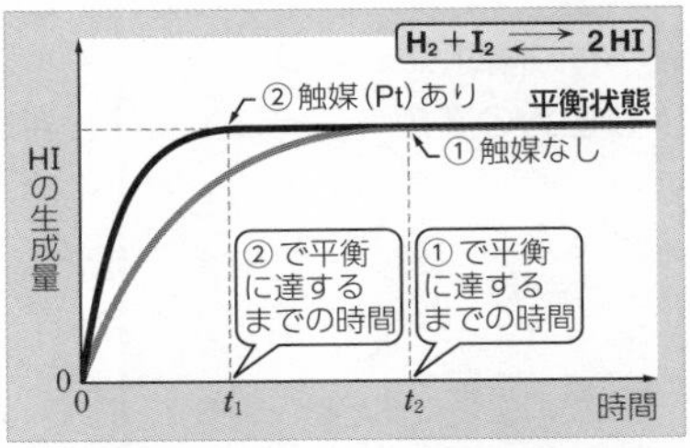

▲触媒の有無と平衡状態に達するまでの時間　触媒を加えると，平衡状態に達するまでの時間が t_2 から t_1 へと短くなる。

F アンモニアの工業的製法

アンモニアの工業的製法は**ハーバー・ボッシュ法**とよばれ，アンモニアNH_3が生成する反応は次のように表される。

$$N_2(気) + 3H_2(気) \rightleftarrows 2NH_3(気) \qquad \Delta H = -92\,kJ \tag{19}$$

ルシャトリエの原理より，アンモニアの生成率を大きくするためには，温度は低い(教 p.166 図8)ほど，圧力は大きい(教 p.166 図9)ほどよい。

しかし，温度を低くすると反応速度が小さくなり，平衡状態に達するまでに時間がかかる。また，圧力を大きくしすぎると，高圧に耐える設備をつくる必要があり，費用がかかる。

そのため，四酸化三鉄Fe_3O_4を主成分とした触媒を用いて，温度400～600℃，圧力$1 \times 10^7 \sim 3 \times 10^7$ Paの条件でアンモニアを合成し(教 p.166 図10)，それを冷却し，液体にして取り出している。未反応の気体は再利用する。

参考　平衡定数とルシャトリエの原理

窒素N_2と水素H_2からアンモニアNH_3が生成する次の反応が平衡状態にあるとする。

$$N_2(気) + 3H_2(気) \rightleftarrows 2NH_3(気) \qquad \Delta H = -92\,kJ \qquad ①$$

この反応の濃度平衡定数K_c，圧平衡定数K_pは次のように表される。

$$K_c = \frac{[NH_3]^2}{[N_2][H_2]^3} \quad , \quad K_p = \frac{p_{NH_3}{}^2}{p_{N_2}p_{H_2}{}^3}$$

以下のように考えれば，平衡定数から平衡が移動する方向を予想することができる。

❶濃度の変化　例えば，N_2とH_2を加えて，各濃度を**増加**させると，新しい濃度で表したK_c'は，分母が大きくなるため，K_cよりも小さくなる。

$$K_c' = \frac{[NH_3]^2}{[N_2][H_2]^3} < K_c$$

このとき，温度一定ならばK_cは一定であるため，$K_c' = K_c$となるように，N_2とH_2が反応してNH_3に変化する。すなわち，平衡はN_2とH_2の濃度が**減少**する方向(右向き)に移動する。

❷圧力の変化　例えば，密閉容器の体積を半分に圧縮して，各分圧を2倍に**増加**させると，新しい分圧で表したK_p'は，分母の次数(累乗)のほうが分子の次数よりも大きいため，K_pよりも小さくなる。

$$K_p' = \frac{p_{NH_3}{}^2}{p_{N_2}p_{H_2}{}^3} < K_p$$

このとき，温度一定ならばK_pは一定であるため，$K_p' = K_p$となるように，N_2とH_2が反応してNH_3に変化する。すなわち，平衡は気体分子の数が**減少**する方向(右向き)に移動する。

❸温度の変化　K_c（または K_p）は温度によって変化する。①式のような発熱反応（$\Delta H < 0$）のとき，K_c（または K_p）は温度が上がると小さくなり，温度が下がると大きくなることが知られている。

例えば，温度を 300 K から 500 K に**加熱**したとする。300 K と 500 K の平衡定数をそれぞれ K_{300}，K_{500} とおくと，その大小関係は次のようになる。

$$K_{300} = \frac{[NH_3]^2}{[N_2][H_2]^3} > K_{500}$$（温度を上げていくと K は小さくなる。）

$\frac{[NH_3]^2}{[N_2][H_2]^3}$ の値が K_{500} に近づくように，NH_3 が N_2 と H_2 に変化する。すなわち，平衡は**吸熱反応**（$\Delta H > 0$）の方向（左向き）に移動する。

3 電解質水溶液の化学平衡

A 電離定数

塩化水素 HCl は強電解質なので，水に溶けるとほぼ完全に電離する。

$$HCl \longrightarrow H^+ + Cl^- \tag{20}$$

一方，酢酸 CH_3COOH は弱電解質なので，水溶液中でその一部が電離して，電離していない物質と電離してできたイオンが，一定の割合で存在するようになるため，次のような平衡状態になる。

$$CH_3COOH \rightleftarrows CH_3COO^- + H^+ \tag{21}$$

(21)式のような電離による化学平衡を**電離平衡**という。電離平衡についても化学平衡の法則が成りたち，電離のときの平衡定数を**電離定数**という。**電離定数の値も温度が変化しなければ一定となる。**

酢酸の電離定数 K_a は，次のように表される。

$$K_a = \frac{[CH_3COO^-][H^+]}{[CH_3COOH]} \tag{22}$$

アンモニア水では次のような電離平衡が成りたつ。

$$NH_3 + H_2O \rightleftarrows NH_4^+ + OH^- \tag{23}$$

ここで，水は溶媒であり，薄い水溶液中の$[H_2O]$は純粋な水と同様，ほぼ 56 mol/L で，他の物質の濃度に比べて非常に大きい。そのため電離平衡がどちらの方向に移動しても，$[H_2O]$は一定とみなすことができ，アンモニアの電離定数 K_b は，次のように表すことができる。

$$K_b = \frac{[NH_4^+][OH^-]}{[NH_3]} \tag{24}$$

記号　K_a と K_b
酸の電離定数を K_a，塩基の電離定数を K_b で表す。K_a の a は酸（acid），K_b の b は塩基（base）を表している。

B 水のイオン積とpH

水はごくわずかに電離して(25℃での電離度：約 1.8×10^{-9})，(25)式のような電離平衡が成りたつ。

$$H_2O \rightleftarrows H^+ + OH^- \quad (25)$$

ここで，電離していない H_2O は H^+ や OH^- に比べて大量に存在するため，$[H_2O]$ は一定とみなすことができる。そのため，水の電離に対して次式が成りたつ。

$$[H^+][OH^-] = K_w \text{〔mol}^2\text{/L}^2\text{〕} \quad (26)$$

この K_w を**水のイオン積**といい，温度が変わらなければ常に一定の値を示す(教 p.171 表2)。25℃の場合は，次のようになる。

$$K_w = [H^+][OH^-] = 1.0 \times 10^{-14} \text{mol}^2/\text{L}^2 \ (25℃) \quad (27)$$

この値は，純水や中性の水溶液でも，酸性の水溶液や塩基性の水溶液でも，温度が変わらなければ常に一定である。

● **pH** 水溶液の酸性・中性・塩基性の程度を表す値として pH(水素イオン指数)がある。水溶液中の水素イオン濃度 $[H^+]$ を $a \times 10^{-n}$ mol/L とするとき，pH は(28)式のように表される。

$$\begin{aligned} pH &= -\log_{10}[H^+] = -\log_{10}(a \times 10^{-n}) \\ &= -(\log_{10}a + \log_{10}10^{-n}) = n - \log_{10}a \end{aligned} \quad (28)$$

計算 常用対数とその公式

$x = 10^n$ のとき，n を x の常用対数といい，$n = \log_{10}x$ と表す。

$\log_{10}10 = 1$　　$\log_{10}(a \times b) = \log_{10}a + \log_{10}b$

$\log_{10}10^{-1} = -1$　　$\log_{10}(a \div b) = \log_{10}a - \log_{10}b$

$\log_{10}1 = 0$　　$\log_{10}a^n = n\log_{10}a$ $(\log_{10}10^n = n\log_{10}10 = n)$

(化学では $\log_{10}x$ の $_{10}$ を省略して，$\log x$ と記すこともある。)

▼$[H^+]$，$[OH^-]$ と pH との関係(25℃)

水溶液の性質	強 ←			酸性				中性				塩基性			→ 強
pH	0	1	2	3	4	5	6	7	8	9	10	11	12	13	14
$[H^+]$〔mol/L〕	1.0	10^{-1}	10^{-2}	10^{-3}	10^{-4}	10^{-5}	10^{-6}	10^{-7}	10^{-8}	10^{-9}	10^{-10}	10^{-11}	10^{-12}	10^{-13}	10^{-14}
$[OH^-]$〔mol/L〕	10^{-14}	10^{-13}	10^{-12}	10^{-11}	10^{-10}	10^{-9}	10^{-8}	10^{-7}	10^{-6}	10^{-5}	10^{-4}	10^{-3}	10^{-2}	10^{-1}	1.0

C 電離度と平衡定数

溶けている酸(塩基)の物質量に対する電離している酸(塩基)の物質量の割合を**電離度**といい，記号α($0<\alpha\leqq 1$)が用いられる。

酢酸水溶液のモル濃度をc〔mol/L〕，電離度をαとすると，平衡時のモル濃度の関係は次のようになり，電離定数K_aは(29)式で表される。

	CH_3COOH $\rightleftarrows$	CH_3COO^- +	H^+	
(電離前)	c	0	0	〔mol/L〕
(変化量)	$-c\alpha$	$+c\alpha$	$+c\alpha$	〔mol/L〕
(平衡時)	$c(1-\alpha)$	$c\alpha$	$c\alpha$	〔mol/L〕

$$K_a=\frac{[CH_3COO^-][H^+]}{[CH_3COOH]}=\frac{c\alpha\times c\alpha}{c(1-\alpha)}=\frac{c\alpha^2}{1-\alpha} \quad (29)$$

弱酸の電離度が1に比べてきわめて小さい場合は，$1-\alpha\fallingdotseq 1$とみなせるので，(29)式は次のように表すことができる。教 p.173 表4，図11

$K_a=c\alpha^2$，$\alpha>0$より，

$$\boldsymbol{\alpha=\sqrt{\frac{K_a}{c}}} \quad (30)$$

$[H^+]=c\alpha$に(30)式を代入すると，

$$\boldsymbol{[H^+]=\sqrt{cK_a}} \quad (31)$$

また，弱塩基についても同様に考えることができる。c'〔mol/L〕のアンモニア水の電離度α'や$[OH^-]$は，電離定数K_bを用いて次のように表すことができる。

教 p.174 表5

$$\boldsymbol{\alpha'=\sqrt{\frac{K_b}{c'}}} \quad (32)$$

$$\boldsymbol{[OH^-]=\sqrt{c'K_b}} \quad (33)$$

D 弱酸・弱塩基の遊離

酸の陰イオンと塩基の陽イオンからなる化合物を**塩**といい，弱酸の塩に強酸を加えたり，弱塩基の塩に強塩基を加えることによって，弱酸や弱塩基を生成させることができる。

●弱酸の遊離　弱酸の塩である酢酸ナトリウムCH_3COONa水溶液に強酸である塩酸HClを加えると，酢酸CH_3COOHが生じる。このような反応を**弱酸の遊離**という。教 p.176 図12

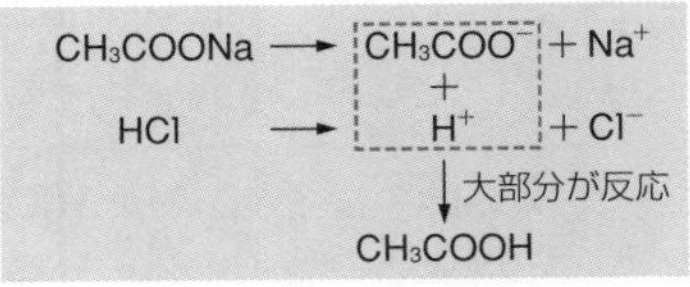

$$CH_3COONa + HCl \longrightarrow CH_3COOH + NaCl \quad (34)$$

弱酸の塩 ＋ 強酸 ⟶ 弱酸 ＋ 強酸の塩

●弱塩基の遊離 弱塩基の塩である塩化アンモニウム NH_4Cl 水溶液に強塩基である水酸化ナトリウム NaOH 水溶液を加えると，アンモニア NH_3 と H_2O が生じる。このような反応を**弱塩基の遊離**という。

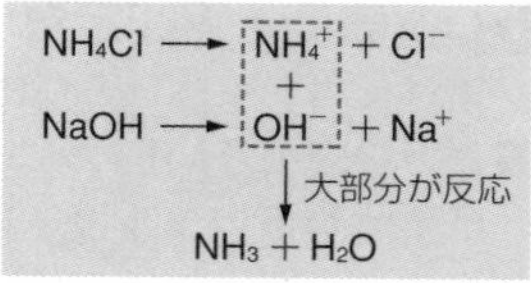

$$NH_4Cl + NaOH \longrightarrow NH_3 + H_2O + NaCl \quad (35)$$

弱塩基の塩 ＋ 強塩基 ⟶ 弱塩基 ＋ 強塩基の塩

E 塩の加水分解

塩は，**酸性塩**(酸のHが残っている塩)・**塩基性塩**(塩基のOHが残っている塩)・**正塩**(酸のHも塩基のOHも残っていない塩)に分類される。塩の水溶液には，中性を示すものばかりではなく，酸性あるいは塩基性を示すものがある。**教 p.177 表6**

●弱酸と強塩基からなる正塩の水溶液 酢酸ナトリウム CH_3COONa は，酢酸イオン CH_3COO^- とナトリウムイオン Na^+ からなる物質で，水に溶かすとほぼ完全に電離する。

$$CH_3COONa \longrightarrow CH_3COO^- + Na^+ \quad (36)$$

ここで生じた CH_3COO^- は弱酸の陰イオンなので，一部が水分子と反応して，酢酸 CH_3COOH と水酸化物イオン OH^- を生じる。**教 p.177 図13**

$$CH_3COO^- + H_2O \rightleftarrows CH_3COOH + OH^- \quad (37)$$

その結果，$[H^+] < [OH^-]$ となり，水溶液は塩基性を示す。

●強酸と弱塩基からなる正塩の水溶液 塩化アンモニウム NH_4Cl は，水に溶かすとほぼ完全に電離する。

$$NH_4Cl \longrightarrow NH_4^+ + Cl^- \quad (38)$$

ここで生じた NH_4^+ は弱塩基の陽イオンなので，一部が水分子と反応して，アンモニア NH_3 とオキソニウムイオン H_3O^+ を生じる。

$$NH_4^+ + H_2O \rightleftarrows NH_3 + H_3O^+ \quad (39)$$

水素イオン H^+ は水溶液中では H_2O と結合して H_3O^+ として存在している。H_3O^+ は簡単に H^+ と表されることが多い。

その結果，$[H^+] > [OH^-]$ となり，水溶液は酸性を示す。

以上のことから，次のようにまとめることができる。

・弱酸の陰イオン	＋ H_2O	$\rightleftarrows$	弱酸	＋ $\mathbf{OH^-}$	…	塩の水溶液は**塩基性**
・弱塩基の陽イオン	＋ H_2O	$\rightleftarrows$	弱塩基	＋ $\mathbf{H_3O^+}$	…	塩の水溶液は**酸性**

このように，弱酸の陰イオンや弱塩基の陽イオンが水と反応して，もとの弱酸や弱塩基を生じる変化を**塩の加水分解**(または**加水分解**)という。強酸と強塩基から生じる正塩は加水分解せず，その水溶液は中性である。中和滴定の中和点において，pH＝7にならないことがあるのは，生成した塩が加水分解をしているためである。

●酸性塩の水溶液

(1)**炭酸水素ナトリウム**　$NaHCO_3$ は，水溶液中で生じた HCO_3^- の加水分解によってわずかに塩基性になる。

$$NaHCO_3 \longrightarrow Na^+ + HCO_3^- \qquad (40)$$

$$HCO_3^- + H_2O \rightleftarrows H_2CO_3\ (H_2O + CO_2) + OH^- \qquad (41)$$

(2)**硫酸水素ナトリウム**　$NaHSO_4$ は，水溶液中で生じた HSO_4^- が強酸由来のイオンであるため加水分解せず，さらに(43)式のように電離して H^+ を生じ，強い酸性になる。

$$NaHSO_4 \longrightarrow Na^+ + HSO_4^- \qquad (42)$$

$$HSO_4^- \rightleftarrows H^+ + SO_4^{2-} \qquad (43)$$

発展　塩の水溶液の pH

濃度 c〔mol/L〕の酢酸ナトリウム水溶液において，酢酸の電離定数を K_a〔mol/L〕，加水分解している酢酸イオンの割合を h とする。

酢酸ナトリウム水溶液では，①式の電離平衡が成りたつ。

$$CH_3COO^- + H_2O \rightleftarrows CH_3COOH + OH^- \qquad ①$$

	CH_3COO^-	CH_3COOH	OH^-	
(加水分解前)	c	0	0	〔mol/L〕
(変化量)	$-ch$	$+ch$	$+ch$	〔mol/L〕
(平衡時)	$c(1-h)$	ch	ch	〔mol/L〕

この平衡定数 K_h（加水分解定数）は次のようになる。

$$K_h = \frac{[CH_3COOH][OH^-]}{[CH_3COO^-]} = \frac{ch \times ch}{c(1-h)} = \frac{ch^2}{1-h} \qquad ②$$

ここで，加水分解している割合 h は1に比べて非常に小さく $1-h \fallingdotseq 1$ とみなせるので，h は次のように表すことができる。

$$K_h = ch^2,\ h > 0 \text{ より } h = \sqrt{\frac{K_h}{c}} \qquad ③$$

一方，平衡定数 K_h（②式）の分母・分子に $[H^+]$ をかけると次式になる。

$$K_h = \frac{[CH_3COOH][OH^-]}{[CH_3COO^-]} \times \frac{[H^+]}{[H^+]}$$

$$= \frac{[CH_3COOH]}{[CH_3COO^-][H^+]} \times [H^+][OH^-] = \frac{K_w}{K_a} \qquad ④$$

この④式は，K_a が小さい弱酸ほど K_h が大きく，加水分解しやすいことを表している。

③式より　$[OH^-] = ch = c \times \sqrt{\frac{K_h}{c}} = \sqrt{cK_h}$

よって，④式より $[\mathrm{H^+}]=\dfrac{K_\mathrm{w}}{[\mathrm{OH^-}]}=\dfrac{K_\mathrm{w}}{\sqrt{cK_\mathrm{h}}}=K_\mathrm{w}\times\sqrt{\dfrac{K_\mathrm{a}}{cK_\mathrm{w}}}=\sqrt{\dfrac{K_\mathrm{a}K_\mathrm{w}}{c}}$

これを pH で表すと次のようになる。

$$\mathrm{pH}=-\log_{10}\sqrt{\frac{K_\mathrm{a}K_\mathrm{w}}{c}}=-\frac{1}{2}(\log_{10}K_\mathrm{a}+\log_{10}K_\mathrm{w}-\log_{10}c)$$

F　緩衝液

弱酸（または弱塩基）とその塩の混合水溶液には，その中に酸や塩基の水溶液がわずかに混合しても，pH の値をほぼ一定に保つ**緩衝作用**というはたらきがあり，緩衝作用のある水溶液を**緩衝液**という。

酢酸と酢酸ナトリウムの混合水溶液は緩衝液である。酢酸を水に溶かすと，次の電離平衡が成りたつ。

$$CH_3COOH \rightleftarrows CH_3COO^- + H^+ \qquad (44)$$

この水溶液に酢酸ナトリウムを溶かすと，ほぼ完全に電離する。

$$CH_3COONa \longrightarrow CH_3COO^- + Na^+ \qquad (45)$$

このとき，水溶液中に CH_3COO^- が増加したことによって，(44)式の電離平衡は左辺に移動するので，ほとんど電離していない状態となる。したがって，水溶液中には CH_3COOH と CH_3COO^- が多量に存在することになる。

ここで少量の H^+（酸の水溶液）を加えると，水溶液中に多量に存在する CH_3COO^- と反応して CH_3COOH が生成する。教 p.180 図 14 ⓐ

$$CH_3COO^- + H^+ \longrightarrow CH_3COOH \qquad (46)$$

そのため，水溶液中の H^+ の濃度はほとんど増加せず，pH もほとんど変化しない。

一方，少量の OH^-（塩基の水溶液）を加えると，水溶液中に多量に存在する CH_3COOH と反応して CH_3COO^- と H_2O が生成する。教 p.180 図 14 ⓑ

$$CH_3COOH + OH^- \longrightarrow CH_3COO^- + H_2O \qquad (47)$$

そのため，水溶液中の OH^- の濃度はほとんど増加せず，pH もほとんど変化しない。

発展　緩衝液の pH

c_a〔mol/L〕の酢酸，c_s〔mol/L〕の酢酸ナトリウムからなる緩衝液の$[H^+]$を求める。酢酸の電離定数をK_aとする。このとき，酢酸がxだけ変化して①式の電離平衡になったとする。

$$CH_3COOH \rightleftarrows CH_3COO^- + H^+ \quad ①$$

	CH_3COOH	CH_3COO^-	H^+	
(混合時)	c_a	c_s	0	〔mol/L〕
(変化量)	$-x$	$+x$	$+x$	〔mol/L〕
(平衡時)	$c_a - x$	$c_s + x$	x	〔mol/L〕

酢酸(のみ)の電離と違って，多量に存在するCH_3COO^-により①式の電離平衡は左へかたよっており，xはきわめてわずかである。

よって，次のように近似できる。

$$[CH_3COOH] = c_a - x \fallingdotseq c_a,\quad [CH_3COO^-] = c_s + x \fallingdotseq c_s$$

したがって，この水溶液の$[H^+]$は次のように求められる。

$$K_a = \frac{[CH_3COO^-][H^+]}{[CH_3COOH]} = \frac{c_s \times x}{c_a}$$

$$[H^+] = x = \frac{c_a}{c_s} \times K_a \quad ②$$

この②式は，緩衝液の$[H^+]$が弱酸とその塩の濃度の比によって決まることを意味している。したがって，緩衝液を水で多少薄めたとしても，その pH は大きくは変わらない。

G 難溶性塩の水溶液中の平衡

●溶解度積　塩化銀 AgCl，炭酸カルシウム $CaCO_3$，硫酸バリウム $BaSO_4$ などは，難溶性の塩である。これら難溶性塩は水にまったく溶けないというわけではなく，わずかに溶解する。

例えば，固体の AgCl を水に加えてよくかき混ぜると，ごく一部が溶解して飽和溶液になり，次のような溶解平衡が成りたつ。教 p.185 図 15

$$AgCl(固) \rightleftarrows Ag^+ + Cl^- \quad (48)$$

このとき，水溶液中の$[Ag^+]$と$[Cl^-]$の積は，温度が変わらなければ常に一定に保たれる。この値を塩化銀の**溶解度積**といい，K_{sp}で表される。教 p.185 表 7

$$K_{sp} = [Ag^+][Cl^-] \quad (49)$$

なお，室温での塩化銀のK_{sp}の値は次のように表すことができる。

$$K_{sp} = [Ag^+][Cl^-] = 1.8 \times 10^{-10}\,mol^2/L^2 \quad (50)$$

一般式 A_aB_b で表される難溶性塩が，次のような溶解平衡にあるとき，

$$A_aB_b(固) \rightleftarrows aA^{n+} + bB^{m-} \quad (51)$$

その溶解度積 K_{sp} は，次のように表される。

$$K_{sp} = [A^{n+}]^a[B^{m-}]^b \quad (52)$$

●沈殿の生成　溶解度積は，溶液中に沈殿せずに存在できるイオンのモル濃度の積の最大値である。例えば，$[Ag^+]$と$[Cl^-]$の積がAgClの溶解度積をこえるとAgClの沈殿が生成する。逆に，$[Ag^+]$と$[Cl^-]$の積がAgClの溶解度積をこえなければAgClは沈殿しないことになる。一般に，溶解度積の値が小さい物質ほど，溶解度は小さく沈殿しやすい。

> $[Ag^+][Cl^-] > K_{sp}$ のとき ⟶ AgClは沈殿する。
> $[Ag^+][Cl^-] \leqq K_{sp}$ のとき ⟶ AgClは沈殿しない。

●硫化物の沈殿　硫化銅(Ⅱ) CuSと硫化亜鉛ZnSは，難溶性の塩である。

これらの溶解度積の差を利用すれば，銅(Ⅱ)イオンCu^{2+}と亜鉛イオンZn^{2+}を別々に硫化物の沈殿として分離することができる。例えば，Cu^{2+}とZn^{2+}がともに0.10 mol/L含まれる水溶液を，pH2の酸性にして硫化水素H_2Sを通じると，硫化銅(Ⅱ) CuSの黒色沈殿は生じるが，Zn^{2+}は沈殿しない(教 p.186 図16)。その後，pH9の塩基性にしてからH_2Sを通じると，硫化亜鉛ZnSの白色沈殿が生じる。これは，次のように説明ができる。

まず，CuSとZnSの溶解度積から，沈殿が生じる$[S^{2-}]$の条件を求める。

$[Cu^{2+}][S^{2-}] > 6.5\times10^{-30}\,\mathrm{mol^2/L^2}$ と $[Cu^{2+}] = 0.10\,\mathrm{mol/L}$ より，

$$[S^{2-}] > \frac{6.5\times10^{-30}\,\mathrm{mol^2/L^2}}{0.10\,\mathrm{mol/L}} = 6.5\times10^{-29}\,\mathrm{mol/L}$$

$[Zn^{2+}][S^{2-}] > 2.2\times10^{-18}\,\mathrm{mol^2/L^2}$ と $[Zn^{2+}] = 0.10\,\mathrm{mol/L}$ より，

$$[S^{2-}] > \frac{2.2\times10^{-18}\,\mathrm{mol^2/L^2}}{0.10\,\mathrm{mol/L}} = 2.2\times10^{-17}\,\mathrm{mol/L}$$

すなわち，ZnSよりCuSのほうが，$[S^{2-}]$が小さくても沈殿する。

一方，H_2Sの水溶液中では，次のような電離平衡が成りたつ。

$$H_2S \rightleftarrows 2H^+ + S^{2-} \tag{53}$$

酸性水溶液中では$[H^+]$が大きく，(53)式の平衡は左向きに移動するため，$[S^{2-}]$が小さくなる。この条件でもCuSの沈殿は生じる。一方，ZnSの溶解度積はCuSに比べてかなり大きいため，$[Zn^{2+}][S^{2-}] \leqq K_{sp}$となり，ZnSの沈殿は生じない。中性や塩基性の水溶液中では$[H^+]$が小さく，(53)式の平衡は右向きに移動するため，$[S^{2-}]$が大きくなる。この条件では，CuSだけでなくZnSも沈殿を生じる。教 p.187 図17

このように，水溶液のpHを変化させると$[S^{2-}]$が変化することを利用して，複数の金属イオンが含まれる水溶液からそれぞれの金属イオンを分離することができる。

●共通イオン効果　塩化ナトリウムNaClの飽和溶液中では，次式が成りたっている。

$$NaCl(固) \rightleftarrows Na^+ + Cl^- \tag{54}$$

ここに気体の塩化水素HClを吹きこむと，NaClの結晶が析出する。これは，HClの電離によって水溶液中の共通イオンであるCl^-の濃度が増加し，(54)式の溶解平衡が左向きに移動するためである。

また，ナトリウム Na を加えると，NaCl の結晶が析出する。これは水溶液に Na が溶解することにより，水溶液中の共通イオンである Na^+ の濃度が増加し，(54)式の溶解平衡が左向きに移動するためである。

このように，ある電解質水溶液にその化学平衡に関係するイオンを生じる物質を加えることによって，平衡の移動が起こり溶解度や電離度が小さくなる現象を**共通イオン効果**という。教 p.188 図 18

参考 硫化水素の電離平衡

●二段階の電離（水に H_2S を溶解させるとき）

2価の弱酸である硫化水素 H_2S は，水溶液中で二段階で電離する。それぞれの電離定数 K_1 と K_2 は次のようになる。

$$H_2S \rightleftarrows H^+ + HS^- \quad ①$$

$$K_1 = \frac{[H^+][HS^-]}{[H_2S]} = 9.5 \times 10^{-8}\,\mathrm{mol/L} \quad ②$$

$$HS^- \rightleftarrows H^+ + S^{2-} \quad ③$$

$$K_2 = \frac{[H^+][S^{2-}]}{[HS^-]} = 1.3 \times 10^{-14}\,\mathrm{mol/L} \quad ④$$

K_1 と K_2 は，温度が一定であれば一定になる。電離定数が $K_1 \gg K_2$ であるため，二段階目（③）の反応は一段階目（①）に比べるとほとんど進まない。したがって，水溶液の $[H^+]$ および pH は，ほぼ一段階目の反応で決まる。

●硫化物イオンと $[H^+]$（硫化物の沈殿を生じさせるとき）

一段階目と二段階目をあわせた反応は，①式＋③式より，

$$H_2S \rightleftarrows 2H^+ + S^{2-} \quad ⑤$$

この平衡定数 K は，②，④式より次のように求められる。

$$K = \frac{[H^+]^2[S^{2-}]}{[H_2S]} = \frac{[H^+][HS^-]}{[H_2S]} \times \frac{[H^+][S^{2-}]}{[HS^-]} = K_1K_2$$

$$\fallingdotseq 1.2 \times 10^{-21}\,\mathrm{mol^2/L^2} \quad ⑥$$

水に H_2S を通じてつくった硫化水素の飽和水溶液中の $[H_2S]$ は，約 0.10 mol/L になる。水溶液中の $[S^{2-}]$ は，⑥式より次のように表される。

$$\frac{[H^+]^2[S^{2-}]}{[H_2S]} = K_1K_2 \text{ より}$$

$$[S^{2-}] = \frac{K_1K_2[H_2S]}{[H^+]^2} = \frac{K[H_2S]}{[H^+]^2}$$

$$= \frac{1.2 \times 10^{-21}\,\mathrm{mol^2/L^2} \times 0.10\,\mathrm{mol/L}}{[H^+]^2} = \frac{1.2 \times 10^{-22}\,\mathrm{mol^3/L^3}}{[H^+]^2}$$

この式から，$[S^{2-}]$ は $[H^+]$ の2乗に反比例することがわかる。酸性にすると $[H^+]$ が大きくなるので，$[S^{2-}]$ は非常に小さくなる。塩基性にすると $[H^+]$ が小さくなるので $[S^{2-}]$ は非常に大きくなる。

参考 沈殿滴定

沈殿生成反応を利用し，滴定によって特定のイオン濃度を求める方法を沈殿滴定という。沈殿滴定の中で，クロム酸カリウム K_2CrO_4 を利用して塩化物イオン Cl^- を定量する方法を**モール法**という。モール法では K_2CrO_4 を指示薬とし，塩化銀 AgCl(白色)とクロム酸銀 Ag_2CrO_4(赤褐色)の溶解度積の差を利用している。それぞれの溶解度積の値は次のようになる。

$AgCl(固) \rightleftarrows Ag^+ + Cl^-$

$$K_{sp(AgCl)} = [Ag^+][Cl^-] = 1.8 \times 10^{-10} mol^2/L^2$$

$Ag_2CrO_4(固) \rightleftarrows 2Ag^+ + CrO_4^{2-}$

$$K_{sp(Ag_2CrO_4)} = [Ag^+]^2[CrO_4^{2-}] = 3.6 \times 10^{-12} mol^3/L^3$$

塩化物イオン Cl^- を含む試料に，少量の K_2CrO_4 水溶液を指示薬として加え，そこに硝酸銀 $AgNO_3$ 水溶液を滴下するとすぐに$[Ag^+][Cl^-]$が $K_{sp(AgCl)}$ に達して AgCl の白色沈殿が生成する。

引き続き，$AgNO_3$ 水溶液を滴下すると，試料中の塩化物イオン Cl^- のほとんどすべてが AgCl として沈殿する。Cl^- のほとんどすべてが沈殿した後，さらに試料中に $AgNO_3$ 水溶液を滴下すると，試料中の$[Ag^+]$が大きくなり，$[Ag^+]^2[CrO_4^{2-}]$が $K_{sp(Ag_2CrO_4)}$ に達して Ag_2CrO_4 の赤褐色沈殿が生じる。Ag_2CrO_4 の赤褐色沈殿が生じるのは，塩化物イオン Cl^- のほとんどすべてが沈殿した直後だと考えられるので，Ag_2CrO_4 の赤褐色沈殿が生じ始めた点を滴定の終点とみなすことができる。このように沈殿生成による色の変化を利用して終点を決定し，特定のイオン濃度を求めることができる。教 p.190 図 A

問　題

問1 (教 p.156)

次の反応の平衡定数 K_c を求めよ。また，それぞれの平衡定数に単位がある場合は単位も示せ。ただし，状態が示されていないものはすべて気体とする。

(1) $N_2O_4 \rightleftarrows 2NO_2$　　(2) $2HI \rightleftarrows H_2 + I_2$

(3) $CO_2 + H_2 \rightleftarrows CO + H_2O$　　(4) $C(固) + CO_2 \rightleftarrows 2CO$

考え方 化学平衡の法則を用いる。平衡定数の単位は，$(mol/L)^n$ だが，可逆反応の反応式の左右の係数の和が等しい場合は単位がつかない。また，固体と気体が関係する化学平衡では，固体の量によって化学平衡が影響を受けることはないので，K_c は気体の濃度だけで表す。

解説&解答 (1) **答** $K_c = \dfrac{[NO_2]^2}{[N_2O_4]}$ 〔mol/L〕

(2) **答** $K_c = \frac{[H_2][I_2]}{[HI]^2}$

(3) **答** $K_c = \frac{[CO][H_2O]}{[CO_2][H_2]}$

(4) C(固)の濃度は式から除く。**答** $K_c = \frac{[CO]^2}{[CO_2]}$〔mol/L〕

例題1 (教p.157) 容積一定の容器に，H_2 1.0mol と I_2 1.0mol を入れて加熱し，一定温度に保ったところ，HI が 1.6mol 生成して反応が平衡状態に達した。

(1) この温度での平衡定数を有効数字2桁で求めよ。

(2) 同じ容器に H_2 1.5mol と I_2 1.5mol を入れて同じ温度に保ったとき，平衡状態での HI の物質量を有効数字2桁で求めよ。

考え方 (1) それぞれの物質の物質量は次のようになる。

	H_2	+ I_2	⇄ 2HI	
(反応前)	1.0	1.0	0	〔mol〕
(変化量)	−0.80	−0.80	+1.6	〔mol〕
(平衡時)	0.20	0.20	1.6	〔mol〕

(2) 平衡に達するまでに H_2 と I_2 が x〔mol〕($0 < x < 1.5$)ずつ反応して HI が $2x$〔mol〕生成したとすると，それぞれの物質の物質量は次のように表される。

	H_2	+ I_2	⇄ 2HI	
(反応前)	1.5	1.5	0	〔mol〕
(変化量)	$-x$	$-x$	$+2x$	〔mol〕
(平衡時)	$1.5-x$	$1.5-x$	$2x$	〔mol〕

解説&解答 (1) 容器の容積を V〔L〕とすると，平衡定数は次のようになる。

$$K_c = \frac{[HI]^2}{[H_2][I_2]} = \frac{\left(\frac{1.6\,mol}{V}\right)^2}{\left(\frac{0.20\,mol}{V}\right)^2} = 64$$

答 64

(2) 同じ温度なので，平衡定数は(1)と同じ64になる。よって，

$$K_c = \frac{[HI]^2}{[H_2][I_2]} = \frac{\left(\frac{2x\,〔mol〕}{V}\right)^2}{\left(\frac{1.5\,mol - x\,〔mol〕}{V}\right)^2} = \frac{(2x)^2}{(1.5-x)^2} = 64$$

$0 < x < 1.5$ より，$\frac{2x}{1.5-x} = 8.0$　　$x = 1.2\,mol$

平衡時の HI の物質量は $2x$〔mol〕なので，$2 \times 1.2\,mol = 2.4\,mol$

答 2.4mol

類題1a
(教p.157)

容積一定の容器にヨウ化水素 HI を 4.5 mol 入れて加熱し，一定温度に保ったところ，平衡状態（$2HI \rightleftarrows H_2 + I_2$）になり，気体のヨウ素 I_2 0.50 mol が生成した。

(1) この温度での平衡定数を求めよ。

(2) 同じ容器に HI を 1.8 mol 入れて同じ温度に保ったとき，平衡状態での I_2 の物質量を求めよ。

考え方 (1) それぞれの物質量は，次のようになる。

	$2HI$	$\rightleftarrows$	H_2	+	I_2	
（反応前）	4.5		0		0	〔mol〕
（変化量）	−1.0		+0.50		+0.50	〔mol〕
（平衡時）	3.5		0.50		0.50	〔mol〕

(2) 平衡に達したとき，H_2，I_2 がそれぞれ x〔mol〕生成したとすると，

	$2HI$	$\rightleftarrows$	H_2	+	I_2	
（反応前）	1.8		0		0	〔mol〕
（変化量）	$-2x$		$+x$		$+x$	〔mol〕
（平衡時）	$1.8-2x$		x		x	〔mol〕

温度が同じなので，平衡定数は(1)のときと変わらない。

解説&解答 (1) 容器の体積を V〔L〕とすると，平衡定数は次のようになる。

$$K_c = \frac{[H_2][I_2]}{[HI]^2} = \frac{\left(\dfrac{0.50\,\text{mol}}{V}\right)^2}{\left(\dfrac{3.5\,\text{mol}}{V}\right)^2} = \left(\frac{1}{7}\right)^2 = 2.04\cdots\times10^{-2} \fallingdotseq 2.0\times10^{-2}$$

答 2.0×10^{-2}

(2) $$K_c = \frac{\left(\dfrac{x\,\text{〔mol〕}}{V}\right)^2}{\left(\dfrac{1.8\,\text{mol} - 2x\,\text{〔mol〕}}{V}\right)^2} = \frac{x^2}{(1.8-2x)^2}$$ であり，

温度一定で K_c も一定となるので，(1)より，

$$\frac{x^2}{(1.8-2x)^2} = \left(\frac{1}{7}\right)^2$$

$0 < 2x < 1.8$ より，$\dfrac{x}{1.8-2x} = \dfrac{1}{7}$　　$x = 0.20\,\text{mol}$

よって，I_2 の物質量は 0.20 mol　　**答 0.20 mol**

類題1b
(教p.157)

容積が 24 L の容器に四酸化二窒素 N_2O_4 を 0.50 mol 入れて加熱し，一定温度に保ったところ，その 60% が解離して二酸化窒素 NO_2 となり，平衡状態（$N_2O_4 \rightleftarrows 2NO_2$）に達した。

(1) 平衡状態での N_2O_4 と NO_2 の物質量をそれぞれ求めよ。

(2) この温度での平衡定数を求めよ。

考え方　(1)　N_2O_4 0.50 mol の 60%（$0.50\,\mathrm{mol} \times \frac{60}{100} = 0.30\,\mathrm{mol}$）が反応したので，それぞれの物質の物質量は次のようになる。

	N_2O_4	$\rightleftarrows$	$2NO_2$	
（反応前）	0.50		0	〔mol〕
（変化量）	−0.30		+0.60	〔mol〕
（平衡時）	0.20		0.60	〔mol〕

(2)　$K_c = \frac{[NO_2]^2}{[N_2O_4]}$　　濃度は $\frac{n\,〔\mathrm{mol}〕}{24\,\mathrm{L}}$ と表される。

解説&解答　(1)　答　N_2O_4：**0.20 mol**

NO_2　：**0.60 mol**

(2)　容器の体積が 24 L なので，平衡定数は次のようになる。

$$K_c = \frac{[NO_2]^2}{[N_2O_4]} = \frac{\left(\frac{0.60\,\mathrm{mol}}{24\,\mathrm{L}}\right)^2}{\frac{0.20\,\mathrm{mol}}{24\,\mathrm{L}}} = 0.075\,\mathrm{mol/L} = 7.5 \times 10^{-2}\,\mathrm{mol/L}$$

答　**7.5×10^{-2} mol/L**

問2
（教 p.158）

ある容器に，酢酸 CH_3COOH 3.0 mol とエタノール C_2H_5OH 3.0 mol に触媒を加えて混合し，25℃に保ったところ，次の反応が平衡状態に達して，酢酸エチル $CH_3COOC_2H_5$ が 2.0 mol と水 H_2O が 2.0 mol 生成した。

$$CH_3COOH + C_2H_5OH \rightleftarrows CH_3COOC_2H_5 + H_2O$$

(1)　25℃でのこの反応の平衡定数を求めよ。

(2)　同じ温度で同じ容器に酢酸 1.0 mol とエタノール 2.0 mol に触媒を加えて混合した。平衡状態に達したときの混合物中の酢酸エチルの物質量を有効数字2桁で求めよ。$\sqrt{3} = 1.7$

考え方　(1)　平衡状態でのそれぞれの物質の物質量は，次のようになる。

	CH_3COOH	C_2H_5OH	$CH_3COOC_2H_5$	H_2O	
（反応前）	3.0	3.0	0	0	〔mol〕
（変化量）	−2.0	−2.0	+2.0	+2.0	〔mol〕
（平衡時）	1.0	1.0	2.0	2.0	〔mol〕

(2)　平衡状態での酢酸エチルの物質量を x〔mol〕とすると，平衡状態におけるそれぞれの物質の物質量は，次のようになる。

	CH_3COOH	C_2H_5OH	$CH_3COOC_2H_5$	H_2O	
（反応前）	1.0	2.0	0	0	〔mol〕
（変化量）	$-x$	$-x$	$+x$	$+x$	〔mol〕
（平衡時）	$1.0 - x$	$2.0 - x$	x	x	〔mol〕

解説&解答　(1)　溶液の体積を V〔L〕とすると，平衡定数は次のようになる。

$$K_c = \frac{[CH_3COOC_2H_5][H_2O]}{[CH_3COOH][C_2H_5OH]} = \frac{\left(\frac{2.0\,\mathrm{mol}}{V}\right)^2}{\left(\frac{1.0\,\mathrm{mol}}{V}\right)^2} = 4.0$$

答　**4.0**

(2) 同じ温度なので，平衡定数は(1)と同じ 4.0 になる。よって，

$$K_c = \frac{[CH_3COOC_2H_5][H_2O]}{[CH_3COOH][C_2H_5OH]}$$

$$= \frac{\left(\frac{x\,[\mathrm{mol}]}{V}\right)^2}{\left(\frac{1.0\,\mathrm{mol} - x\,[\mathrm{mol}]}{V}\right)\left(\frac{2.0\,\mathrm{mol} - x\,[\mathrm{mol}]}{V}\right)}$$

$$= \frac{x^2}{(1.0 - x)(2.0 - x)} = 4.0$$

整理して，x の二次方程式で表すと，

$$3x^2 - 12x + 8 = 0$$

二次方程式の解の公式より，

$$x = \frac{12 \pm \sqrt{12^2 - 4 \times 3 \times 8}}{2 \times 3} = \frac{6 \pm 2\sqrt{3}}{3} = 2 \pm \frac{2\sqrt{3}}{3}$$

ここで，$0 < x < 1.0$ より，$x = 2 - \frac{2\sqrt{3}}{3}$

$x = 0.866\cdots\mathrm{mol} \fallingdotseq 8.7 \times 10^{-1}\mathrm{mol}$ **答 8.7×10^{-1} mol**

問3
(教p.159)

容積一定の容器に四酸化二窒素 N_2O_4 を入れて加熱し，一定温度に保ったところ，その 60%が解離して二酸化窒素 NO_2 となり，圧力が 1.0×10^5 Pa のもとで平衡状態($N_2O_4 \rightleftarrows 2NO_2$)に達した。

(1) 平衡状態での N_2O_4 と NO_2 の分圧をそれぞれ求めよ。

(2) この温度での圧平衡定数を求めよ。

考え方 (1) 最初に容器に入れた N_2O_4 が x [mol]であったとすると，

	N_2O_4	$\rightleftarrows$	$2NO_2$	
(反応前)	x		0	[mol]
(変化量)	$-0.6x$		$+1.2x$	[mol]
(平衡時)	$0.4x$		$1.2x$	[mol]

(2) $K_p = \frac{(p_{NO_2})^2}{p_{N_2O_4}}$ より求める。

解説&解答 (1) 平衡時の容器内の気体の物質量は，$0.4x + 1.2x = 1.6x$ [mol] なので，各気体の分圧は，

$$N_2O_4 : 1.0 \times 10^5\,\mathrm{Pa} \times \frac{0.4x}{1.6x} = 2.5 \times 10^4\,\mathrm{Pa}$$

$$NO_2 : 1.0 \times 10^5\,\mathrm{Pa} \times \frac{1.2x}{1.6x} = 7.5 \times 10^4\,\mathrm{Pa}$$

答 N_2O_4 : **2.5×10^4 Pa** NO_2 : **7.5×10^4 Pa**

(2) $K_p = \frac{(7.5 \times 10^4\,\mathrm{Pa})^2}{2.5 \times 10^4\,\mathrm{Pa}} = 2.25 \times 10^5\,\mathrm{Pa} \fallingdotseq 2.3 \times 10^5\,\mathrm{Pa}$

答 2.3×10^5 Pa

問４
(教 p.161)

次の反応が平衡状態になっているとき，〈　〉内の操作を行うと，平衡は左向きと右向きのどちらの方向に移動するか。

(1)　N_2(気) ＋ $3H_2$(気) $\rightleftarrows$ $2NH_3$(気)　〈水素を加える〉

(2)　$2CO$(気) ＋ O_2(気) $\rightleftarrows$ $2CO_2$(気)　〈二酸化炭素を除く〉

(3)　$NH_3 + H_2O \rightleftarrows NH_4^+ + OH^-$　〈塩化アンモニウムを加える〉

考え方　ある反応が平衡状態にあるときの条件(濃度・圧力・温度など)を変化させると，その影響を緩和する方向に平衡が移動する(ルシャトリエの原理)。

解説&解答　(1)　水素を加えると，水素の濃度が減少する右向きに平衡は移動する。　**答　右向き**

(2)　二酸化炭素を除くと，二酸化炭素の濃度が増加する右向きに平衡は移動する。　**答　右向き**

(3)　塩化アンモニウムを加えると，アンモニウムイオン NH_4^+ の濃度が減少する左向きに平衡は移動する。　**答　左向き**

問５
(教 p.163)

次の反応が平衡状態になっているとき，温度一定で〈　〉内の操作を行うと，平衡の移動は起こるか。また，移動する場合は，左向きと右向きのどちらの方向か。

(1)　$2SO_2$(気) ＋ O_2(気) $\rightleftarrows$ $2SO_3$(気)　〈圧力を高くする〉

(2)　H_2(気) ＋ Cl_2(気) $\rightleftarrows$ $2HCl$(気)　〈圧力を低くする〉

(3)　C(固) ＋ H_2O(気) $\rightleftarrows$ H_2(気) ＋ CO(気)　〈圧力を高くする〉

(4)　N_2(気) ＋ $3H_2$(気) $\rightleftarrows$ $2NH_3$(気)　〈体積一定で Ar を加える〉

(5)　N_2(気) ＋ $3H_2$(気) $\rightleftarrows$ $2NH_3$(気)　〈全圧一定で Ar を加える〉

考え方　気体の反応の平衡状態で，圧力を高くすると，気体分子の総数が減少する方向に平衡の移動が起こる。逆に，圧力を低くすると，気体分子の総数が増加する方向に平衡が移動する。ただし，反応式の両辺で気体分子の数が等しい場合は，圧力を変えても平衡は移動しない。また，体積を一定に保ったまま反応に関係しない気体を加えても平衡は移動しないが，全圧を一定に保ったまま反応に関係しない気体を加えると，反応に関係する気体の分圧の合計が小さくなるので平衡が移動する。

解説&解答　(1)　気体分子の総数が減少する，つまり化学反応式の係数の和が小さくなる方向(右向き)に平衡が移動する。　**答　右向き**

(2)　反応式の両辺で係数の和が等しく，両辺の気体分子の総数が同じなので，平衡は移動しない。　**答　移動しない**

(3)　反応物の C は固体であり，気体の分圧には影響しない。気体分子の総数は，左辺＜右辺である。よって，圧力を高くすると気体分子の総数が減少する方向(左向き)に平衡が移動する。

答　左向き

(4)　体積一定で Ar を加えても，N_2，H_2，NH_3 の分圧は変わらないので，平衡は移動しない。　**答　移動しない**

(5)　全圧一定で Ar を加えると，N_2，H_2，NH_3 の分圧は減少する。よって，気体分子の総数が増加する方向(左向き)に平衡が移動する。　**答　左向き**

問6
(教 p.165)
次の反応が平衡状態になっているとき，圧力一定で温度を上げると，平衡は左向きと右向きのどちらの方向に移動するか。

(1)　N_2(気)＋ $3H_2$(気) $\rightleftarrows$ $2NH_3$(気)　　$\Delta H = -92\,\mathrm{kJ}$

(2)　N_2(気)＋ O_2(気) $\rightleftarrows$ 2NO(気)　　$\Delta H = 181\,\mathrm{kJ}$

(3)　$2SO_2$(気)＋ O_2(気) $\rightleftarrows$ $2SO_3$(気)　　$\Delta H = -197\,\mathrm{kJ}$

考え方　ΔH が負の値のときは発熱反応，正の値のときは吸熱反応である。圧力一定で温度を上げると，吸熱反応の方向に平衡が移動する。

解説&解答
(1)　$\Delta H < 0$ なので，左向きに平衡が移動する。　**答　左向き**
(2)　$\Delta H > 0$ なので，右向きに平衡が移動する。　**答　右向き**
(3)　$\Delta H < 0$ なので，左向きに平衡が移動する。　**答　左向き**

考 **問7**
(教 p.165)
次の反応について，圧力と温度を変化させて平衡状態にしたときの生成物の量を表すグラフを，(ア)～(エ)のうちから１つ選べ。なお，グラフ中の T は温度を表し，$T_1 > T_2$ とする。

N_2O_4(気) $\rightleftarrows$ $2NO_2$(気)　　$\Delta H = 57.2\,\mathrm{kJ}$

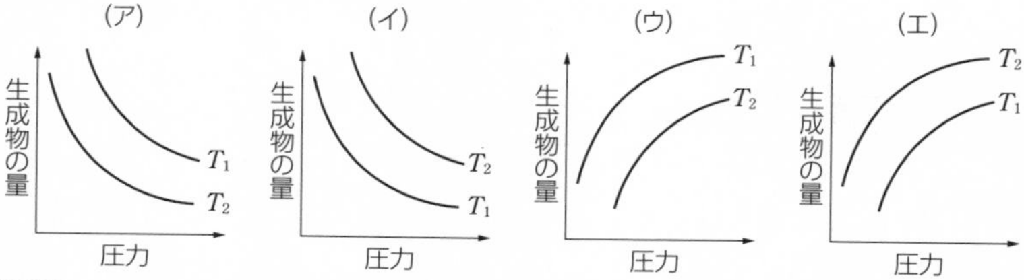

考え方　圧力一定で温度を変えたときの生成物の量と，温度一定で圧力を変えたときの平衡の移動についてそれぞれ考える。

解説&解答　ΔH が正の値なので，正反応は吸熱反応である。温度 $T_1 > T_2$ より，圧力一定のとき，生成物の量は T_1 のときのほうが T_2 のときよりも多い。また，反応式より，気体分子の総数は左辺＜右辺なので，温度一定で圧力を上げると平衡が左向きに移動する。すなわち生成物の量が減少する。　**答　ア**

問 8
(教p.171)

(23)式が平衡状態にあるとき，次の操作を行うと，平衡の移動は起こるか。また，移動する場合は左向きと右向きのどちらの方向か。

$$NH_3 + H_2O \rightleftarrows NH_4^+ + OH^- \quad (23)$$

(1)　水酸化ナトリウムを加える　(2)　塩化ナトリウムを加える
(3)　塩化水素を加える　(4)　水を加えて体積を2倍にする

考え方　ある反応が平衡状態にあるとき，濃度などの条件を変化させると，その影響を緩和する方向に平衡が移動する。しかし，反応に関与しない物質を加えても，平衡は移動しない。

解説&解答　(1)　NaOH は水溶液中で電離して OH^- を生じるので，OH^- が減少する方向(左向き)に平衡が移動する。　**答　左向き**

(2)　Na^+ や Cl^- は反応に関与しないので，平衡は移動しない。

答　移動しない

(3)　塩化水素は完全に電離($HCl \longrightarrow H^+ + Cl^-$)する。生じた H^+ が OH^- と反応して OH^- が減少するため，平衡は右向きに移動する。なお，Cl^- は平衡に影響を与えない。　**答　右向き**

(4)　アンモニアの電離定数 $K_b = \dfrac{[NH_4^+][OH^-]}{[NH_3]}$ をもとに考える。水を加えて体積を2倍にすると，$[NH_4^+]$，$[OH^-]$，$[NH_3]$ はともに $\dfrac{1}{2}$ になる。電離定数 K_b の値は一定のため，$[NH_4^+]$ と $[OH^-]$ が大きくなる方向，すなわち右向きに平衡が移動する。

答　右向き

問 9
(教p.171)

次の $[H^+]$ を求めよ。ただし，水のイオン積は $K_w = 1.0 \times 10^{-14}\,mol^2/L^2$ とする。

(1)　純水
(2)　$[OH^-]$ が $1.0 \times 10^{-4}\,mol/L$ の水溶液

考え方　純水の場合は，$[H^+] = [OH^-]$

解説&解答　(1)　$[H^+] = [OH^-]$ より，$K_w = [H^+]^2 = 1.0 \times 10^{-14}\,mol^2/L^2$ なので，
$[H^+] = 1.0 \times 10^{-7}\,mol/L$　**答　1.0×10^{-7} mol/L**

(2)　$[OH^-] = 1.0 \times 10^{-4}\,mol/L$ より，

$$[H^+] = \frac{K_w}{[OH^-]} = \frac{1.0 \times 10^{-14}\,mol^2/L^2}{1.0 \times 10^{-4}\,mol/L} = 1.0 \times 10^{-10}\,mol/L$$

答　1.0×10^{-10} mol/L

例題 2
(教p.172)

次の水溶液の pH を小数第1位まで求めよ。ただし，水のイオン積は $K_w = 1.0 \times 10^{-14}\,mol^2/L^2$ とする。$\log_{10} 1.6 = 0.20$，$\log_{10} 2.0 = 0.30$

(1)　0.10 mol/L 酢酸水溶液(電離度 0.016)
(2)　0.20 mol/L アンモニア水(電離度 0.010)

考え方 $[H^+]$，$[OH^-]$はそれぞれ，価数×濃度×電離度から求める。

(2) $[OH^-]$がわかれば，$K_w = [H^+][OH^-] = 1.0 \times 10^{-14}\,mol^2/L^2$ より，$[H^+]$が求まる。

解説&解答 (1) 酢酸は1価の弱酸で，電離度0.016より，

$$[H^+] = \underset{価数}{1} \times \underset{濃度}{0.10\,mol/L} \times \underset{電離度}{0.016} = 1.6 \times 10^{-3}\,mol/L$$

$$pH = -\log_{10}(1.6 \times 10^{-3}) = -(\log_{10}1.6 + \log_{10}10^{-3})$$
$$= 3 - \log_{10}1.6 = 3 - 0.20 = 2.80$$

答 pH 2.8

(2) アンモニアは1価の弱塩基で，電離度0.010より，

$$[OH^-] = \underset{価数}{1} \times \underset{濃度}{0.20\,mol/L} \times \underset{電離度}{0.010} = 2.0 \times 10^{-3}\,mol/L$$

$K_w = [H^+][OH^-] = 1.0 \times 10^{-14}\,mol^2/L^2$ より

$$[H^+] = \frac{K_w}{[OH^-]} = \frac{1.0 \times 10^{-14}\,mol^2/L^2}{2.0 \times 10^{-3}\,mol/L} = \frac{1}{2.0} \times 10^{-11}\,mol/L$$

$$pH = -\log_{10}\left(\frac{1}{2.0} \times 10^{-11}\right) = -(-\log_{10}2.0 + \log_{10}10^{-11})$$
$$= 11 - (-\log_{10}2.0) = 11 + 0.30 = 11.30$$

答 pH 11.3

類題2
(教p.172)

次の問いに答えよ。ただし，水のイオン積は$K_w = 1.0 \times 10^{-14}\,mol^2/L^2$とし，pHは小数第1位まで求めよ。$\log_{10}2.0 = 0.30$，$\log_{10}5.0 = 0.70$

(1) 0.040 mol/L 塩酸(電離度1.0)のpHを求めよ。

(2) 0.010 mol/L 酢酸水溶液(電離度0.050)のpHを求めよ。

(3) 0.050 mol/L 水酸化カリウム水溶液(電離度1.0)のpHを求めよ。

(4) 0.050 mol/L アンモニア水のpHは11であった。このアンモニア水の電離度を求めよ。

考え方 (4) このアンモニア水のpHが11であることから，

$$[H^+] = 1.0 \times 10^{-11}\,mol/L$$

$$[OH^-] = \frac{1.0 \times 10^{-14}\,mol^2/L^2}{1.0 \times 10^{-11}\,mol/L} = 1.0 \times 10^{-3}\,mol/L$$

$[OH^-]$=価数×濃度×電離度より，アンモニア水の電離度をαとして，αを算出する。

解説&解答 (1)

$$[H^+] = \underset{価数}{1} \times \underset{濃度}{0.040\,mol/L} \times \underset{電離度}{1.0} = 4.0 \times 10^{-2}\,mol/L$$

$$pH = -\log_{10}(4.0 \times 10^{-2}) = 2 - 2\log_{10}2.0$$
$$= 2 - 2 \times 0.30 = 1.40$$

答 pH 1.4

(2) 酢酸は1価の酸で，電離度が0.050なので

$$[H^+] = \underset{価数}{1} \times \underset{濃度}{0.010\,mol/L} \times \underset{電離度}{0.050} = 5.0 \times 10^{-4}\,mol/L$$

$$pH = -\log_{10}(5.0 \times 10^{-4}) = 4 - \log_{10}5.0$$
$$= 4 - 0.70 = 3.30$$

答 pH 3.3

(3)　$[OH^-] = 1 \times 0.050\,mol/L \times 1.0 = 5.0 \times 10^{-2}\,mol/L$

価数　濃度　電離度

$[H^+] = \dfrac{K_w}{[OH^-]} = \dfrac{1.0 \times 10^{-14}\,mol^2/L^2}{5.0 \times 10^{-2}\,mol/L} = 2.0 \times 10^{-13}\,mol/L$

$pH = -\log_{10}(2.0 \times 10^{-13}) = 13 - 0.30 = 12.70$

答　pH 12.7

(4)　アンモニア水のpHが11であることから

$[H^+] = 1.0 \times 10^{-11}\,mol/L$

$[OH^-] = \dfrac{K_w}{[H^+]} = \dfrac{1.0 \times 10^{-14}\,mol^2/L^2}{1.0 \times 10^{-11}\,mol/L} = 1.0 \times 10^{-3}\,mol/L$

アンモニアの電離度をαとすると，

$[OH^-] = 1 \times 0.050\,mol/L \times \alpha = 1.0 \times 10^{-3}\,mol/L$

$\alpha = 0.020$　　**答　2.0×10^{-2}**

第2編　物質の変化

例題3（教p.174）　0.10 mol/Lの酢酸水溶液の$[H^+]$とpHを求めよ。pHは小数第1位まで求めよ。ただし，酢酸の電離定数は$K_a = 2.7 \times 10^{-5}\,mol/L$とする。$\sqrt{2.7} = 1.6$，$\log_{10}2 = 0.30$

考え方　酢酸のモル濃度をc〔mol/L〕，電離度をαとすると，濃度の関係は以下のようになる。

$$CH_3COOH \rightleftarrows CH_3COO^- + H^+$$

	CH_3COOH	CH_3COO^-	H^+	
（電離前）	c	0	0	〔mol/L〕
（変化量）	$-c\alpha$	$+c\alpha$	$+c\alpha$	〔mol/L〕
（平衡時）	$c(1-\alpha)$	$c\alpha$	$c\alpha$	〔mol/L〕

$$K_a = \frac{[CH_3COO^-][H^+]}{[CH_3COOH]} = \frac{c\alpha \times c\alpha}{c(1-\alpha)} = \frac{c\alpha^2}{1-\alpha}$$

pHは，次のように求められる。

$$pH = -\log_{10}[H^+]$$

解説&解答　酢酸の電離度は1に比べて非常に小さいので，$1-\alpha \fallingdotseq 1$とみなすことができる。したがって，

$K_a = c\alpha^2$，$\alpha > 0$より，$\alpha = \sqrt{\dfrac{K_a}{c}}$

$[H^+] = c\alpha = c \times \sqrt{\dfrac{K_a}{c}} = \sqrt{cK_a} = \sqrt{0.10 \times 2.7 \times 10^{-5}}\,mol/L$

$= 1.6 \times 10^{-3}\,mol/L$　　**答　1.6×10^{-3} mol/L**

$pH = -\log_{10}(1.6 \times 10^{-3}) = -\log_{10}(16 \times 10^{-4})$

$= 4 - \log_{10}2^4 = 4 - 4\log_{10}2 = 4 - 4 \times 0.30 = 2.80$

答　pH 2.8

類題3a (教p.174) 0.030 mol/L の酢酸水溶液の[H⁺]を求めよ。ただし，酢酸の電離定数は $K_a = 2.7 \times 10^{-5}$ mol/L とする。

考え方 酢酸水溶液の濃度を c〔mol/L〕，電離度を α とすると，

$$K_a = \frac{[CH_3COO^-][H^+]}{[CH_3COOH]} = \frac{c\alpha \times c\alpha}{c(1-\alpha)}$$

解説&解答 酢酸の電離度は 1 に比べて非常に小さいので，$1-\alpha \fallingdotseq 1$ とみなすことができる。したがって，$K_a = c\alpha^2$。$\alpha > 0$ より，

$$\alpha = \sqrt{\frac{K_a}{c}} = \sqrt{\frac{2.7 \times 10^{-5}\,\text{mol/L}}{0.030\,\text{mol/L}}} = 0.030$$

よって，$[H^+] = 0.030\,\text{mol/L} \times 0.030 = 9.0 \times 10^{-4}\,\text{mol/L}$

答 9.0×10^{-4} mol/L

類題3b (教p.174) 0.40 mol/L アンモニア水の[OH⁻]と[H⁺]，さらに pH を求めよ。pH は小数第 1 位まで求めよ。
ただし，アンモニアの電離定数は $K_b = 2.3 \times 10^{-5}$ mol/L，水のイオン積は $K_w = 1.0 \times 10^{-14}\,\text{mol}^2/\text{L}^2$，$\sqrt{2.3} = 1.5$，$\log_{10} 3 = 0.48$ とする。

考え方 アンモニア水の濃度を c〔mol/L〕，電離度を α とすると，

$$K_b = \frac{[NH_4^+][OH^-]}{[NH_3]} = \frac{c\alpha \times c\alpha}{c(1-\alpha)}$$

解説&解答 $1-\alpha \fallingdotseq 1$ とみなせるので，$K_b = c\alpha^2$。$\alpha > 0$ より，

$$\alpha = \sqrt{\frac{K_b}{c}} = \sqrt{\frac{2.3 \times 10^{-5}\,\text{mol/L}}{0.40\,\text{mol/L}}} = 7.5 \times 10^{-3}$$

よって，$[OH^-] = 0.40\,\text{mol/L} \times 7.5 \times 10^{-3} = 3.0 \times 10^{-3}\,\text{mol/L}$

$$[H^+] = \frac{K_w}{[OH^-]} = \frac{1.0 \times 10^{-14}\,\text{mol}^2/\text{L}^2}{3.0 \times 10^{-3}\,\text{mol/L}} = \frac{1}{3} \times 10^{-11}\,\text{mol/L}$$
$$\fallingdotseq 3.3 \times 10^{-12}\,\text{mol/L}$$

$$\text{pH} = -\log_{10}\left(\frac{1}{3} \times 10^{-11}\right) = 11 + \log_{10} 3 = 11.48 \fallingdotseq 11.5$$

答 $[OH^-] = 3.0 \times 10^{-3}$ mol/L，$[H^+] = 3.3 \times 10^{-12}$ mol/L，pH 11.5

問10 (教p.176) 次の操作をしたときの反応の化学反応式を示せ。
(1) 酢酸カリウム水溶液に希硫酸を加える。
(2) 炭酸水素ナトリウム水溶液に塩酸を加える。

考え方 弱酸の塩に強酸を加えると，弱酸が遊離して強酸の塩が生じる。
酢酸，炭酸は弱酸である。

解説&解答 (1) $CH_3COOK \longrightarrow CH_3COO^- + K^+$ ①
$H_2SO_4 \longrightarrow 2H^+ + SO_4^{2-}$ ②
$CH_3COO^- + H^+ \rightleftarrows CH_3COOH$ ③
H^+ を除くように①〜③式を 1 つに整理すると，

答 $2CH_3COOK + H_2SO_4 \longrightarrow 2CH_3COOH + K_2SO_4$

第２編 物質の変化

(2)　$NaHCO_3 \longrightarrow Na^+ + HCO_3^-$　①

$HCl \longrightarrow H^+ + Cl^-$　②

$HCO_3^- + H^+ \rightleftarrows H_2O + CO_2$　③

H^+ を除くように①～③式を１つに整理すると，

答　$NaHCO_3 + HCl \longrightarrow CO_2 + H_2O + NaCl$

問11
(教 p.178)
次の塩の水溶液は，酸性・中性・塩基性のいずれになるか。また，加水分解するイオンを含む場合には，そのイオンの化学式を書け。

(1)　KNO_3　(2)　$(NH_4)_2SO_4$　(3)　NaCl　(4)　Na_2CO_3　(5)　$KHSO_4$

考え方　塩の加水分解により，正塩の水溶液の性質は次のようになる。

・弱酸と強塩基から生じた正塩…塩基性

・弱塩基と強酸から生じた正塩…酸性

強酸と強塩基から生じる正塩は加水分解せず，その水溶液は中性になる。

酸性塩の水溶液は，水溶液中で電離して H^+ を生じる場合は酸性を示す。

弱酸の陰イオンや弱塩基の陽イオンは水と反応して，もとの弱酸や弱塩基を生じる。

解説&解答　(1)　KNO_3 は強酸と強塩基からなる正塩なので加水分解せず，水溶液は中性を示す。　**答　中性**

(2)　$(NH_4)_2SO_4$ は水溶液中で NH_4^+ と SO_4^{2-} に電離する。ここで生じた NH_4^+ の一部が水分子と反応して，NH_3 と H_3O^+ を生じるので，水溶液は酸性を示す。　**答　酸性，NH_4^+**

(3)　NaCl は強酸と強塩基からなる正塩なので加水分解せず，水溶液は中性を示す。　**答　中性**

(4)　Na_2CO_3 は水溶液中で Na^+ と CO_3^{2-} に電離する。ここで生じた CO_3^{2-} の一部が水分子と反応して，HCO_3^- と OH^- を生じるので，水溶液は塩基性を示す。　**答　塩基性，CO_3^{2-}**

(5)　$KHSO_4$ は水溶液中で K^+ と HSO_4^- に電離する。HSO_4^- はさらに電離して H^+ と SO_4^{2-} を生じるので，水溶液は酸性を示す。

答　酸性

問A
(教 p.179)
0.030 mol/L 酢酸ナトリウム水溶液の pH を小数第１位まで求めよ。ただし，酢酸の電離定数は $K_a = 2.7 \times 10^{-5}$ mol/L，水のイオン積は $K_w = 1.0 \times 10^{-14}$ mol^2/L^2 とする。$\log_{10} 3 = 0.48$

考え方 p.131，132の発展（教p.179）より，酢酸ナトリウム水溶液のpHは

$$pH = -\log_{10}\sqrt{\frac{K_aK_w}{c}} = -\frac{1}{2}(\log_{10}K_a + \log_{10}K_w - \log_{10}c)$$

解説&解答 $pH = -\frac{1}{2}\{\log_{10}(2.7\times10^{-5}) + \log_{10}(1.0\times10^{-14}) - \log_{10}0.030\}$

$= -\frac{1}{2}\{\log_{10}(3.0^3\times10^{-6}) + \log_{10}(1.0\times10^{-14}) - \log_{10}(3.0\times10^{-2})\}$

$= -\frac{1}{2}\{(3\log_{10}3 + \log_{10}10^{-6}) + \log_{10}10^{-14} - (\log_{10}3 + \log_{10}10^{-2})\}$

$= -\frac{1}{2}\{(3\times0.48-6) + (-14) - (0.48-2)\} \fallingdotseq 8.5$

答 pH 8.5

問B（教p.179） 塩化アンモニウム水溶液の加水分解定数K_hを，アンモニアの電離定数K_b〔mol/L〕と，水のイオン積K_w〔mol²/L²〕を用いて表せ。また，25℃，0.0092 mol/Lの塩化アンモニウム水溶液のpHを小数第1位まで求めよ。ただし，$K_b = 2.3\times10^{-5}$ mol/L，$K_w = 1.0\times10^{-14}$ mol²/L²とする。$\log_{10}2 = 0.30$

考え方 塩化アンモニウム水溶液の濃度をc〔mol/L〕，加水分解しているアンモニウムイオンの割合をhとすると，塩化アンモニウムの水溶液中では次の電離平衡が成りたつ。

	NH_4^+	+ H_2O ⇄	NH_3	+ H_3O^+	
（加水分解前）	c		0	0	〔mol/L〕
（変化量）	$-ch$		$+ch$	$+ch$	〔mol/L〕
（平衡時）	$c(1-h)$		ch	ch	〔mol/L〕

$[H_3O^+]$を簡単に$[H^+]$と表し，また$[H_2O]$は一定とみなせるので，平衡定数K_hは次のようになる。

$$K_h = \frac{[NH_3][H^+]}{[NH_4^+]} \quad ①$$

また，アンモニアの電離定数K_bは次のようになる。

$$K_b = \frac{[NH_4^+][OH^-]}{[NH_3]} \quad ②$$

$K_w = [H^+][OH^-]$と①式と②式から，K_hをK_bとK_wで表す。

解説&解答 ①式の分母・分子に$[OH^-]$をかけると，

$$K_h = \frac{[NH_3][H^+]\times[OH^-]}{[NH_4^+]\times[OH^-]} = \frac{K_w}{K_b} \quad ③$$

加水分解している割合hは小さいので，$1-h \fallingdotseq 1$とみなせる。①式は次のように書くことができる。

$$K_h = \frac{c^2h^2}{c(1-h)} \fallingdotseq ch^2 \quad ④$$

$[H^+]$は③，④式と$h>0$より，

$$[\mathrm{H^+}] = ch = c\sqrt{\frac{K_h}{c}} = \sqrt{\frac{cK_w}{K_b}}$$
$$= \sqrt{\frac{0.0092\,\mathrm{mol/L} \times 1.0 \times 10^{-14}\,\mathrm{mol^2/L^2}}{2.3 \times 10^{-5}\,\mathrm{mol/L}}}$$
$$= \sqrt{4.0 \times 10^{-12}}\,\mathrm{mol/L} = 2.0 \times 10^{-6}\,\mathrm{mol/L}$$
$$\mathrm{pH} = -\log_{10}(2.0 \times 10^{-6}) = -(\log_{10}2 + \log_{10}10^{-6})$$
$$= -(0.30 - 6) = 5.7$$

答　$K_h = \dfrac{K_w}{K_b}$，**pH 5.7**

考 問12
（教p.181）

アンモニア水に塩化アンモニウムを溶かした水溶液も緩衝液となる。この混合水溶液に少量の塩酸または少量の水酸化ナトリウム水溶液を加えたときの緩衝作用を，それぞれイオンを含む反応式を使って説明せよ。

考え方　緩衝液は，外から少量の酸 H^+ や塩基 OH^- が混入しても，pH の値はほとんど変わらない。液中には NH_3 と，NH_4Cl が電離してできた NH_4^+ が多量に存在する。

解説&解答　**答**　**アンモニアと塩化アンモニウムの混合水溶液には，NH_3 と NH_4^+ が多量に存在する。これに少量の塩酸を加えると塩酸が電離して生じる H^+ と NH_3 が反応して NH_4^+ が生成するため，$[H^+]$ はほとんど増加せず pH はほとんど変化しない。**

$$NH_3 + H^+ \longrightarrow NH_4^+$$

一方，少量の水酸化ナトリウム水溶液を加えると，電離して生じる OH^- が NH_4^+ と反応して NH_3 と H_2O が生成するため，$[OH^-]$ はほとんど増加せず pH はほとんど変化しない。

$$NH_4^+ + OH^- \longrightarrow NH_3 + H_2O$$

問A
（教p.181）

0.20 mol/L 酢酸 100 mL と，0.20 mol/L 水酸化ナトリウム水溶液 50 mL を混合し，水を加えて全体を 1.0 L にした。この水溶液の pH を小数第 1 位まで求めよ。ただし，酢酸の電離定数は 2.7×10^{-5} mol/L とする。
$\log_{10} 2.7 = 0.43$

考え方　酢酸に水酸化ナトリウムを混合すると，中和反応が起こって，塩の酢酸ナトリウムができる。

	CH_3COOH	+	$NaOH$	$\longrightarrow$	CH_3COONa	+	H_2O
（中和前）	$0.20 \times \frac{100}{1000}$		$0.20 \times \frac{50}{1000}$		0		0
（中和後）	1.0×10^{-2}		0		1.0×10^{-2}		1.0×10^{-2}

〔mol〕

水溶液は，酢酸と酢酸ナトリウムの緩衝液になる。この緩衝液中では，酢酸はほぼ電離していないと考えられ，水を加えて 1.0 L にしたので $[CH_3COOH] \fallingdotseq 1.0 \times 10^{-2}$ mol/L と近似できる。

また，酢酸ナトリウムはすべて電離しているとみなしてよく，加水分解は多量の酢酸分子の存在によって抑えられるので，
$[CH_3COO^-] \fallingdotseq 1.0 \times 10^{-2}$ mol/L と近似できる。

解説&解答 この水溶液のpHは次のように求められる。

酢酸の電離定数 $K_a = \dfrac{[CH_3COO^-][H^+]}{[CH_3COOH]}$ より

$$[H^+] = K_a \times \frac{[CH_3COOH]}{[CH_3COO^-]}$$
$$= 2.7 \times 10^{-5}\,\text{mol/L} \times \frac{1.0 \times 10^{-2}\,\text{mol/L}}{1.0 \times 10^{-2}\,\text{mol/L}}$$
$$= 2.7 \times 10^{-5}\,\text{mol/L}$$
$$\text{pH} = -\log_{10}(2.7 \times 10^{-5}) = -(\log_{10}2.7 - 5)$$
$$= -(0.43 - 5) = 4.57 \fallingdotseq 4.6$$

答 **pH 4.6**

思考学習 指示薬の変色域

教 p.182 ～ p.183

中和滴定に用いる指示薬は，それ自体が弱酸や弱塩基であり，電離の前後で分子の構造が変化するため変色を起こす。例えば，代表的な指示薬であるメチルオレンジは次のように電離し，電離前の構造では赤色，電離後の構造では黄色を示す。

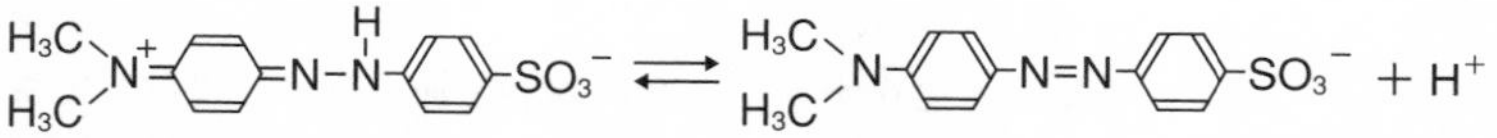

弱酸である指示薬をHAとすると，その電離平衡の式と電離定数 K_a は次のようになる。

$$HA \rightleftarrows H^+ + A^- \qquad ①$$

$$K_a = \frac{[H^+][A^-]}{[HA]} \qquad ②$$

一般に指示薬では，色をもつHAまたは A^- の濃度が，他方の濃度の10倍以上になるとその色を観察することができる。つまり，$\dfrac{[A^-]}{[HA]} \leqq 0.1$ ならばHAの色が，$\dfrac{[A^-]}{[HA]} \geqq 10$ ならば A^- の色が観察できる。よって指示薬の色の変化を観察できる範囲は，

$$0.1 \leqq \frac{[A^-]}{[HA]} \leqq 10 \qquad ③$$

となるときであり，このときのpHの範囲が指示薬の変色域となる。教 p.182 図A

ここで，電離定数 K_a の式（②式）の両辺の常用対数をとり，-1 を乗じると次のようになる。

$$-\log_{10}K_a = -\log_{10}\frac{[H^+][A^-]}{[HA]}$$

$$\mathrm{p}K_a = \mathrm{pH} - \log_{10}\frac{[\mathrm{A^-}]}{[\mathrm{HA}]} \qquad (\mathrm{p}K_a = -\log_{10}K_a)$$

$$\log_{10}\frac{[\mathrm{A^-}]}{[\mathrm{HA}]} = \mathrm{pH} - \mathrm{p}K_a \qquad ④$$

同様に，③式の各辺の常用対数をとると次のようになる。

$$\log_{10}10^{-1} \leqq \log_{10}\frac{[\mathrm{A^-}]}{[\mathrm{HA}]} \leqq \log_{10}10$$

$$-1 \leqq \log_{10}\frac{[\mathrm{A^-}]}{[\mathrm{HA}]} \leqq 1$$

ここに④式を代入し，整理すると次のようになる。

$$-1 \leqq \mathrm{pH} - \mathrm{p}K_a \leqq 1$$

$$\mathrm{p}K_a - 1 \leqq \mathrm{pH} \leqq \mathrm{p}K_a + 1 \qquad ⑤$$

以上より，指示薬の変色域は電離定数から決まり，$\mathrm{p}K_a$ の±1に収まることがわかる。例えば，メチルオレンジの電離定数は $K_a = 3.2 \times 10^{-4}$ mol/L なので，$\mathrm{p}K_a$ は次のようになる。($\log_{10}2 = 0.30$)

$$\mathrm{p}K_a = -\log_{10}K_a = -\log_{10}(3.2 \times 10^{-4}) = -\log_{10}(2^5 \times 10^{-5})$$
$$= 5 - 5\log_{10}2 = 5 - 5 \times 0.30 = 3.50$$

よって，メチルオレンジの変色域は，次のように求められる。

$$2.5 \leqq \mathrm{pH} \leqq 4.5$$

考察1　指示薬Xの電離定数は $K_a = 1.0 \times 10^{-5}$ mol/L，指示薬Yの電離定数は $K_a = 3.2 \times 10^{-10}$ mol/L である。指示薬Xと指示薬Yの変色域をそれぞれ求めよ。ただし，どちらの指示薬もメチルオレンジと同様にHAで表すことができる分子であり，$\log_{10}2 = 0.30$ とする。

考察2　ある酸と塩基を用いて中和滴定を行ったところ，図のような滴定曲線が得られた。この中和滴定では，指示薬Xと指示薬Yのうち，どちらを指示薬として用いるのが適切か。
考察1の計算結果から考えよ。

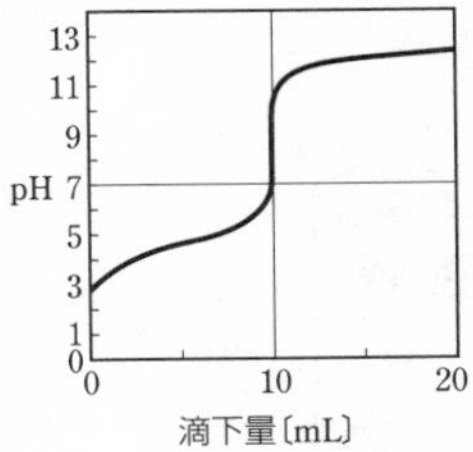

考察3　中和滴定では指示薬を多量に用いてはならない。それはなぜか。

解説&解答　**1**　⑤式より，

$$\mathrm{p}K_a - 1 \leqq \mathrm{pH} \leqq \mathrm{p}K_a + 1$$

指示薬Xの $K_a = 1.0 \times 10^{-5}$ mol/L より，

$$\mathrm{p}K_a = -\log_{10}(1.0 \times 10^{-5}) = 5.0$$

よって，変色域は，$4.0 \leqq \mathrm{pH} \leqq 6.0$

指示薬Yの $K_a = 3.2 \times 10^{-10}$ mol/L より，

$$\mathrm{p}K_a = -\log_{10}(3.2 \times 10^{-10}) = 11 - 5\log_{10}2 = 11 - 1.50 = 9.50$$

よって，変色域は，$8.5 \leqq \mathrm{pH} \leqq 10.5$

答　指示薬X：**$4.0 \leqq \mathrm{pH} \leqq 6.0$**　　指示薬Y：**$8.5 \leqq \mathrm{pH} \leqq 10.5$**

2 グラフより，滴定曲線の中和点はpH7～11の間なので，この範囲に変色域をもつ指示薬Yを用いるのが適切である。

答 指示薬Y

3 **答** **指示薬を多量に用いると，指示薬の電離によって生じる H^+ や OH^- の量が無視できないほど大きくなり，中和滴定の結果に影響を及ぼすから。**

問13（教p.185） ある温度で，臭化銀AgBrの飽和溶液のモル濃度が 7.2×10^{-7} mol/Lであるとき，AgBrの溶解度積を求めよ。

考え方 難溶性塩のAgBrの溶解度積 K_{sp} は，次のように求められる。

$$K_{sp} = [Ag^+][Br^-]$$

解説&解答 AgBrのモル濃度は 7.2×10^{-7} mol/Lなので，
$[Ag^+] = [Br^-] = 7.2 \times 10^{-7}$ mol/Lとなる。

$$K_{sp} = [Ag^+][Br^-] = (7.2 \times 10^{-7}\,\mathrm{mol/L})^2$$
$$= 51.84 \times 10^{-14}\,\mathrm{mol^2/L^2} \fallingdotseq \mathbf{5.2 \times 10^{-13}\,mol^2/L^2}$$ **答**

問14（教p.185） クロム酸銀 Ag_2CrO_4 の飽和溶液のモル濃度を x〔mol/L〕とするとき，Ag_2CrO_4(固) $\rightleftarrows$ $2Ag^+ + CrO_4^{2-}$ の溶解度積 K_{sp} を x を用いて表せ。

考え方 難溶性塩 A_aB_b が，A_aB_b(固) $\rightleftarrows$ $aA^{n+} + bB^{m-}$ の平衡状態のとき，次の関係が成りたつ。

$$K_{sp} = [A^{n+}]^a[B^{m-}]^b$$

解説&解答 Ag_2CrO_4（固）$\rightleftarrows$ $2Ag^+ + CrO_4^{2-}$
（平衡時） $2x$ x 〔mol/L〕

$$K_{sp} = [Ag^+]^2[CrO_4^{2-}] = (2x)^2 \cdot x = \mathbf{4x^3〔mol^3/L^3〕}$$ **答**

考 **問15**（教p.186） 室温の水溶液中での塩化銀AgClの溶解度積 K_{sp} は，$K_{sp} = 1.8 \times 10^{-10}\,\mathrm{mol^2/L^2}$ で表され，$[Ag^+][Cl^-] = K_{sp}$ となる $[Ag^+]$ と $[Cl^-]$ の関係はグラフの実線で示される。NaClと $AgNO_3$ を用いて銀イオン Ag^+ と塩化物イオン Cl^- の濃度が，それぞれ図の(ア)～(オ)の点で示される濃度になるように5種類の水溶液をつくった場合，沈殿が生じると推測できるものは水溶液(ア)～(オ)のどれか。当てはまるものをすべて答えよ。

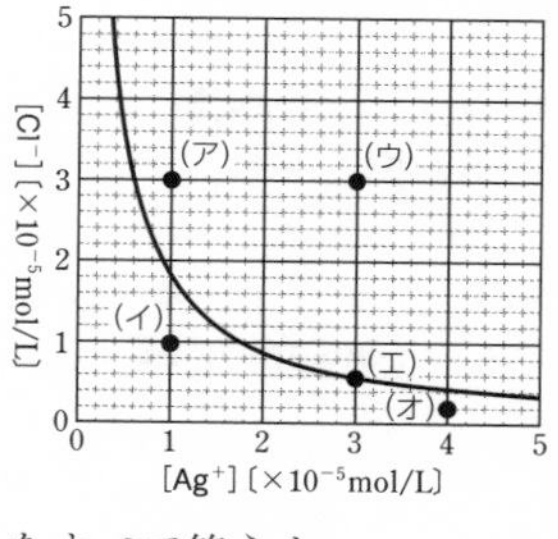

考え方 $[Ag^+][Cl^-] > K_{sp}$ のときAgClは沈殿する。

解説&解答 グラフの実線上とそれより下の範囲では，$[Ag^+][Cl^-] \leqq K_{sp}$ となり，沈殿は生じない。一方，グラフの実線より上の範囲では，$[Ag^+][Cl^-] > K_{sp}$ となり，AgClの沈殿が生じる。 **答** ア，ウ

問16
(**教** p.187)

1.0×10^{-3} mol/L の鉛(Ⅱ)イオン Pb^{2+} を含む水溶液に H_2S を通じて，水溶液中の硫化物イオンのモル濃度を 1.0×10^{-20} mol/L にした。硫化鉛(Ⅱ) PbS の沈殿は生じるか。ただし，PbS の溶解度積は $K_{sp} = 1.0 \times 10^{-28}\,mol^2/L^2$ とする。

考え方　難溶性塩 PbS の溶解度積と，沈殿の生成には，次の関係がある。

$[Pb^{2+}][S^{2-}] > K_{sp}$ のとき，PbS は沈殿する。

$[Pb^{2+}][S^{2-}] \leqq K_{sp}$ のとき，PbS は沈殿しない。

解説&解答

$$[Pb^{2+}][S^{2-}] = 1.0 \times 10^{-3}\,mol/L \times 1.0 \times 10^{-20}\,mol/L$$
$$= 1.0 \times 10^{-23}\,mol^2/L^2 (> K_{sp})$$

$[Pb^{2+}][S^{2-}] > K_{sp}$ より，PbS の沈殿が生じる。　**答**　**沈殿は生じる**

問A
(**教** p.189)

p.135 の参考(**教** p.189)の①～④式を用いて，飽和硫化水素水の pH を求めよ。ただし，飽和硫化水素水中の硫化水素の濃度 $[H_2S]$ は 0.10 mol/L，$K_1 = 1.0 \times 10^{-7}$ mol/L とする。また，$K_1 \gg K_2$ であり，二段階目の電離は無視できるものとする。

考え方　$H_2S \rightleftarrows H^+ + HS^-$

電離の式より，生じた H^+ と HS^- の濃度は等しい。

$[H^+] = x$〔mol/L〕として，②式より求める。

解説&解答

$$K_1 = \frac{[H^+][HS^-]}{[H_2S]} = \frac{[H^+][H^+]}{[H_2S]} = \frac{x^2}{0.10\,mol/L} = 1.0 \times 10^{-7}\,mol/L$$

$$x^2 = 1.0 \times 10^{-8}\,mol^2/L^2$$

$$x = 1.0 \times 10^{-4}\,mol/L$$

よって，$pH = -\log_{10}(1.0 \times 10^{-4}) = 4.0$　**答**　**pH 4.0**

問A
(**教** p.190)

ある濃度の食塩水 10 mL に指示薬として少量の K_2CrO_4 水溶液を加え，0.020 mol/L $AgNO_3$ 水溶液で滴定したところ，30.80 mL 加えたところで赤褐色の沈殿が生じた。このとき，用いた食塩水のモル濃度を求めよ。

考え方　$AgNO_3 + NaCl \longrightarrow NaNO_3 + AgCl$ の反応が起こる。

解説&解答　はじめの NaCl 水溶液の濃度を x〔mol/L〕とすると，滴定に用いた $AgNO_3$ のほとんどが消費されて AgCl として沈殿したと考えられる。

$$x \times \frac{10}{1000}\,L = 0.020\,mol/L \times \frac{30.80}{1000}\,L$$

$$x = 6.16 \times 10^{-2}\,mol/L \fallingdotseq \mathbf{6.2 \times 10^{-2}\,mol/L}$$　**答**

第2編　物質の変化

章 末 問 題

教 p.191 ～ p.192

1　N_2(気)＋$3H_2$(気)$\rightleftarrows$$2NH_3$(気)の反応が平衡状態に達している。次の中から，正しいものをすべて選べ。

(ア)　N_2とH_2とNH_3の分子の数の比は，1：3：2になっている。
(イ)　N_2とH_2の分子の総数は，NH_3の分子の数と等しくなっている。
(ウ)　正反応も逆反応も起こらず，化学反応は完全に停止している。
(エ)　正反応と逆反応の反応速度が等しく，見かけ上は反応は停止している。
(オ)　温度を変えた場合，平衡状態が変化し，平衡定数も変化する。

考え方　平衡状態とは，可逆反応において，正反応の速さと逆反応の速さが等しくなり，見かけ上反応が止まっている状態のことをいう。

解説&解答

(ア)，(イ)　平衡状態は温度などの条件によって変化し，N_2，H_2，NH_3の分子の数を反応式から判断することはできないので，誤り。
(ウ)　平衡状態では，正反応の速さ＝逆反応の速さとなっていて見かけ上反応が止まったように見えるが，どちらの速さも0ではないので，誤り。
(エ)　正しい。
(オ)　温度などの条件を変えると，平衡状態が変化し，平衡定数も変化するので，正しい。

答　(エ)，(オ)

2　次の反応が平衡状態に達しているとき，〈　　〉内の操作を行うと，平衡の移動は起こるか。また，移動する場合は左向きと右向きのどちらの方向か。

(1)　CO(気)＋$2H_2$(気)$\rightleftarrows$$CH_3OH$(気)　$\Delta H = -105\,\mathrm{kJ}$　〈加熱する〉
(2)　$NH_3 + H_2O \rightleftarrows NH_4^+ + OH^-$　〈塩酸を加える〉
(3)　C(固)＋CO_2(気)$\rightleftarrows$$2CO$(気)　〈圧力を高くする〉
(4)　C(固)＋CO_2(気)$\rightleftarrows$$2CO$(気)　〈C(固)を加える〉
(5)　$2SO_2$(気)＋O_2(気)$\rightleftarrows$$2SO_3$(気)　〈触媒として$V_2O_5$を加える〉
(6)　N_2O_4(気)$\rightleftarrows$$2NO_2$(気)　〈体積一定でArを加える〉
(7)　N_2O_4(気)$\rightleftarrows$$2NO_2$(気)　〈全圧一定でArを加える〉

考え方　「ある反応が平衡状態にあるときの条件(濃度・圧力・温度など)を変化させると，その影響を緩和する方向に平衡が移動する」というルシャトリエの原理から考える。

ある物質の濃度を増加(減少)させると，その物質の濃度が減少(増加)する方向に平衡が移動する。

気体分子の圧力を増加(減少)させると，気体分子の総数が減少(増加)する方向に平衡が移動する。

加熱(冷却)すると，吸熱(発熱)の方向に平衡が移動する。

触媒や反応に関与しない物質を加えても，平衡の移動は起こらない。ただし，気

体の反応が平衡状態にあるとき，全圧一定で Ar などの反応に関与しない気体を加えると反応に関係する物質の分圧が小さくなるので，気体分子の総数が大きくなる方向に平衡が移動する。

解説&解答

(1)　加熱すると，吸熱反応の方向(左向き)に平衡が移動する。　**答　左向き**

(2)　塩酸を加えると，塩酸の H^+ と水溶液中の OH^- が反応して OH^- が減少するため，右向きに平衡が移動する。　**答　右向き**

(3)　反応物の C は固体であり，気体の分圧には影響しない。圧力を高くすると，気体分子の総数が減少する方向(左向き)に平衡が移動する。　**答　左向き**

(4)　気体中の C の濃度は昇華によるもので温度一定なら C の昇華圧も一定なので，C(固)を加えても平衡は移動しない。　**答　移動しない**

(5)　触媒を加えると平衡に達する時間は短くなるが，平衡の移動は起こらない。　**答　移動しない**

(6)　体積一定で Ar を加えても，N_2O_4 と NO_2 の分圧は変わらないので，平衡の移動は起こらない。　**答　移動しない**

(7)　全圧一定で Ar を加えると，Ar の分圧の分だけ N_2O_4 と NO_2 の分圧は減少する。気体分子の総数が増加する方向(右向き)に平衡が移動する。　**答　右向き**

3　気体 A，B，C について，次の化学平衡が成りたっている。

$$aA + bB \rightleftarrows cC \quad (a,\ b,\ c \text{ は係数})$$

この反応の平衡定数を K とする。また，平衡状態での C の体積百分率と温度の関係は右図のようになっている。

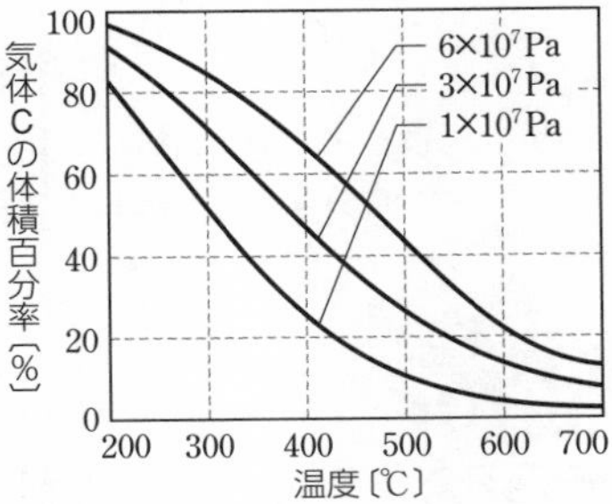

(1)　次の関係のうち，正しいものはどれか。

(ア)　$a + b < c$　　(イ)　$a + b > c$

(ウ)　$a + b = c$

(2)　この反応の右向きの反応は，発熱反応か吸熱反応か。

(3)　温度を上げると，この反応の平衡定数 K はどのように変化するか。

考え方　平衡状態のときの条件(濃度・温度・圧力など)に変化を与えたとき，平衡が移動する方向は，反応式によって異なる。したがって，濃度・温度・圧力のうち，どの条件の変化によって平衡が移動したかを見るには，1つの条件だけ変化させて，他の条件は同じにしたものをグラフ内で比較する必要がある。

解説&解答

(1)　圧力を高くすると，気体分子の総数が減少する方向に平衡が移動する。グラフより，温度一定で圧力を高くすると生成物(気体 C)の量が増加する。すなわち平衡が右向きに移動するので，気体分子の総数は左辺>右辺である。よって，

$a + b > c$　　**答　(イ)**

(2)　温度を上げると生成物(気体 C)の量が減少する。すなわち平衡が左向きに移動するので，右向きの反応は発熱反応である。　**答　発熱反応**

(3) 平衡定数は，$K=\dfrac{[C]^c}{[A]^a[B]^b}$ で表される。温度を上げると生成物（気体C）の量が減少するので，平衡が左に移動し，[A]，[B]は増加，[C]が減少するので，平衡定数は小さくなる。

答 小さくなる

4 1.0Lの容器に，約800℃で一酸化炭素COと水蒸気H_2Oを封入したところ，次のような平衡状態に達した。

$$CO(気)+H_2O(気) \rightleftarrows CO_2(気)+H_2(気)$$

平衡状態で，H_2Oは0.40mol，H_2は0.20mol，またCO_2の物質量はCOの物質量の2倍だけ存在していた。

(1) この反応の平衡定数Kを，[CO]，$[H_2O]$，$[CO_2]$，$[H_2]$を用いて表せ。

(2) この温度での平衡定数Kを求めよ。

(3) これと同じ大きさの容器に同じ温度で，COを0.60mol，H_2Oを0.40mol封入すると，平衡状態ではCO_2は何mol生成するか。

考え方 (2) 平衡状態におけるCOの物質量をx〔mol〕とすると，CO_2の物質量はCOの2倍なので$2x$〔mol〕となる。容器の体積が1.0Lであることより，平衡定数は次のようになる。

$$K=\frac{[CO_2][H_2]}{[CO][H_2O]}=\frac{\dfrac{2x\,[\mathrm{mol}]}{1.0\,\mathrm{L}}\times\dfrac{0.20\,\mathrm{mol}}{1.0\,\mathrm{L}}}{\dfrac{x\,[\mathrm{mol}]}{1.0\,\mathrm{L}}\times\dfrac{0.40\,\mathrm{mol}}{1.0\,\mathrm{L}}}$$

(3) 体積と温度が一定なので，平衡定数は(2)と同じ値になる。平衡状態におけるCO_2の物質量をy〔mol〕とすると，平衡時の物質量は次のように表される。

	CO	+	H_2O	$\rightleftarrows$	CO_2	+	H_2	
（反応前）	0.60		0.40		0		0	〔mol〕
（変化量）	$-y$		$-y$		$+y$		$+y$	〔mol〕
（平衡時）	$0.60-y$		$0.40-y$		y		y	〔mol〕

解説&解答 (1) **答** $K=\dfrac{[CO_2][H_2]}{[CO][H_2O]}$

(2) $$K=\frac{\dfrac{2x\,[\mathrm{mol}]}{1.0\,\mathrm{L}}\times\dfrac{0.20\,\mathrm{mol}}{1.0\,\mathrm{L}}}{\dfrac{x\,[\mathrm{mol}]}{1.0\,\mathrm{L}}\times\dfrac{0.40\,\mathrm{mol}}{1.0\,\mathrm{L}}}=\frac{0.40x}{0.40x}=1.0$$

答 1.0

(3) $$K=\frac{\left(\dfrac{y\,[\mathrm{mol}]}{1.0\,\mathrm{L}}\right)^2}{\left(\dfrac{0.60\,\mathrm{mol}-y\,[\mathrm{mol}]}{1.0\,\mathrm{L}}\right)\left(\dfrac{0.40\,\mathrm{mol}-y\,[\mathrm{mol}]}{1.0\,\mathrm{L}}\right)}=1.0$$

$y^2=(0.60-y)(0.40-y)=y^2-y+0.24$

$y=0.24$

よって，CO_2の物質量は，0.24mol

答 0.24mol

5　(1)　0.10 mol/L の1価の弱酸 HA の水溶液がある。ある温度での HA の電離定数は 4.0×10^{-5} mol/L であり，次の電離平衡が成りたっている。

$$HA \rightleftarrows H^{+} + A^{-}$$

(a)　HA の電離定数 K_a を[HA]，[H^+]，[A^-]を用いて表せ。

(b)　水溶液中の HA の電離度 α を求めよ。

(c)　水溶液の[H^+]を求めよ。

(d)　水溶液の pH を小数第1位まで求めよ。$\log_{10}2 = 0.30$

(2)　0.10 mol/L アンモニア水の pH を小数第1位まで求めよ。ただし，アンモニアの電離定数は $K_b = 2.3 \times 10^{-5}$ mol/L，水のイオン積は $K_w = 1.0 \times 10^{-14}\,\mathrm{mol^2/L^2}$，$\sqrt{2.3} = 1.5$，$\log_{10}2 = 0.30$，$\log_{10}3 = 0.48$ とする。

考え方　(1)　(b)　HA の濃度を c〔mol/L〕，電離度を α とすると，濃度の関係は以下のようになる。

	HA	⇄	H^+	＋	A^-	
(電離前)	c		0		0	〔mol/L〕
(変化量)	$-c\alpha$		$+c\alpha$		$+c\alpha$	〔mol/L〕
(平衡時)	$c(1-\alpha)$		$c\alpha$		$c\alpha$	〔mol/L〕

(2)　アンモニア水の濃度を c〔mol/L〕，電離度を α とすると，濃度の関係は以下のようになる。

	NH_3	＋	H_2O	⇄	NH_4^+	＋	OH^-	
(電離前)	c				0		0	〔mol/L〕
(変化量)	$-c\alpha$				$+c\alpha$		$+c\alpha$	〔mol/L〕
(平衡時)	$c(1-\alpha)$				$c\alpha$		$c\alpha$	〔mol/L〕

解説&解答

(1)　(a)　**答**　$K_a = \dfrac{[H^+][A^-]}{[HA]}$

(b)　$1-\alpha \fallingdotseq 1$ と近似できるので，

$$K_a = \frac{[H^+][A^-]}{[HA]} = \frac{(c\alpha)^2}{c(1-\alpha)} \fallingdotseq c\alpha^2 \quad \alpha > 0 \text{ より，} \alpha = \sqrt{\frac{K_a}{c}}$$

$c = 0.10$ mol/L，$K_a = 4.0 \times 10^{-5}$ mol/L を代入すると，

$$\alpha = \sqrt{\frac{4.0 \times 10^{-5}\,\mathrm{mol/L}}{0.10\,\mathrm{mol/L}}} = \sqrt{4.0 \times 10^{-4}} = 2.0 \times 10^{-2}$$

答　$\mathbf{2.0 \times 10^{-2}}$

(c)　$[H^+] = c\alpha = 0.10\,\mathrm{mol/L} \times 2.0 \times 10^{-2} = 2.0 \times 10^{-3}\,\mathrm{mol/L}$

答　$\mathbf{2.0 \times 10^{-3}\,mol/L}$

(d)　$\mathrm{pH} = -\log_{10}[H^+] = -\log_{10}(2.0 \times 10^{-3}) = 3 - 0.30 = 2.70$　**答**　**pH 2.7**

(2)　$1-\alpha \fallingdotseq 1$ と近似できるので，

$$K_b = \frac{[NH_4^+][OH^-]}{[NH_3]} = \frac{(c\alpha)^2}{c(1-\alpha)} \fallingdotseq c\alpha^2 \quad \alpha > 0 \text{ より，} \alpha = \sqrt{\frac{K_b}{c}}$$

$$[OH^-] = c\alpha = \sqrt{cK_b}$$

$c = 0.10$ mol/L，$K_b = 2.3 \times 10^{-5}$ mol/L を代入すると，

$$[OH^-] = \sqrt{2.3 \times 10^{-6}\,\mathrm{mol^2/L^2}} = \sqrt{2.3} \times 10^{-3}\,\mathrm{mol/L}$$

$$[\mathrm{H^+}] = \frac{K_w}{[\mathrm{OH^-}]} = \frac{1.0 \times 10^{-14}\,\mathrm{mol^2/L^2}}{\sqrt{2.3} \times 10^{-3}\,\mathrm{mol/L}} = \frac{1.0 \times 10^{-11}}{1.5}\,\mathrm{mol/L}$$

$$\mathrm{pH} = -\log_{10}\frac{1.0 \times 10^{-11}}{1.5} = 11 - \log_{10}\frac{2}{3} = 11 - \log_{10}2 - (-\log_{10}3)$$

$$= 11 - 0.30 + 0.48 = 11.18 \fallingdotseq 11.2$$

答 pH 11.2

考えてみよう！

6 0.10 mol/L の CH_3COOH 水溶液が 10 mL ある。この水溶液を 0.10 mol/L の NaOH 水溶液で滴定したところ，図の滴定曲線が得られた。

(1) 図の①では pH = 2.8 であった。この酢酸の電離定数 K_a を求めよ。$10^{-0.8} = 0.16$

(2) 図の②では生じた塩の加水分解が起こり，弱塩基性となっている。加水分解の反応式を示せ。

(3) 図の③のとき，水溶液中に最も多く存在するイオンの化学式を答えよ。

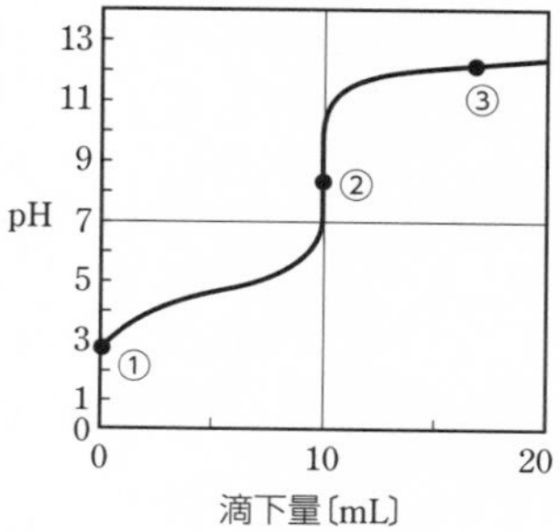

考え方 電離度を α とすると，

	CH_3COOH ⇄	H^+ +	CH_3COO^-	
(電離前)	c	0	0	〔mol/L〕
(変化量)	$-c\alpha$	$+c\alpha$	$+c\alpha$	〔mol/L〕
(平衡時)	$c(1-\alpha)$	$c\alpha$	$c\alpha$	〔mol/L〕

(3) 図の③付近では，pH は中和点をこえて NaOH 水溶液を滴下している。

解説&解答

(1) $1 - \alpha \fallingdotseq 1$ と近似できるので，

$$K_a = \frac{[\mathrm{H^+}][\mathrm{CH_3COO^-}]}{[\mathrm{CH_3COOH}]} = \frac{(c\alpha)^2}{c(1-\alpha)} \fallingdotseq c\alpha^2 \quad \alpha > 0 \text{ より，} \alpha = \sqrt{\frac{K_a}{c}}$$

よって，$[\mathrm{H^+}] = c\alpha = \sqrt{cK_a}$

pH = 2.8 より，

$$[\mathrm{H^+}] = 10^{-2.8}\,\mathrm{mol/L} = 0.16 \times 10^{-2}\,\mathrm{mol/L} = 1.6 \times 10^{-3}\,\mathrm{mol/L}$$

$$[\mathrm{H^+}] = \sqrt{cK_a} = 1.6 \times 10^{-3}\,\mathrm{mol/L}$$

$$0.10\,\mathrm{mol/L} \times K_a = (1.6 \times 10^{-3}\,\mathrm{mol/L})^2$$

$$K_a = 2.56 \times 10^{-5}\,\mathrm{mol/L} \fallingdotseq 2.6 \times 10^{-5}\,\mathrm{mol/L}$$

答 2.6×10^{-5} mol/L

(2) 弱酸である CH_3COOH と強塩基である NaOH から生じる CH_3COONa は，水に溶かすとほぼ完全に電離する。

$$\mathrm{CH_3COONa} \longrightarrow \mathrm{CH_3COO^-} + \mathrm{Na^+}$$

ここで生じた CH_3COO^- は水分子と次のように反応する。

$$\mathbf{CH_3COO^- + H_2O \rightleftarrows CH_3COOH + OH^-}$$ **答**

(3) 図の③付近では，NaOH と CH_3COONa の混合水溶液となっている。それぞれがほぼ完全に電離しているので，最も多く存在するのは Na^+ である。 **答 Na^+**

第 1 章　非金属元素

教 p.194 ～ p.225

1 元素の分類と周期表

私たちの身のまわりの物質は，大きく**無機物質**(無機物)と**有機化合物**(有機物)に分類される。有機化合物は炭素原子を骨格とした化合物(酢酸やショ糖など)であり，有機化合物でない物質を無機物質(塩化ナトリウムや鉄など)という。

A 周期表における元素の分類

●典型元素と遷移元素　下図の周期表の 1，2，13 ～ 18 族の元素を**典型元素**，3 ～ 12 族の元素を**遷移元素**という。12 族元素は，遷移元素に含めない場合がある。

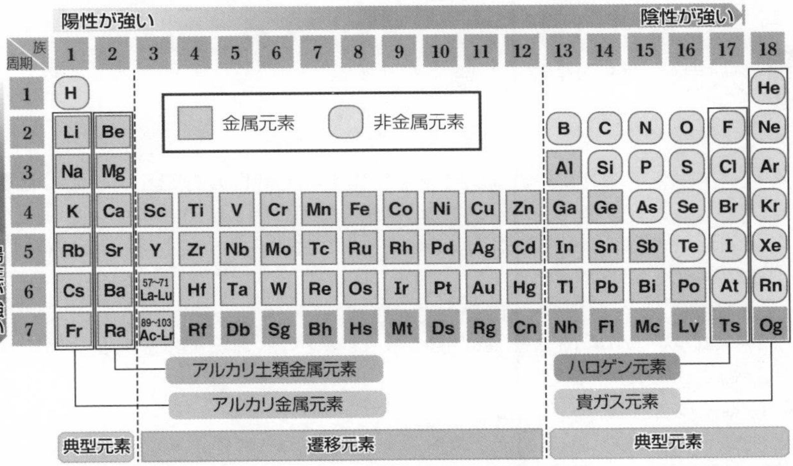

▲**元素の分類と周期表**　周期表の同じ族に属している元素を**同族元素**という。水素を除く 1 族，2 族，17 族，18 族の同族元素は，共通の性質があり，それぞれ固有の名称がつけられている。

●金属元素と非金属元素　単体が金属の性質を示す元素を**金属元素**，単体が金属特有の性質を示さない元素を**非金属元素**という。

B 元素の周期性

一般に，同じ周期の元素では，周期表の左側にある元素ほど陽性(陽イオンになる性質)が強く，貴ガスを除いて右側にある元素ほど陰性(陰イオンになる性質)が強い。

●酸化物の酸性・塩基性　酸素の化合物を**酸化物**という。

陽性が強い元素の酸化物の多くは水と反応して塩基を生じたり，酸と反応して塩を生じたりする。このような酸化物を**塩基性酸化物**といい，水と反応すると水酸化物となるため，水溶液は塩基性を示す。

$$Na_2O + H_2O \longrightarrow 2NaOH \quad (1)$$
塩基性酸化物　　　　　塩基

また，陰性が強い元素の酸化物の多くは水と反応して酸を生じたり，塩基と反応して塩を生じたりする。このような酸化物を**酸性酸化物**といい，水と反応するとオキソ酸(分子中に酸素を含む酸。次亜塩素酸 HClO，硫酸 H_2SO_4，硝酸 HNO_3 など)となるため，水溶液は酸性を示す。

$$SO_3 + H_2O \longrightarrow H_2SO_4 \quad (2)$$
酸性酸化物　　　　　酸

また，酸とも強塩基とも反応する酸化物を**両性酸化物**という。教 p.196 表 1

●単体の酸化作用・還元作用　17 族のハロゲン元素の単体は，他の物質から電子を奪う力が大きいので，酸化作用が大きい(強い酸化剤になりやすい)。一方，1 族のアルカリ金属元素や 2 族のアルカリ土類金属元素の単体は，他の物質へ電子を与える力が大きいので，還元作用が大きい(強い還元剤になりやすい)。教 p.196 図 2

2 水素・貴ガス元素

A 水素

水素 H は宇宙に最も多く存在している元素である。単体の水素 H_2 は，地球上では天然にほとんど存在せず，実験室では亜鉛・鉄などの金属と酸の反応や，亜鉛・アルミニウムなどの金属と強塩基の反応によって発生させる。また，水の電気分解によっても得られる。

$$Zn + H_2SO_4 \longrightarrow ZnSO_4 + H_2\uparrow \quad (3)$$

工業的には，ニッケル Ni を触媒に用いて，メタンのような炭化水素と水蒸気を反応させ，生成物から水素を分け取って製造される。

$$CH_4 + H_2O \xrightarrow{\text{触媒(Ni)}} CO + 3H_2 \quad (4)$$

水素はすべての気体の中で密度が最も小さく(教 p.197 表 2)，水に溶けにくい。空気中で点火すると淡い青色の高温の炎を出して燃え，水になる。

$$2H_2 + O_2 \longrightarrow 2H_2O \quad (5)$$

また，高温では金属の酸化物を還元することができる。教 p.197 図 3

$$CuO + H_2 \longrightarrow Cu + H_2O \quad (6)$$

水素は非金属元素と共有結合で結びつく。非金属元素の水素化合物は，常温・常圧で気体のものが多い。また，水素は陽性の強い金属とは，水素化物イオン H^- としてイオン結合で結びつく。教 p.197 表 3

B 貴ガス元素

18 族に属する元素を**貴ガス元素**という。貴ガス(希ガス)は，単原子分子として空気中にわずかに存在する無色・無臭の気体で，融点・沸点が非常に低い(教 p.198 表 4)。貴ガス元素の原子は，価電子の数が 0 個で，安定な電子配置をもつ。他の物質と結合しにくいため，化合物をつくりにくい。

●ヘリウム　ヘリウム He は，天然ガスを冷却してできた液体を分留することで得られる。水素に次いで軽く，不燃性であるため，風船や飛行船に使われる。また，すべての物質の中で最も沸点が低いので，液体ヘリウムは極低温の実験に用いられる。

●アルゴン　アルゴン Ar は，空気中に約1%(体積比)含まれていて，液体空気の分留によって得られる。アルゴンは，電球や蛍光灯の封入ガス，溶接時の酸化を防ぐ保護ガスに使われる。

3 ハロゲン元素

A ハロゲン元素の性質

17族に属する元素を**ハロゲン元素**という。ハロゲン元素の原子は7個の価電子をもち，1価の陰イオンになりやすい。ハロゲン元素の単体はすべて二原子分子で，有色で毒性をもつ。

第3編　無機物質

B ハロゲンの酸化力

ハロゲン元素の単体はすべて酸化力をもつ。その酸化力の強さの順は，$F_2 > Cl_2 > Br_2 > I_2$ であり，原子番号が小さいほど酸化力が強い。**教 p.199 表6**

$$2KBr + Cl_2 \longrightarrow 2KCl + Br_2 \tag{7}$$
（Br_2 より強い酸化剤）

$$2KI + Cl_2 \longrightarrow 2KCl + I_2 \tag{8}$$
（I_2 より強い酸化剤）

$$2KI + Br_2 \longrightarrow 2KBr + I_2 \tag{9}$$
（I_2 より強い酸化剤）

C 単体の性質

●塩素　単体の塩素 Cl_2 は，工業的には塩化ナトリウム水溶液の電気分解で製造される。実験室では，酸化マンガン(Ⅳ) MnO_2 に濃塩酸を加え，加熱して発生させる。

教 p.201 図6

$$MnO_2 + 4HCl \longrightarrow MnCl_2 + 2H_2O + Cl_2\uparrow \tag{10}$$

また，希塩酸をさらし粉(主成分 $CaCl(ClO)\cdot H_2O$)または高度さらし粉(主成分 $Ca(ClO)_2\cdot 2H_2O$)に加えても得られる。

$$CaCl(ClO)\cdot H_2O + 2HCl \longrightarrow CaCl_2 + 2H_2O + Cl_2\uparrow$$
$$Ca(ClO)_2\cdot 2H_2O + 4HCl \longrightarrow CaCl_2 + 4H_2O + 2Cl_2\uparrow$$

単体の塩素は黄緑色の有毒な気体で，刺激臭がある。加熱した銅やナトリウムと激しく反応する。

$$Cu + Cl_2 \longrightarrow CuCl_2 \tag{11}$$

また，水に少し溶けて塩素水をつくる。溶けた塩素の一部は，水と反応して塩化水素 HCl と次亜塩素酸 HClO になる。次亜塩素酸は水溶液中でのみ生じる弱酸である。

$$Cl_2 + H_2O \rightleftarrows HCl + HClO \tag{12}$$

●ヨウ素 単体のヨウ素は，黒紫色(こくししょく)の昇華性の結晶で，水には溶けにくいが，エタノールやヨウ化カリウム水溶液には溶けて，褐色の溶液になる。デンプン溶液にヨウ素の溶液を加えると，**ヨウ素デンプン反応**により，青～青紫色になる。

D 化合物

ハロゲン元素は，非金属元素とは共有結合をつくり，金属元素とはイオン結合をつくる。

●フッ化水素 フッ化水素 HF は，蛍石（主成分はフッ化カルシウム CaF_2）の粉末に濃硫酸を加え，加熱してつくられる。

$$CaF_2 + H_2SO_4 \longrightarrow CaSO_4 + 2HF\uparrow \quad (13)$$

フッ化水素は分子間で水素結合を形成しているため，他のハロゲン化水素に比べて著しく沸点が高い。教 p.202 表 7

フッ化水素の水溶液は**フッ化水素酸**とよばれ，電離度は小さい（弱酸）。フッ化水素酸は，ガラスの主成分である二酸化ケイ素 SiO_2 を溶かすため，ガラスの表面処理に用いられ，ポリエチレンの容器で保存する。

$$SiO_2 + 6HF \longrightarrow \underset{\text{ヘキサフルオロケイ酸}}{H_2SiF_6} + 2H_2O \quad (14)$$

●塩化水素 塩化水素 HCl は，工業的には単体の塩素と水素から直接つくられる。実験室では，塩化ナトリウムに濃硫酸を加え，加熱して発生させる。揮発性の酸の塩に不揮発性の酸を加えて加熱すると，揮発性の酸が発生することを利用している。

$$H_2 + Cl_2 \xrightarrow{\text{光}} 2HCl \quad (15)$$

$$\underset{\text{揮発性の酸の塩}}{NaCl} + \underset{\text{不揮発性の酸}}{H_2SO_4} \longrightarrow NaHSO_4 + \underset{\text{揮発性の酸}}{HCl\uparrow} \quad (16)$$

塩化水素とアンモニアが反応すると，塩化アンモニウム NH_4Cl の白煙（微少な結晶）が生じる。

$$HCl + NH_3 \longrightarrow NH_4Cl \quad (17)$$

塩化水素は刺激臭の気体で，水に非常によく溶ける。水溶液は**塩酸**とよばれ，電離度が大きい（強酸）。

●さらし粉 **さらし粉**（主成分 $CaCl(ClO)\cdot H_2O$）は，湿った水酸化カルシウムに塩素を通じて生成する。さらし粉のように２種類以上の塩からなり，水に溶けるとそれぞれの成分イオンに電離する塩を**複塩**という。

$$Ca(OH)_2 + Cl_2 \longrightarrow CaCl(ClO)\cdot H_2O \quad (18)$$

さらし粉が水溶液中で電離して生じる次亜塩素酸イオン ClO^- は酸化力が強い。

$$ClO^- + 2H^+ + 2e^- \longrightarrow H_2O + Cl^- \quad (19)$$

さらし粉から溶解度の大きな $CaCl_2$ を除いたものは**高度さらし粉**とよばれ，主成分は次亜塩素酸カルシウム $Ca(ClO)_2\cdot 2H_2O$ である。

●ハロゲンの塩の溶解度 ハロゲンの塩は水に溶けやすいものが多いが，AgF 以外のハロゲン化銀は水にほとんど溶けない。Cl^-，Br^-，I^- を含む水溶液に Ag^+ を加えると，AgCl（白），AgBr（淡黄），AgI（黄）の沈殿が生成する。教 p.203 図 9

4 酸素・硫黄

A 単体

酸素Oと硫黄Sは16族に属する典型元素で，原子は6個の価電子をもち，2価の陰イオンになりやすい。教 p.204 表8

●酸素　酸素には，酸素 O_2 とオゾン O_3 の2つの同素体がある。教 p.204 表9

【酸素】　酸素 O_2 は，実験室では過酸化水素 H_2O_2 の水溶液に酸化マンガン(Ⅳ) MnO_2 (触媒)を加えるか，塩素酸カリウム $KClO_3$ と酸化マンガン(Ⅳ)(触媒)の混合物を加熱して発生させる。

$$2H_2O_2 \xrightarrow{\text{触媒}(MnO_2)} 2H_2O + O_2\uparrow \quad (20)$$

$$2KClO_3 \xrightarrow[\text{(熱分解)}]{\text{触媒}(MnO_2)} 2KCl + 3O_2\uparrow \quad (21)$$

酸素は無色・無臭の気体で，多くの元素と反応して酸化物をつくる。

【オゾン】　オゾン O_3 は，酸素 O_2 中で紫外線を当てたり，無声放電(音の発生しない放電)を行ったりすると発生する。

$$3O_2 \xrightarrow{\text{無声放電}} 2O_3 \quad (22)$$

オゾンは特異臭をもつ淡青色の有毒な気体で，O_2 に分解しやすく，このとき酸化作用を示す。ヨウ化カリウム水溶液にオゾンを通じると，I^- が酸化される。

$$2KI + O_3 + H_2O \longrightarrow I_2 + 2KOH + O_2 \quad (23)$$

●硫黄　硫黄の同素体は，**斜方硫黄・単斜硫黄・ゴム状硫黄**などがある(教 p.205 表10)。空気中で点火すると青い炎をあげて燃え，二酸化硫黄 SO_2 を生じる。教 p.205 図12

$$S + O_2 \longrightarrow SO_2 \quad (24)$$

B 化合物

酸素と硫黄は，非金属元素とは共有結合をつくり，金属元素とはイオン結合をつくる。

●酸化物　酸化物は，水や酸・塩基との反応の違いにより，酸性酸化物・塩基性酸化物・両性酸化物に分類される。教 p.205 表11

【酸性酸化物の反応】

水との反応　$$\underset{\text{酸性酸化物}}{SO_3} + H_2O \longrightarrow \underset{\text{酸}}{H_2SO_4} \quad (25)$$

塩基との反応　$$\underset{\text{酸性酸化物}}{CO_2} + \underset{\text{塩基}}{Ca(OH)_2} \longrightarrow \underset{\text{塩}}{CaCO_3} + H_2O \quad (26)$$

【塩基性酸化物の反応】

水との反応　$$\underset{\text{塩基性酸化物}}{CaO} + H_2O \longrightarrow \underset{\text{塩基}}{Ca(OH)_2} \quad (27)$$

酸との反応　$$\underset{\text{塩基性酸化物}}{CuO} + \underset{\text{酸}}{H_2SO_4} \longrightarrow \underset{\text{塩}}{CuSO_4} + H_2O \quad (28)$$

第3編　無機物質

【両性酸化物の反応】

酸との反応 $Al_2O_3 + \underset{\text{酸}}{6HCl} \longrightarrow 2AlCl_3 + 3H_2O$ (29)

強塩基との反応 $Al_2O_3 + \underset{\text{塩基}}{2NaOH} + 3H_2O \longrightarrow \underset{\text{テトラヒドロキシドアルミン酸ナトリウム}}{2Na[Al(OH)_4]}$ (30)

●オキソ酸 次亜塩素酸 $HClO$，硫酸 H_2SO_4，硝酸 HNO_3 のように，分子中に酸素を含む酸を**オキソ酸**という。酸性酸化物と水の反応によって生じる酸の多くは，オキソ酸である。同一元素のオキソ酸では，中心原子の酸化数が大きいものほど酸性が強くなる。教 **p.206** 表 12

●硫化水素 硫化水素 H_2S は腐卵臭をもつ無色の有毒な気体で，硫化鉄(Ⅱ) FeS に希硫酸を加えると発生する。

$\underset{\text{弱酸の塩}}{FeS} + \underset{\text{強酸}}{H_2SO_4} \xrightarrow{\text{弱酸の遊離}} \underset{\text{強酸の塩}}{FeSO_4} + \underset{\text{弱酸の気体}}{H_2S}\uparrow$ (31)

硫化水素は酸化されやすく，強い還元剤としてはたらく。

$H_2S \longrightarrow S + 2H^+ + 2e^-$ (32)

水に少し溶け，水溶液(硫化水素水)は弱い酸性を示す。

$H_2S \overset{\text{電離}}{\rightleftarrows} H^+ + HS^-$ (33) $HS^- \overset{\text{電離}}{\rightleftarrows} H^+ + S^{2-}$ (34)

金属イオンを含む水溶液に硫化水素を通じると，硫化物の沈殿を生成することが多い。教 **p.207** 表 13

$Cu^{2+} + S^{2-} \longrightarrow CuS\downarrow$ (35)

●二酸化硫黄 二酸化硫黄 SO_2 は，刺激臭をもつ無色の有毒な気体で，亜硫酸ナトリウム Na_2SO_3 に希硫酸を加えると発生する。

$\underset{\text{弱酸の塩}}{Na_2SO_3} + \underset{\text{強酸}}{H_2SO_4} \xrightarrow{\text{弱酸の遊離}} \underset{\text{強酸の塩}}{Na_2SO_4} + H_2O + \underset{\text{弱酸の気体}}{SO_2}\uparrow$ (36)

また，銅に加熱した濃硫酸(熱濃硫酸)を作用させると，銅によって硫酸が還元され，二酸化硫黄が発生する。

$Cu + \underset{\text{熱濃硫酸}}{2H_2SO_4} \longrightarrow CuSO_4 + 2H_2O + SO_2\uparrow$ (37)

二酸化硫黄はふつう還元剤としてはたらく((38)式)が，硫化水素との反応では酸化剤としてはたらく((39)式)。教 **p.207** 図 13

$\underset{\text{酸化数}+4}{\underline{S}O_2} + \underset{0}{\underline{I}_2} + 2H_2O \longrightarrow H_2\underset{+6}{\underline{S}}O_4 + 2H\underset{-1}{\underline{I}}$ (38)

$\underset{\text{酸化数}+4}{\underline{S}O_2} + 2H_2\underset{-2}{\underline{S}} \longrightarrow 3\underset{0}{\underline{S}} + 2H_2O$ (39)

二酸化硫黄を水に溶かすと，亜硫酸 H_2SO_3 となって電離し，弱い酸性を示す。

$SO_2 + H_2O \rightleftarrows \underbrace{H^+ + HSO_3^-}_{H_2SO_3}$ (40)

●硫酸の製造 硫酸 H_2SO_4 は，工業的には接触式硫酸製造法(接触法)で製造される。

接触式硫酸製造法（接触法）

1 酸化バナジウム（Ⅴ）V_2O_5 を触媒にして，二酸化硫黄を空気中の酸素と反応させて，三酸化硫黄 SO_3 をつくる。

$$2SO_2 + O_2 \underset{}{\overset{触媒(V_2O_5)}{\rightleftarrows}} 2SO_3 \qquad (41)$$

2 三酸化硫黄を 98 ～ 99％の濃硫酸に吸収させ，その中の水と反応させる。

$$SO_3 + \underset{(濃硫酸中の水)}{H_2O} \longrightarrow H_2SO_4 \qquad (42)$$

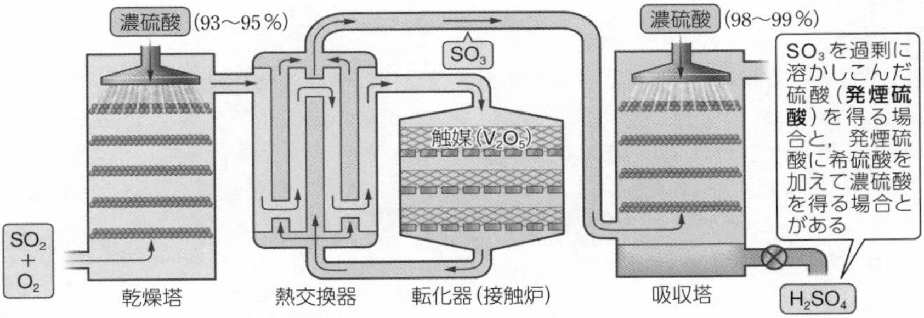

▲**硫酸の製造（接触式硫酸製造法）**　原料の二酸化硫黄は，石油精製のときに得られた単体の硫黄を燃やしてつくる。また，黄鉄鉱などの硫化鉱を焼いてつくることもある。

●硫酸の性質

【濃硫酸】　無色の重い液体で，粘性が高く，ほとんど電離していない。濃硫酸を水に溶かすと，多量の熱を発生する。

(1)**不揮発性**　沸点が高く，不揮発性なので，揮発性の酸の塩と反応させると，揮発性の酸が遊離する。教 p.209 図 16 (1)

$$\underset{揮発性の酸の塩}{NaCl} + \underset{不揮発性の酸}{H_2SO_4} \longrightarrow NaHSO_4 + \underset{揮発性の酸}{HCl}\uparrow \qquad (43)$$

(2)**吸湿性**　吸湿性が高く，中性・酸性の気体の乾燥剤として用いられる。

教 p.209 図 16 (2)

(3)**脱水作用**　ヒドロキシ基 −OH をもつ有機化合物から，H と OH を水分子として脱離させるはたらき（脱水作用）が強い。例えば，スクロース $C_{12}H_{22}O_{11}$ に濃硫酸を加えると，スクロースは炭化する。教 p.209 図 16 (3)

$$C_{12}H_{22}O_{11} \xrightarrow[脱水]{濃硫酸} 12C + 11H_2O \qquad (44)$$

(4)**酸化作用**　加熱した濃硫酸（**熱濃硫酸**）には強い酸化作用があり，銅や銀などの酸化されにくい（イオン化傾向が水素より小さい）金属を溶かす（教 p.209 図 16 (4)）。硫酸自身は還元され，二酸化硫黄となる。

$$Cu + \underset{熱濃硫酸}{2H_2SO_4} \longrightarrow CuSO_4 + 2H_2O + SO_2\uparrow \qquad (37)$$

【希硫酸】　希硫酸は強い酸性を示し，鉄や亜鉛などのイオン化傾向が水素より大きい金属と反応して水素を発生する。

第3編 無機物質

$$Fe + H_2SO_4 \longrightarrow FeSO_4 + H_2\uparrow \qquad (45)$$

炭酸塩などの弱酸の塩に加えると，弱酸の気体が発生する。

$$\underset{\text{弱酸の塩}}{Na_2CO_3} + \underset{\text{強酸}}{H_2SO_4} \xrightarrow{\text{弱酸の遊離}} \underset{\text{強酸の塩}}{Na_2SO_4} + H_2O + \underset{\text{弱酸の気体}}{CO_2}\uparrow \qquad (46)$$

$$\underset{\text{弱酸の塩}}{FeS} + \underset{\text{強酸}}{H_2SO_4} \xrightarrow{\text{弱酸の遊離}} \underset{\text{強酸の塩}}{FeSO_4} + \underset{\text{弱酸の気体}}{H_2S}\uparrow \qquad (47)$$

5　窒素・リン

A　単体

窒素 N とリン P は，15 族に属する典型元素で，原子は 5 個の価電子をもつ。

教 p.211 表 14

●窒素　単体の窒素 N_2 は，空気の約 78%（体積比）を占める，無色無臭の気体である。工業的には，液体空気の分留によって得られ，実験室では亜硝酸アンモニウムの熱分解によって得られる。

$$NH_4NO_2 \longrightarrow N_2 + 2H_2O$$

単体の窒素は，常温では反応しにくいが，高温・高圧ではいろいろな化合物をつくる。教 p.211 表 15

●リン　リンの同素体には**黄リン** P_4，**赤リン** P などがある。黄リンは，リン酸カルシウム $Ca_3(PO_4)_2$ を主成分とする鉱石にけい砂（主成分 SiO_2）とコークス（主成分 C）を混ぜて電気炉中で強熱すると得られる。赤リンは，黄リンを窒素中で 250℃付近で長時間加熱すると得られる。

黄リンは淡黄色の固体で，空気中で自然発火するため，水中で保管する。また，毒性が強く，皮膚に触れると火傷などの傷害を起こす。赤リンは赤褐色の粉末で，毒性は弱く，マッチの摩擦面に利用される。教 p.211 表 16

B　化合物

●アンモニア　アンモニア NH_3 は，刺激臭をもつ無色の気体である。

実験室では，塩化アンモニウム NH_4Cl と水酸化カルシウム $Ca(OH)_2$ の混合物を加熱して発生させる。教 p.212 図 17

$$\underset{\text{弱塩基の塩}}{2NH_4Cl} + \underset{\text{強塩基}}{Ca(OH)_2} \xrightarrow{\text{弱塩基の遊離}} \underset{\text{強塩基の塩}}{CaCl_2} + 2H_2O + \underset{\text{弱塩基の気体}}{2NH_3}\uparrow \qquad (48)$$

工業的には，ハーバー・ボッシュ法（教 p.165）により製造される。教 p.212 図 18

ハーバー・ボッシュ法

四酸化三鉄 Fe_3O_4 を主成分とした触媒を用いて，窒素と水素を高温・高圧の条件（400 ～ 600℃，$1 \times 10^7 \sim 3 \times 10^7$ Pa）で合成する。

$$N_2 + 3H_2 \xrightleftharpoons{\text{触媒}(Fe_3O_4)\text{，高温・高圧}} 2NH_3 \qquad (49)$$

アンモニアは水に非常によく溶け，その水溶液（アンモニア水）は弱い塩基性を示す。

$$NH_3 + H_2O \xrightleftharpoons{\text{電離}} NH_4^+ + OH^- \quad (50)$$

高温・高圧で二酸化炭素と反応させると尿素 $(NH_2)_2CO$ になる。

$$CO_2 + 2NH_3 \longrightarrow (NH_2)_2CO + H_2O \quad (51)$$

●窒素酸化物　窒素は酸素とさまざまな割合で酸化物をつくる。**教 p.213 表 17**

【一酸化窒素 NO】　水に溶けにくい無色の気体で，銅と希硝酸を反応させると発生する。**教 p.213 図 19**

$$3Cu + \underset{\text{希硝酸}}{8HNO_3} \longrightarrow 3Cu(NO_3)_2 + 4H_2O + 2NO\uparrow \quad (52)$$

空気中ではすぐに酸化されて，赤褐色の二酸化窒素になる。

$$\underset{\text{（無色）}}{2NO} + O_2 \longrightarrow \underset{\text{（赤褐色）}}{2NO_2} \quad (53)$$

【二酸化窒素 NO_2】　水に溶けやすく，刺激臭をもつ赤褐色の有毒な気体で，銅と濃硝酸を反応させると発生する。**教 p.213 図 20**

$$Cu + \underset{\text{濃硝酸}}{4HNO_3} \longrightarrow Cu(NO_3)_2 + 2H_2O + 2NO_2\uparrow \quad (54)$$

常温では，二酸化窒素の一部が無色の四酸化二窒素 N_2O_4 となり，平衡状態になっている。**教 p.164 図 6**

$$\underset{\text{（赤褐色）}}{2NO_2} \rightleftharpoons \underset{\text{（無色）}}{N_2O_4} \quad (55)$$

二酸化窒素は水と反応して，硝酸と一酸化窒素になる。

$$3NO_2 + H_2O \longrightarrow 2HNO_3 + NO \quad (56)$$

●硝酸　硝酸 HNO_3 は工業的にはオストワルト法で製造される。**教 p.214 図 21**

> **オストワルト法**
>
> 1　白金 Pt を触媒にして，アンモニアと空気を 800 ～ 900℃に加熱して酸化する。
>
> $$4NH_3 + 5O_2 \xrightarrow{\text{触媒(Pt)，高温}} 4NO + 6H_2O \quad (57)$$
>
> 2　一酸化窒素をさらに酸化して二酸化窒素にする。
>
> $$2NO + O_2 \longrightarrow 2NO_2 \quad (58)$$
>
> 3　二酸化窒素を水と反応させる。　すべて NO_2 にする
>
> $$3NO_2 + H_2O \longrightarrow 2HNO_3 + NO \quad (59)$$

濃硝酸（濃度 60％以上）・希硝酸ともに強い酸性を示す。また，硝酸は強い酸化力をもつので，水素よりもイオン化傾向の小さい銀や銅（(52)式，(54)式）とも反応する。

硫酸は熱や光によって分解するため，褐色の瓶に入れて冷暗所に保存する。

アルミニウム・鉄・ニッケルを濃硝酸に入れると，表面に酸化物の緻密な被膜ができて反応が進まなくなる。このような状態を**不動態**という。

●リンの化合物　リンを空気中で燃やすと，白色の十酸化四リン P_4O_{10} が得られる。十酸化四リンは吸湿性が高く，乾燥剤や脱水剤に使われる。

$$4P + 5O_2 \longrightarrow P_4O_{10} \quad (60)$$

十酸化四リンを水に加えて加熱すると，リン酸 H_3PO_4 になる。

$$P_4O_{10} + 6H_2O \longrightarrow 4H_3PO_4 \quad (61)$$

リン酸の水溶液は，中程度の強さの酸性を示す。

リン鉱石（主成分はリン酸カルシウム $Ca_3(PO_4)_2$）を硫酸と反応させると，リン酸二水素カルシウム $Ca(H_2PO_4)_2$ と硫酸カルシウム $CaSO_4$ の混合物が得られる。この混合物は**過リン酸石灰**とよばれ，肥料に用いられる。

$$Ca_3(PO_4)_2 + 2H_2SO_4 \longrightarrow Ca(H_2PO_4)_2 + 2CaSO_4 \quad (62)$$

6　炭素・ケイ素

A　単体

炭素 C とケイ素 Si は 14 族に属する典型元素で，原子は 4 個の価電子をもち，他の原子と共有結合をつくる。

●炭素　炭素 C には，**ダイヤモンド**，**黒鉛**（**グラファイト**），**フラーレン**，**カーボンナノチューブ**などの同素体がある（教 p.217 表 19）。また，炭・すす・活性炭など，はっきりした結晶構造を示さない（アモルファスの状態）**無定形炭素**とよばれるものもある。

●ケイ素　ケイ素 Si は，地殻中に酸素に次いで多く存在する元素である。単体は天然に存在せず，電気炉中でけい砂（主成分 SiO_2）を炭素で還元して得る。

$$SiO_2 + 2C \longrightarrow Si + 2CO\uparrow \quad (63)$$

単体はダイヤモンドと同様の構造をもつ灰色の結晶で，金属に似た光沢があり，融点が高く，硬くてもろい。また，導体と絶縁体の中間の電気伝導性をもつ半導体である。

B　化合物

●炭素の化合物（教 p.219 表 20）

【一酸化炭素 CO】　水に溶けにくい無色・無臭の有毒な気体。炭素を含む物質が不完全燃焼したり，二酸化炭素が高温の炭素に触れたりすると生じる。

$$CO_2 + C \rightleftarrows 2CO \quad (64)$$

実験室では，ギ酸 HCOOH に濃硫酸を加えて加熱すると得られる。

$$HCOOH \xrightarrow[\text{脱水}]{\text{濃硫酸}} H_2O + CO\uparrow \quad (65)$$

空気中で点火すると青白い炎を出して燃え，二酸化炭素になる。

$$2CO + O_2 \longrightarrow 2CO_2 \quad (66)$$

還元性があり，高温で金属の酸化物を還元する。教 p.243 図 2

【二酸化炭素 CO_2】　大気中に約0.04％(体積比)含まれる無色・無臭の気体である。石灰石(主成分 $CaCO_3$)を強熱すると得られる。

$$CaCO_3 \xrightarrow{\text{熱分解}} CaO + CO_2 \uparrow \quad (67)$$

実験室では，石灰石や大理石(いずれも主成分 $CaCO_3$)に希塩酸を加えて発生させ，下方置換によって捕集する。教 p.219 図24

$$\underset{\text{弱酸の塩}}{CaCO_3} + \underset{\text{強酸}}{2HCl} \xrightarrow[\text{弱酸の遊離}]{} \underset{\text{強酸の塩}}{CaCl_2} + H_2O + \underset{\text{弱酸の気体}}{CO_2 \uparrow} \quad (68)$$

水に少し溶け，炭酸 H_2CO_3 となって電離するため，弱い酸性を示す。

$$CO_2 + H_2O \rightleftarrows \underbrace{H^+ + HCO_3^-}_{H_2CO_3} \quad (69)$$

水酸化ナトリウム NaOH 水溶液に吸収されて，炭酸ナトリウムを生じる。

$$2NaOH + CO_2 \longrightarrow Na_2CO_3 + H_2O \quad (70)$$

水酸化カルシウム $Ca(OH)_2$ 水溶液(石灰水)に吸収されて，炭酸カルシウム $CaCO_3$ を生じ，石灰水を白濁させる。沈殿が生じた後も CO_2 を加え続けると，生成した沈殿は溶ける。教 p.232 (21)式

$$Ca(OH)_2 + CO_2 \longrightarrow CaCO_3 \downarrow + H_2O \quad (71)$$

二酸化炭素を 1.013×10^5 Pa のもとで－79℃以下にすると，**ドライアイス**とよばれる固体になる。

●ケイ素の化合物　二酸化ケイ素 SiO_2 は**シリカ**ともよばれ，石英・水晶・けい砂などとして天然に多量に存在し，多くは金属イオンを含むケイ酸塩として産出される。SiO_2 の結晶は硬く，融点も高い。

二酸化ケイ素は酸性酸化物であるので，炭酸ナトリウムや水酸化ナトリウムなどの塩基と反応すると，ケイ酸ナトリウム Na_2SiO_3 を生じる。

$$SiO_2 + Na_2CO_3 \xrightarrow{\text{高温}} Na_2SiO_3 + CO_2 \quad (72)$$

ケイ酸ナトリウムに水を加え，オートクレーブ(耐圧容器)中で加熱すると，**水ガラス**とよばれる粘性の大きな水あめ状の液体が得られる。水ガラスを空気中に放置すると，SiO_2 を析出し，流動性を失って固まる(ゲル状になる)。

水ガラスの水溶液に酸を加えると，弱酸である**ケイ酸** $SiO_2 \cdot nH_2O$($n=1$ のとき，H_2SiO_3)が生成する。ケイ酸を乾燥させたものを**シリカゲル**という(教 p.220 図27)。シリカゲルは，単位質量当たりの表面積がきわめて大きく，表面に気体や色素分子などが吸着しやすい。また，表面に親水性の－OH の構造があるので，水蒸気を吸着する力が強い。そのため，乾燥剤・脱臭剤などに使われている。

●セラミックス　陶磁器・ガラス・セメントなどは，**セラミックス(窯業製品)**とよばれ，ケイ酸塩を原料として製造される。純度の高い原料を用い，精密な条件で焼成したセラミックス製品を，ファインセラミックス(ニューセラミックス)という。

【陶磁器】　陶器や磁器などがあり，原料や焼成温度が異なる。教 p.221 表21

【ガラス】　Na，K，Ca，B，Al などを含むケイ酸塩がアモルファスの構造をとったもの。教 p.221 表22

【セメント】　石灰石・粘土・セッコウなどを高温で処理してつくる。セメントに砂利・砂・水を加えて固めたものが**コンクリート**である。

第3編　無機物質

問 題

問１（教p.206）次の酸化物を，酸性酸化物，塩基性酸化物，両性酸化物に分類せよ。
K_2O　MgO　NO_2　ZnO　Cl_2O_7

考え方 酸化物の分類で，水と反応して酸を生じる酸化物を酸性酸化物，塩基を生じる酸化物を塩基性酸化物，酸の水溶液とも強塩基の水溶液とも反応して塩を生じる酸化物を両性酸化物という。非金属元素(N，Cl など)の酸化物の多くは酸性酸化物，金属元素(K，Mg など)の酸化物の多くは塩基性酸化物である。両性酸化物には，Al_2O_3，ZnO などがある。

解説&解答 答 酸性酸化物：**NO_2，Cl_2O_7**，塩基性酸化物：**K_2O，MgO**，
両性酸化物：**ZnO**

問２（教p.208）接触式硫酸製造法により二酸化硫黄 6.4kg をすべて硫酸に変えたとすると，98％硫酸は何 kg 得られるか。（H＝1.0，O＝16，S＝32）

考え方 接触式硫酸製造法全体での化学反応式
$2SO_2 + O_2 + 2H_2O \longrightarrow 2H_2SO_4$ より，SO_2 1mol 当たり H_2SO_4 が何 mol 生成するかを考える。

解説&解答 接触式硫酸製造法による H_2SO_4 の製造を１つの化学反応式にまとめると，

$$2SO_2 + O_2 + 2H_2O \longrightarrow 2H_2SO_4$$

よって，1mol の SO_2 から 1mol の H_2SO_4 が生成する。
SO_2（分子量 64）6.4kg の物質量は，

$$\frac{6.4 \times 10^3\,\mathrm{g}}{64\,\mathrm{g/mol}} = 1.0 \times 10^2\,\mathrm{mol}$$

生成する 98％ H_2SO_4（分子量 98）の質量は，

$$\frac{1.0 \times 10^2\,\mathrm{mol} \times 98\,\mathrm{g/mol}}{0.98} = 10 \times 10^3\,\mathrm{g} = 10\,\mathrm{kg}$$

答 **10kg**

問３（教p.213）N_2 10mol と H_2 30mol の混合物をアンモニア合成の触媒に通過させたとき，N_2 の 20％が NH_3 に変化したとする。このとき，通過後の気体に含まれる N_2，H_2，NH_3 の物質量は何 mol か。それぞれ整数値で答えよ。

考え方 反応する物質量の比は，反応式の係数の比になることから考える。

解説&解答 反応した N_2 の物質量は 10mol × 0.20 ＝ 2.0mol
反応前後の各物質の物質量と，その変化は，

	N_2	＋ $3H_2$	$\longrightarrow$ $2NH_3$	
（反応前）	10	30	0	〔mol〕
（変化量）	−2.0	−2.0 × 3	＋2.0 × 2	〔mol〕
（反応後）	8	24	4	〔mol〕

答 N_2：**8mol**，H_2：**24mol**，NH_3：**4mol**

問4
(教p.214)

(1)　オストワルト法の3つの式(p.167(教 p.214)(57)式〜(59)式)を1つにまとめよ。

(2)　1.7kgのアンモニアから得られる硝酸は最大で何kgか。

(H = 1.0, N = 14, O = 16)

考え方　いくつかの反応式を1つにまとめるには，反応式に共通する化学式の係数をそろえて，加減法で消去していく。NO_2，NOの順に整理する。

解説&解答　(1)

$$4NH_3 + 5O_2 \longrightarrow 4NO + 6H_2O \quad (57)$$

$$2NO + O_2 \longrightarrow 2NO_2 \quad (58)$$

$$3NO_2 + H_2O \longrightarrow 2HNO_3 + NO \quad (59)$$

(58)式×3＋(59)式×2より，NO_2を消去する。

$$4NO + 3O_2 + 2H_2O \longrightarrow 4HNO_3 \quad \cdots①$$

(57)式＋①式より，NOを消去する。

$$4NH_3 + 8O_2 \longrightarrow 4HNO_3 + 4H_2O \quad \cdots②$$

②式÷4より，求める反応式ができる。

$$NH_3 + 2O_2 \longrightarrow HNO_3 + H_2O \quad \cdots③$$

答　$\mathbf{NH_3 + 2O_2 \longrightarrow HNO_3 + H_2O}$

(2)　③式より，1molのNH_3から1molのHNO_3が生成する。NH_3(分子量17)1.7×10^3gの物質量は，

$$\frac{1.7 \times 10^3\,\text{g}}{17\,\text{g/mol}} = 1.0 \times 10^2\,\text{mol}$$

生成するHNO_3(分子量63)の質量は，

$1.0 \times 10^2\,\text{mol} \times 63\,\text{g/mol} = 6.3 \times 10^3\,\text{g} = 6.3\,\text{kg}$　**答**　**6.3kg**

思考学習　リン酸の多段階の電離平衡と存在比　教 p.216

リン酸は3価の酸であり，水溶液中で次のように3段階に電離する。

$$H_3PO_4 \rightleftarrows H^+ + H_2PO_4^- \qquad K_1 = \frac{[H^+][H_2PO_4^-]}{[H_3PO_4]} = 10^{-2.1}\,\text{mol/L}$$

$$H_2PO_4^- \rightleftarrows H^+ + HPO_4^{2-} \qquad K_2 = \frac{[H^+][HPO_4^{2-}]}{[H_2PO_4^-]} = 10^{-7.2}\,\text{mol/L}$$

$$HPO_4^{2-} \rightleftarrows H^+ + PO_4^{3-} \qquad K_3 = \frac{[H^+][PO_4^{3-}]}{[HPO_4^{2-}]} = 10^{-12.7}\,\text{mol/L}$$

歩美さんは，H_3PO_4，$H_2PO_4^-$，HPO_4^{2-}，PO_4^{3-}の濃度の比を求めようとしたが，

・3つも平衡定数があり，これらを一度に考えなければならないのか。

・各物質の濃度は，お互いに影響を与えあい変動してしまうのではないか。

などと考えていると，とても複雑そうに思えてきた。

別の日，歩美さんは，3つの平衡定数を眺めていて，

「$K_1 \sim K_3$すべてに$[H^+]$が含まれていることから，$[H^+]$が決まったら各物質の濃度の比もわかるのではないか。」

と思いついた。例えば，$[H^+] = 10^{-2.1}$ mol/L(pH = 2.1)のとき，K_1にこの値を代入すると，

第3編　無機物質

$$K_1 = \frac{10^{-2.1}\,\text{mol/L} \times [H_2PO_4^{\ -}]}{[H_3PO_4]} = 10^{-2.1}\,\text{mol/L} \qquad \frac{[H_2PO_4^{\ -}]}{[H_3PO_4]} = 1$$

同様に，K_2，K_3 にも行うと，

$$(K_2\text{より})\ \frac{[HPO_4^{\ 2-}]}{[H_2PO_4^{\ -}]} = 10^{-5.1} \qquad (K_3\text{より})\ \frac{[PO_4^{\ 3-}]}{[HPO_4^{\ 2-}]} = 10^{-10.6}$$

よって，$[H_3PO_4] : [H_2PO_4^{\ -}] : [HPO_4^{\ 2-}] : [PO_4^{\ 3-}]$

$= 1 : 1 : 10^{-5.1} : 10^{-15.7}$ となる。

考察1 $[H^+] = 10^{-7.2}$ mol/L（pH = 7.2），$[H^+] = 10^{-12.7}$ mol/L（pH = 12.7）のときの H_3PO_4，$H_2PO_4^{\ -}$，$HPO_4^{\ 2-}$，$PO_4^{\ 3-}$ の濃度の比を求めよ。

考察2 他にもいくつかの$[H^+]$について計算し，さまざまな pH（0 ～ 14）における各物質の存在比をグラフにまとめよ。

考察3 NaH_2PO_4 や Na_2HPO_4 が水に溶けたとき，それぞれ酸性・中性・塩基性のいずれを示すだろうか。K_1 ～ K_3 から pH を求めて考えよ。
なお，NaH_2PO_4 は水溶液中で Na^+ と $H_2PO_4^{\ -}$ に分かれ，$H_2PO_4^{\ -}$ はさらに次のように電離する。

$$2H_2PO_4^{\ -} \rightleftarrows H_3PO_4 + HPO_4^{\ 2-}$$

また，Na_2HPO_4 は水溶液中で Na^+ と $HPO_4^{\ 2-}$ に分かれ，$HPO_4^{\ 2-}$ はさらに次のように電離する。

$$2HPO_4^{\ 2-} \rightleftarrows H_2PO_4^{\ -} + PO_4^{\ 3-}$$

解説&解答 **1** $[H^+] = 10^{-7.2}$ mol/L のとき，

$$K_1 = \frac{10^{-7.2}\,\text{mol/L} \times [H_2PO_4^{\ -}]}{[H_3PO_4]} = 10^{-2.1}\,\text{mol/L}\ \text{より，}$$

$$\frac{[H_2PO_4^{\ -}]}{[H_3PO_4]} = 10^{-2.1+7.2} = 10^{5.1}$$

$$[H_2PO_4^{\ -}] = 10^{5.1}[H_3PO_4]$$

$$K_2 = \frac{10^{-7.2}\,\text{mol/L} \times [HPO_4^{\ 2-}]}{[H_2PO_4^{\ -}]} = 10^{-7.2}\,\text{mol/L}\ \text{より，}$$

$$\frac{[HPO_4^{\ 2-}]}{[H_2PO_4^{\ -}]} = 10^{-7.2+7.2} = 1$$

$$[HPO_4^{\ 2-}] = [H_2PO_4^{\ -}]$$

$$K_3 = \frac{10^{-7.2}\,\text{mol/L} \times [PO_4^{\ 3-}]}{[HPO_4^{\ 2-}]} = 10^{-12.7}\,\text{mol/L}\ \text{より，}$$

$$\frac{[PO_4^{\ 3-}]}{[HPO_4^{\ 2-}]} = 10^{-12.7+7.2} = 10^{-5.5}$$

$$[PO_4^{\ 3-}] = 10^{-5.5}[HPO_4^{\ 2-}]$$

よって，各物質の濃度の比は，

$[H_3PO_4] : [H_2PO_4^{\ -}] : [HPO_4^{\ 2-}] : [PO_4^{\ 3-}]$

$= 10^{-5.1} : 1 : 1 : 10^{-5.5}$

同様に，$[H^+] = 10^{-12.7}$ mol/L のとき，

$K_1 = 10^{-2.1}$ mol/L より　$\dfrac{[H_2PO_4^-]}{[H_3PO_4]} = 10^{-2.1+12.7} = 10^{10.6}$

$[H_2PO_4^-] = 10^{10.6}[H_3PO_4]$

$K_2 = 10^{-7.2}$ mol/L より　$\dfrac{[HPO_4^{2-}]}{[H_2PO_4^-]} = 10^{-7.2+12.7} = 10^{5.5}$

$[HPO_4^{2-}] = 10^{5.5}[H_2PO_4^-]$

$K_3 = 10^{-12.7}$ mol/L より　$\dfrac{[PO_4^{3-}]}{[HPO_4^{2-}]} = 10^{-12.7+12.7} = 1$

$[PO_4^{3-}] = [HPO_4^{2-}]$

よって，各物質の濃度の比は，

$[H_3PO_4] : [H_2PO_4^-] : [HPO_4^{2-}] : [PO_4^{3-}]$

$= 10^{-16.1} : 10^{-5.5} : 1 : 1$

$[H^+] = 10^{-7.2}$ mol/L のとき，

$[H_3PO_4] : [H_2PO_4^-] : [HPO_4^{2-}] : [PO_4^{3-}]$

$= \mathbf{10^{-5.1} : 1 : 1 : 10^{-5.5}}$ **答**

$[H^+] = 10^{-12.7}$ mol/L のとき，

$[H_3PO_4] : [H_2PO_4^-] : [HPO_4^{2-}] : [PO_4^{3-}]$

$= \mathbf{10^{-16.1} : 10^{-5.5} : 1 : 1}$ **答**

2 pH = 0 と pH = 14 のときの各物質の存在比を求めて，pH = 2.1，7.2，12.7 のときとあわせてグラフにまとめる。

pH = 0，$[H^+] = 10^0 = 1$ のときの各物質の濃度は，

$K_1 = 10^{-2.1}$ mol/L より　$\dfrac{[H_2PO_4^-]}{[H_3PO_4]} = 10^{-2.1}$

$K_2 = 10^{-7.2}$ mol/L より　$\dfrac{[HPO_4^{2-}]}{[H_2PO_4^-]} = 10^{-7.2}$

$K_3 = 10^{-12.7}$ mol/L より　$\dfrac{[PO_4^{3-}]}{[HPO_4^{2-}]} = 10^{-12.7}$

$[H_3PO_4] : [H_2PO_4^-] : [HPO_4^{2-}] : [PO_4^{3-}]$

$= 1 : 10^{-2.1} : 10^{-2.1-7.2} : 10^{-2.1-7.2-12.7}$

$= 1 : 10^{-2.1} : 10^{-9.3} : 10^{-22}$

pH = 14，$[H^+] = 10^{-14}$ のときの各物質の濃度は，

$K_1 = 10^{-2.1}$ mol/L より　$\dfrac{[H_2PO_4^-]}{[H_3PO_4]} = 10^{-2.1+14.0} = 10^{11.9}$

$K_2 = 10^{-7.2}$ mol/L より　$\dfrac{[HPO_4^{2-}]}{[H_2PO_4^-]} = 10^{-7.2+14.0} = 10^{6.8}$

$K_3 = 10^{-12.7}$ mol/L より　$\dfrac{[PO_4^{3-}]}{[HPO_4^{2-}]} = 10^{-12.7+14.0} = 10^{1.3}$

$[H_3PO_4] : [H_2PO_4^-] : [HPO_4^{2-}] : [PO_4^{3-}]$

$= 10^{-1.3-6.8-11.9} : 10^{-1.3-6.8} : 10^{-1.3} : 1$

$= 10^{-20} : 10^{-8.1} : 10^{-1.3} : 1$

仮に $10^{-1.3}$ 以下を 0 とみなすと，それぞれの pH での各物質の存在比は，

	$[H_3PO_4]$	:	$[H_2PO_4^-]$	:	$[HPO_4^{2-}]$	:	$[PO_4^{3-}]$
pH 0	1	:	0	:	0	:	0
pH 2.1	0.5	:	0.5	:	0	:	0
pH 7.2	0	:	0.5	:	0.5	:	0
pH 12.7	0	:	0	:	0.5	:	0.5
pH 14	0	:	0	:	0	:	1

よって，pH ＝ 0 ～ 2.1 では$[H_3PO_4]$，pH ＝ 2.1 ～ 7.2 では$[H_2PO_4^-]$，pH ＝ 7.2 ～ 12.7 では$[HPO_4^{2-}]$，pH ＝ 12.7 ～ 14 では$[PO_4^{3-}]$が最も存在比が大きいグラフとなる。

答

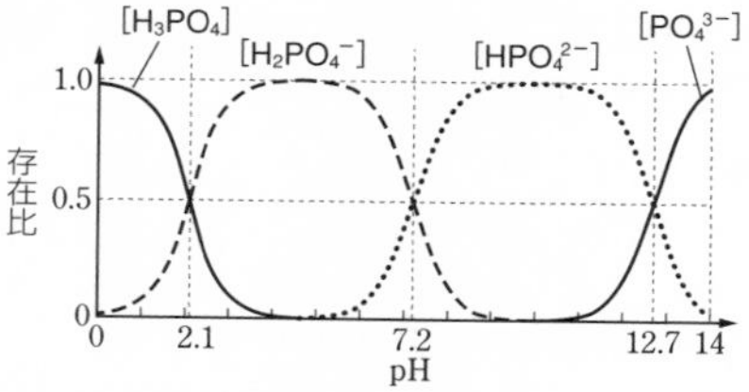

3　NaH_2PO_4 は $H_2PO_4^-$ となり，さらに H_3PO_4，HPO_4^{2-} に電離する。

$$K_1K_2 = \frac{[H^+][H_2PO_4^-]}{[H_3PO_4]} \times \frac{[H^+][HPO_4^{2-}]}{[H_2PO_4^-]} = \frac{[H^+]^2[HPO_4^{2-}]}{[H_3PO_4]}$$

化学反応式の係数比より，$[HPO_4^{2-}] = [H_3PO_4]$なので，

$K_1 = 10^{-2.1}\,\text{mol/L}$，$K_2 = 10^{-7.2}\,\text{mol/L}$ より，

$$K_1K_2 = [H^+]^2 = 10^{-2.1-7.2}\,\text{mol}^2/\text{L}^2 = 10^{-9.3}\,\text{mol}^2/\text{L}^2$$

$$[H^+] = \sqrt{10^{-9.3}}\,\text{mol/L}$$

$$\text{pH} = -\log_{10}(\sqrt{10^{-9.3}}) = -\frac{1}{2}\log_{10}10^{-9.3} \fallingdotseq 4.7$$

よって，水溶液は酸性を示す。

Na_2HPO_4 は HPO_4^{2-} となり，さらに $H_2PO_4^-$，PO_4^{3-} に電離する。

$$K_2K_3 = \frac{[H^+][HPO_4^{2-}]}{[H_2PO_4^-]} \times \frac{[H^+][PO_4^{3-}]}{[HPO_4^{2-}]} = \frac{[H^+]^2[PO_4^{3-}]}{[H_2PO_4^-]}$$

化学反応式の係数比より，$[PO_4^{3-}] = [H_2PO_4^-]$なので，

$K_2 = 10^{-7.2}\,\text{mol/L}$，$K_3 = 10^{-12.7}\,\text{mol/L}$ より，

$$K_2K_3 = [H^+]^2 = 10^{-7.2-12.7}\,\text{mol}^2/\text{L}^2 = 10^{-19.9}\,\text{mol}^2/\text{L}^2$$

$$[H^+] = \sqrt{10^{-19.9}}\,\text{mol/L}$$

$$\text{pH} = -\log_{10}(\sqrt{10^{-19.9}}) = -\frac{1}{2}\log_{10}10^{-19.9} \fallingdotseq 10$$

よって，水溶液は塩基性を示す。

答　NaH_2PO_4：**酸性**　Na_2HPO_4：**塩基性**

章末問題

教 p.224 ～ p.225

1　次の記述(ア)～(オ)のうち，誤りを含むものを2つ選べ。

(ア)　ハロゲン元素の単体はいずれも二原子分子である。

(イ)　臭素の単体は常温・常圧で赤褐色の液体である。

(ウ)　ハロゲンの単体の酸化力の強さは，$I_2 > Br_2 > Cl_2 > F_2$ の順である。

(エ)　塩素は黄緑色の気体であり，刺激臭がある。

(オ)　フッ化水素酸は強酸で，ガラスを溶かす性質がある。

考え方　ハロゲン元素は17族に属する典型元素で，単体はすべて二原子分子である。ハロゲンの酸化力は，原子番号が小さいほど強い。フッ化水素酸は，フッ化水素の水溶液である。

解説&解答

(ウ)　ハロゲンの単体の酸化力の強さは，$F_2 > Cl_2 > Br_2 > I_2$ の順なので，誤り。

(オ)　フッ化水素酸は，ガラスを溶かす性質があるが，電離度は小さく，弱酸であるので，誤り。

答　(ウ)，(オ)

2　次の(1)～(5)は硫酸のどの性質を利用しているか。下の(ア)～(オ)から選び記号で答えよ。ただし，1つの選択肢は一度しか選べないものとする。

(1)　希硫酸に亜鉛を加えたら，水素が発生した。

(2)　濃硫酸に銅を加えて加熱すると，二酸化硫黄が発生した。

(3)　濃硫酸に塩化ナトリウムを加えて加熱すると，塩化水素が発生した。

(4)　濃硫酸をギ酸に加えて加熱すると，一酸化炭素が発生した。

(5)　濃硫酸に湿った二酸化炭素を通じると，乾いた二酸化炭素が得られた。

(ア)　不揮発性　　(イ)　脱水作用　　(ウ)　吸湿性　　(エ)　酸化作用　　(オ)　強酸性

考え方　濃硫酸は不揮発性で，脱水作用を示し，加熱した濃硫酸は強い酸化作用を示す。希硫酸は強酸としての性質を示す。

解説&解答

(1)　希硫酸は強酸であり，イオン化傾向が水素より大きい金属と反応して，水素を発生する。

$$Zn + H_2SO_4 \longrightarrow ZnSO_4 + H_2\uparrow$$

答　(オ)

(2)　加熱した濃硫酸(熱濃硫酸)は酸化力が強く，イオン化傾向が水素より小さい金属とも反応して，二酸化硫黄を発生する。

$$Cu + \underset{\text{熱濃硫酸}}{2H_2SO_4} \longrightarrow CuSO_4 + 2H_2O + SO_2\uparrow$$

答　(エ)

(3)　濃硫酸は不揮発性の酸で，揮発性の酸からできた塩と混合して加熱すると，揮発性の酸が遊離する。

$$\underset{\text{揮発性の酸の塩}}{NaCl} + \underset{\text{不揮発性の酸}}{H_2SO_4} \longrightarrow NaHSO_4 + \underset{\text{揮発性の酸}}{HCl}\uparrow$$

答　(ア)

(4) 濃硫酸には有機化合物から水を脱離させる脱水作用があり，ギ酸 HCOOH に加えて加熱すると，一酸化炭素が発生する。

$$HCOOH \xrightarrow{\text{濃硫酸}} H_2O + CO\uparrow$$

答 (イ)

(5) 濃硫酸には吸湿性があり，酸性や中性の気体の乾燥に用いられる。 答 (ウ)

3 アンモニアを実験室でつくるには，塩化アンモニウムに水酸化カルシウムを混ぜて加熱する方法が用いられる。次の各問いに答えよ。

(1) このとき起こる変化を化学反応式で示せ。

(2) 次の(ア)～(エ)のうち，水酸化カルシウムのかわりに用いることができる物質はどれか。

(ア) $CaCl_2$ (イ) NaOH (ウ) NaCl (エ) $CaCO_3$

(3) 次の(ア)～(ウ)のうち，アンモニアの捕集に最も適当な方法を選び，その理由を説明せよ。

(ア) 水上置換 (イ) 上方置換 (ウ) 下方置換

(4) アンモニアに濃塩酸を近づけた。このときに起こる現象を説明せよ。

考え方 (1), (2) 塩化アンモニウムは弱塩基の塩で，強塩基の $Ca(OH)_2$，NaOH と反応すると，それぞれ強塩基の塩 $CaCl_2$，NaCl ができ弱塩基 NH_3 が遊離する。

(3) アンモニアの非常に水に溶けやすく，空気より軽い性質から，捕集方法を選ぶ。

解説&解答

(1) 答 **$2NH_4Cl + Ca(OH)_2 \longrightarrow CaCl_2 + 2H_2O + 2NH_3$**

(2) 強塩基を選べばよいので，(イ)。 答 (イ)

(3) 答 (イ) (理由)**アンモニアは水に溶けやすく，空気より軽い気体だから。**

(4) 濃塩酸から揮発する HCl と NH_3 が反応して，塩化アンモニウム NH_4Cl が生じる。

答 **塩化アンモニウムの白煙が生じる。**

4 〔A〕～〔C〕のように分類した(1)～(11)の操作をそれぞれ行った。このときに起こる反応を，化学反応式で表せ。

〔A〕：酸化還元反応

(1) 加熱した酸化銅(Ⅱ)に水素を通じる。

(2) ヨウ化カリウム水溶液に塩素を通じる。

(3) 亜鉛に希硫酸を加える。

(4) 銅と濃硫酸を加熱する。

(5) 銅に希硝酸を加える。

〔B〕：酸性酸化物と水や塩基との反応

(6) 十酸化四リンを水に加えて加熱する。

(7) 水酸化ナトリウム水溶液に二酸化炭素を通じる。

(8) 二酸化ケイ素に水酸化ナトリウムを加えて加熱する。

〔C〕：弱酸の塩と強酸との反応

(9)　硫化鉄(Ⅱ)に希塩酸を加える。

(10)　亜硫酸ナトリウムに希硫酸を加える。

(11)　石灰石(炭酸カルシウム)に希塩酸を加える。

考え方　〔A〕：(1)水素には還元性がある。(2)塩素はヨウ素よりも酸化力が強い。(3)希硫酸は，イオン化傾向が水素より大きい金属を酸化する。(4)(5)熱濃硫酸・硝酸には強い酸化作用がある。

〔B〕：酸性酸化物は水と反応すると酸になり，塩基と反応すると塩をつくる。

〔C〕：弱酸の塩に強酸を加えると，弱酸が遊離して，強酸の塩ができる。

解説&解答

答　(1)　$CuO + H_2 \longrightarrow Cu + H_2O$

(2)　$2KI + Cl_2 \longrightarrow 2KCl + I_2$

(3)　$Zn + H_2SO_4 \longrightarrow ZnSO_4 + H_2$

(4)　$Cu + 2H_2SO_4 \longrightarrow CuSO_4 + 2H_2O + SO_2$

(5)　$3Cu + 8HNO_3 \longrightarrow 3Cu(NO_3)_2 + 4H_2O + 2NO$

(6)　$P_4O_{10} + 6H_2O \longrightarrow 4H_3PO_4$

(7)　$2NaOH + CO_2 \longrightarrow Na_2CO_3 + H_2O$

(8)　$SiO_2 + 2NaOH \longrightarrow Na_2SiO_3 + H_2O$

(9)　$FeS + 2HCl \longrightarrow FeCl_2 + H_2S$

(10)　$Na_2SO_3 + H_2SO_4 \longrightarrow Na_2SO_4 + H_2O + SO_2$

(11)　$CaCO_3 + 2HCl \longrightarrow CaCl_2 + H_2O + CO_2$

考えてみよう！

5　右図の装置を用いて酸化マンガン(Ⅳ)に濃塩酸を加えて加熱し，塩素を発生させた。次の各問いに答えよ。

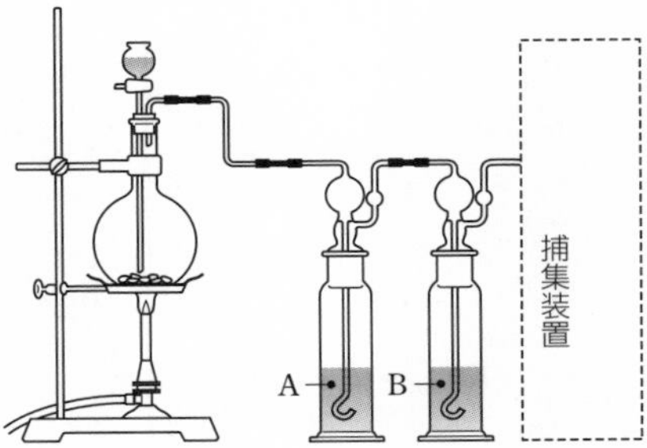

(1)　このときの反応を，化学反応式で記せ。

(2)　A，Bに入っている物質の名称を答えよ。また，A，Bで除かれる物質の名称をそれぞれ答えよ。

(3)　AとBの位置を逆にすると，どのような塩素が得られるか答えよ。

(4)　次の(ア)～(ウ)のうち，塩素の捕集に最も適当な方法を選べ。

(ア)　水上置換　　(イ)　上方置換　　(ウ)　下方置換

(5)　(4)の適当ではない捕集の方法について，その理由をそれぞれ説明せよ。

考え方　塩素は酸化マンガン(Ⅳ)に濃塩酸を加えて加熱すると得られる。その際，塩酸から揮発する塩化水素を除くため，水に通す。次に，塩素を乾燥させるために濃硫酸に通す。塩素は水に少し溶け，空気より重い。

解説&解答

(1)　答　$MnO_2 + 4HCl \longrightarrow MnCl_2 + 2H_2O + Cl_2$

(2)　発生した気体には，Cl_2のほかにHClとH_2O(水蒸気)が含まれている。水に通して水に溶けやすいHClを除去した後，濃硫酸に通して水蒸気を除去する。

答　入っている物質：A **水**　B **濃硫酸**
除かれる物質：A **塩化水素**　B **水**

(3)　Aで水蒸気が吸収されないので，そのまま捕集されてしまう。

答　**水蒸気を含む塩素**

(4)　塩素は水に溶け，また，空気より重い気体なので，下方置換で捕集する。

答　(ウ)

(5)　水上置換は水に溶けにくい気体に適した捕集の方法であり，上方置換は空気より軽い気体に適した捕集の方法である。

答　(ア)　**塩素は水に溶けるため。**
(イ)　**塩素は空気より重いため。**

第２章　金属元素(Ⅰ)―典型元素―　教 p.226～p.239

1　アルカリ金属元素

A 単体

1族に属する水素H以外の元素を**アルカリ金属元素**という。アルカリ金属元素の原子はすべて価電子を1個もち，1価の陽イオンになりやすい。アルカリ金属は，密度が小さく，比較的やわらかくて融点が低い。教 p.226 表1

アルカリ金属はいずれも常温の水と激しく反応する。教 p.227 図2

$$2Na + 2H_2O \longrightarrow 2NaOH + H_2\uparrow \qquad (1)$$

また，酸素や塩素などと反応して，イオンからなる化合物をつくる。水や空気中の酸素と反応するため，灯油(石油)中に保存する。教 p.227 図1

$$4Na + O_2 \longrightarrow 2Na_2O \qquad (2)$$

化合物やその水溶液は，元素に特有な**炎色反応**を示す。教 p.227 図3

イオン化傾向が大きく，天然に単体として存在しない。また，単体は水溶液の電気分解では得られないので，工業的には溶融塩電解で製造されている。例えば，塩化ナトリウムNaClを高温で融解させて電気分解すると，陰極にナトリウムNaが析出する(教 p.227 図4)。アルカリ金属のリチウムは，リチウムイオン電池などに用いられる。

B 化合物

●水酸化物　水酸化ナトリウムNaOHや水酸化カリウムKOHは白色の固体で，空気中の水蒸気を吸収してその水に溶ける。この現象を**潮解**という。教 p.228 図5

水酸化ナトリウム水溶液は強い塩基性を示す。また，二酸化炭素をよく吸収して炭酸塩を生じる。

$$2NaOH + CO_2 \longrightarrow Na_2CO_3 + H_2O \qquad (3)$$

水酸化ナトリウムは，塩化ナトリウムNaCl水溶液のイオン交換膜法による電気分解で製造される。

●炭酸塩・炭酸水素塩　炭酸ナトリウムNa_2CO_3や炭酸水素ナトリウム$NaHCO_3$は白色の固体で水によく溶け，水溶液は塩基性を示す。これらの水溶液に塩酸などの酸を加えると，二酸化炭素を発生する。

$$\underset{\text{弱酸の塩}}{Na_2CO_3} + \underset{\text{強酸}}{2HCl} \xrightarrow{\text{弱酸の遊離}} \underset{\text{強酸の塩}}{2NaCl} + H_2O + \underset{\text{弱酸の気体}}{CO_2\uparrow} \qquad (4)$$

$$\underset{\text{弱酸の塩}}{NaHCO_3} + \underset{\text{強酸}}{HCl} \xrightarrow{\text{弱酸の遊離}} \underset{\text{強酸の塩}}{NaCl} + H_2O + \underset{\text{弱酸の気体}}{CO_2\uparrow} \qquad (5)$$

炭酸水素ナトリウムを加熱すると，分解して二酸化炭素を放出する。

$$2NaHCO_3 \xrightarrow[\text{熱分解}]{} Na_2CO_3 + H_2O + CO_2\uparrow \qquad (6)$$

炭酸ナトリウムの濃い水溶液を放置すると，結晶中に一定の割合で水分子を含んだ水和物である炭酸ナトリウム十水和物$Na_2CO_3\cdot10H_2O$の無色透明の結晶ができる。

さらに，この結晶を乾いた空気中に放置すると，水和水の一部が失われて白色粉末状になる。この現象を**風解**という。**教** **p.228 図 6**

炭酸水素ナトリウムは**重曹**ともよばれ，胃の制酸剤，ベーキングパウダーなどに利用されている。

●炭酸ナトリウムの製造　工業的にはアンモニアソーダ法(ソルベー法)で製造される。

アンモニアソーダ法(ソルベー法)

1　塩化ナトリウム NaCl の飽和水溶液にアンモニア NH_3 を吸収させた後，二酸化炭素 CO_2 を通じ，比較的溶解度の小さい炭酸水素ナトリウム $NaHCO_3$ を析出させる。

$$NaCl + NH_3 + CO_2 + H_2O \longrightarrow NaHCO_3\downarrow + NH_4Cl \quad (7)$$

2　生成した $NaHCO_3$ を熱分解して，炭酸ナトリウム Na_2CO_3 を得る。

$$2NaHCO_3 \xrightarrow[\text{熱分解}]{} Na_2CO_3 + H_2O + CO_2\uparrow \quad (8)$$

3　(8)式の反応で生じた二酸化炭素 CO_2 は回収して，再び(7)式の反応に利用されるが，不足する分は石灰石 $CaCO_3$ を熱分解してつくられる。

$$CaCO_3 \xrightarrow[\text{熱分解}]{} CaO + CO_2\uparrow \quad (9)$$

4　酸化カルシウム CaO を水と反応させて水酸化カルシウム $Ca(OH)_2$ を得る。

$$CaO + H_2O \longrightarrow Ca(OH)_2 \quad (10)$$

5　水酸化カルシウム $Ca(OH)_2$ と(7)式で生成した塩化アンモニウム NH_4Cl を反応させ，得られたアンモニア NH_3 を再び(7)式の反応に利用することもある。

$$Ca(OH)_2 + 2NH_4Cl \longrightarrow CaCl_2 + 2H_2O + 2NH_3\uparrow \quad (11)$$

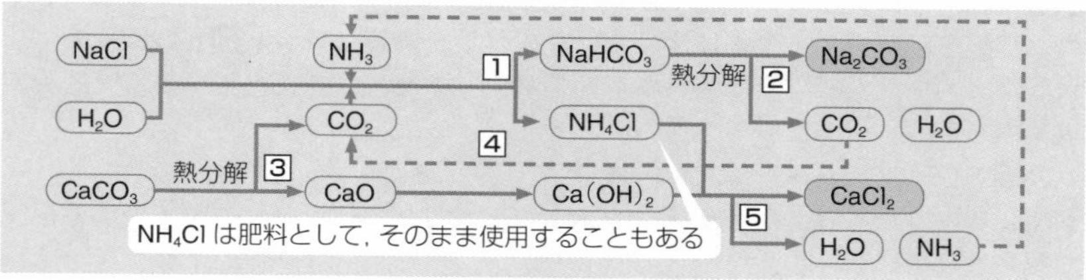

▲**アンモニアソーダ法**　ソルベーが発明した。反応を1つにまとめると，$2NaCl + CaCO_3 \longrightarrow Na_2CO_3 + CaCl_2$ となるが，直接には起こらない反応である。

2 アルカリ土類金属元素

A 単体

2族に属する元素を**アルカリ土類金属元素**という。アルカリ土類金属元素の原子は，すべて価電子を2個もち，2価の陽イオンになりやすい。**教** **p.230 表 2**

アルカリ土類金属元素は天然には単体として存在せず，工業的には溶融塩電解で製造されている。**教** **p.230 図 8**

●カルシウム　カルシウムはイオン化傾向が大きく，常温の水と反応する。

$$Ca + 2H_2O \longrightarrow Ca(OH)_2 + H_2\uparrow \qquad (12)$$

カルシウムは，常温で酸素や塩素と反応して，酸化物や塩化物をつくる。

$$2Ca + O_2 \longrightarrow 2CaO \qquad (13)$$

●マグネシウム　マグネシウムのイオン化傾向はカルシウムよりやや小さい。常温の水とはほとんど反応しないが，熱水とは反応する。

$$Mg + \underset{\text{熱水}}{2H_2O} \longrightarrow Mg(OH)_2 + H_2\uparrow \qquad (14)$$

また，空気中で強熱すると強い光を出して燃える。

$$2Mg + O_2 \longrightarrow 2MgO \qquad (15)$$

B 化合物

●酸化物　酸化カルシウム CaO は**生石灰**(せいせっかい)ともいい，石灰石 $CaCO_3$ を焼いてつくられる。

$$CaCO_3 \xrightarrow[\text{熱分解}]{} CaO + CO_2\uparrow \qquad (16)$$

酸化カルシウムは塩基性酸化物で，水と反応して水酸化物になる(**教 p.231 図 11**)。また，酸と反応して塩を生成する。

$$CaO + H_2O \longrightarrow Ca(OH)_2 \qquad (17)$$

$$CaO + 2HCl \longrightarrow CaCl_2 + H_2O \qquad (18)$$

CaO に濃い水酸化ナトリウム水溶液をしみこませ，焼いて粒状にしたものを**ソーダ石灰**といい，二酸化炭素や水分の吸収剤として用いられる。

●水酸化物　水酸化カルシウム $Ca(OH)_2$ や水酸化バリウム $Ba(OH)_2$ は，水に溶けると強い塩基性を示すが，水酸化マグネシウム $Mg(OH)_2$ は水に溶けにくい。

水酸化カルシウムや水酸化マグネシウムを約 600℃に熱すると，水を失って酸化物になる。

$$Ca(OH)_2 \xrightarrow{600^\circ C} CaO + H_2O \qquad (19)$$

水酸化カルシウム $Ca(OH)_2$ は**消石灰**ともよばれ，その水溶液を**石灰水**という。$Ca(OH)_2$ は，実験室でのアンモニアの発生(**教 p.212 図 17**)のほか，酸性の河川の中和剤，しっくいの原料(**教 p.226**)，さらし粉の製造(**教 p.203** (18)式)などに使われる。

●炭酸塩・炭酸水素塩　アルカリ土類金属元素の炭酸塩は水に溶けにくい。石灰水に二酸化炭素 CO_2 を通じると，炭酸カルシウム $CaCO_3$ の白色沈殿が生じる(二酸化炭素の検出)。さらに CO_2 を通じ続けると，$CaCO_3$ は炭酸水素カルシウム $Ca(HCO_3)_2$ となって電離し，沈殿が消える。$Ca(HCO_3)_2$ の水溶液を加熱すると，再び $CaCO_3$ の沈殿ができる。**教 p.232 図 12**

$$Ca(OH)_2 + CO_2 \longrightarrow CaCO_3\downarrow + H_2O \qquad (20)$$

$$CaCO_3 + H_2O + CO_2 \underset{\text{加熱}}{\rightleftarrows} \underbrace{Ca^{2+} + 2HCO_3^-}_{Ca(HCO_3)_2} \qquad (21)$$

第3編 無機物質

炭酸カルシウムは，石灰石・大理石などの形で天然に多量に存在している。これらが存在する地域では，二酸化炭素を含んだ地下水の作用で炭酸カルシウムが溶けて(⑵1)式の右向きの反応)，地下に**鍾乳洞**ができることがある。逆に炭酸水素カルシウムを含む水溶液から，再び炭酸カルシウムが析出((21)式の左向きの反応)したものが，鍾乳石である。教 p.232 図 13

アルカリ土類金属元素の炭酸塩は，加熱すると分解して CO_2 を放出し，酸化物になる((16)式)。また，酸と反応して CO_2 を発生する。

$$\underset{\text{弱酸の塩}}{CaCO_3} + \underset{\text{強酸}}{2HCl} \xrightarrow[\text{弱酸の遊離}]{} \underset{\text{強酸の塩}}{CaCl_2} + H_2O + \underset{\text{弱酸の気体}}{CO_2\uparrow} \quad (22)$$

●塩化物　アルカリ土類金属元素の塩化物は，すべて水に溶けやすい。海水中に存在し，にがりの主成分である塩化マグネシウム $MgCl_2$ や塩化カルシウム $CaCl_2$ の無水物は溶解度が大きく，空気中で潮解する。$CaCl_2$ は乾燥剤として用いられる。

●硫酸塩　硫酸マグネシウム $MgSO_4$ は水によく溶けるが，硫酸カルシウム $CaSO_4$ や硫酸バリウム $BaSO_4$ は水に溶けにくい。教 p.233 表 3

硫酸カルシウム二水和物 $CaSO_4 \cdot 2H_2O$（**セッコウ**）を 120 ～ 140℃に加熱すると，白色粉末状の半水和物 $CaSO_4 \cdot \frac{1}{2}H_2O$（**焼きセッコウ**）になる。焼きセッコウを水で練ると，再びセッコウ（二水和物）になって硬化する。そのため，建築材料・医療用ギプス・セッコウ像などに使われる。

$$CaSO_4 \cdot 2H_2O \overset{\text{加熱}}{\rightleftarrows} CaSO_4 \cdot \frac{1}{2}H_2O + \frac{3}{2}H_2O \quad (23)$$

硫酸バリウムは，白色顔料，X 線造影剤などに使われる。教 p.233 図 14

3 アルミニウム・スズ・鉛

A 単体

●アルミニウム　アルミニウム Al は 13 族に属する。原子は価電子を 3 個もち，3 価の陽イオンになるが，アルカリ金属やアルカリ土類金属に比べると，イオン化傾向はやや小さい。

単体は鉱石の**ボーキサイト**（主成分 $Al_2O_3 \cdot nH_2O$）から純粋な酸化アルミニウム（アルミナ）Al_2O_3 をつくり，これを溶融塩電解して製造される。

アルミニウムの粉末を空気中や酸素中で熱すると，白い光を発して激しく燃える。

$$4Al + 3O_2 \longrightarrow 2Al_2O_3 \quad (24)$$

単体のアルミニウムは，酸の水溶液にも強塩基の水溶液にも反応して水素を発生して溶ける（教 p.235 図 16）。酸の水溶液にも強塩基の水溶液にも反応して，それぞれ塩をつくるような金属を**両性金属**という。

$$2Al + \underset{\text{酸}}{6HCl} \longrightarrow 2AlCl_3 + 3H_2\uparrow \quad (25)$$

$$2Al + \underset{\text{強塩基}}{2NaOH} + 6H_2O \longrightarrow \underset{\text{テトラヒドロキシドアルミン酸ナトリウム}}{2Na[Al(OH)_4]} + 3H_2\uparrow \quad (26)$$

$Na[Al(OH)_4]$は，水溶液中ではNa^+と$[Al(OH)_4]^-$（テトラヒドロキシドアルミン酸イオン）として存在し，アルミン酸ナトリウム$NaAlO_2$ともよばれる。

単体を空気中に放置したり，濃硝酸に入れたりすると，不動態をつくる。

教 p.235 図 16

アルミニウム製品の表面を人工的に酸化させて，酸化アルミニウムの被膜をつくったものを**アルマイト**という。

●スズ・鉛　スズ Sn と鉛 Pb は 14 族に属する。イオン化傾向はアルミニウム Al よりも小さいが，水素より大きい。

単体のスズは，銀白色でやわらかい。常温では酸素と反応しないが，高温では反応して酸化スズ(Ⅳ)SnO_2になる。単体の鉛は，青みを帯びた光沢があり，密度が大きくやわらかい。

スズ・鉛も両性金属で，酸の水溶液とも強塩基の水溶液とも反応して，水素を生じる。ただし，鉛は希塩酸とは塩化鉛(Ⅱ)$PbCl_2$，希硫酸とは硫酸鉛(Ⅱ)$PbSO_4$を生成し，これらが表面をおおうため，溶けにくい。

B 化合物

●酸化物　酸化アルミニウムAl_2O_3や酸化スズ(Ⅳ)SnO_2・酸化鉛(Ⅱ)PbO は**両性酸化物**であり，水には溶けないが，酸の水溶液にも強塩基の水溶液にも溶ける。

$$Al_2O_3 + \underset{\text{酸}}{6HCl} \longrightarrow 2AlCl_3 + 3H_2O \tag{27}$$

$$Al_2O_3 + \underset{\text{強塩基}}{2NaOH} + 3H_2O \longrightarrow 2Na[Al(OH)_4] \tag{28}$$

酸化アルミニウムは研磨剤などに利用されている。また，酸化アルミニウムはサファイアやルビーの主成分である。教 p.237 図 18

●水酸化物　アルミニウムイオンAl^{3+}を含む水溶液に，アンモニア水や少量の水酸化ナトリウム水溶液などの塩基を加えると，水酸化アルミニウムの白色沈殿が生じる。

$$Al^{3+} + 3OH^- \longrightarrow Al(OH)_3\downarrow \tag{29}$$

水酸化アルミニウム$Al(OH)_3$や水酸化スズ(Ⅱ)$Sn(OH)_2$・水酸化鉛(Ⅱ)$Pb(OH)_2$は**両性水酸化物**であり，水には溶けないが，酸の水溶液にも強塩基の水溶液にも溶ける。

$$Al(OH)_3 + \underset{\text{酸}}{3HCl} \longrightarrow AlCl_3 + 3H_2O \tag{30}$$

$$Al(OH)_3 + \underset{\text{強塩基}}{NaOH} \longrightarrow Na[Al(OH)_4] \tag{31}$$

●塩化物　スズを塩酸に溶かした水溶液から，塩化スズ(Ⅱ)二水和物$SnCl_2 \cdot 2H_2O$の無色の結晶が得られる。塩化スズ$SnCl_2$は水によく溶け，還元作用がある。

$$Sn^{2+} \longrightarrow Sn^{4+} + 2e^- \tag{32}$$

塩化鉛(Ⅱ)$PbCl_2$は常温の水には溶けにくいが，熱水には溶ける。

●硫酸塩　硫酸アルミニウム$Al_2(SO_4)_3$と硫酸カリウムK_2SO_4の混合水溶液を濃縮すると，**ミョウバン**$AlK(SO_4)_2 \cdot 12H_2O$（硫酸カリウムアルミニウム十二水和物）の結晶が得られる（教 p.238 図 19）。結晶中には Al と K が１：１の物質量の比で存在していて，ミョウバンを水に溶かすと硫酸アルミニウムと硫酸カリウムの混合水溶液と同じ種類のイオンに電離する。このような塩を**複塩**という。

$AlK(SO_4)_2 \cdot 12H_2O \longrightarrow Al^{3+} + K^+ + 2SO_4^{2-} + 12H_2O$ (33)

ミョウバンは染色や食品添加物に利用される。ミョウバンの水溶液は酸性を示す。

硫酸鉛(Ⅱ) $PbSO_4$ は水に溶けにくく，鉛蓄電池が放電すると，各電極に硫酸鉛(Ⅱ)が付着する。

●鉛(Ⅱ)イオンの沈殿　鉛(Ⅱ)イオン Pb^{2+} はさまざまな陰イオンと沈殿を生じる。鉛の化合物は水に溶けにくいものが多いが，硝酸鉛(Ⅱ) $Pb(NO_3)_2$ や酢酸鉛(Ⅱ) $(CH_3COO)_2Pb$ は水に溶ける。教 p.238 表 5

問　題

問 1 (教 p.229)　アンモニアソーダ法により塩化ナトリウム 1.0 mol をすべて炭酸ナトリウムにしたとき，得られる炭酸ナトリウムは何 mol か。

考え方　アンモニアソーダ法全体での化学反応式

$2NaCl + CaCO_3 \longrightarrow Na_2CO_3 + CaCl_2$ より，NaCl 1 mol 当たり Na_2CO_3 が何 mol 生成するかを考える。

解説&解答　アンモニアソーダ法を１つの化学反応式にまとめると，

$$2NaCl + CaCO_3 \longrightarrow Na_2CO_3 + CaCl_2$$

よって，1.0 mol の NaCl から 0.50 mol の Na_2CO_3 が得られる。

答　**0.50 mol**

問 2 (教 p.233)　次の(ア)～(エ)のうち，マグネシウムには当てはまるが，カルシウムには当てはまらないものを１つ選べ。

(ア)　単体は常温で水と容易に反応する　　(イ)　炭酸塩は水に溶ける
(ウ)　水酸化物は水に溶ける　　(エ)　硫酸塩は水に溶ける

考え方　マグネシウムもカルシウムもアルカリ土類金属元素であるが，ベリリウムやマグネシウムとカルシウムやバリウムとでは性質が異なる点が多い。

解説&解答　(ア)　Mg は常温の水とほとんど反応しないが，Ca は反応する。
(イ)　$MgCO_3$，$CaCO_3$ ともに水に溶けにくい。
(ウ)　$Ca(OH)_2$ は水に少し溶ける。$Mg(OH)_2$ は水に溶けにくい。
(エ)　$MgSO_4$ は水によく溶ける。$CaSO_4$ は水に溶けにくい。

答　(エ)

問 3 (教 p.238)　ミョウバン水溶液に次の水溶液をそれぞれ加えたときの変化を，イオン反応式で書け。

(1)　$BaCl_2$ 水溶液　　(2)　NaOH 水溶液　　(3)　アンモニア水

考え方　ミョウバンは次のように電離する。

$$AlK(SO_4)_2 \cdot 12H_2O \longrightarrow Al^{3+} + K^+ + 2SO_4^{2-} + 12H_2O$$

解説&解答　(1)　$BaSO_4$ の白色沈殿が生じる。　**答**　$Ba^{2+} + SO_4^{2-} \longrightarrow BaSO_4$

(2)　はじめ $Al(OH)_3$ の白色沈殿が生じるが，NaOH 水溶液を過剰に加えると，$[Al(OH)_4]^-$ となって溶解する。

答　$Al^{3+} + 3OH^- \longrightarrow Al(OH)_3$　$Al(OH)_3 + OH^- \longrightarrow [Al(OH)_4]^-$

(3)　$Al(OH)_3$ の白色沈殿が生じる。NH_3 水を過剰に加えてもこの沈殿は溶解しない。　**答**　$Al^{3+} + 3OH^- \longrightarrow Al(OH)_3$

章　末　問　題

教 p.239

1　右に示す図はナトリウムとその化合物の関係を示している。(1)〜(5)の物質の化学式を答えよ。

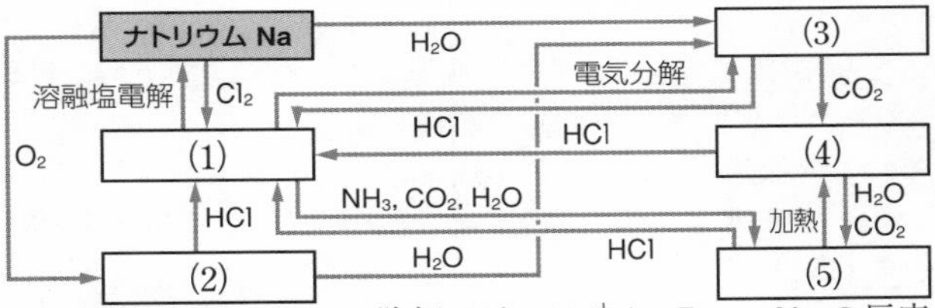

考え方　(1)　NaCl の溶融塩電解によって，陰極では，$Na^+ + e^- \longrightarrow Na$ の反応が起こり，Na が析出する。

(2)　Na が酸素と結びついて酸化物になる。

(3)　Na は常温の水と激しく反応して水素を発生し，水酸化物になる。

(4)　Na の水酸化物は，二酸化炭素を吸収して炭酸塩を生じる。

(5)　Na の炭酸水素塩を加熱すると，分解して CO_2 を放出する。

解説&解答　(1)　化学反応式は，$2Na + Cl_2 \longrightarrow 2NaCl$　**答**　NaCl

(2)　化学反応式は，$4Na + O_2 \longrightarrow 2Na_2O$　**答**　Na_2O

(3)　化学反応式は，$2Na + 2H_2O \longrightarrow 2NaOH + H_2\uparrow$　**答**　NaOH

(4)　化学反応式は，$2NaOH + CO_2 \longrightarrow Na_2CO_3 + H_2O$　**答**　Na_2CO_3

(5)　化学反応式は，$2NaHCO_3 \longrightarrow Na_2CO_3 + H_2O + CO_2\uparrow$　**答**　$NaHCO_3$

2　右に示す図はカルシウムとその化合物の関係を示している。(1)〜(5)の物質の化学式を答えよ。

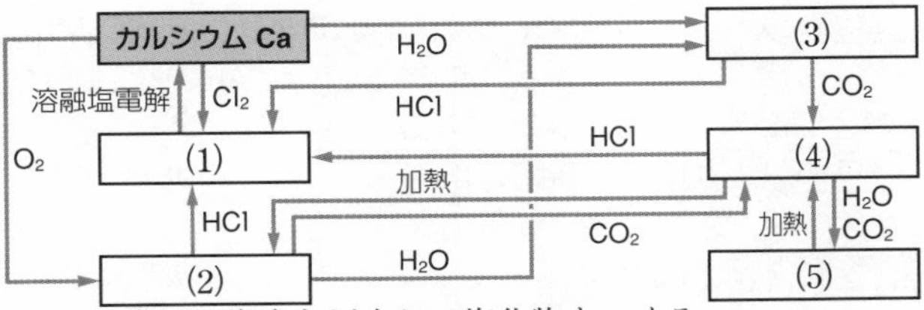

考え方　(1)　Ca の単体は，常温で塩素と反応して塩化物をつくる。

(2)　Ca の単体は，空気中で速やかに酸化されて酸化物になる。

(3)　Ca は常温の水と反応して水素を発生し，水酸化物になる。

(4)　石灰水に CO_2 を通じると，炭酸塩が沈殿する。

(5)　(4)にさらに CO_2 を通じ続けると，炭酸塩は炭酸水素塩となって溶ける。

第3編　無機物質

解説&解答 (1) 化学反応式は，$Ca + Cl_2 \longrightarrow CaCl_2$ 　**答 $CaCl_2$**

(2) 化学反応式は，$2Ca + O_2 \longrightarrow 2CaO$ 　**答 CaO**

(3) 化学反応式は，$Ca + 2H_2O \longrightarrow Ca(OH)_2 + H_2\uparrow$ 　**答 $Ca(OH)_2$**

(4) 化学反応式は，$Ca(OH)_2 + CO_2 \longrightarrow CaCO_3 + H_2O$ 　**答 $CaCO_3$**

(5) 化学反応式は，$CaCO_3 + H_2O + CO_2 \rightleftarrows Ca(HCO_3)_2$ 　**答 $Ca(HCO_3)_2$**

3 次の文章を読んで，下の(1)～(3)の問いに答えよ。

アルミニウムは，酸・強塩基いずれの水溶液にも水素を発生して溶ける(　ア　)金属である。アルミニウムは，空気中では表面に緻密な酸化被膜を生じる。この状態を(　イ　)という。Al^{3+} を含む水溶液に少量の水酸化ナトリウム水溶液を加えると，(a)白色沈殿を生じるが，過剰に加えると，この沈殿は溶けて(b)無色の溶液となる。

(1) (ア)，(イ)に適する語句，名称を記せ。

(2) 下線部(a)の物質の化学式を記せ。

(3) 下線部(b)の溶液に含まれている陰イオンを化学式で記せ。

考え方 アルミニウムは両性金属で，酸とも強塩基とも反応して水素を発生し溶ける。アルミニウムは，空気中に放置したり酸化力の強い酸に入れたりすると，表面に緻密な酸化被膜ができて不動態をつくる。

解説&解答 (1) **答** (ア) **両性** 　(イ) **不動態**

(2)，(3) Al^{3+}を含む水溶液に NaOH 水溶液を少量加えると，白色沈殿 $Al(OH)_3$ が生じ，過剰の NaOH 水溶液を加えると，沈殿は$[Al(OH)_4]^-$ となって溶ける。

答 (2) $\mathbf{Al(OH)_3}$ 　(3) $\mathbf{[Al(OH)_4]^-}$

4 次の(1)～(3)の反応について，各水溶液中に含まれるイオンは K^+，Ba^{2+}，Al^{3+}，Pb^{2+} のうちのどれか。該当するイオンをすべて選べ。

(1) 水溶液に希硫酸を加えたら，白色沈殿が生じた。

(2) 水溶液に水酸化ナトリウム水溶液を少量加えたら，白色沈殿が生じた。

(3) 水溶液に硫化水素を通じたら，黒色沈殿が生じた。

考え方 (1) 希硫酸を加えると，$BaSO_4$ と $PbSO_4$ の白色沈殿が生じる。

(2) 水酸化ナトリウム水溶液を加えると，$Al(OH)_3$，$Pb(OH)_2$ の白色沈殿が生じる。

(3) 硫化水素を通じると，PbS の黒色沈殿が生じる。

解説&解答 **答** (1) $\mathbf{Ba^{2+}}$，$\mathbf{Pb^{2+}}$ 　(2) $\mathbf{Al^{3+}}$，$\mathbf{Pb^{2+}}$ 　(3) $\mathbf{Pb^{2+}}$

考 考えてみよう！

5 炭酸カルシウムを主成分とする石灰石が溶けて鍾乳洞ができるしくみを，反応式も用いて説明せよ。

考え方 二酸化炭素が溶けこんだ水と炭酸カルシウムが反応する。

解説&解答 **答 地中の炭酸カルシウムが二酸化炭素を含んだ地下水と反応し，炭酸水素カルシウムとなって溶けるため。**

$$CaCO_3 + H_2O + CO_2 \longrightarrow Ca(HCO_3)_2$$

第 3 章　金属元素(Ⅱ)—遷移元素—　教 p.240 ～ p.268

1　遷移元素の特徴

A　遷移元素の特徴

周期表の 3 ～ 12 族の元素を**遷移元素**という。また，遷移元素の単体は遷移金属とよばれる。遷移元素は次のような性質をもつ。教 p.240 ～ p.241 表 1

(1)　原子の最外殻電子の数は，1 個または 2 個であり，周期表上で横に並んだ元素どうしの性質も似ている場合が多い。
(2)　典型元素の金属に比べて，融点が高く，密度が大きい。
(3)　同一の元素でも，いろいろな酸化数をとるものも多い。
(4)　酸化数の大きい原子を含む化合物は，酸化剤に利用されるものが多い。
(5)　イオンや化合物には有色のものが多い。錯イオンとなるものもある。教 p.241 図 1
(6)　単体や化合物は，触媒に利用されるものが多い。
(7)　合金をつくりやすい。

第3編 無機物質

B　錯イオン

金属イオンを中心として，それにアンモニア分子 NH_3 やシアン化物イオン CN^- のような非共有電子対をもった分子や陰イオンが配位結合してできたイオンを**錯イオン**という。このときの分子や陰イオンを**配位子**，中心金属イオンに結合できる配位子の数を**配位数**という。教 p.242 表 4

ヘキサシアニド鉄(Ⅱ)酸カリウム $K_4[Fe(CN)_6]$ のように，錯イオンを含む塩を**錯塩**といい，錯イオンや錯塩のように配位結合をもつ物質を，一般に**錯体**という。

$K_4[Fe(CN)_6]$ は水溶液中で次のように電離する。

$$K_4[Fe(CN)_6] \longrightarrow 4K^+ + [Fe(CN)_6]^{4-} \qquad (1)$$

2　鉄

A　単体

8 族の鉄 Fe は，赤鉄鉱(せきてっこう)(主成分 Fe_2O_3)，磁鉄鉱(じてっこう)(主成分 Fe_3O_4)などを多く含む鉄鉱石を，コークスから生じた一酸化炭素で還元して得られる。教 p.243 図 2 ⓐ，ⓑ

$$Fe_2O_3 + 3CO \longrightarrow \underset{\text{銑鉄}}{2Fe} + 3CO_2 \qquad (2)$$

溶鉱炉の底で融解した状態で得られる鉄を**銑鉄**(炭素含有量約 4％)という。

高温にした銑鉄を転炉(教 p.243 図 2 ⓒ)に入れて酸素を吹きこみ，炭素含有量を 2 ～ 0.02％に減らした鉄を**鋼**という。

単体の鉄は灰白色の光沢をもった金属で，イオン化傾向が比較的大きい。塩酸や希硫酸とは反応して Fe^{2+} になるが，濃硝酸とは不動態をつくる。

$$Fe + \underset{\text{希硫酸}}{H_2SO_4} \longrightarrow FeSO_4 + H_2\uparrow \quad (3)$$

鉄は湿った空気中では酸化され，酸化鉄(Ⅲ) Fe_2O_3 を含む赤さびが生じる。一方，強く加熱すると四酸化三鉄 Fe_3O_4(黒さび)が生じる。

B 鉄の化合物・イオン(教 p.244 まとめ)

●鉄(Ⅱ)イオン 硫酸鉄(Ⅱ)七水和物 $FeSO_4\cdot7H_2O$ を水に溶かすと，鉄(Ⅱ)イオン Fe^{2+} を含む水溶液(淡緑色)となる。この水溶液に水酸化ナトリウム水溶液やアンモニア水を加えると，水酸化鉄(Ⅱ) $Fe(OH)_2$ (緑白色)の沈殿が生成する。

$$Fe^{2+} + 2OH^- \longrightarrow Fe(OH)_2\downarrow \quad (4)$$

Fe^{2+} を含む塩基性〜中性の水溶液に硫化水素 H_2S を通じると，硫化鉄(Ⅱ) FeS (黒色)の沈殿が生成する。酸性の水溶液では沈殿しない。

$$Fe^{2+} + S^{2-} \longrightarrow FeS\downarrow \quad (5)$$

また，ヘキサシアニド鉄(Ⅲ)酸カリウム $K_3[Fe(CN)_6]$ 水溶液を加えると，濃青色の沈殿が生成する(Fe^{2+} の検出)。Fe^{2+} は酸化されやすく，空気中に放置すると鉄(Ⅲ)イオン Fe^{3+} になる。

●鉄(Ⅲ)イオン 塩化鉄(Ⅲ) $FeCl_3$ を水に溶かすと，鉄(Ⅲ)イオン Fe^{3+} を含む水溶液(黄褐色)となる。この水溶液に水酸化ナトリウム水溶液やアンモニア水を加えると，水酸化鉄(Ⅲ)(赤褐色)の沈殿が生成する。水酸化鉄(Ⅲ)はいくつかの物質からなる混合物である。

Fe^{3+} を含む塩基性〜中性の水溶液に H_2S を通じると，Fe^{3+} が還元されて Fe^{2+} となり，硫化鉄(Ⅱ)(黒色)の沈殿が生成する。また，ヘキサシアニド鉄(Ⅱ)酸カリウム $K_4[Fe(CN)_6]$ 水溶液を加えると，濃青色の沈殿が生成し，チオシアン酸カリウム KSCN 水溶液を加えると血赤色の水溶液になる(Fe^{3+} の検出)。

3 銅

A 銅の単体

11 族に属する銅 Cu は，天然に産出されるものの多くは硫化物，酸化物として存在している。単体の銅は，黄銅鉱(教 p.247 図 3)から得られた粗銅の電解精錬によって製造される。スズとの合金を青銅，亜鉛との合金を黄銅(教 p.247 図 4)，ニッケルとの合金を白銅という。単体は赤色の光沢をもった金属で，湿った空気中では緑色のさび(**緑青**)(教 p.136)を生じる。塩酸や希硫酸とは反応しないが，酸化力の強い熱濃硫酸((37)式)や硝酸((52)，(54)式)とは反応する。単体の銅を空気中で加熱すると，黒色の酸化銅(Ⅱ) CuO になり，さらに 1000℃以上で加熱すると赤色の酸化銅(Ⅰ) Cu_2O になる。

教 p.247 図 5

B 銅の化合物・イオン

硫酸銅（Ⅱ）五水和物 $CuSO_4 \cdot 5H_2O$ を水に溶かすと，Cu^{2+}を含む青色の水溶液となる。この水溶液に水酸化ナトリウム水溶液または少量のアンモニア水を加えると，水酸化銅（Ⅱ）$Cu(OH)_2$（青白色）の沈殿が生じる。

$$Cu^{2+} + 2OH^- \longrightarrow Cu(OH)_2 \downarrow \quad (6)$$

水酸化銅（Ⅱ）の沈殿に，過剰のアンモニア水を加えると，沈殿が溶けて深青色の水溶液になる。これは，錯イオンのテトラアンミン銅（Ⅱ）イオン $[Cu(NH_3)_4]^{2+}$となって電離し，水に溶けるためである。

$$Cu(OH)_2 + 4NH_3 \longrightarrow [Cu(NH_3)_4]^{2+} + 2OH^- \quad (7)$$

また，水酸化銅（Ⅱ）の沈殿を含む水溶液を加熱すると，沈殿は酸化銅（Ⅱ）（黒色）に変化する。

$$Cu(OH)_2 \longrightarrow CuO + H_2O \quad (8)$$

酸化銅（Ⅱ）は塩基性酸化物なので，希硫酸と反応して，Cu^{2+}になる。

$$CuO + H_2SO_4 \longrightarrow CuSO_4 + H_2O \quad (9)$$

Cu^{2+} を含む水溶液に H_2S を通じると，水溶液の pH に関係なく硫化銅（Ⅱ）CuS（黒色）の沈殿が生成する。

$$Cu^{2+} + S^{2-} \longrightarrow CuS \downarrow \quad (10)$$

また，銅は炎色反応（青緑色）を示す。

硫酸銅（Ⅱ）五水和物（青色）を加熱すると，段階的に水和水を失い，無水物の硫酸銅（Ⅱ）$CuSO_4$（白色）になる。教 p.249 図 6

$$CuSO_4 \cdot 5H_2O \longrightarrow CuSO_4 + 5H_2O \quad (11)$$

無水物の硫酸銅（Ⅱ）は，水に触れると再び五水和物になって変色するので，水の検出に使われる。教 p.249 図 7

4 銀・金

A 銀の単体

11 族の銀 Ag は，硫化物，塩化物として産出されるほか，銅の電解精錬の副生成物（陽極泥）として得られる。単体は銀白色の光沢をもち，電気伝導性・熱伝導性や可視光の反射率が金属の中で最も大きく，展性・延性は金に次いで大きい。教 p.250 表 7

銀は塩酸や希硫酸とは反応しないが，酸化力の強い熱濃硫酸や硝酸とは反応する。

B 銀の化合物・イオン

硝酸銀 $AgNO_3$ の水溶液（無色）に，水酸化ナトリウム水溶液や少量のアンモニア水を加えると，酸化銀 Ag_2O の褐色沈殿が生じる。また，酸化銀の沈殿に過剰のアンモニア水を加えると，沈殿が溶けて無色の水溶液になる。これは，銀の錯イオンであるジアンミン銀（Ⅰ）イオン $[Ag(NH_3)_2]^+$となって電離し，水に溶けるからである。

$$2Ag^+ + 2OH^- \longrightarrow Ag_2O \downarrow + H_2O \quad (12)$$

$$Ag_2O + 4NH_3 + H_2O \longrightarrow 2[Ag(NH_3)_2]^+ + 2OH^- \quad (13)$$

第３編 無機物質

銀イオン Ag^+ を含む水溶液に硫化水素 H_2S を通じると，水溶液の pH に関係なく硫化銀 Ag_2S（黒色）の沈殿ができる。

$$2Ag^+ + S^{2-} \longrightarrow Ag_2S\downarrow \qquad (14)$$

銀イオンを含む水溶液にフッ化物イオン F^- 以外のハロゲン化物イオン（Cl^-，Br^-，I^-）を加えると，ハロゲン化銀の沈殿が生じる。塩化銀 AgCl（白色）はアンモニア水に溶けるが，臭化銀 AgBr（淡黄色）はわずかしか溶けず，ヨウ化銀 AgI（黄色）はほとんど溶けない。

$$AgCl + 2NH_3 \longrightarrow [Ag(NH_3)_2]^+ + Cl^- \qquad (15)$$

ハロゲン化銀に光を当てると，分解して銀の粒子が遊離する。

$$2AgBr \xrightarrow[\text{分解}]{\text{光}} 2Ag + Br_2 \qquad (16)$$

C 金

金 Au は 11 族に属し，天然では単体として産出する。単体は黄金色の光沢があり，金属の中で最も展性・延性が大きい。また，電気伝導性・熱伝導性が大きい。

金はイオン化傾向が小さく，硝酸や熱濃硫酸にも溶けないが，王水（濃硝酸と濃塩酸を体積比 1：3 で混合した混合物）には溶ける。教 p.251 図 9

5 亜鉛

A 亜鉛の単体

亜鉛 Zn は 12 族に属する。原子は価電子を 2 個もち，2 価の陽イオンになりやすい。

単体の亜鉛は青みを帯びた銀白色のやわらかい金属である。両性金属であり，酸の水溶液にも強塩基の水溶液にも水素を発生して溶ける。教 p.252 図 10

$$Zn + \underset{\text{酸}}{2HCl} \longrightarrow ZnCl_2 + H_2\uparrow \qquad (17)$$

$$Zn + \underset{\text{強塩基}}{2NaOH} + 2H_2O \longrightarrow \underset{\text{テトラヒドロキシド亜鉛(II)酸ナトリウム}}{Na_2[Zn(OH)_4]} + H_2\uparrow \qquad (18)$$

$Na_2[Zn(OH)_4]$ は水溶液中では，Na^+ と $[Zn(OH)_4]^{2-}$（テトラヒドロキシド亜鉛(Ⅱ)酸イオン）として存在する。

B 亜鉛の化合物・イオン

●酸化物 酸化亜鉛 ZnO は両性酸化物であり，水には溶けないが，酸の水溶液にも強塩基の水溶液にも溶ける。

$$ZnO + \underset{\text{酸}}{2HCl} \longrightarrow ZnCl_2 + H_2O \qquad (19)$$

$$ZnO + \underset{\text{強塩基}}{2NaOH} + H_2O \longrightarrow Na_2[Zn(OH)_4] \qquad (20)$$

●水酸化物 亜鉛イオン Zn^{2+} を含む水溶液に少量の水酸化ナトリウム水溶液やアンモニア水などの塩基を加えると，水酸化亜鉛の白色沈殿が生じる。

$$Zn^{2+} + 2OH^- \longrightarrow Zn(OH)_2\downarrow \qquad (21)$$

水酸化亜鉛 $Zn(OH)_2$ は両性水酸化物であり，水には溶けないが，酸の水溶液にも強塩基の水溶液にも溶ける。

$$Zn(OH)_2 + \underset{酸}{2HCl} \longrightarrow ZnCl_2 + 2H_2O \quad (22)$$

$$Zn(OH)_2 + \underset{強塩基}{2NaOH} \longrightarrow Na_2[Zn(OH)_4] \quad (23)$$

水酸化亜鉛の沈殿にアンモニア水を過剰に加えると，溶解して無色の水溶液になる。

$$Zn(OH)_2 + 4NH_3 \longrightarrow \underset{テトラアンミン亜鉛(II)イオン}{[Zn(NH_3)_4]^{2+}} + 2OH^- \quad (24)$$

6　クロム・マンガン

A　クロム

クロム Cr は 6 族に属する。単体は銀白色の光沢をもつ金属で，酸化数は＋2 ～＋6 である（教 p.254 表 9）。酸化数＋ 6 のクロムは毒性が強い。空気中で表面に酸化物の緻密な被膜ができ，不動態をつくりやすい。

クロム酸カリウム K_2CrO_4（黄色）は水に溶けてクロム酸イオン CrO_4^{2-}（黄色の水溶液）を生じる。CrO_4^{2-} は，Ag^+，Pb^{2+}，Ba^{2+} と反応し，水に溶けにくいクロム酸銀 Ag_2CrO_4（赤褐色），クロム酸鉛（Ⅱ） $PbCrO_4$（黄色），クロム酸バリウム $BaCrO_4$（黄色）をつくる。CrO_4^{2-} の水溶液に酸を加えると，二クロム酸イオン $Cr_2O_7^{2-}$（赤橙色の水溶液）になる。これを塩基性にすると，再び CrO_4^{2-} にもどる。

$$2CrO_4^{2-} + 2H^+ \longrightarrow Cr_2O_7^{2-} + H_2O \quad (25)$$

$$Cr_2O_7^{2-} + 2OH^- \longrightarrow 2CrO_4^{2-} + H_2O \quad (26)$$

硫酸で酸性にした二クロム酸カリウム水溶液には酸化作用がある。

$$Cr_2O_7^{2-} + 14H^+ + 6e^- \longrightarrow 2Cr^{3+} + 7H_2O \quad (27)$$

B　マンガン

マンガン Mn は 7 族に属する。単体は銀白色の光沢をもつ硬くてもろい金属で，酸化数は＋2 ～＋7 である（教 p.254 表 9）。また，空気中で表面が酸化される。

過マンガン酸カリウム $KMnO_4$（黒紫色）は，水に溶けて過マンガン酸イオン MnO_4^-（赤紫色）を含む水溶液になる。MnO_4^- を硫酸で酸性にした水溶液は，強い酸化力を示す。

$$MnO_4^- + 8H^+ + 5e^- \longrightarrow Mn^{2+} + 4H_2O \quad (28)$$

MnO_4^- は塩基性～中性の水溶液中でも酸化作用を示し，酸化マンガン（Ⅳ）MnO_2（黒色）の沈殿が生じる。

$$MnO_4^- + 2H_2O + 3e^- \longrightarrow MnO_2\downarrow + 4OH^- \quad (29)$$

MnO_2 は酸性溶液中で酸化剤としてはたらき，マンガン（Ⅱ）イオン Mn^{2+} になる。

$$MnO_2 + 4H^+ + 2e^- \longrightarrow Mn^{2+} + 2H_2O \quad (30)$$

Mn^{2+} を含む塩基性～中性の水溶液に H_2S を通じると，硫化マンガン（Ⅱ）MnS（淡桃色）の沈殿が生じる。

7 その他の遷移金属

A 貴金属

第５周期のルテニウム Ru, ロジウム Rh, パラジウム Pd, 銀 Ag, および, 第６周期のオスミウム Os, イリジウム Ir, 白金 Pt, 金 Au の８つの金属は**貴金属**とよばれ, 産出量が少なく高価である。教 p.256 表 10

●白金 10 族に属する白金 Pt は, 展性・延性が大きい銀白色の金属である。天然ではイリジウム Ir・オスミウム Os などとの合金(→ 教 p.258 参考)として産出する。白金は熱濃硫酸や硝酸でも酸化されないが, 王水には溶ける。また, 触媒として自動車の排ガス浄化装置の触媒(三元触媒)や硝酸製造の触媒, 燃料電池の電極などに用いられる。

B タングステン・水銀

●タングステン 6 族に属するタングステン W は, 灰白色の金属で, 単体は金属の中で最も融点が高い。炭素との化合物である炭化タングステン(タングステンカーバイド) WC は超硬合金として切削工具などに利用されている。教 p.257 表 11, 図 14

●水銀 水銀 Hg は 12 族に属する。単体は金属の中で最も融点が低く, 唯一, 常温・常圧で液体である。多くの金属と合金をつくり, これらは**アマルガム**とよばれる。スズとのアマルガムは歯科用の充填剤として用いられてきた。教 p.257 表 11, 図 15

8 金属イオンの分離・確認

A 沈殿反応と金属イオンの分離

Cu^{2+}, Zn^{2+}, Ca^{2+}を含む水溶液から Cu^{2+} を分離したいとき, 希塩酸で酸性にして硫化水素 H_2S を通じ, 硫化銅(Ⅱ)CuS の黒色沈殿を生じさせる。これをろ過すると混合溶液から Cu^{2+} を分離することができる。教 p.260 図 16

B 金属イオンの系統分析

多くの種類の金属イオンを含む水溶液の場合, 金属イオンを数種類のグループに分けて分離・確認する**系統分析**とよばれる操作が行われる。教 p.262 図 17

問 題

思考学習 鉄の腐食 教 p.246

よくみがいた鉄板上に, $K_3[Fe(CN)_6]$ 水溶液とフェノールフタレイン溶液を少量加えた 3%塩化ナトリウム水溶液を数滴滴下する。しばらくすると, 滴下した溶液の中央付近が青色に変化し，さらに時間がたつと，溶液周辺の空気に触れる部分が薄い赤色になってくる。教 p.246 図 A

考察1　青色に変化したのはどんなイオンによるものか。イオンが生じた反応をイオン反応式で表せ。

考察2　赤色に変化したのはどんなイオンによるものか。イオンが生じた反応をイオン反応式で表せ。

考え方　ヘキサシアニド鉄(Ⅲ)酸カリウム $K_3[Fe(CN)_6]$ 水溶液は，鉄(Ⅱ)イオン Fe^{2+} と反応して濃青色の沈殿を生じる。フェノールフタレイン溶液は，OH^- と反応して赤色になる。

解説&解答　**1**　$K_3[Fe(CN)_6]$ 水溶液が反応して濃青色沈殿を生じているので，Fe^{2+} が生成していることがわかる。Fe は H_2 よりもイオン化傾向が大きいため，水と接すると電子を失って Fe^{2+} となる。

答　$Fe \longrightarrow Fe^{2+} + 2e^-$

2　フェノールフタレイン溶液が赤色になっているので，OH^- が生成していることがわかる。溶液周辺では，空気中の O_2 が，Fe から放出された e^- を受け取って水と反応し，OH^- が生成する。

答　$O_2 + 2H_2O + 4e^- \longrightarrow 4OH^-$

第3編 無機物質

問1
(教p.248)

次の(ア)～(エ)のうち，銅(Ⅱ)イオン Cu^{2+} を含む水溶液に加えたときに沈殿を生じるものをすべて選べ。

(ア)　少量の水酸化ナトリウム水溶液　　(イ)　少量のアンモニア水

(ウ)　過剰の水酸化ナトリウム水溶液　　(エ)　過剰のアンモニア水

考え方　過剰のアンモニア水を加えると，沈殿は錯イオンとなって水に溶ける。

解説&解答　Cu^{2+} を含む水溶液に少量の NaOH 水溶液や NH_3 水を加えると，$Cu(OH)_2$ の沈殿が生じる。さらに過剰の NaOH 水溶液を加えても，この沈殿は溶解しないが，過剰の NH_3 水を加えると，$[Cu(NH_3)_4]^{2+}$ が生じて沈殿が溶解する。

答　(ア)，(イ)，(ウ)

思考学習　硫酸銅(Ⅱ)五水和物の加熱による質量変化　教 p.249

酸化銅(Ⅱ)を希硫酸と反応させることで得られた溶液を濃縮させ，数日放置すると，硫酸銅(Ⅱ)五水和物 $CuSO_4 \cdot 5H_2O$ の結晶が生成した。

硫酸銅(Ⅱ)五水和物 $CuSO_4 \cdot 5H_2O$ の結晶 2.50g を加熱容器に入れ，徐々に温度を上昇させながら質量の変化を測定した。130℃のときの結晶の質量は 1.78g，さらに，170℃まで加熱したときの質量は 1.60g であった。

考察1　酸化銅(Ⅱ)と希硫酸の反応を化学反応式で書け。

考察2　硫酸銅(Ⅱ)五水和物は 130℃，170℃のとき，それぞれどのような物質に変化していると考えられるか。次ページの図Ａを参考にして，化学式で書け。($CuSO_4 = 160$，$H_2O = 18$)

考察3 硫酸銅（Ⅱ）五水和物を130℃に加熱するつもりが，誤って150℃以上でしばらく加熱してしまった。誤りに気づいた後，130℃にもどして実験を続けた。このとき，得られた結晶の質量は1.78gよりも大きくなるか小さくなるか答えよ。

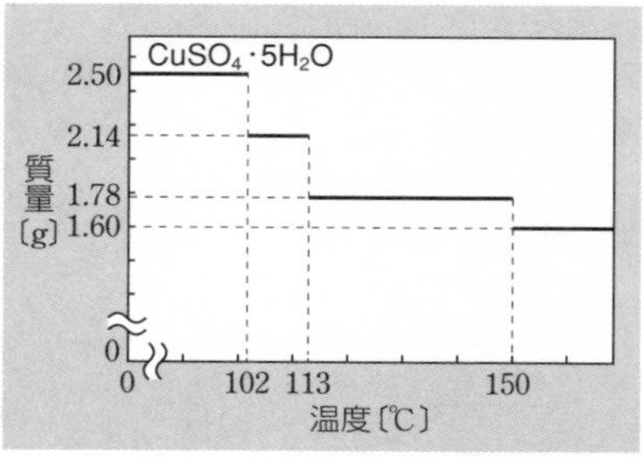

▲図A 硫酸銅（Ⅱ）五水和物を加熱したときの質量変化

考え方 硫酸銅（Ⅱ）五水和物 $CuSO_4 \cdot 5H_2O$ は，加熱されると段階的に水和水を失い，その分質量が小さくなる。不連続に質量が変化したとき，水和水をいくつずつ失っているのかを考える。

解説&解答 **1** 答 $CuO + H_2SO_4 \longrightarrow CuSO_4 + H_2O$

2 $CuSO_4 \cdot 5H_2O$（式量 250）2.50g の物質量は，

$$\frac{2.50\,g}{250\,g/mol} = 0.0100\,mol$$

0.0100mol の $CuSO_4 \cdot nH_2O$ について，n が１つ減少するごとに質量は，0.0100mol × 18g/mol ＝ 0.18g ずつ減少する。

1.78g のときの結晶は，2.50g － 1.78g ＝ 0.72g より，n が４つ減少した $CuSO_4 \cdot H_2O$ である。

また，1.60g のときの結晶は，2.50g － 1.60g ＝ 0.90g より，n が５つ減少した $CuSO_4$ である。

答 130℃：$CuSO_4 \cdot H_2O$　170℃：$CuSO_4$

3 150℃以上でしばらく加熱した際に水和水の減少が進みすぎて，$CuSO_4$ が生成している。水に触れないかぎり，温度を下げても $CuSO_4$ は無水物のままである。　答 **小さくなる。**

問2
（教p.260）

次の(1)〜(3)の金属イオンを含む混合溶液について，それぞれのイオンを分離する方法を答えよ。

(1) Ag^+ と Cu^{2+}　(2) Al^{3+} と Zn^{2+}　(3) Ca^{2+} と Na^+

考え方 (1) 塩酸を加えて，AgCl を沈殿させる。

(2) 過剰のアンモニア水を加えて，$Al(OH)_3$ を沈殿させる。

(3) 炭酸アンモニウム水溶液を加えて，$CaCO_3$ を沈殿させる。

解説&解答 (1) ろ紙には AgCl の白色沈殿が残り，ろ液には Cu^{2+} が含まれている。　答 **塩酸を加えてろ過する。**

(2) ろ紙には $Al(OH)_3$ の白色沈殿が残り，ろ液には $[Zn(NH_3)_4]^{2+}$ が含まれている。　答 **過剰のアンモニア水を加えてろ過する。**

(3)　ろ紙には $CaCO_3$ の白色沈殿が残り，ろ液には Na^+ が含まれている。　**答　炭酸アンモニウム水溶液を加えてろ過する。**

例題１（教p.263）　K^+，Ag^+，Ca^{2+}，Zn^{2+}，Cu^{2+}，Al^{3+} の６種類の金属イオンを含む混合溶液に，次の図の①～⑤の操作を行った。沈殿(1)～(5)および，操作完了後に残ったろ液(6)に含まれるイオンを化学式で記せ。

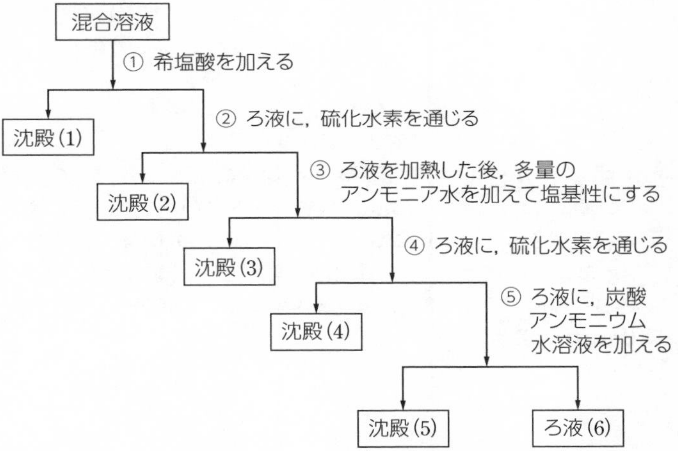

考え方　①の操作では，Cl^- で沈殿する金属イオンが分離される。
②の操作では，S^{2-}(酸性)で沈殿する金属イオンが分離される。
③の操作では，OH^- で沈殿する金属イオン(過剰のアンモニア水に溶けないもの)が分離される。
④の操作では，S^{2-}(中～塩基性)で沈殿する金属イオンが分離される。
⑤の操作では，$CO_3{}^{2-}$ で沈殿する金属イオンが分離される。
また，アルカリ金属元素のイオンである K^+ は，①～⑤のどの陰イオンとも沈殿を生じない。

解説&解答　**答**　沈殿(1)　**AgCl**　沈殿(2)　**CuS**　沈殿(3)　**$Al(OH)_3$**
沈殿(4)　**ZnS**　沈殿(5)　**$CaCO_3$**　ろ液(6)　**K^+**

類題１（教p.263）　Na^+，Ba^{2+}，Zn^{2+}，Pb^{2+}，Cu^{2+}，Al^{3+} の６種類の金属イオンを含む混合溶液に，例題１(教 p.263)の①～⑤の操作を行った。沈殿(1)～(5)および，操作完了後に残ったろ液(6)に含まれるイオンを化学式で記せ。

考え方　例題１と同様の操作を行う。

解説&解答　**答**　沈殿(1)　**$PbCl_2$**　沈殿(2)　**CuS**　沈殿(3)　**$Al(OH)_3$**
沈殿(4)　**ZnS**　沈殿(5)　**$BaCO_3$**　ろ液(6)　**Na^+**

章末問題

教 p.268

1 次に示す化合物の化学式と色を答えよ。

(1) 酸化銀　(2) 塩化銀　(3) 酸化マンガン(Ⅳ)
(4) 硫酸銅(Ⅱ)　(5) 硫化銅(Ⅱ)　(6) 硫酸銅(Ⅱ)五水和物
(7) ヨウ化銀　(8) クロム酸カリウム　(9) 水酸化鉄(Ⅱ)
(10) クロム酸銀　(11) 臭化銀　(12) 硫化銀
(13) 硫化鉄(Ⅱ)　(14) クロム酸鉛(Ⅱ)　(15) 水酸化銅(Ⅱ)
(16) クロム酸バリウム

考え方　化合物の化学式は，金属イオンの酸化数から推測する。よく出てくる化合物の色は，金属イオンごとに整理して確認しておくとよい。

解説&解答　**答** (1) **Ag_2O，褐色**　(2) **$AgCl$，白色**　(3) **MnO_2，黒色**
(4) **$CuSO_4$，白色**　(5) **CuS，黒色**　(6) **$CuSO_4 \cdot 5H_2O$，青色**
(7) **AgI，黄色**　(8) **K_2CrO_4，黄色**　(9) **$Fe(OH)_2$，緑白色**
(10) **Ag_2CrO_4，赤褐色**　(11) **$AgBr$，淡黄色**　(12) **Ag_2S，黒色**
(13) **FeS，黒色**　(14) **$PbCrO_4$，黄色**　(15) **$Cu(OH)_2$，青白色**
(16) **$BaCrO_4$，黄色**

2 鉄イオンに関する次の問いに答えよ。

(1) Fe^{2+} を含む水溶液に水酸化ナトリウム水溶液を加えたときに起こる反応の，イオン反応式と生成する沈殿の色を答えよ。
(2) Fe^{2+} を含む塩基性の水溶液に硫化水素を通じたときに起こる反応の，イオン反応式と生成する沈殿の色を答えよ。
(3) Fe^{3+} を含む水溶液に KSCN 水溶液を加えたときの溶液の変化について答えよ。

考え方　Fe^{2+} と Fe^{3+} の化合物の色や，反応により生じる沈殿は異なる。

解説&解答

(1) Fe^{2+} と Fe^{3+} の水酸化物は色が違う。Fe^{2+} の水酸化物は緑白色，Fe^{3+} の水酸化物は赤褐色である。
答 **$Fe^{2+} + 2OH^- \longrightarrow Fe(OH)_2$，緑白色**
(2) Fe^{2+} を含む塩基性～中性の水溶液に H_2S を通じると，FeS の黒色沈殿が生じるが，酸性の場合は沈殿が生じない。**答** **$Fe^{2+} + S^{2-} \longrightarrow FeS$，黒色**
(3) **答** **血赤色の水溶液になる。**

3 銅に関する次の問いに答えよ。

(1) Cu^{2+} を含む水溶液にアンモニア水を少量加えたときと，過剰に加えたときの違いを答えよ。
(2) 単体の銅に熱濃硫酸を加えて二酸化硫黄が生成するときの化学反応式を答えよ。
(3) 銅の２種類の酸化物の化学式と色をそれぞれ答えよ。

考え方　(1)　Cu^{2+}に少量のアンモニア水を加えると，水酸化銅(Ⅱ)$Cu(OH)_2$の青白色沈殿が生じる。そこに過剰のアンモニア水を加えると，錯イオン$[Cu(NH_3)_4]^{2+}$を生成し，沈殿が溶けて深青色の水溶液になる。

(3)　銅は酸化数＋1と＋2の酸化物をつくる。

解説&解答　**答**　(1)　少量：**$Cu(OH)_2$の青白色沈殿が生じる。**

過剰：**$Cu(OH)_2$の青白色沈殿が溶解して$[Cu(NH_3)_4]^{2+}$を含む深青色の水溶液になる。**

(2)　$\mathbf{Cu + 2H_2SO_4 \longrightarrow CuSO_4 + 2H_2O + SO_2}$

(3)　**Cu_2O(赤色)，CuO(黒色)**

考えてみよう！

4　次に示す3種類の金属イオンを含む水溶液から，(　)内のイオンのみを沈殿として分離するのに適した試薬を下から選べ。ただし，試薬は十分に加えるものとし，硫化水素は酸性条件下で加えるものとする。

(1)　Ag^+　Cu^{2+}　Al^{3+}　(Ag^+)
(2)　Na^+　Cu^{2+}　Fe^{2+}　(Cu^{2+})
(3)　Ag^+　Pb^{2+}　Cu^{2+}　(Pb^{2+})
(4)　Zn^{2+}　Al^{3+}　Fe^{3+}　(Fe^{3+})

〔試薬〕　アンモニア水　希塩酸　濃硝酸　水酸化ナトリウム水溶液　硫化水素

考え方　(1)　Ag^+はHCl, NaOH水溶液, H_2S(酸性)と沈殿を生じるが，そのうち，NaOH水溶液，H_2S(酸性)はCu^{2+}とも沈殿を生じる。

(2)　Cu^{2+}はNaOH水溶液，H_2S(酸性)と沈殿を生じるが，そのうち，NaOH水溶液はFe^{2+}とも沈殿を生じる。

(3)　Pb^{2+}はNH_3水，HCl，H_2S(酸性)と沈殿を生じるが，そのうち，HClはAg^+とも沈殿を生じ，H_2S(酸性)はAg^+やCu^{2+}とも沈殿を生じる。

(4)　Fe^{3+}はNH_3水，NaOH水溶液と沈殿を生じるが，Zn^{2+}，Al^{3+}はNaOH水溶液を十分に加えると$[Zn(OH)_4]^{2-}$，$[Al(OH)_4]^-$となって溶ける。

解説&解答

(1)　希塩酸を加えると，Ag^+のみAgClの白色沈殿を生じる。　**答　希塩酸**

(2)　硫化水素(酸性)を通じると，Cu^{2+}のみCuSの黒色沈殿を生じる。**答　硫化水素**

(3)　少量のアンモニア水ではAg_2O，$Pb(OH)_2$，$Cu(OH)_2$の沈殿を生じるが，過剰に加えると，Ag_2Oと$Cu(OH)_2$はそれぞれ$[Ag(NH_3)_2]^+$，$[Cu(NH_3)_4]^{2+}$の錯イオンをつくって溶ける。$Pb(OH)_2$は，沈殿のまま残る。　**答　アンモニア水**

(4)　少量の水酸化ナトリウム水溶液では$Zn(OH)_2$，$Al(OH)_3$，水酸化鉄(Ⅲ)の沈殿を生じるが，過剰に加えると，両性水酸化物の$Zn(OH)_2$と$Al(OH)_3$はそれぞれ$[Zn(OH)_4]^{2-}$，$[Al(OH)_4]^-$の錯イオンをつくって溶ける。水酸化鉄(Ⅲ)は，沈殿のまま残る。　**答　水酸化ナトリウム水溶液**

第 1 章　有機化合物の分類と分析　教 p.270 ～ p.281

1　有機化合物の特徴と分類

A　有機化合物の特徴

炭素原子が分子の骨格となっている化合物を**有機化合物**といい，それ以外の化合物を**無機化合物**と区別している。

<有機化合物の特徴>

①炭素 C のほかに，水素 H・酸素 O・窒素 N・硫黄 S・ハロゲン元素(F・Cl・Br・I)などの少数の元素から構成されている(右表)が，無機化合物に比べて化合物の種類が多い。これは炭素原子が 4 個の価電子をもち，共有結合でさまざまな形の分子をつくるためである。

②分子からなる物質であり，融点や沸点は比較的低い。融点をもたず加熱により分解するものもある。

③水に溶けにくく，ジエチルエーテルのような有機溶媒に溶けやすいものが多い。

④燃焼しやすいものが多く，完全燃焼すると二酸化炭素 CO_2 や水 H_2O などの物質を生じる。

▼有機化合物を構成するおもな元素

元素		原子価
炭素	−C− (上下にも結合)	4
水素	H−	1
酸素	−O−	2
窒素	−N− (上にも結合)	3
硫黄	−S−	2
塩素	Cl−	1
臭素	Br−	1

B　有機化合物の分類

●炭素原子の結合による分類

<分子の形による分類>

・**鎖式化合物**(**脂肪族化合物**)…炭素原子どうしが鎖状に結合した化合物

(例)　$CH_3-CH_2-CH_2-CH_2-CH_2-CH_3$　ヘキサン

・**環式化合物**…炭素原子どうしが環状に結合した構造をもつもの

環式化合物のうち，ベンゼンのような構造をもつものを**芳香族化合物**，それ以外を**脂環式化合物**という。

(例)　芳香族化合物　　　　　脂環式化合物

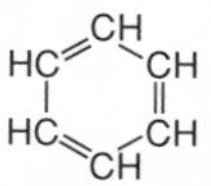

ベンゼン

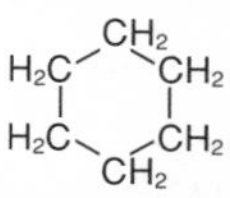

シクロヘキサン

<炭素原子間の不飽和結合の有無による分類>

・**飽和化合物**…炭素原子間の結合がすべて単結合であるもの

・**不飽和化合物**…炭素原子間の結合に１つでも二重結合や三重結合があるもの

炭素と水素だけからなる有機化合物を**炭化水素**といい，その構造は有機化合物の基本となる。教 p.271 表 2

●官能基による分類　炭化水素の水素原子を特定の原子団に置き換えると，その原子団に特有の性質をもつ化合物となる。このような特有の性質を示すもとになる原子団を**官能基**という。一般に，化合物から形式的に水素原子 H を除いたような原子団を**基**という。同じ官能基をもった化合物どうしはよく似た性質を示す。そのため，官能基によって分類すると，性質の似た有機化合物をまとめることができる。このため，有機化合物の化学式は，官能基がわかるように分けて書いた**示性式**で表すことがある。

官能基以外の炭素と水素だけからなる原子団を**炭化水素基**という。炭化水素基は R− で表されることが多い。

▼炭化水素基の例

メチル基	CH_3-	メチレン基	$-CH_2-$
エチル基	C_2H_5-	フェニル基	C_6H_5-
ビニル基	$CH_2=CH-$		

▼官能基の例

官能基		分類名
ヒドロキシ基	$-OH$	アルコール
		フェノール類
エーテル結合	$-O-$	エーテル
ホルミル基 (アルデヒド基)	$-\underset{\underset{\displaystyle O}{\Vert}}{C}-H$	アルデヒド
カルボニル基	$-\underset{\underset{\displaystyle O}{\Vert}}{C}-$	ケトン
カルボキシ基	$-\underset{\underset{\displaystyle O}{\Vert}}{C}-O-H$	カルボン酸
エステル結合	$-\underset{\underset{\displaystyle O}{\Vert}}{C}-O-$	エステル
ニトロ基	$-NO_2$	ニトロ化合物
スルホ基	$-SO_3H$	スルホン酸
アミノ基	$-NH_2$	アミン

※アルデヒドやカルボン酸，エステルに含まれる $-\underset{\underset{\displaystyle O}{\Vert}}{C}-$ もカルボニル基とよぶことがある。

C 有機化合物の表し方と異性体

有機化合物には，分子式が同じであっても構造が異なる化合物が存在することがあり，これらを互いに**異性体**であるという。異性体のうち，原子の結合のしかたが異なる化合物を**構造異性体**といい(教 p.273 表 5)，分子式では区別できないが，構造式では区別できる(教 p.273 表 6，下表)。

▼有機化合物の表し方　有機化合物は，その性質が読みとりやすいよう示性式や構造式で表すことが多い。エタノールとジメチルエーテルは構造異性体である。

表し方	エタノール	ジメチルエーテル	酢酸
分子式	C_2H_6O		$C_2H_4O_2$
構造式	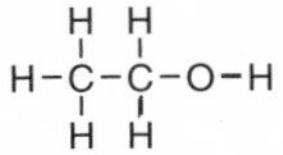	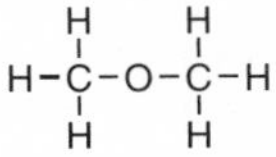	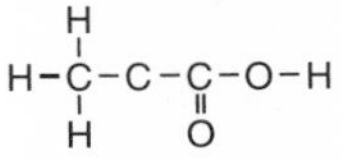
簡略化した構造式	CH_3-CH_2-OH	CH_3-O-CH_3	$CH_3-\underset{\underset{\displaystyle O}{\Vert}}{C}-OH$
示性式	C_2H_5OH	CH_3OCH_3 $(CH_3)_2O$	CH_3COOH

2 有機化合物の分析

A 有機化合物の分析の手順

有機化合物の構造式は，**教 p.274 図 1** に示す手順で決められる。

B 有機化合物の分離と精製

混合物から目的の純物質を分離・精製するために，ろ過・蒸留・分留・再結晶・昇華法・抽出・クロマトグラフィーなどの方法が用いられる。

抽出とは，溶媒を使って混合物から目的の物質を溶かし，分離する方法である。アニリンやニトロベンゼンなどの有機化合物は，水よりもジエチルエーテルなどの有機溶媒に溶けやすい。しかし，アニリンが塩化水素と反応してアニリン塩酸塩になると，水に溶けるようになる。この性質を利用してアニリンとニトロベンゼンが分離できる。

C 成分元素の検出

元素	操作	生成物	検出反応の例
水素 H	酸化銅(Ⅱ) CuO を用いて完全燃焼させる。	H_2O	生じた液体を白色の硫酸銅(Ⅱ)無水物 $CuSO_4$ につけると，青色に変化する。
炭素 C		CO_2	発生した気体を石灰水に通じると，白濁する($CaCO_3$ の白色沈殿が生じる)。
窒素 N	水酸化ナトリウム NaOH またはソーダ石灰とともに加熱する。	NH_3	湿らせた赤色リトマス紙を近づけると，青色に変化する。 濃塩酸を近づけると，白煙(NH_4Cl の微粉末)を生じる。
硫黄 S	単体のナトリウム Na または水酸化ナトリウム NaOH とともに加熱する。	Na_2S	生成物を水に溶かし，酢酸で酸性にした後，酢酸鉛(Ⅱ) $(CH_3COO)_2Pb$ 水溶液を加えると，黒色沈殿(硫化鉛(Ⅱ) PbS)を生じる。
塩素 Cl	黒く焼いた銅線につけて炎に入れる。	$CuCl_2$	青緑色の銅の炎色反応が観察される(臭素やヨウ素を含む場合も同様に炎色反応を示す)。

D 元素分析

有機化合物の成分元素の質量組成を調べ，組成式を求める操作を**元素分析**という。

⑴**元素分析の実験手順**　炭素 C・水素 H・酸素 O だけからなる有機化合物の場合，次のページの図のような実験装置を用いて，①～③の手順で元素分析を行う。窒素や硫黄を含む場合は，先に別の方法でそれらの質量を求めておく必要がある。

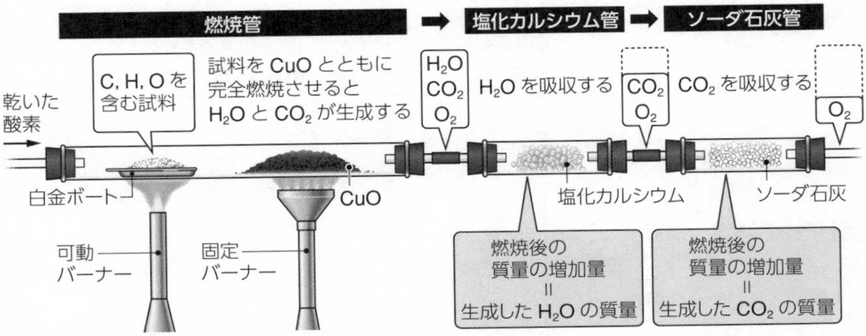

▲元素分析の実験装置　酸化銅(Ⅱ) CuO は，試料の完全燃焼を助ける酸化剤である。

① 試料，塩化カルシウム管，ソーダ石灰管の質量をそれぞれ精密に測定し，図のような装置を組みたてる。
② 乾いた酸素を通しながら加熱し，試料を完全燃焼させる。
成分元素の水素 H は水 H_2O に，炭素 C は二酸化炭素 CO_2 になる。
③ 燃焼後，塩化カルシウム管，ソーダ石灰管の質量をそれぞれ測定する。
塩化カルシウム管には H_2O が，ソーダ石灰管には CO_2 がそれぞれ吸収されており，質量の増加分が生成した H_2O と CO_2 の質量である。

(2)元素の質量組成の求め方　試料から生じた CO_2 と H_2O の質量から，試料中の C と H の質量を求める。次に，試料の質量から C と H の質量を差し引いて試料中の O の質量求める。

$$\text{C の質量} = CO_2\text{ の質量} \times \frac{\text{C の原子量}}{CO_2\text{ の分子量}} = CO_2\text{ の質量} \times \frac{12}{44}$$

$$\text{H の質量} = H_2O\text{ の質量} \times \frac{2 \times (\text{H の原子量})}{H_2O\text{ の分子量}} = H_2O\text{ の質量} \times \frac{2.0}{18}$$

$$\text{O の質量} = \text{試料の質量} - (\text{C の質量} + \text{H の質量})$$

(3)組成式の決定　成分元素の質量を各元素の原子量でわって簡単な整数比にすると，試料の化合物の**組成式**が求められる。元素分析の実験によって求められる組成式は，**実験式**ともいう。

原子の数の比 $\mathrm{C:H:O}=\dfrac{\text{Cの質量}}{\text{Cの原子量}}:\dfrac{\text{Hの質量}}{\text{Hの原子量}}:\dfrac{\text{Oの質量}}{\text{Oの原子量}}$

$=\dfrac{\text{Cの質量}}{12}:\dfrac{\text{Hの質量}}{1.0}:\dfrac{\text{Oの質量}}{16}$

$=x:y:z$ ➡ 組成式 $C_xH_yO_z$

最も簡単な整数比

↑それぞれ元素記号の右下に示す。
1のときは数字を省略するので注意。

(4)**分子式の決定**　組成式は，成分元素の原子の数を最も簡単な整数比で表したものなので，分子式中の原子の数は，組成式中の原子の数の n（n は整数）倍となる。また，分子量は組成式の式量の n 倍であり，次の関係が成りたつ。

組成式の式量 $\times\, n$ ＝分子量 ➡ (組成式)$_n$ ＝分子式 （n は整数）

試料の分子量がわかれば，整数 n がわかり，組成式から**分子式**を求めることができる。例えば，組成式が CH_2O で分子量が60のとき，分子式を$(CH_2O)_n$ と表すと，組成式の式量は30（$=12\times1+1\times2+16\times1$）なので，$30\times n=60$ より $n=2$ となり，分子式は $C_2H_4O_2$ と求められる。

(5)**構造式の決定**　分子式を求めたのち，構造式を決定するためには官能基を推定する必要がある。例えば，C_2H_6O の化合物については次の2つの構造異性体が考えられるので，それぞれの化合物に含まれる官能基の性質などを用いて確認する。

エタノール
（常温で液体）

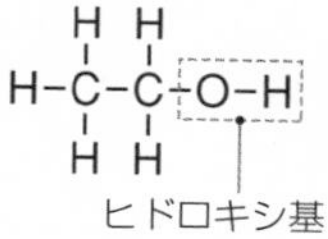

→ 単体のナトリウム Na と反応して水素を発生する。

ジメチルエーテル
（常温で気体）

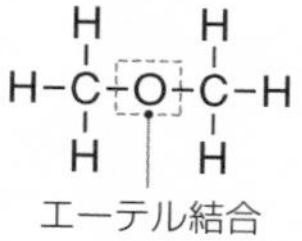

→ 単体のナトリウム Na を加えても反応しない。

参考　分子量の測定

試料の有機化合物の分子量は，さまざまな方法で求めることができる。

●分子量の求め方

例えば，試料の沸点が低い場合には，試料の質量と気体の状態にしたときの体積を測定することにより，気体の状態方程式を利用して分子量を求めることができる。一方，試料が気体になりにくい有機化合物の場合は，モル沸点上昇やモル凝固点降下がわかっている溶媒を用いて，沸点上昇度や凝固点降下度を測定することで，分子量が求められる。また，試料を溶媒に溶かして，浸透圧を測定することでも，分子量を求めることができる。

▼分子量の求め方

気体の状態方程式	沸点上昇・凝固点降下	浸透圧
$M=\dfrac{mRT}{pV}$	$M=\dfrac{Kw}{\Delta tW}$	$M=\dfrac{mRT}{\Pi V}$
モル質量 M〔g/mol〕 質量 m〔g〕 体積 V〔L〕 圧力 p〔Pa〕 温度 T〔K〕 気体定数 R〔Pa·L/(mol·K)〕	モル質量 M〔g/mol〕 沸点上昇度 Δt〔K〕 （凝固点降下度 Δt〔K〕） 溶媒のモル沸点上昇 K〔K·kg/mol〕 （モル凝固点降下 K〔K·kg/mol〕） 試料の質量 w〔g〕 溶媒の質量 W〔kg〕	モル質量 M〔g/mol〕 質量 m〔g〕 体積 V〔L〕 浸透圧 Π〔Pa〕 温度 T〔K〕 気体定数 R〔Pa·L/(mol·K)〕

●質量分析装置による測定

現在では，有機化合物の分子量は，質量分析装置などを用いて精密に測定されている。質量分析装置では，気体にした試料を電子と衝突させることなどによりイオン化させ，電圧を加えて真空中を移動させる。磁場を加えたときの移動行路が曲がる度合いや移動時間が電荷数当たりの質量に応じて異なることを利用して，分子量や元素組成に関する情報を得ている。イオン化の方法も多く開発され，合成高分子化合物やタンパク質などの分子量測定にも用いられている。

問　題

問 1
（教p.273）

次の化学式で表される有機化合物を，(a)分子式，(b)構造式，(c)示性式で表せ。なお，構造式は簡略化せず示せ。

(1)　$CH_3-CH_2-CH_2-OH$　　(2)　$CH_3-CH_2-C(=O)-CH_3$

考え方　(a)　構成する原子の元素記号と，原子の数を書く。
(b)　原子間の結合を線で表す。
(c)　官能基のみを分けて書く。

解説&解答　(1)　(a)　C が 3，H が 8，O が 1 より，C_3H_8O　　答　C_3H_8O

(b)　答 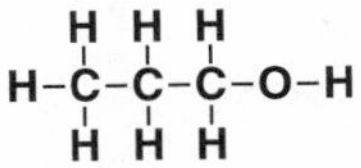

(c)　官能基は，ヒドロキシ基（$-OH$）なので，C_3H_7OH

答　C_3H_7OH

(2)　(a)　C が 4，H が 8，O が 1 より，C_4H_8O　　答　C_4H_8O

(b)　答 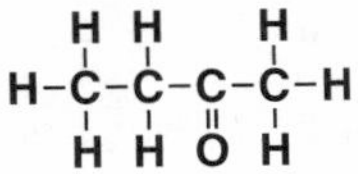

(c)　官能基は，カルボニル基（$-C(=O)-$）なので，$C_2H_5COCH_3$

答　$C_2H_5COCH_3$

例題 1
(教p.278)

炭素・水素・酸素だけからなる化合物A34.5mgを元素分析装置で完全燃焼させたところ，二酸化炭素50.6mg，水20.7mgを得た。次の問いに答えよ。(H＝1.00，C＝12.0，O＝16.0)

(1)　化合物Aの組成式を求めよ。

(2)　化合物Aの分子量は90であった。Aの分子式を求めよ。

考え方　①　化合物A 34.5mg中のC，H，Oの質量を求める。

②　それぞれ，質量を原子のモル質量(原子量)でわり，原子の数の比を求め，組成式をつくる。

③　分子量が組成式の式量の何倍かを求め，分子式を決定する。

解説&解答　(1)　化合物A中のC，H，Oの質量はそれぞれ，

$$\text{C の質量} = CO_2\text{ の質量} \times \frac{12.0}{44.0} = 50.6\,\text{mg} \times \frac{12.0}{44.0} = 13.8\,\text{mg}$$

$$\text{H の質量} = H_2O\text{ の質量} \times \frac{2.00}{18.0} = 20.7\,\text{mg} \times \frac{2.00}{18.0} = 2.30\,\text{mg}$$

$$\text{O の質量} = 34.5\,\text{mg} - (13.8\,\text{mg} + 2.30\,\text{mg}) = 18.4\,\text{mg}$$

化合物Aの組成式を$C_xH_yO_z$とすると，

$$x : y : z = \frac{\text{C の質量}}{12} : \frac{\text{H の質量}}{1.0} : \frac{\text{O の質量}}{16}$$
$$= \frac{13.8}{12.0} : \frac{2.30}{1.00} : \frac{18.4}{16.0}$$
$$= 1.15 : 2.30 : 1.15$$
$$= 1 : 2 : 1$$

よって，組成式はCH_2O　　**答**　CH_2O

(2)　分子式を$(CH_2O)_n$とすると，CH_2Oの式量は30.0であるから，$30.0 \times n = 90$より，$n = 3$

よって，分子式は$C_3H_6O_3$　　**答**　$C_3H_6O_3$

類題 1
(教p.278)

炭素・水素・酸素だけからなる化合物30.0mgを元素分析装置で完全燃焼させたところ，二酸化炭素66.0mg，水36.0mgを得た。また，この化合物の分子量は60であった。この化合物の分子式を求めよ。(H＝1.00，C＝12.0，O＝16.0)

考え方　組成式を求めてから，分子式を考える。

解説&解答　化合物中のC，H，Oの質量はそれぞれ，

$$\text{C の質量} = 66.0\,\text{mg} \times \frac{12.0}{44.0} = 18.0\,\text{mg}$$

$$\text{H の質量} = 36.0\,\text{mg} \times \frac{2.00}{18.0} = 4.00\,\text{mg}$$

$$\text{O の質量} = 30.0\,\text{mg} - (18.0\,\text{mg} + 4.00\,\text{mg}) = 8.0\,\text{mg}$$

化合物の組成式を $C_xH_yO_z$ とすると，

$$x:y:z=\frac{18.0}{12.0}:\frac{4.00}{1.00}:\frac{8.0}{16.0}$$
$$=3:8:1$$

よって，組成式は C_3H_8O

分子式を $(C_3H_8O)_n$ とすると，C_3H_8O の式量は 60.0 であるから，

分子量 60 より，$60.0\times n=60$　　$n=1$

よって，分子式は C_3H_8O　　　**答** C_3H_8O

問A (教p.280) 組成式が C_2H_5 である炭化水素 70mg を 100mL の真空容器内で完全に蒸発させたところ，27℃で 3.0×10^4 Pa を示した。この炭化水素の分子量と分子式を求めよ。

(H = 1.0，C = 12，気体定数 $R=8.3\times10^3$ Pa·L/(mol·K))

考え方　気体の状態方程式 $pV=\frac{m}{M}RT$ より，分子量は $M=\frac{mRT}{pV}$ で求める。

解説&解答　気体の状態方程式より，

$$M=\frac{mRT}{pV}$$
$$=\frac{\frac{70}{1000}\,\mathrm{g}\times8.3\times10^3\,\mathrm{Pa\cdot L/(mol\cdot K)}\times(27+273)\,\mathrm{K}}{3.0\times10^4\,\mathrm{Pa}\times\frac{100}{1000}\,\mathrm{L}}$$
$$=58.1\,\mathrm{g/mol}\fallingdotseq58\,\mathrm{g/mol}$$　　分子量は 58

C_2H_5 の式量は 29 なので，

$29\times n=58$　　$n=2$　　分子式は C_4H_{10}

答 分子量：58　分子式：C_4H_{10}

章末問題

教p.281

必要があれば，原子量は次の値を使うこと。H = 1.0，C = 12，O = 16

1　次の記述のうち，有機化合物の性質として適当なものをすべて選び，記号で答えよ。

(ア)　構成元素の種類は少ないが，化合物の種類は非常に多い。
(イ)　水に溶けやすく，有機溶媒に溶けにくいものが多い。
(ウ)　多くはイオン結合からなり，電解質であるものが多い。
(エ)　多くは共有結合からなり，非電解質であるものが多い。
(オ)　可燃性の化合物が多く，燃焼により二酸化炭素や水が生成することが多い。

第4編　有機化合物

考え方 (ア) 有機化合物は構成元素の種類は少ないが，さまざまな構造の分子をつくるため，化合物の種類は非常に多い。
(イ) 有機化合物は水に溶けにくく，有機溶媒に溶けやすいものが多い。
(ウ), (エ) 有機化合物の多くは共有結合からなり，非電解質である。
(オ) 有機化合物は可燃性のものが多く，燃焼によりCから二酸化炭素，Hから水を生じる。

解説&解答

答 (ア), (エ), (オ)

2 次の実験結果から，試料中の炭素・水素・窒素・硫黄・塩素のうち，どの元素が確認できるか。元素記号で答えよ。

(1) 試料を酸化銅(Ⅱ)とともに加熱すると，試験管内に液滴が生じた。これに触れた硫酸銅(Ⅱ)無水物の色が，白色から青色に変化した。
(2) 試料に固体の水酸化ナトリウムを加えて加熱し，生じた気体に濃塩酸をつけたガラス棒を近づけると，白煙が生じた。
(3) 試料を固体の水酸化ナトリウムとともに融解し，その後，水に溶かしてから酢酸で酸性にし，酢酸鉛(Ⅱ)水溶液を加えると，水溶液が黒色となった。

考え方 有機化合物の成分元素を検出するには，試料を燃焼または融解して得られる物質について，それぞれの特有な反応を確認する。

解説&解答

(1) 酸化銅(Ⅱ)を用いると試料を完全燃焼させることができ，Cから二酸化炭素，Hから水が生じる。硫酸銅(Ⅱ)無水物は白色粉末だが，水を吸収すると青色の硫酸銅(Ⅱ)五水和物となるので，水の検出に用いられる。よって，水素。　**答** H
(2) 窒素原子を含む試料は，固体の水酸化ナトリウムを加えて加熱すると，アンモニアの気体を生じる。アンモニアは濃塩酸と反応して，塩化アンモニウムの白煙を生じる。

$$NH_3 + HCl \longrightarrow NH_4Cl$$

答 N

(3) 硫黄原子を含む試料は，固体の水酸化ナトリウムとともに融解すると，硫化ナトリウムを生じる。硫化ナトリウムを水に溶かし，酢酸で酸性にして酢酸鉛(Ⅱ)を加えると，黒色の硫化鉛(Ⅱ)となる。

$$(CH_3COO)_2Pb + Na_2S \longrightarrow PbS + 2CH_3COONa$$

答 S

3　右図の装置を用いて，炭素・水素・酸素だけからなる化合物 X 0.79 g を完全燃焼させたところ，装置 A の質量が 0.64 g，装置 B の質量が 1.6 g 増加した。

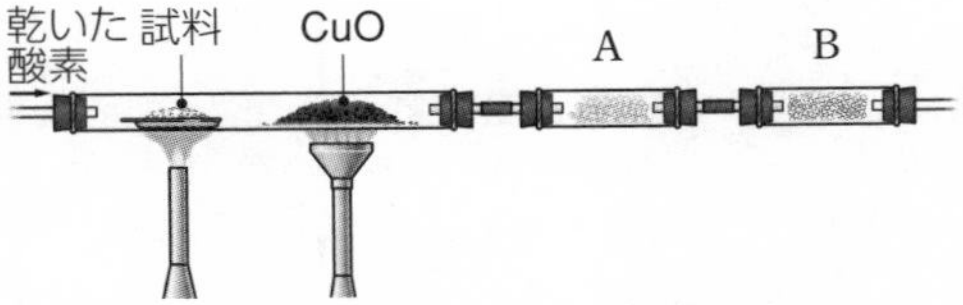

(1)　装置 A，B に用いる物質の名称と吸収される物質の化学式を答えよ。

(2)　装置 A，B をつなぐ順番を逆にするとどのような問題が起こるか。

(3)　化合物 X の組成式を答えよ。

(4)　化合物 X の分子量は 88 であった。化合物 X の分子式を答えよ。

(5)　化合物 X はカルボキシ基を 1 個もつことがわかった。化合物 X の構造式として考えられるものをすべて答えよ。

考え方　有機化合物の元素分析を行うときは，酸化銅(Ⅱ) CuO を用いて試料を完全燃焼させて，生成した水と二酸化炭素の質量を，吸収管に吸収された質量からそれぞれ測定する。

(3)　試料中の C，H，O の質量はそれぞれ次式により求められる。

$$\text{C の質量} = CO_2 \text{ の質量} \times \frac{\text{C の原子量}}{CO_2 \text{ の分子量}} = CO_2 \text{ の質量} \times \frac{12}{44}$$

$$\text{H の質量} = H_2O \text{ の質量} \times \frac{2 \times (\text{H の原子量})}{H_2O \text{ の分子量}} = H_2O \text{ の質量} \times \frac{2.0}{18}$$

$$\text{O の質量} = \text{試料の質量} - (\text{C の質量} + \text{H の質量})$$

試料の組成式を $C_xH_yO_z$ とすると，

$$x : y : z = \frac{\text{C の質量}}{12} : \frac{\text{H の質量}}{1.0} : \frac{\text{O の質量}}{16}$$

(4)　(組成式)$_n$ ＝分子式より n を求めて，分子式を決める。

(5)　(4)で求めた分子式から，カルボキシ基 −COOH 1 個分を除いて，炭化水素基を求める。C 原子の結合のしかたを変えて，R−COOH の形になる構造式を考える。

解説&解答

(1)　燃焼してできた気体を，まず塩化カルシウムに水 H_2O を吸収させ，次にソーダ石灰に二酸化炭素 CO_2 を吸収させる。ソーダ石灰は二酸化炭素だけでなく水も吸収するので，ソーダ石灰管は塩化カルシウム管の後ろにつなぐ。

答　A　名称：**塩化カルシウム**　吸収される物質：$\mathbf{H_2O}$
　　B　名称：**ソーダ石灰**　吸収される物質：$\mathbf{CO_2}$

(2)　**答**　**ソーダ石灰は水と二酸化炭素の両方を吸収するため，逆にすると，試料中の炭素と水素の質量を求めることができなくなる。**

第4編
有機化合物

(3)　化合物中の C，H，O の質量はそれぞれ，

$$C の質量 = 1.6g \times \frac{12}{44} = 0.436\cdots g ≒ 0.44g$$

$$H の質量 = 0.64g \times \frac{2.0}{18} = 0.0711\cdots g ≒ 0.071g$$

$$O の質量 = 0.79g - (0.44g + 0.071g) = 0.279g ≒ 0.28g$$

化合物の組成式を $C_xH_yO_z$ とすると，

$$x : y : z = \frac{0.44}{12} : \frac{0.071}{1.0} : \frac{0.28}{16}$$
$$≒ 2 : 4 : 1$$

よって，組成式は，C_2H_4O　　　　　　　　　　　　　　**答**　C_2H_4O

(4)　分子式を $(C_2H_4O)_n$ とすると，C_2H_4O の式量は 44 であるから，分子量 88 より，

$$44 \times n = 88 \qquad n = 2 \qquad 分子式は，C_4H_8O_2 \qquad **答**　C_4H_8O_2$$

(5)　カルボキシ基 –COOH を 1 個もつので，分子式からその分を除くと，残りは，

$$C_4H_8O_2 - CHO_2 = C_3H_7$$

よって，C_3H_7–COOH となり，その構造式として考えられるものは次の 2 種類となる。

答　$CH_3-CH_2-CH_2-\underset{\underset{O}{\|}}{C}-OH$ ，　$CH_3-\underset{\underset{CH_3}{|}}{CH}-\underset{\underset{O}{\|}}{C}-OH$

考えてみよう！・・・・・・・・・・・・・・・・・・・・・

4　炭素・水素・酸素だけからなる化合物を元素分析したところ，成分元素の質量百分率は，炭素 64.9 %，水素 13.5 % であった。この化合物の組成式を求める手順を説明せよ。

考え方　C，H，O の組成が % で与えられているので，試料の質量を 100g とし，C，H，O の質量の % を g におきかえて考える。

解説&解答　**答**　この化合物が 100g あると仮定すると，質量百分率より，化合物中の炭素 C の質量は 64.9g，水素 H の質量は 13.5g，酸素 O の質量は

$$100g - (64.9g + 13.5g) = 21.6g となる。$$

化合物の組成式を $C_xH_yO_z$ とすると，

$$x : y : z = \frac{C の質量}{12} : \frac{H の質量}{1.0} : \frac{O の質量}{16}$$
$$= \frac{64.9}{12} : \frac{13.5}{1.0} : \frac{21.6}{16}$$
$$≒ 4 : 10 : 1$$

よって，組成式は $C_4H_{10}O$ となる。

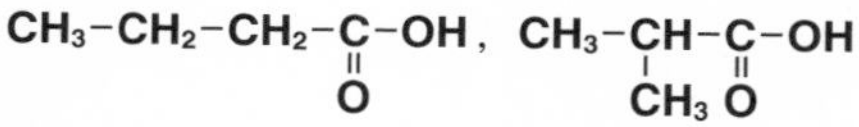

第 2 章　脂肪族炭化水素

教 p.282 ～ p.301

1 飽和炭化水素

A アルカン

●アルカン　単結合のみからなる鎖式飽和炭化水素を**アルカン**，またはメタン系炭化水素，パラフィンという。分子式は，分子中の炭素原子の数(炭素数)を n とすると，一般式 C_nH_{2n+2} で表される。$n = 1$ の化合物はメタン CH_4，$n = 2$ はエタン C_2H_6，$n = 3$ はプロパン C_3H_8，$n = 4$ はブタン C_4H_{10} である。教 p.283 表 1

アルカンのように，同じ一般式で表される化合物で，分子式が CH_2 ずつ違う化合物群を**同族体**という。同族体どうしは，互いに化学的性質が似ている。炭素数 n が大きくなるにしたがって，分子量も大きくなり，分子間力も大きくなるため，融点・沸点が少しずつ高くなっていく。教 p.283 図 1

固体や液体のアルカンは密度がおよそ $0.6 \sim 0.8\,g/cm^3$ で，水より密度が小さいので水に浮き，水には溶けにくいが，ジエチルエーテルなどの有機溶媒にはよく溶ける。

●アルキル基　アルカンの分子から水素原子１個を除いてできる炭化水素基を**アルキル基**という。アルキル基は一般式 $C_nH_{2n+1}-$ で表される。教 p.283 表 2

●メタン CH_4　**メタン**は最も簡単なアルカンで，無色・無臭で水に溶けにくい。工業的には天然ガスから得ているが，実験室では，酢酸ナトリウムの無水物を水酸化ナトリウム(またはソーダ石灰)とともに加熱して発生させる。教 p.283 図 2

$$CH_3COONa + NaOH \xrightarrow{\text{加熱}} CH_4 + Na_2CO_3 \qquad (1)$$

B アルカンの構造

●アルカンの立体構造　炭素原子に４個の同一の原子が結合する場合，その４個の原子が正四面体の各頂点に位置し，正四面体の重心に炭素原子が位置する。メタン CH_4 は正四面体構造で，エタン C_2H_6，プロパン C_3H_8 は正四面体構造が２個，３個と連なったような形になる。

炭素原子間 C−C の距離は，炭素－水素原子間 C−H の距離よりも大きい。炭素数が大きくなると，正四面体が次々と連なった構造になり，炭素原子は折れ線状に結合する。分子中の C−C の単結合は，一方の炭素原子を固定したとき，他方の炭素原子は C−C を軸として回転できる。教 p.284 表 3

●アルカンの構造異性体　アルカン C_nH_{2n+2} のうち，$n = 1 \sim 3$ の化合物には構造異性体が存在しない。しかし，n が４以上のアルカンには構造異性体が存在し，その数は，n が大きくなると急激に増大する。

例えば，$n = 4$ の C_4H_{10} では，炭素原子のつながり方(炭素鎖)が直鎖状のブタンと，枝分かれ状の 2-メチルプロパンの２種類の構造が考えられる。

枝分かれ状のアルカンは，炭素原子が多くつながったほうの鎖を主鎖，少ないほうの鎖を側鎖という。

　化合物の名称は，側鎖が主鎖の端から何番目の炭素についているかを示す位置番号を用いて表す。このとき，側鎖の位置番号は最小の数になるようにつける。また，同じ側鎖の基が複数ある場合は，倍数を表す語(2:ジ，3:トリ，4：テトラなど)を側鎖の基の名称の前につける。

　　〔側鎖の位置番号〕＋〔側鎖の基の名称〕
　　　＋〔主鎖の名称〕

　例えば，2-メチルプロパンは，プロパンの端から2番目の炭素にメチル基がついた化合物で，2,2-ジメチルブタンは，ブタンの端から2番目の炭素に2つのメチル基がついた化合物である(右図)。

▼アルカンの構造式の例

メタン	エタン	プロパン
H H-C-H H	H H H-C-C-H H H	H H H H-C-C-C-H H H H

ブタン	2-メチルプロパン
H H H H H-C-C-C-C-H H H H H （沸点 −0.5℃）	H H-C-H H H H-C-C-C-H H H H （沸点 −12℃）

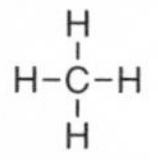

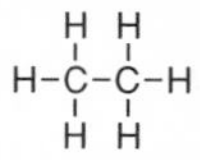

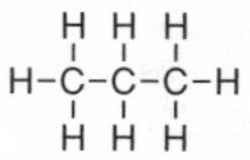

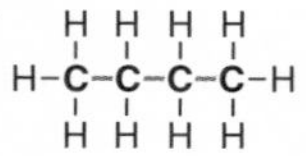

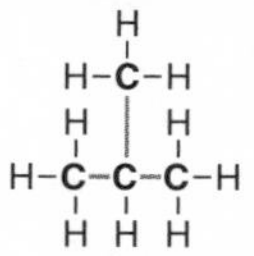

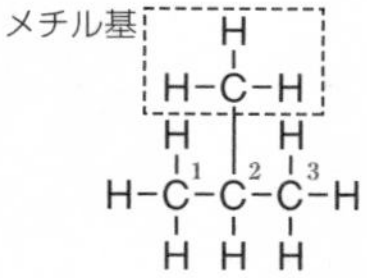

2-メチルプロパン　　　2,2-ジメチルブタン

C アルカンの反応

●燃焼　アルカンは可燃性で，完全燃焼すると二酸化炭素と水になる。燃焼時に多量の熱を生じるので，燃料として用いられる。炭素数が大きくなると不完全燃焼しやすくなり，一酸化炭素 CO やすす(炭素の細かい粉末)を生じることが多い。

●置換反応　アルカンは光のあたる所では塩素などのハロゲン元素の単体と反応する。例えば，メタンと塩素との混合気体に光を当てると，メタンの H 原子が塩素の Cl 原子に置き換わる反応が起こる。このように，分子中の原子や原子団が，他の原子や原子団に置き換わる反応を**置換反応**といい，生成物はもとの化合物の**置換体**という。また，置き換わった原子や原子団を**置換基**という。

$$H-\underset{H}{\overset{H}{C}}-H + Cl-Cl \xrightarrow[置換]{光} H-\underset{H}{\overset{Cl}{C}}-H + H-Cl$$

（H が Cl に置き換わる）

メタン　　塩素　　　　クロロメタン　塩化水素

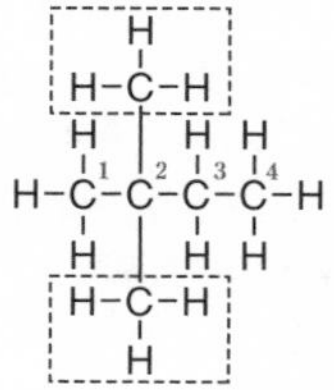

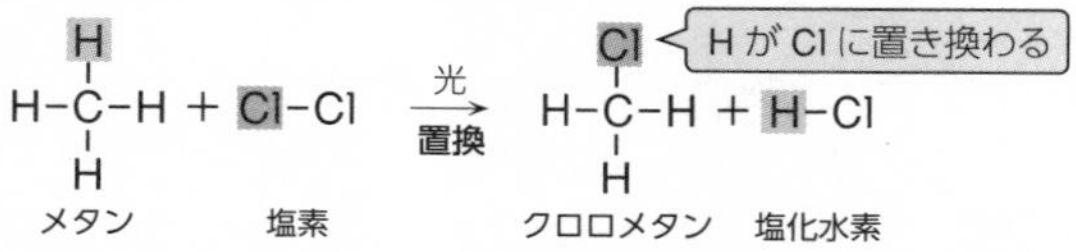

(2)

　クロロメタンが Cl_2 とさらに置換反応をすると，ジクロロメタン CH_2Cl_2，トリクロロメタン $CHCl_3$，テトラクロロメタン CCl_4 が順次生じる。**教 p.286 図3**

D シクロアルカン

炭素原子が環状に結合した構造をもつ環式飽和炭化水素を**シクロアルカン**またはシクロパラフィンという。一般式は C_nH_{2n} $(n \geqq 3)$ で表される。シクロは「環」を意味する。

$n = 5$ のシクロペンタン C_5H_{10} や $n = 6$ のシクロヘキサン C_6H_{12} などは安定で，それぞれ炭素数が等しいアルカンに化学的性質が似ている。シクロヘキサンは有機溶媒として用いられる。

一方，$n = 3$ のシクロプロパン C_3H_6 や $n = 4$ のシクロブタン C_4H_8 は，炭素原子どうしの結合角が小さくひずみが大きいため不安定である。例えば，シクロプロパンに臭素を作用させると，容易に環が切れて次のような反応を起こす。

$$\begin{array}{c} CH_2 \\ \diagup \quad \diagdown \\ H_2C\!-\!CH_2 \end{array} + Br_2 \longrightarrow Br\text{-}CH_2\text{-}CH_2\text{-}CH_2\text{-}Br \tag{3}$$

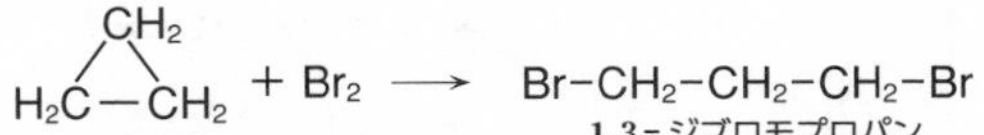

シクロプロパン　　　　　　　　　1,3-ジブロモプロパン

2 不飽和炭化水素

A アルケン

●**アルケン**　分子の中に炭素原子間の二重結合が 1 個ある鎖式不飽和炭化水素を**アルケン**，またはエチレン系炭化水素，オレフィンともいう。分子式は一般式 $C_nH_{2n}(n \geqq 2)$ で表される。$n = 2$ はエチレン C_2H_4，$n = 3$ はプロペン C_3H_6 である。

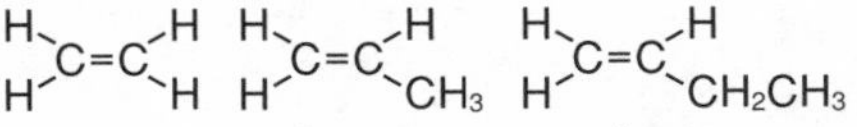

名称 アルケン
アルカンの語尾「アン(ane)」を「エン(ene)」に変える。ブテンのように二重結合の位置による構造異性体がある場合は，二重結合の位置番号をつける。 1-ブテン $\overset{1}{C}H_2 = \overset{2}{C}H\overset{3}{C}H_2\overset{4}{C}H_3$ 2-ブテン $\overset{1}{C}H_3\overset{2}{C}H = \overset{3}{C}H\overset{4}{C}H_3$

$$\begin{array}{ccc} \underset{H}{\overset{H}{>}}C = C\underset{H}{\overset{H}{<}} & \underset{H}{\overset{H}{>}}C = C\underset{CH_3}{\overset{H}{<}} & \underset{H}{\overset{H}{>}}C = C\underset{CH_2CH_3}{\overset{H}{<}} \\ エテン & プロペン & 1\text{-}ブテン \\ (エチレン) & (プロピレン) & \end{array}$$

エチレンはエタノールやアセトアルデヒド，プロペンは 2-プロパノールやアセトンの原料となり，重要な化学工業原料である。

●**エチレン $CH_2 = CH_2$**　エチレンは，無色の気体で，かすかに甘いにおいがある。工業的にはナフサを熱分解してつくられる。実験室では，濃硫酸を $160 \sim 170°C$ に加熱しながらエタノール C_2H_5OH を加えて発生させる（**教 p.288 図 4**）。このとき，分子内から水分子が失われる**脱水反応**が起こる。

$$\begin{array}{c} H\ H \\ H\text{-}C\text{-}C\text{-}H \\ H\ OH \end{array} \xrightarrow[脱水]{濃硫酸, 160\sim170℃} \underset{H}{\overset{H}{>}}C = C\underset{H}{\overset{H}{<}} + H_2O \tag{4}$$

エタノール　　　　　　　　　　　　　　エチレン　　　　水

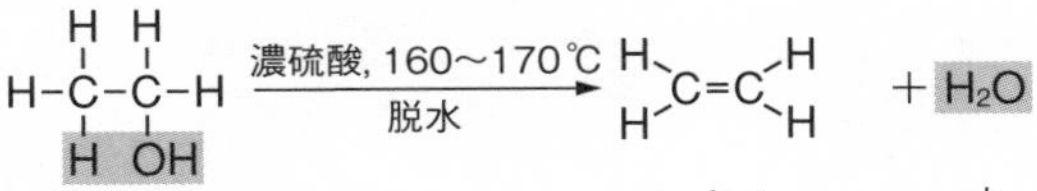

B アルケンの構造

●アルケンの立体構造　二重結合している2個の炭素原子と，それに直結する4個の原子（合計6個の原子）は，常に同一平面上に存在する。したがって，右図のようにエチレンはすべての原子が同一平面上にある。また，エチレンの二重結合 C=C の原子間距離は，エタンの単結合 C-C より短い。また，C=C の一方の炭素原子を固定したとき，他方の炭素原子は自由に回転できない。

●シス-トランス異性体　炭素原子間の二重結合が回転できないため，例えば，2-ブテン
$CH_3-CH=CH-CH_3$ では，立体的に異なる2つの異性体が存在する。

二重結合 C=C に対して，メチル基 $-CH_3$ が同じ側にあるものを *cis*-2-ブテン（シス形）といい，反対側にあるものを *trans*-2-ブテン（トランス形）という。シス形とトランス形からなる異性体を，**シス-トランス異性体（幾何異性体）**という。このように，原子の結合の順序は同じである（構造異性体ではない）が，立体構造が異なる異性体を**立体異性体**という。

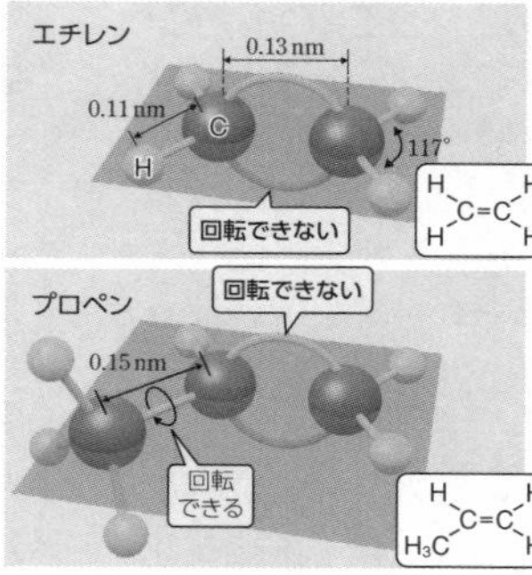

▲アルケンの立体構造

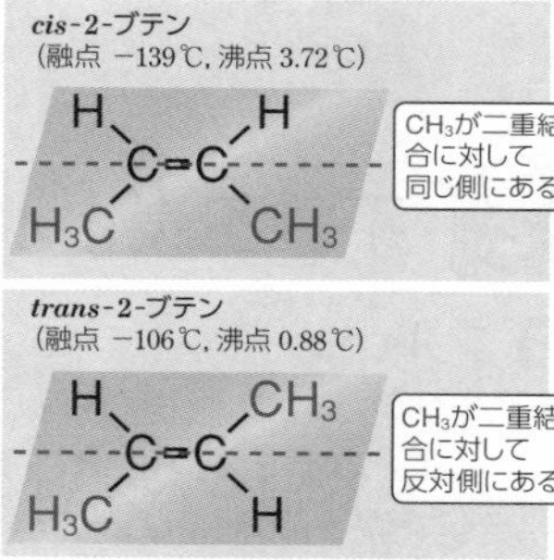

▲シス-トランス異性体

C アルケンの反応

●付加反応　エチレンに白金やニッケルを触媒として水素を反応させると，二重結合の1本が開いて，それぞれの炭素原子に水素原子が結合し，エタン C_2H_6 になる。

このように，不飽和結合の1本が開いて，そこに他の原子や原子団が結合する反応を**付加反応**という。

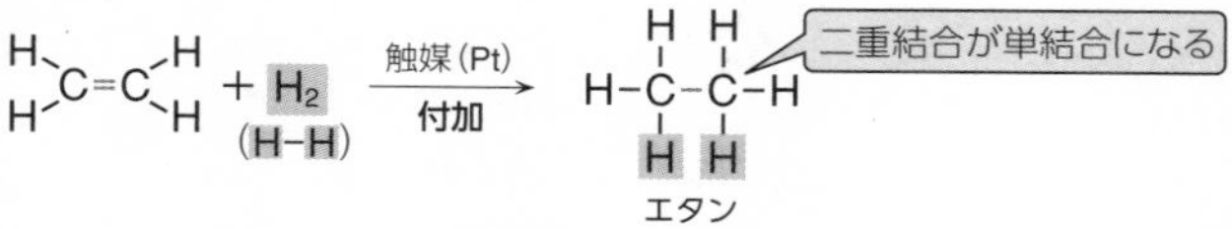

$$\underset{H}{\overset{H}{C}}=\underset{H}{\overset{H}{C}} + \underset{(H-H)}{H_2} \xrightarrow[付加]{触媒(Pt)} H-\overset{H}{\underset{H}{C}}-\overset{H}{\underset{H}{C}}-H \quad\boxed{二重結合が単結合になる} \tag{5}$$

エタン

アルケンは付加反応を起こしやすく，エチレンと臭素は常温で付加反応し，無色の1,2-ジブロモエタンが生成する。また，エチレンを臭素水（赤褐色）に通すと，同様に反応して1,2-ジブロモエタンを生成し，溶液が無色になる（**教 p.290 図7**）。この反応は，二重結合（不飽和結合）の検出に使われる。

$$\underset{H}{\overset{H}{C}}=\underset{H}{\overset{H}{C}} + \underset{(Br-Br)}{Br_2} \xrightarrow{付加} H-\overset{H}{\underset{Br}{C}}-\overset{H}{\underset{Br}{C}}-H \tag{6}$$

1,2-ジブロモエタン

発展　マルコフニコフ則

プロペン $CH_2=CH-CH_3$ のような非対称のアルケンに，HX 形の分子が付加する場合には，次の２種類の生成物が考えられる。

H が２個　H が１個　　　　　おもに得られる化合物

$$CH_2=CH-CH_3 + \boxed{HX} \longrightarrow \underset{H \quad X}{CH_2-CH-CH_3}, \quad \underset{X \quad H}{CH_2-CH-CH_3}$$
プロペン

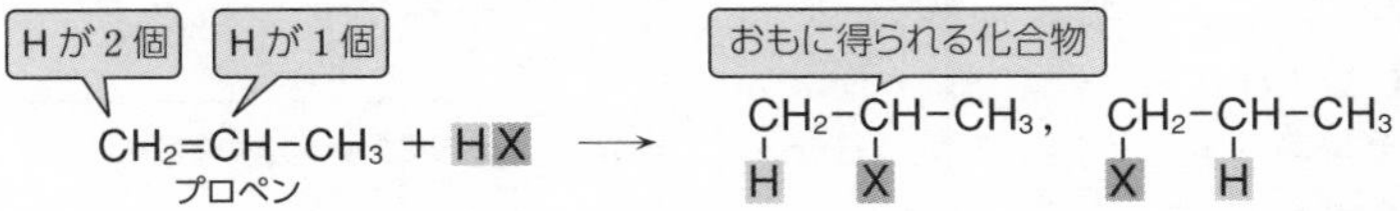

「アルケンの二重結合を形成している２個の C 原子のうち，H 原子が多く結合している C 原子に HX 形の分子の H 原子が結合した生成物がおもに得られる」
この法則を**マルコフニコフ則**という。

●**酸化反応**　アルケンを硫酸酸性の過マンガン酸カリウム水溶液(赤紫色)に通すと，過マンガン酸カリウムが還元され，溶液はほぼ無色になる。この反応も二重結合(不飽和結合)の検出に使われる。このとき，アルケンは酸化されている。

●**付加重合**　エチレンやプロペンは，適当な条件で触媒を作用させると，分子間で次々と付加反応が起こり，多数の分子が鎖状に長く結合し，ポリエチレンやポリプロピレンになる。このような反応を**付加重合**という。ポリエチレンやポリプロピレンは合成樹脂(プラスチック)としてフィルムや成形品に広く用いられる。

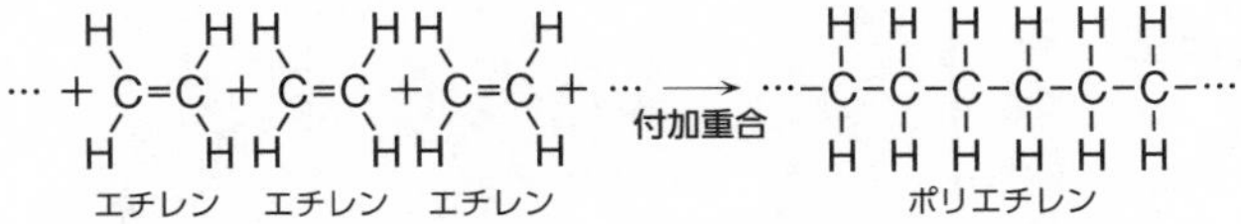

$$\cdots + \underset{H}{\overset{H}{C}}=\underset{H}{\overset{H}{C}} + \underset{H}{\overset{H}{C}}=\underset{H}{\overset{H}{C}} + \underset{H}{\overset{H}{C}}=\underset{H}{\overset{H}{C}} + \cdots \xrightarrow{\text{付加重合}} \cdots\underset{H\ H\ H\ H\ H\ H}{\overset{H\ H\ H\ H\ H\ H}{C-C-C-C-C-C}}\cdots \tag{7}$$

エチレン　エチレン　エチレン　　　　　　ポリエチレン

この反応は，次のように示すこともある(n は多数を意味する)。

$$n\,CH_2=CH_2 \longrightarrow -\!\!\left[CH_2-CH_2\right]\!\!-_n \tag{8}$$

D シクロアルケン

環状構造で炭素原子間に二重結合を１個もつ炭化水素を**シクロアルケン**という。一般式は C_nH_{2n-2} $(n \geqq 3)$ で表される。シクロアルケンはアルケンと似た性質をもち，付加反応が起こりやすい。$n = 6$ のシクロヘキセンは臭素と付加反応して，1,2-ジブロモシクロヘキサンになる。

$$\tag{9}$$

シクロヘキセン　　1,2-ジブロモシクロヘキサン

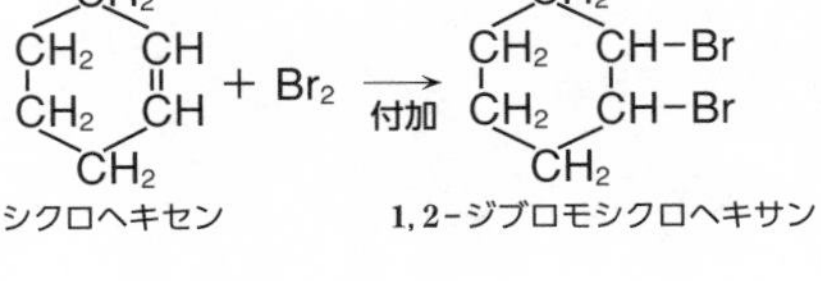

E　アルキン

●**アルキン**　炭素原子間に三重結合を1個もつ鎖式不飽和炭化水素を**アルキン**といい，一般式は C_nH_{2n-2} $(n \geqq 2)$ で表される。$n = 2$ はアセチレン C_2H_2，$n = 3$ はプロピン C_3H_4 である。

$$CH{\equiv}CH \qquad CH{\equiv}CCH_3$$
アセチレン　　　プロピン

> **名称**　アルキン
> アルカンの語尾「ァン(ane)」を「ィン(yne)」に変える。

●**アセチレン CH≡CH**　最も単純なアルキンである**アセチレン**は無色・無臭の気体である。工業的にはナフサの熱分解やメタンから得られる。

$$2CH_4 \xrightarrow{\text{高温}} CH{\equiv}CH + 3H_2 \tag{10}$$
　メタン　　　　　　アセチレン

　実験室では，炭化カルシウム(カーバイド)に水を作用させてつくる。　**教 p.292 図8**

$$CaC_2 + 2H_2O \longrightarrow CH{\equiv}CH + Ca(OH)_2 \tag{11}$$
炭化カルシウム　　　　　　アセチレン　水酸化カルシウム

　アセチレンは，酸素とともに燃焼させると高温の炎(酸素アセチレン炎)を生じるので，金属の溶接や溶断に用いられる。**教 p.292 図9**

●**アルキンの立体構造**　アルキンでは，三重結合の部分を構成する2個の炭素原子とそれに直結する2個の原子(合計4個の原子)は，常に一直線上に位置する。したがって，アセチレン分子はすべての原子が一直線上にある直線構造である。**教 p.292 図10**

F　アルキンの反応

●**付加反応**　アルキンの三重結合は付加反応を起こしやすい。白金やニッケルを触媒としてアセチレンに水素を作用させると，エチレンを経てエタンになる。

$$CH{\equiv}CH \xrightarrow[\text{付加}]{H_2, \text{触媒}} CH_2{=}CH_2 \xrightarrow[\text{付加}]{H_2, \text{触媒}} CH_3{-}CH_3 \tag{12}$$
　アセチレン　　　　　　　エチレン　　　　　　　　エタン

　また，臭素(赤褐色)と常温で反応して，無色の化合物になる。

$$CH{\equiv}CH \xrightarrow[\text{付加}]{Br_2} CHBr{=}CHBr \xrightarrow[\text{付加}]{Br_2} CHBr_2{-}CHBr_2 \tag{13}$$
　アセチレン　　　1,2-ジブロモエチレン　　　1,1,2,2-テトラブロモエタン

　触媒を用いて，アセチレンに塩化水素や酢酸を付加させると，塩化ビニル $CH_2{=}CH{-}Cl$ や酢酸ビニル $CH_2{=}CH{-}OCOCH_3$ が生成する。ビニル基 $CH_2{=}CH{-}$ をもつこれらの化合物は，重要な合成樹脂の原料である。

$$CH{\equiv}CH + HCl \xrightarrow[\text{付加}]{\text{触媒}(HgCl_2)} \begin{matrix} H \\ H \end{matrix}{>}C{=}C{<}\begin{matrix} H \\ Cl \end{matrix} \tag{14}$$
塩化ビニル

$$CH{\equiv}CH + HO{-}\underset{O}{C}{-}CH_3 \xrightarrow[\text{付加}]{\text{触媒}((CH_3COO)_2Zn)} \begin{matrix} H \\ H \end{matrix}{>}C{=}C{<}\begin{matrix} H \\ O{-}\underset{O}{C}{-}CH_3 \end{matrix} \tag{15}$$
酢酸(CH_3COOH)　　　　　　　　　　　　　酢酸ビニル

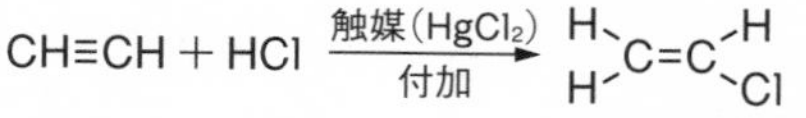

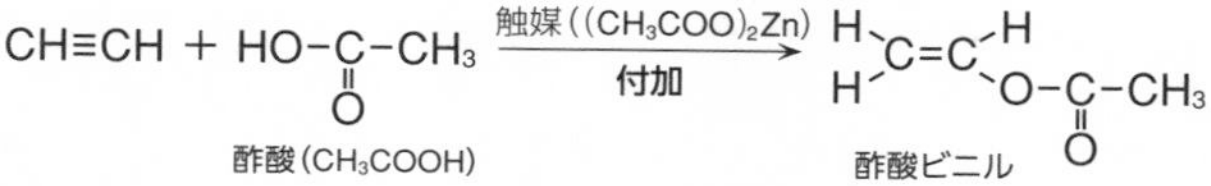

現在，塩化ビニルはエチレンから1,2-ジクロロエタンを経てつくられている。

$$CH_2{=}CH_2 + Cl_2 \longrightarrow \underset{\text{1, 2-ジクロロエタン}}{CH_2Cl{-}CH_2Cl}$$

$$CH_2Cl{-}CH_2Cl \longrightarrow \underset{\text{塩化ビニル}}{CH_2{=}CHCl} + HCl$$

また，硫酸水銀(Ⅱ)$HgSO_4$ を触媒として，アセチレンに水を付加させると，不安定なビニルアルコールを経て，その異性体のアセトアルデヒド CH_3CHO が生じる。

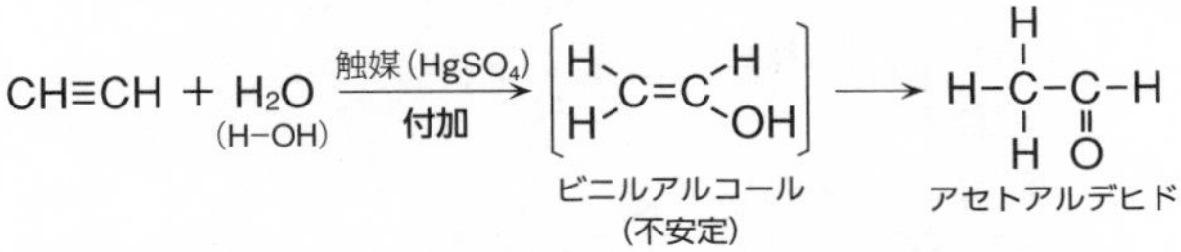

(16)

現在，工業的にはアセトアルデヒドはエチレンを酸化して製造されている。

●ベンゼンの生成　アセチレンを赤熱した鉄に触れさせると，3分子のアセチレンから，ベンゼン C_6H_6 が生成する。

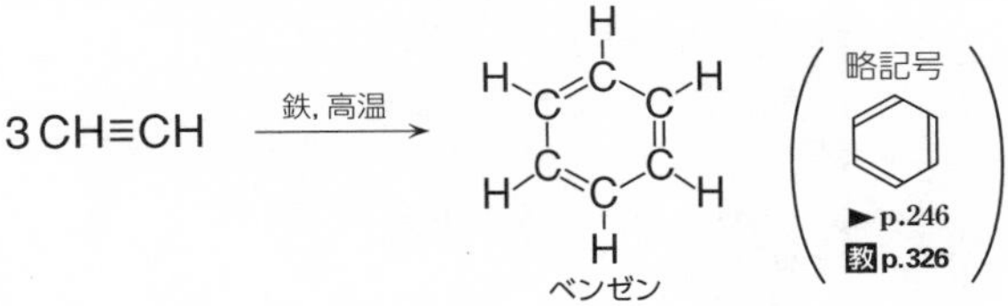

(17)

参考　エノール形とケト形

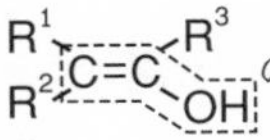 の構造をエノール形，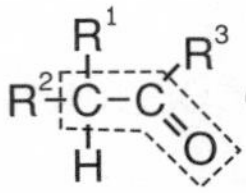 の構造をケト形といい，互いに構造異性体の関係にある。溶液中では，エノール形とケト形は平衡状態にあるが，一般にケト形のほうが安定であるため，エノール形のビニルアルコールはケト形のアセトアルデヒドに変化する。

問　題

問1（教p.285）

(1)　分子式 C_5H_{12} のアルカンには，3 種類の構造異性体が存在する。これらを構造式で表せ。また，それぞれの名称も答えよ。

(2)　分子式 C_6H_{14} の構造異性体すべての構造式と名称を答えよ。

考え方　(1)　構造異性体を考えるときは，炭素の骨組みに注目し，主鎖の炭素の数によって，分けて考える。

①　主鎖が炭素5個のものをかく。

C−C−C−C−C　　1種類

② 主鎖が炭素4個のものをかき，側鎖の炭素1個のつき方を考える（①と同じになるので，両端には側鎖がつかない）。

$$\underset{\text{C}}{\text{C-C-C-C}} \quad \left(=\text{C-}\overset{\text{C}}{\underset{}{\text{C}}}\text{-C-C}\right) \qquad 1種類$$

③ 主鎖が炭素3個のものをかき，側鎖の炭素2個のつき方（両端以外）を考える。

$$\overset{\text{C}}{\underset{\text{C}}{\text{C-C-C}}} \quad 1種類 \quad \left(\overset{\text{C-C-C}}{\underset{\text{C}}{}}=\text{C-C-C-C}\right)$$

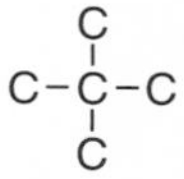

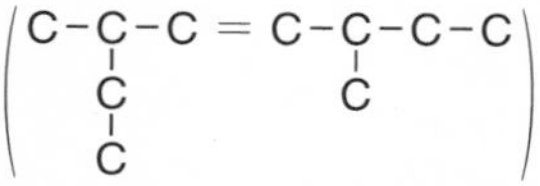

(2) C_6H_{14} は，一般式 C_nH_{2n+2} で表されるアルカンなので，すべて単結合でつながっている。構造異性体を考えるときは，主鎖の炭素鎖が長いものから順に考え，同じものが重ならないようにして側鎖を両端の炭素以外につけていく。

解説&解答 (1) **答** CH_3-CH_2-CH_2-CH_2-CH_3, ペンタン

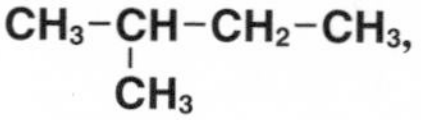

CH_3-$\underset{CH_3}{CH}$-CH_2-CH_3, 2-メチルブタン

CH_3-$\overset{CH_3}{\underset{CH_3}{C}}$-$CH_3$, 2,2-ジメチルプロパン

(2) **答** CH_3-CH_2-CH_2-CH_2-CH_2-CH_3, ヘキサン

CH_3-$\underset{CH_3}{CH}$-CH_2-CH_2-CH_3 CH_3-CH_2-$\underset{CH_3}{CH}$-CH_2-CH_3

    2-メチルペンタン   3-メチルペンタン

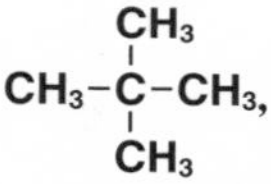

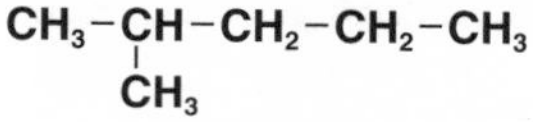

CH_3-$\overset{CH_3}{\underset{CH_3}{C}}$-$CH_2$-$CH_3$ CH_3-CH-CH-CH_3

                                   CH_3 CH_3

  2,2-ジメチルブタン   2,3-ジメチルブタン

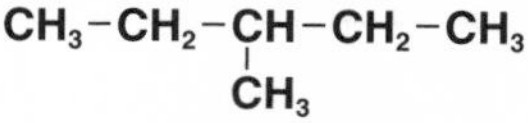

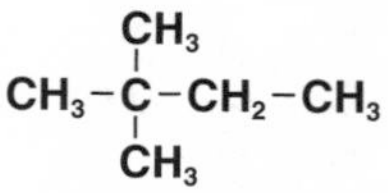

問2
教 p.286

教 p.286 図3の各段階に対応する化学反応式をそれぞれ書け。

考え方 メタン CH_4 の水素原子 H が1個ずつ塩素原子 Cl と置換し，そのたびに塩化水素 HCl ができる。

解説&解答 メタンと塩素の置換反応は，メタン CH_4 の水素原子 H 4個すべてが塩素原子 Cl に置き換わることができる。

答
$CH_4 + Cl_2 \longrightarrow CH_3Cl + HCl$

$CH_3Cl + Cl_2 \longrightarrow CH_2Cl_2 + HCl$

$CH_2Cl_2 + Cl_2 \longrightarrow CHCl_3 + HCl$

$CHCl_3 + Cl_2 \longrightarrow CCl_4 + HCl$

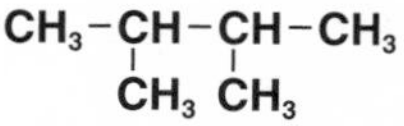

問3
(教p.289)

分子式 C_4H_8 で表されるアルケンには4種類の異性体が存在する。これら
を①〜④としたとき，①，②，③(または①，②，④)は構造異性体であり，
③，④はシス-トランス異性体であった。①が1-ブテンであり，③がシス
形の分子のとき，①〜④の構造式をそれぞれ示せ。

考え方　まず，炭素の骨組みを書き出し，炭素の二重結合の位置から構造異
性体を考える。分子式 C_4H_8 は環状に結合したシクロアルカンも考
えられるが，ここではアルケンについて考えればよい。

A（主鎖Cが4）　　　B（主鎖Cが4）　　　C（主鎖Cが3）
C=C-C-C　　　　　C-C=C-C　　　　　C=C-C
　　　　　　　　　　　　　　　　　　　　　　|
　　　　　　　　　　　　　　　　　　　　　　C

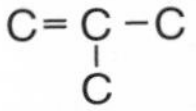

次にシス-トランス異性体が存在するのはどれかを考える。上の
A，Cのように二重結合の炭素に結合する2つの原子や基が同一の
場合(左端の炭素にHが2つ結合する場合)は，シス-トランス異性
体は存在しないが，Bのように異なる場合($-H$ と $-CH_3$)にはシス-
トランス異性体が存在する。
よって，①がA，②がC，③，④がBであることがわかる。

(解説&解答)　**答**　①　$CH_2=CH-CH_2-CH_3$　②　$CH_2=C-CH_3$
　　　　　　　　　　　　　　　　　　　　　　　　　　　　　　|
　　　　　　　　　　　　　　　　　　　　　　　　　　　　　CH_3

③　$\underset{CH_3}{H}C=C\underset{CH_3}{H}$　④　$\underset{CH_3}{H}C=C\underset{H}{CH_3}$

問4
(教p.290)

エチレンに塩化水素 HCl を付加させたときに得られる化合物の構造式と
名称を答えよ。

考え方　二重結合の1本が開いて，そこに原子が結合する。
(解説&解答)　$CH_2=CH_2 + HCl \longrightarrow CH_3-CH_2Cl$
　　　　　　　　　　　　　　　　付加　クロロエタン

答　$\underset{H}{\overset{H}{H-C}}-\underset{Cl}{\overset{H}{C}}-H$，　クロロエタン

問A
(教p.290)

プロペンに塩化水素 HCl を付加させたとき，おもに得られる化合物の構
造式と名称を答えよ。

考え方　マルコフニコフ則を使って考える。
(解説&解答)　プロペン $CH_2=CH-CH_3$ に HCl を付加させたとき，次の2種類の
生成物が考えられる。
　$CH_2=CH-CH_3 + HCl \longrightarrow \underset{H\ \ \ Cl}{CH_2-CH-CH_3},\ \underset{Cl\ \ \ H}{CH_2-CH-CH_3}$

第**④**編

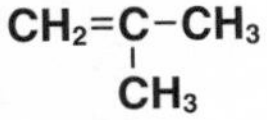

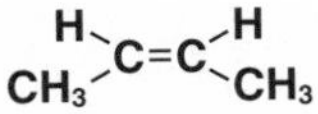

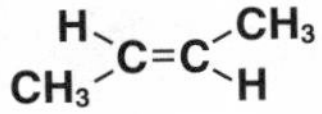

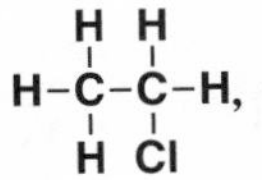

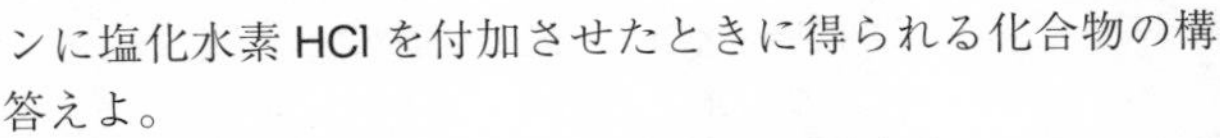

マルコフニコフ則より，H原子が多く結合しているC原子にH原子が付加しやすいので，$CH_3-CHCl-CH_3$ がおもに得られる。

答 $CH_3-CHCl-CH_3$，2-クロロプロパン

問5 プロペンが付加重合してポリプロピレンが生成するときの化学反応式を，
(教p.291) p.213(教p.291)の(7)式，(8)式と同様の表し方でそれぞれ書け。

考え方 プロペンはプロピレンともいい，次のような構造をもち，二重結合が開いて，付加重合する。

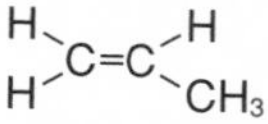

$$\begin{array}{c} H \\ H \end{array} C=C \begin{array}{c} H \\ CH_3 \end{array}$$

解説&解答 **答**

$$\cdots + \begin{array}{c}H\\H\end{array}C=C\begin{array}{c}H\\CH_3\end{array} + \begin{array}{c}H\\H\end{array}C=C\begin{array}{c}H\\CH_3\end{array} + \begin{array}{c}H\\H\end{array}C=C\begin{array}{c}H\\CH_3\end{array} + \cdots$$

$$\longrightarrow \cdots -\overset{H}{\underset{H}{C}}-\overset{H}{\underset{CH_3}{C}}-\overset{H}{\underset{H}{C}}-\overset{H}{\underset{CH_3}{C}}-\overset{H}{\underset{H}{C}}-\overset{H}{\underset{CH_3}{C}}- \cdots$$

$$n\,CH_2=CH-CH_3 \longrightarrow \left[CH_2-CH \atop \quad\quad CH_3 \right]_n$$

問6 アセチレン1分子に塩素2分子が付加した物質の構造式と名称を答えよ。
(教p.293)

考え方 アセチレンの三重結合の1本が開いて塩素 Cl_2 が1分子付加すると，CHCl=CHCl となる。同様に，二重結合の1本が開いて残りの塩素 Cl_2 が付加する。

解説&解答 アセチレン1分子に塩素1分子が付加すると1,2-ジクロロエチレンが生じる。さらに，残りの塩素1分子が付加するので，1,1,2,2-テトラクロロエタンが生じる。

答 $H-\overset{Cl}{\underset{Cl}{C}}-\overset{Cl}{\underset{Cl}{C}}-H$，1,1,2,2-テトラクロロエタン

問7 アセチレン1分子にシアン化水素 H-C≡N 1分子が付加した物質であるア
(教p.293) クリロニトリルは，ビニル基をもつ。アクリロニトリルの構造式を答えよ。

考え方 アセチレンの三重結合の1本が開いてHCNが付加すると，ビニル基をもつ $CH_2=CHCN$ が生じる。

解説&解答 アセチレン1分子にシアン化水素1分子が付加すると，ビニル基 $CH_2=CH-$ をもつアクリロニトリルが生じる。

$$CH≡CH + H-C≡N \longrightarrow \begin{array}{c}H\\H\end{array}C=C\begin{array}{c}H\\C≡N\end{array}$$

答 $\begin{array}{c}H\\H\end{array}C=C\begin{array}{c}H\\C≡N\end{array}$

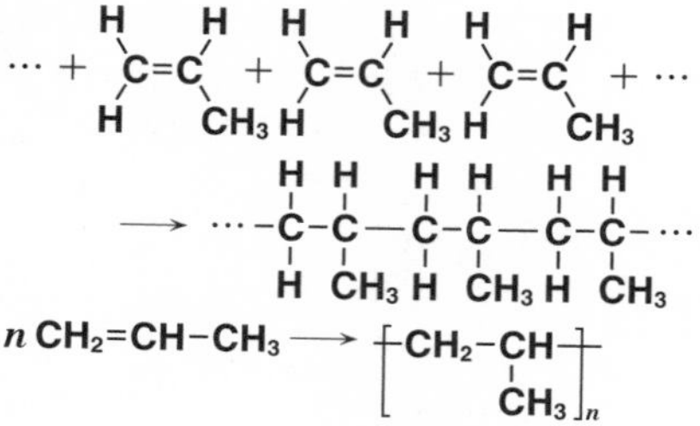

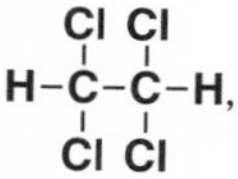

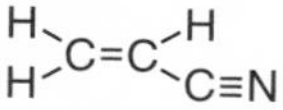

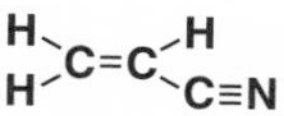

問A
(教p.295)　プロピン $CH \equiv C-CH_3$ に水を１分子付加させたとき，最終的に生成すると考えられる物質を２つ，構造式で答えよ。

考え方　プロピン $C^1H \equiv C^2-C^3H_3$ に水が付加するとき，C^1 に $-H$，C^2 に $-OH$ が結合する場合と，その逆の場合が考えられる。

解説&解答　プロピンに水が付加してできた生成物は，どちらもエノール形なので，安定なケト形に変化する。

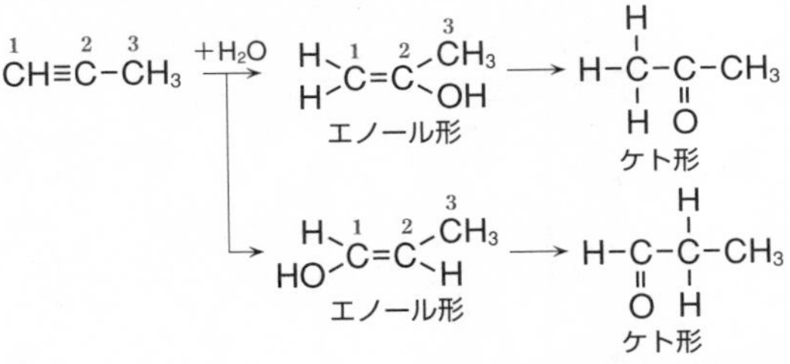

答　$CH_3-\overset{O}{\underset{\parallel}{C}}-CH_3$ ，　$CH_3-CH_2-\overset{O}{\underset{\parallel}{C}}-H$

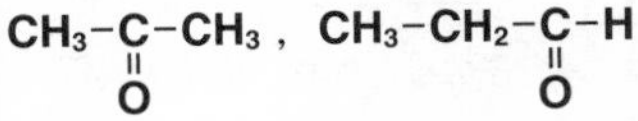

思考学習 ❖❖❖　**アルカンの沸点・融点**　　教 p.300 ～ p.301

第❹編　有機化合物

　分子からなる物質の沸点や融点は，分子間力が強いほど高くなる。直鎖状アルカン C_nH_{2n+2} の沸点と融点は，表Aのように，炭素数 n が大きくなると高くなる傾向がある。これは，炭素数 n が大きいアルカンほど，分子量が大きくなり，ファンデルワールス力が大きくなるからである。

▼**表A　直鎖状アルカン C_nH_{2n+2} の沸点・融点（常圧）**

	メタン CH_4 ($n=1$)	エタン C_2H_6 ($n=2$)	プロパン C_3H_8 ($n=3$)	ブタン C_4H_{10} ($n=4$)	ペンタン C_5H_{12} ($n=5$)	ヘキサン C_6H_{14} ($n=6$)
沸点	−161℃	−89℃	−42℃	−0.5℃	36℃	69℃
融点	−183℃	−184℃	−188℃	−138℃	−130℃	−95.3℃

　直鎖状アルカン C_nH_{2n+2} には，炭素数 n が４以上のとき，枝分かれした構造をもつ構造異性体が存在する。例えば，$n=5$ の分子式 C_5H_{12} で表されるアルカンには，表Bのように，①～③の３つの構造異性体がある。これらはいずれも分子量が同じであるが，融点・沸点には違いがみられる。また，沸点は高いものから順に①＞②＞③であるが，融点は高いものから順に③＞①＞②である。

▼**表B　分子式 C_5H_{12} で表されるアルカンの沸点・融点（常圧）**

	①ペンタン	② 2-メチルブタン（イソペンタン）	③ 2,2-ジメチルプロパン（ネオペンタン）
	CH_3-CH_2-CH_2-CH_2-CH_3	CH_3-$\underset{CH_3}{CH}$-CH_2-CH_3	CH_3-$\underset{CH_3}{\overset{CH_3}{C}}$-$CH_3$
沸点	36℃	28℃	10℃
融点	−130℃	−160℃	−17℃

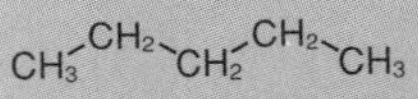

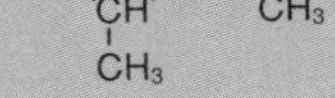

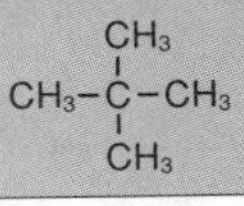

このように，異性体どうしで沸点や融点が異なるのはなぜだろうか。また，異性体どうしの沸点の大小関係と，融点の大小関係との間に違いがみられるのはなぜだろうか。

●沸点 ファンデルワールス力は，分子どうしの接触面積(分子が他の分子と接触する表面積)に影響される。アルカンの構造異性体を比べた場合，一般に，枝分かれが少ない分子のほうが，分子どうしの接触面積が大きくなるため沸点が高くなる。そのため，分子式 C_5H_{12} で表されるアルカンの沸点は，枝分かれの少ない順である①＞②＞③の順になる。

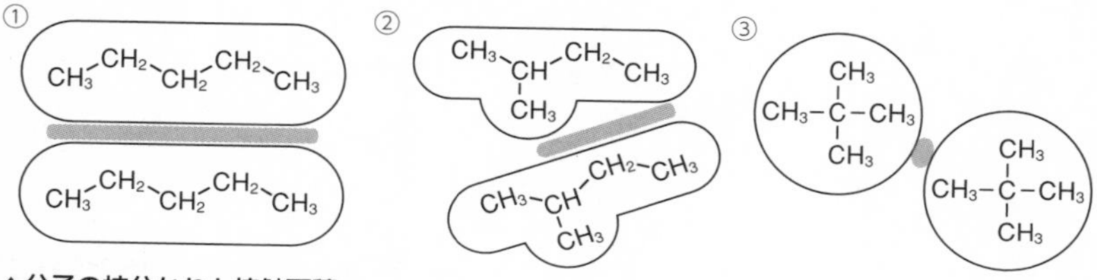

▲分子の枝分かれと接触面積

●融点 アルカンの融点は，分子どうしの接触面積に加えて，分子の対称性(形状)にも大きく影響されることがわかっている。より対称性の高い分子のほうが，どの方向からも結晶格子の中に組みこまれやすいため，融点が高くなると考えられている。③は，分子の形が最も球形に近く，対称性の高い構造をとっているため，融点が高い。また，②は，枝分かれがあることによって①よりも対称性が低くなるため，融点が①よりも小さくなる。したがって，分子式 C_5H_{12} で表されるアルカンの融点は，対称性が高い順である③＞①＞②の順になる。

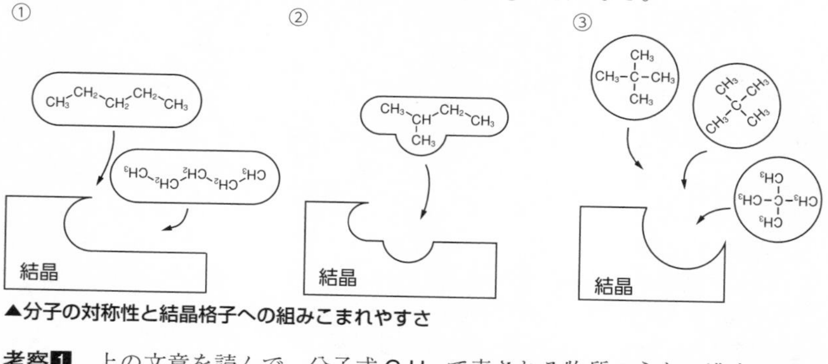

▲分子の対称性と結晶格子への組みこまれやすさ

考察1 上の文章を読んで，分子式 C_4H_{10} で表される物質のうち，沸点が最も高いと考えられるものを予想し，構造式でかけ。

考察2 上の文章を読んで，分子式 C_4H_{10} で表される物質のうち，融点が最も高いと考えられるものを予想し，構造式でかけ。

(解説＆解答) C_4H_{10} には，次の(i)，(ii)の構造が考えられる(H を省略して示す)。

(i) C−C−C−C (ii)

1　直鎖状の(i)のほうが，枝分かれした構造の(ii)より，分子どうしの接触面積が大きいと考えられる。よって沸点は(i)のほうが高いと考えられる。

答　$CH_3-CH_2-CH_2-CH_3$

2　直鎖状の(i)のほうが，枝分かれした構造の(ii)より，対称性が高いと考えられる。よって(i)のほうが結晶格子の中に組みこまれやすいと考えられるため，融点は(i)のほうが高いと考えられる。

答　$CH_3-CH_2-CH_2-CH_3$

章　末　問　題

教 p.297

必要があれば，原子量は次の値を使うこと。H ＝ 1.0，C ＝ 12，Br ＝ 80

1　プロパンと塩素を混合して光を当てると，プロパンの水素原子のいくつかが塩素原子と置き換わった物質が生成した。

(1)　このような反応を何というか。

(2)　プロパンの水素原子２個が塩素原子に置き換わった化合物の構造式と名称をすべて答えよ。

考え方　(2)　プロパンは $n = 3$ のアルカンなので，Cl の置換のしかたを H を省略した図で考えてみると，次の４通り。

① 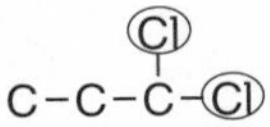　② 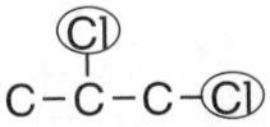

③ 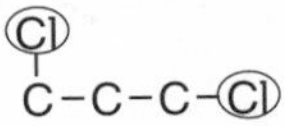　④ 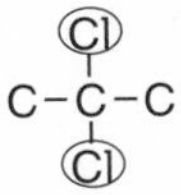

解説&解答

(1)　分子中の原子や原子団が他の原子や原子団に置き換わる反応を置換反応という。

答　**置換反応**

(2)　**答**

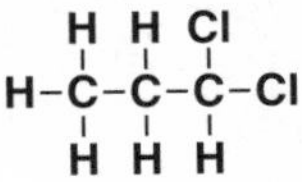

1,1-ジクロロプロパン

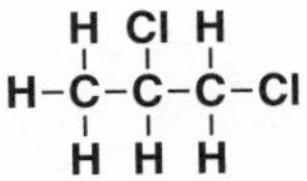

1,2-ジクロロプロパン

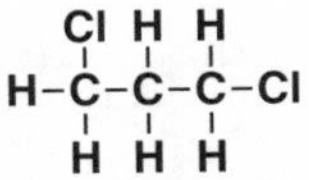

1,3-ジクロロプロパン

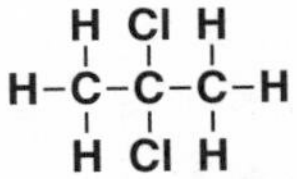

2,2-ジクロロプロパン

2 アセチレン由来の化合物の関係を表す図をもとに，問いに答えよ。

(1) (a)に当てはまる反応名を答えよ。

(2) ①に当てはまる物質の組成式と名称および，②〜⑧に当てはまる物質の構造式と名称を書け。

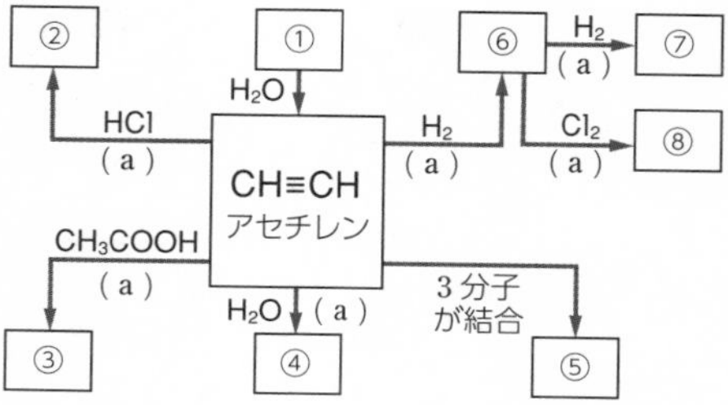

考え方 三重結合のうちの1本が開いて，そこに原子が結合し，二重結合になる。

解説&解答

(1) 不飽和結合の1本が開いて，そこに他の原子や原子団が結合する反応を付加反応という。

答 付加反応

(2) ① アセチレンは炭化カルシウムに水を作用させてつくる。

$$CaC_2 + 2H_2O \longrightarrow CH \equiv CH + Ca(OH)_2$$

答 CaC_2，炭化カルシウム（カーバイド）

② $CH \equiv CH + HCl \xrightarrow{付加} CH_2 = CHCl$

答 $\underset{H}{\overset{H}{>}}C = C\underset{Cl}{\overset{H}{<}}$，塩化ビニル

③ $CH \equiv CH + CH_3COOH \xrightarrow{付加} CH_2 = CHOCOCH_3$

答 $\underset{H}{\overset{H}{>}}C = C\underset{O-C-CH_3}{\overset{H}{<}}$，酢酸ビニル

④ アセチレンに水 H_2O が付加するとビニルアルコールを一時的に生じるが，ビニルアルコールはとても不安定なので，すぐに安定な異性体であるアセトアルデヒドになる。

$$CH \equiv CH \;+\; H_2O \xrightarrow{付加} \left(\underset{H}{\overset{H}{>}}C = C\underset{OH}{\overset{H}{<}} \right) \longrightarrow CH_3CHO$$

ビニルアルコール　　　アセトアルデヒド

答 $CH_3-\underset{\underset{O}{\|}}{C}-H$，アセトアルデヒド

⑤ アセチレンを赤熱した鉄に触れさせると，3分子のアセチレンからベンゼン C_6H_6 が生成する。

$$3CH \equiv CH \xrightarrow{鉄, 高温} C_6H_6$$

答 ，ベンゼン

⑥ $CH \equiv CH + H_2 \xrightarrow{付加} CH_2 = CH_2$

答 $\underset{H}{\overset{H}{>}}C = C\underset{H}{\overset{H}{<}}$，エチレン

⑦ $CH_2 = CH_2 + H_2 \xrightarrow{付加} CH_3-CH_3$

答 CH_3-CH_3，エタン

⑧ $CH_2 = CH_2 + Cl_2 \xrightarrow{付加} CH_2Cl-CH_2Cl$ **答** $H-\underset{\underset{Cl}{|}}{\overset{\overset{H}{|}}{C}}-\underset{\underset{Cl}{|}}{\overset{\overset{H}{|}}{C}}-H$，1,2-ジクロロエタン

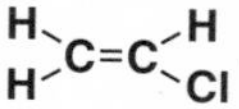

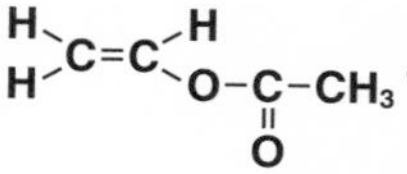

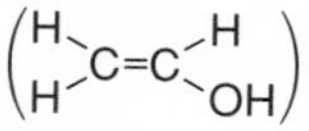

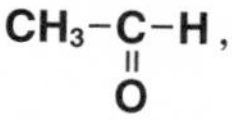

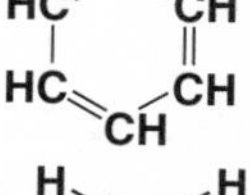

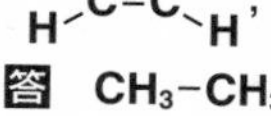

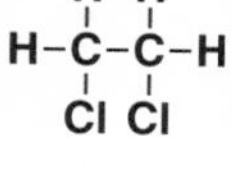

考 **考えてみよう！** • • • • • • • • • • • • • • • • •

3 同じ分子式で表される鎖式炭化水素 A，B がある。A，B 各 1 mol には，どちらも水素が 1 mol 反応し，同一の化合物 C が得られた。また，A，B 各 0.70 g には，どちらも臭素が 2.0 g 反応したが，生成物は互いに異なる化合物 D，E であった。さらに，B には立体異性体が存在した。

(1) 炭化水素 A，B の分子式を求めよ。

(2) 化合物 C～E の構造式を書け。

考え方 (1) A，B 1 mol に水素が 1 mol 付加することから，A，B はどちらも二重結合を 1 個もつアルケンであると考えられる。アルケンは一般式 C_nH_{2n} で表されるので，分子式を C_nH_{2n} として臭素 Br_2 を付加させた反応式をつくり，分子量を求めてから構造式を考える。

(2) (1)で求めた分子式より，鎖式炭化水素 A，B の構造を考え，それぞれに水素を付加させてできた C の構造式を求める。

解説&解答

(1) アルケンの一般式は C_nH_{2n} で表され，臭素と次のように付加反応する。

$$C_nH_{2n} \ + \ Br_2 \longrightarrow C_nH_{2n}Br_2$$

アルケン C_nH_{2n}（分子量 $14n$）1 mol に臭素（分子量 160）1 mol が付加するので，

$14n : 160 = 0.70\,\text{g} : 2.0\,\text{g}$

$n = 4$

よって，A，B の分子式は C_4H_8　　　　　　　　　**答** C_4H_8

(2) C_4H_8 の鎖式炭化水素 A，B には，次の(i)～(iii)の構造が考えられる（H を省略して示す）。

(i) C=C-C-C，1-ブテン　　　(ii) C=C-C，2-メチルプロペン
　　　　　　　　　　　　　　　　　　 |
　　　　　　　　　　　　　　　　　　 C

(iii) C-C=C-C，2-ブテン（シス-トランス異性体あり）

それぞれに水素を付加させると，

(i) ⟶ CH₃-CH₂-CH₂-CH₃　　　(ii) ⟶ CH₃-CH-CH₃
(iii) ⟶ CH₃-CH₂-CH₂-CH₃　　　　　　　　　　　 |
　　　　　　　　　　　　　　　　　　　　　　 CH₃

A，B から同一の化合物 C が得られたことから，A，B は(i)または(iii)であり，C は CH₃-CH₂-CH₂-CH₃ であることがわかる。さらに，B に立体異性体が存在することから，A は(i)，B はシス-トランス異性体が存在する(iii)であることがわかる。(i)，(iii)それぞれに臭素を付加させると，解答の化合物 D，E が生じる。

答 C CH₃-CH₂-CH₂-CH₃

D　H-C-C-C-C-H　　E　H-C-C-C-C-H

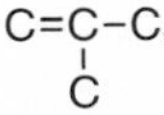

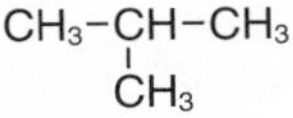

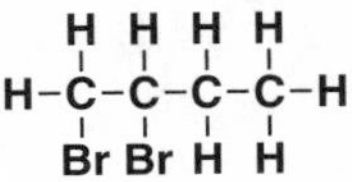

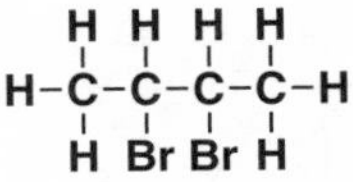

第 3 章　アルコールと関連化合物 教 p.302〜p.325

1　アルコールとエーテル

A　アルコール

●**アルコールの構造と分類**　炭化水素の水素原子 H を，ヒドロキシ基−OH で置き換えた構造をもつ化合物を**アルコール**という。ヒドロキシ基−OH を 1 個もつアルコールは炭化水素基をR で示して **ROH** と表される。

> 名称　アルコール
> アルカンの語尾「アン(ane)」を「ァノール(anol)」に変える。
> −OH の結合位置による構造異性体がある場合は，−OH がついている炭素原子の位置の番号をつけて区別する。炭素鎖が枝分かれしている場合は，側鎖の基の位置番号もあわせて表す。

CH₃−OH　　　CH₃−CH₂−OH
メタノール　　　エタノール

単結合のみからなるアルコールは，
$C_nH_{2n+1}OH$ で表され，$n \geqq 3$ で構造異性体が存在する。$n = 3$ では，次の 2 種類の構造異性体が存在する。

CH₃−CH₂−CH₂−OH　　　　CH₃−CH−CH₃
　　　　　　　　　　　　　　　　　　　|
　　　　　　　　　　　　　　　　　　OH
　1-プロパノール　　　　　　　2-プロパノール

(1)**価数による分類**　アルコールは分子内のヒドロキシ基−OH の数によって分類される。−OH が 1 個のものを **1 価アルコール**，2 個，3 個のものをそれぞれ **2 価アルコール**，**3 価アルコール**という。2 価以上のアルコールを**多価アルコール**ということもある。教 p.303 表 1

(2)**級数による分類**　アルコールはヒドロキシ基が結合している炭素原子©に結合している 炭化水素基 の数によって，**第 1 級アルコール**，**第 2 級アルコール**，**第 3 級アルコール**に分類される。教 p.303 表 2

第 1 級アルコール　　　　**第 2 級アルコール**　　　　**第 3 級アルコール**

CH₃−CH₂−CH₂−©H₂−OH　　CH₃−CH₂−©H−OH　　　　　　　CH₃
　　　　　　　　　　　　　　　　　|　　　　　　CH₃−©−OH
　　　　　　　　　　　　　　　　CH₃　　　　　　　　CH₃

　1-ブタノール　　　　　　　2-ブタノール　　　　2-メチル-2-プロパノール
　（ブチルアルコール）　　　（s-ブチルアルコール）　（t-ブチルアルコール）

＊ s- は第 2 級，t- は第 3 級の略記号。

(3)**炭素数による分類**　炭素数の少ないアルコールを**低級アルコール**(例：メタノール，エタノール)，炭素数の多いアルコールを**高級アルコール**(例：1-ドデカノール)という。低級アルコールと高級アルコールでは，融点や沸点，水溶性などに差がみられる。

教 p.303 表 1

B　アルコールの性質

●**融点・沸点**　アルコールはヒドロキシ基をもつので，分子間で水素結合を形成し，分子量が同じくらいの炭化水素や構造異性体のエーテルよりも，融点・沸点が高い。

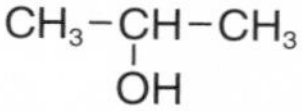

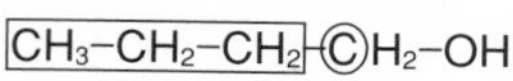

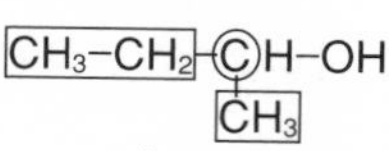

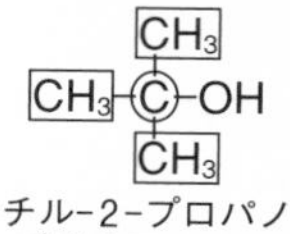

また，枝分かれが多いと $-OH$ どうしが近づきにくくなり，分子間の水素結合が弱まるので，沸点は小さくなる。教 p.303 表 2

●水溶性　ヒドロキシ基が水分子と水素結合を形成するため，低級アルコールは水に溶け，その水溶液は中性を示す。しかし，疎水基である炭化水素基の影響が大きい高級アルコールは，水に溶けにくくなる。一般式 $C_nH_{2n+1}OH$ で示される直鎖の第１級アルコールでは $n = 1 \sim 3$（メタノール，エタノール，プロパノール）は水によく溶けるが，$n = 4$ の 1-ブタノールはわずかしか溶けず，$n = 5$（1-ペンタノール）以上になるとほとんど溶けない。教 p.303 表 1

C アルコールの反応

●ナトリウムとの反応　アルコールは単体のナトリウムと反応して水素を発生し，ナトリウムアルコキシド RONa を生じる。教 p.304 図 1

メタノールとナトリウムの反応ではナトリウムメトキシド，エタノールとナトリウムの反応ではナトリウムエトキシドを生成する。

$$2CH_3OH + 2Na \longrightarrow 2CH_3ONa + H_2\uparrow \qquad (1)$$

（CH_3OH：メタノール，CH_3ONa：ナトリウムメトキシド）

$$2C_2H_5OH + 2Na \longrightarrow 2C_2H_5ONa + H_2\uparrow \qquad (2)$$

（C_2H_5OH：エタノール，C_2H_5ONa：ナトリウムエトキシド）

●分子内脱水反応　一般に有機化合物から水分子がとれる反応を**脱水反応**という。濃硫酸を 160 ～ 170℃に加熱しながら，エタノールを加えると，分子内脱水反応により水分子がとれて，エチレンが生じる。

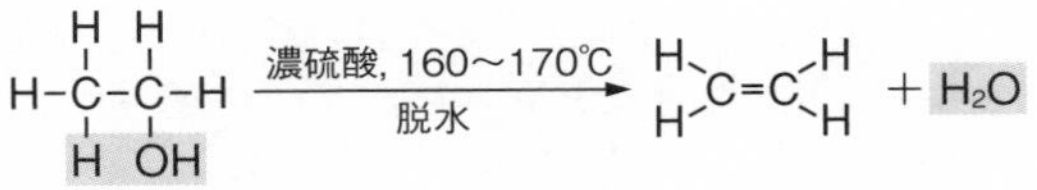

エタノール　　エチレン　(3)

●分子間脱水反応　濃硫酸を 130℃に加熱しながらエタノールを加えると，分子間脱水反応により水分子がとれて，ジエチルエーテルが生じる。このように，2 分子から水のような簡単な分子がとれて結合することを**縮合反応**という。水分子がとれる縮合は，**脱水縮合**ともいう。

$$C_2H_5{-}OH + HO{-}C_2H_5 \xrightarrow[\text{縮合}]{\text{濃硫酸, 130℃}} C_2H_5{-}O{-}C_2H_5 + H_2O \qquad (4)$$

（エタノール　エタノール　→　ジエチルエーテル）

発展　ザイツェフ則

分子内脱水では，$-OH$ が結合している C 原子の隣の C 原子のうち，結合している H 原子の数が少ないほうから H 原子がとれた生成物が，おもに得られる。このような経験則はザイツェフ則とよばれる。

$$CH_3{-}CH(OH){-}CH_2{-}CH_3 \xrightarrow{\text{脱水}} CH_2{=}CH{-}CH_2{-}CH_3,\ CH_3{-}CH{=}CH{-}CH_3$$

（CH_3：H が３個，CH_2：H が２個；2-ブタノール → 1-ブテン，2-ブテン（おもに得られる化合物））

●**アルコールの酸化**　アルコールは，硫酸酸性の二クロム酸カリウム $K_2Cr_2O_7$ などの酸化剤により，ヒドロキシ基 $-OH$ が結合した炭素原子がカルボニル基 $-\overset{\|}{\underset{O}{C}}-$ に酸化される。

---

① **第１級アルコールを酸化すると，アルデヒドを経てカルボン酸を生じる。**

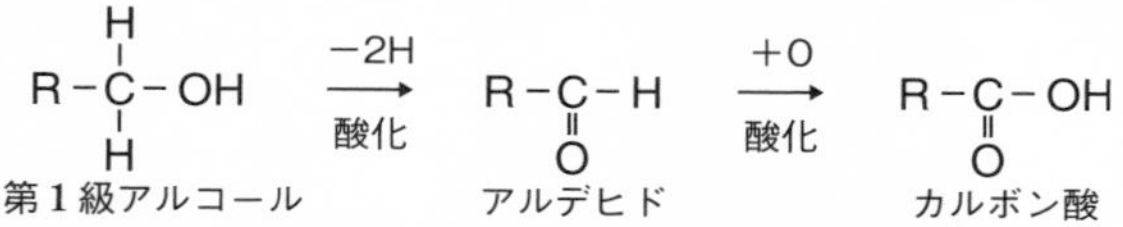

$$\underset{\text{第１級アルコール}}{R-\overset{\overset{H}{|}}{\underset{\underset{H}{|}}{C}}-OH} \xrightarrow[\text{酸化}]{-2H} \underset{\text{アルデヒド}}{R-\overset{}{\underset{\underset{O}{\|}}{C}}-H} \xrightarrow[\text{酸化}]{+O} \underset{\text{カルボン酸}}{R-\overset{}{\underset{\underset{O}{\|}}{C}}-OH} \tag{5}$$

② **第２級アルコールを酸化すると，ケトンを生じる。**

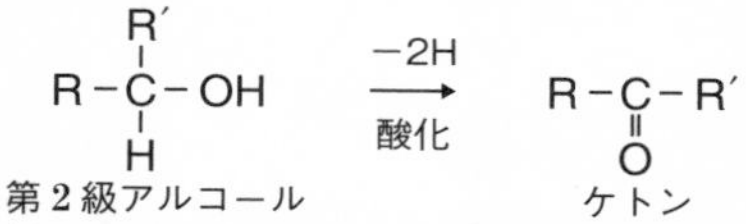

$$\underset{\text{第２級アルコール}}{R-\overset{\overset{R'}{|}}{\underset{\underset{H}{|}}{C}}-OH} \xrightarrow[\text{酸化}]{-2H} \underset{\text{ケトン}}{R-\overset{}{\underset{\underset{O}{\|}}{C}}-R'} \tag{6}$$

③ **第３級アルコールは酸化されにくい。**

D　さまざまなアルコール

●**メタノール CH_3OH**　メタノールは無色の有毒な液体で，燃料や着火剤として用いられている。工業的には一酸化炭素 CO と水素 H_2 を，触媒とともに加熱・加圧($250℃$，$10\,MPa$)して製造する。

$$CO + 2H_2 \xrightarrow{\text{触媒}(Cu-ZnO),\ \text{加熱・加圧}} CH_3OH \tag{7}$$

●**エタノール CH_3CH_2OH**　エタノールは無色の液体で，酒類や消毒液，溶剤として使われる。工業的には，エチレンを，リン酸触媒を用いて加熱・加圧($300℃$，$7\,MPa$)して水蒸気を付加させて製造する。

$$CH_2=CH_2 + H_2O \xrightarrow[\text{付加}]{\text{触媒，加熱・加圧}} CH_3CH_2OH \tag{8}$$

飲料用のものはデンプン$(C_6H_{10}O_5)_n$ やグルコース(ブドウ糖)$C_6H_{12}O_6$ を原料とし，アルコール発酵によりつくられる。

$$C_6H_{12}O_6 \longrightarrow 2C_2H_5OH + 2CO_2 \tag{9}$$

●**エチレングリコール $HO(CH_2)_2OH$**　２価アルコールであるエチレングリコールは無色の液体で粘性をもち，有毒である。エチレンを原料として製造され，ポリエステルの原料や不凍液として用いられる。

●**グリセリン $C_3H_5(OH)_3$**　３価アルコールであるグリセリンは無色の液体で粘性をもち，毒性はない。油脂を加水分解すると得られ，合成樹脂やニトログリセリンの製造，化粧品，医薬品などに用いられる。

E　エーテル

O 原子に２個の炭化水素基が結合した構造の化合物 $R-O-R'$（R, R′ は炭化水素基）をエーテルという。エーテルは，水に溶けにくいが，有機化合物を溶かすため，有機溶媒として用いられる。同じ炭素数のアルコールと構造異性体の関係にあるが，分子間力が小さいため，沸点がかなり低い。アルコールとは同じく中性物質であるが，単体のナトリウムと反応せず，酸化もされにくい。

ジエチルエーテルは揮発性の液体で，引火しやすく，麻酔作用をもつ。

2 アルデヒドとケトン

A カルボニル化合物

カルボニル基$-\overset{\displaystyle |}{\underset{\displaystyle ||}{C}}-$をもつ化合物を**カルボニル化合物**という。カルボニル基の炭素

原子に1個の水素原子が結合した$-\overset{\displaystyle |}{\underset{\displaystyle ||}{C}}-H$ を特に**ホルミル基（アルデヒド基）**といい，

ホルミル基をもつ化合物を**アルデヒド**という。また，カルボニル基の炭素原子に2個の炭化水素基が結合した化合物 $R-\overset{}{\underset{}{C}}-R'$（R，R′は炭化水素基）を**ケトン**という。

B アルデヒド

●**アルデヒド**　アルデヒドは第1級アルコールを酸化すると生成する。

$$H-\overset{\displaystyle H}{\underset{\displaystyle H}{C}}-OH \xrightarrow[\text{酸化}]{-2H} H-\overset{}{\underset{\displaystyle O}{C}}-H \qquad CH_3-\overset{\displaystyle H}{\underset{\displaystyle H}{C}}-OH \xrightarrow[\text{酸化}]{-2H} CH_3-\overset{}{\underset{\displaystyle O}{C}}-H$$

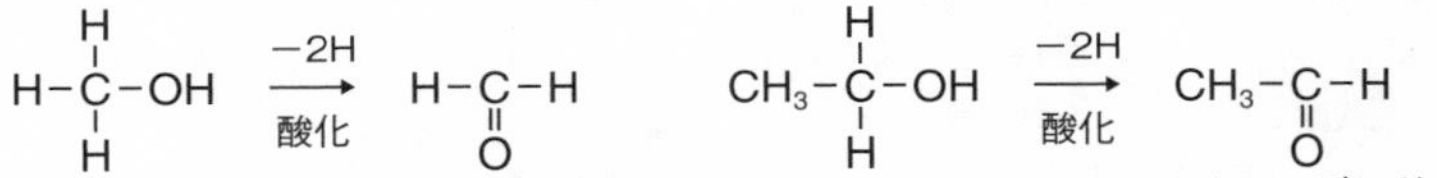

メタノール　　　　　　ホルムアルデヒド　　　　エタノール　　　　　　アセトアルデヒド

アルデヒドはさらに酸化されてカルボン酸になりやすく，このとき，他の物質を還元するので，アルデヒドは還元性を示す。

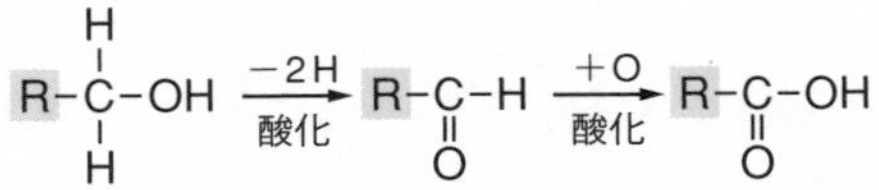

$$R-\overset{\displaystyle H}{\underset{\displaystyle H}{C}}-OH \xrightarrow[\text{酸化}]{-2H} R-\overset{}{\underset{\displaystyle O}{C}}-H \xrightarrow[\text{酸化}]{+O} R-\overset{}{\underset{\displaystyle O}{C}}-OH \qquad (10)$$

第1級アルコール　　　アルデヒド　　　　カルボン酸

●アルデヒドの還元性の確認

(1)**銀鏡反応**　アンモニア性硝酸銀水溶液にアルデヒドを加えて温めると，銀イオン Ag^+ が還元されて銀 Ag を生じる。このとき Ag が内壁に付着して鏡のようになるので，この反応を**銀鏡反応**という（國 p.308 図2）。反応式は次のようになる。

$$2[Ag(NH_3)_2]^+ + RCHO + 3OH^- \longrightarrow 2Ag + RCOO^- + 4NH_3 + 2H_2O$$

(2)**フェーリング液の還元**　フェーリング液（國 p.309 注❶）に，アルデヒドを加えて加熱するとフェーリング液中の銅（Ⅱ）イオン Cu^{2+} が還元されて酸化銅（Ⅰ）Cu_2O となり赤色沈殿を生じる。國 p.309 図3

$$2Cu^{2+} + RCHO + 5OH^- \xrightarrow{\text{酸化}} Cu_2O\downarrow + RCOO^- + 3H_2O$$

還元

●さまざまなアルデヒド

(1)ホルムアルデヒド HCHO　ホルムアルデヒドは，無色の刺激臭をもつ有毒な気体であり，水に溶けやすい。ホルムアルデヒドを約37％含む水溶液を**ホルマリン**という。焼いた銅線をメタノールの蒸気に触れさせると，銅の表面の酸化銅(Ⅱ)が酸化剤として作用して，ホルムアルデヒドが生成する。**教** p.309 図4

$$CH_3OH \; + \; \underset{酸化}{CuO} \; \longrightarrow \; HCHO \; + \; H_2O \; + \; Cu \tag{11}$$

ホルムアルデヒドは，さらに酸化されるとギ酸 HCOOH を生じる。

$$\underset{メタノール}{CH_3OH} \; \xrightarrow[酸化]{-2H} \; \underset{ホルムアルデヒド}{HCHO} \; \xrightarrow[酸化]{+O} \; \underset{ギ酸}{HCOOH} \tag{12}$$

(2)アセトアルデヒド CH₃CHO　アセトアルデヒドは，無色の刺激臭をもつ液体であり，水に溶けやすい。酢酸など，各種有機化合物の合成原料になる。アセトアルデヒドは，エタノールを酸化することで得られ，さらに酸化されると酢酸 CH₃COOH を生じる。

$$\underset{エタノール}{CH_3CH_2OH} \; \xrightarrow[酸化]{-2H} \; \underset{アセトアルデヒド}{CH_3CHO} \; \xrightarrow[酸化]{+O} \; \underset{酢酸}{CH_3COOH} \tag{13}$$

アセトアルデヒドは，工業的には，塩化パラジウム(Ⅱ) PdCl₂ と塩化銅(Ⅱ) CuCl₂ を触媒にして，エチレンを酸化してつくられる。

$$2CH_2{=}CH_2 + O_2 \xrightarrow{触媒(PdCl_2, CuCl_2)} 2CH_3CHO \tag{14}$$

C ケトン

●ケトン　ケトンは第2級アルコールを酸化して得られる。ケトンは，炭素数が等しいアルデヒドと構造異性体の関係にあり，中性の物質であるが，さらに酸化されることはない。したがって，還元性を示さないため，銀鏡反応やフェーリング液の還元を起こさない。

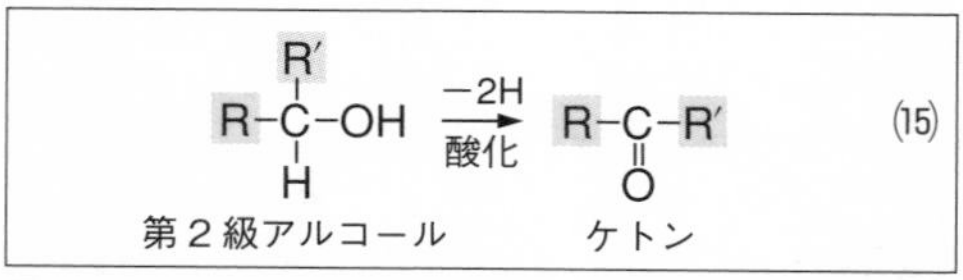

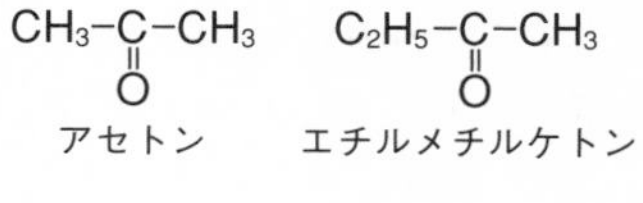

$$\underset{第2級アルコール}{R{-}\overset{\overset{R'}{|}}{\underset{\underset{H}{|}}{C}}{-}OH} \; \xrightarrow[酸化]{-2H} \; \underset{ケトン}{R{-}\overset{}{\underset{\underset{O}{\|}}{C}}{-}R'} \tag{15}$$

$$\underset{アセトン}{CH_3{-}\overset{}{\underset{\underset{O}{\|}}{C}}{-}CH_3} \qquad \underset{エチルメチルケトン}{C_2H_5{-}\overset{}{\underset{\underset{O}{\|}}{C}}{-}CH_3}$$

●アセトン CH₃COCH₃　アセトンは芳香をもつ引火性の液体で，水とよく混じりあい，有機化合物もよく溶かすため，有機溶媒として用いられ，除光液にも利用されている(**教** p.310 図5)。実験室では，酢酸カルシウムを乾留(空気を断って有機化合物を熱分解すること)してつくる。

$$(CH_3COO)_2Ca \xrightarrow[乾留]{加熱} CH_3COCH_3 \; + \; CaCO_3 \tag{16}$$

工業的には，プロペンを直接酸化する方法や，プロペンに水を付加させて 2-プロパノールにしてから酸化する方法でつくる。

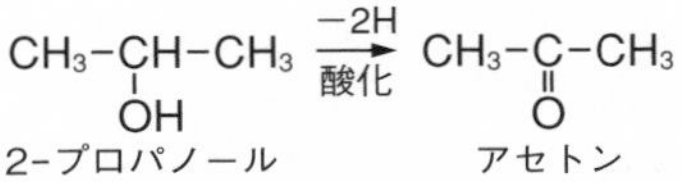

(17)

また，クメン法(教 p.335)で，フェノールと同時に生成する。

D ヨードホルム反応

CH_3-CO-R または $CH_3-CH(OH)-R$（R は炭化水素基または H）の構造をもつ化合物に，ヨウ素と水酸化ナトリウム水溶液（または炭酸ナトリウム水溶液）を加えて反応させると，特有の臭気をもつ黄色のヨードホルム CHI_3 を生じる。この反応を**ヨードホルム反応**といい，化合物の構造の推定に用いられる。**教 p.311 図 6**

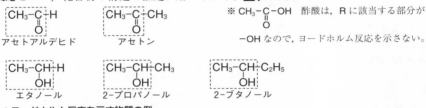

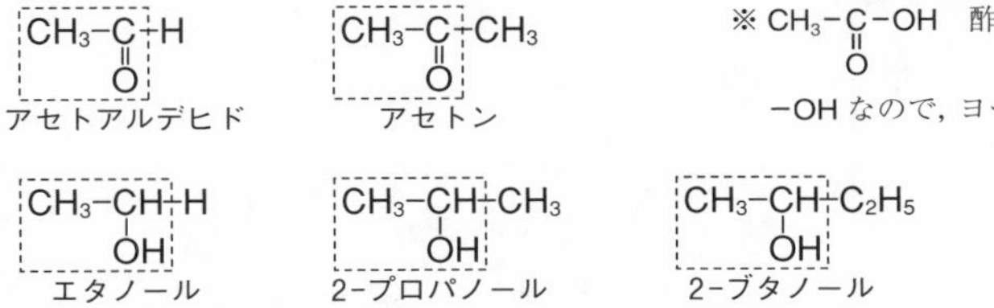

※ $CH_3-CO-OH$　酢酸は，R に該当する部分が −OH なので，ヨードホルム反応を示さない。

▲ヨードホルム反応を示す物質の例

3 カルボン酸

A カルボン酸

●カルボン酸の構造と分類　カルボキシ基−COOH をもつ化合物を**カルボン酸**という。カルボン酸は，アルデヒドを酸化すると得られる。

カルボン酸にはいくつかの分類方法がある。**教 p.312 表 6**

(1)**価数による分類**　カルボン酸のうち，分子内のカルボキシ基−COOH の数が，1 個のものを**モノカルボン酸**（**1 価カルボン酸**），2 個のものを**ジカルボン酸**（**2 価カルボン酸**）という。特に，鎖式のモノカルボン酸を**脂肪酸**という。

(2)**炭素数による分類**　脂肪酸のうち，酢酸のように炭素数の少ないものを**低級脂肪酸**といい，パルミチン酸やオレイン酸のように炭素数の多いものを**高級脂肪酸**という。

(3)**不飽和結合の有無による分類**　脂肪酸のうち，炭化水素基の結合が単結合のみのものを**飽和脂肪酸**，二重結合や三重結合を含むものを**不飽和脂肪酸**という。

(4)**ヒドロキシ酸**　乳酸のように，−COOH とともにヒドロキシ基−OH をもつカルボン酸を**ヒドロキシ酸**という。

●カルボン酸の性質・反応　低級脂肪酸は，無色の液体で刺激臭があり，カルボキシ基が水分子と水素結合を形成するため，水に溶けやすい。カルボン酸は有機溶媒中では**二量体**（**教 p.313 注 1**）になっている。高級脂肪酸は，無臭の固体であり，水に溶けにくい。

カルボン酸は水に溶けるとわずかに電離し，弱い酸性を示す。

$$\text{RCOOH} \rightleftarrows \text{RCOO}^- + \text{H}^+ \tag{18}$$

水に溶けにくいカルボン酸でも，塩基とは塩を生じて溶解する。

$$\text{RCOOH} + \text{NaOH} \xrightarrow[\text{中和}]{} \text{RCOONa} + \text{H}_2\text{O} \tag{19}$$

　カルボン酸の酸性は希塩酸や希硫酸より弱く，二酸化炭素の水溶液より強い。そのため，カルボン酸に炭酸水素ナトリウム NaHCO_3 水溶液を加えると，二酸化炭素が発生する。

$$\text{RCOOH} + \text{NaHCO}_3 \xrightarrow[\text{弱酸の遊離}]{} \text{RCOONa} + \text{H}_2\text{O} + \text{CO}_2\uparrow \tag{20}$$

また，単体のナトリウムと激しく反応して，水素を発生する。

$$2\text{RCOOH} + 2\text{Na} \xrightarrow[\text{置換}]{} 2\text{RCOONa} + \text{H}_2\uparrow \tag{21}$$

B さまざまなカルボン酸

●モノカルボン酸

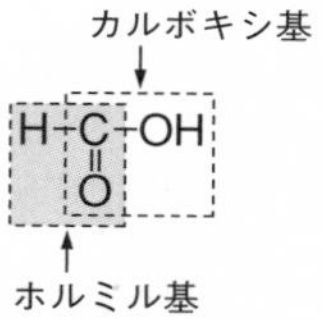

(1)**ギ酸 HCOOH**　ギ酸は無色の液体で刺激臭がある。右図のように分子内にカルボキシ基とともにホルミル基の構造をもつので，酸性とともに還元性を示す。ギ酸は，ホルムアルデヒドの酸化で得られる。

カルボキシ基

ホルミル基

(2)**酢酸 CH_3COOH と無水酢酸$(\text{CH}_3\text{CO})_2\text{O}$**　酢酸は無色の液体で刺激臭があり，水によく溶ける。酢酸は，アセトアルデヒドの酸化で得られる。純度の高い酢酸は，室温が下がると凝固するので**氷酢酸**ともよばれる。酢酸は，エステル・合成樹脂・医薬品やアセテートの原料となる。

　酢酸に脱水剤を加えて加熱すると，酢酸2分子から水1分子がとれて縮合し，**無水酢酸$(\text{CH}_3\text{CO})_2\text{O}$** になる。

$$\underset{\text{酢酸}}{\text{CH}_3\text{-C-OH}} + \underset{\text{酢酸}}{\text{H-O-C-CH}_3} \xrightarrow[\text{縮合}]{\text{脱水剤, 加熱}} \underset{\text{無水酢酸}}{\text{CH}_3\text{-C-O-C-CH}_3} + \text{H}_2\text{O} \tag{22}$$

　無水酢酸のように，2個のカルボキシ基から水1分子がとれて結合した構造をもつ化合物を**酸無水物（カルボン酸無水物）** という。無水酢酸はカルボキシ基$-\text{COOH}$ をもたないので酸性を示さない。無水酢酸は油状の液体で，水に溶けにくい。しかし，水と反応すると酢酸にもどる。

●ジカルボン酸

(1)**シュウ酸 HOOC-COOH**　シュウ酸は白色の固体である。最も簡単なジカルボン酸で，二水和物は中和滴定の標準試薬として使われている。

(2)**アジピン酸 $\text{HOOC-(CH}_2)_4\text{-COOH}$**　アジピン酸は白色の固体で，シクロヘキサンやフェノールから合成される。アジピン酸とヘキサメチレンジアミン $\text{H}_2\text{N-(CH}_2)_6\text{-NH}_2$ の混合物を加熱すると，ナイロン66ができる。

(3)**マレイン酸とフマル酸**　化学式 HOOC-CH=CH-COOH で表されるマレイン酸とフマル酸は，エチレンの2つの炭素原子に結合している水素原子を1つずつカルボキ

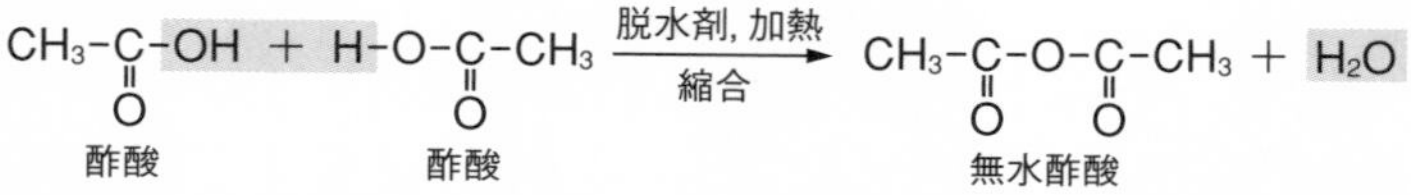

シ基に置き換えたジカルボン酸であり，シス-トランス異性体の関係にある。シス形がマレイン酸で，トランス形がフマル酸である。

マレイン酸（シス形）　　フマル酸（トランス形）

マレイン酸は２個のカルボキシ基が近い位置にあるため，加熱するとカルボキシ基２つから水分子が１個とれて，酸無水物の**無水マレイン酸**が生じる。フマル酸は加熱しても昇華するだけで化学変化はしない。

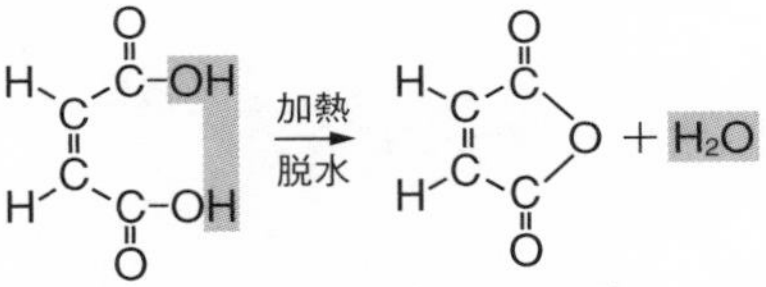

マレイン酸　　無水マレイン酸　　(23)

発展　酸化による炭素間二重結合の開裂

アルケンをある条件で酸化すると，二重結合が開裂してケトンやアルデヒド，カルボン酸が生じる。これらの反応で生成した化合物の構造がわかれば，もとのアルケンの構造を推定することができる。

●オゾン分解

オゾンをアルケンに作用させ亜鉛で処理すると，オゾニドを経てケトンまたはアルデヒドが生成する。

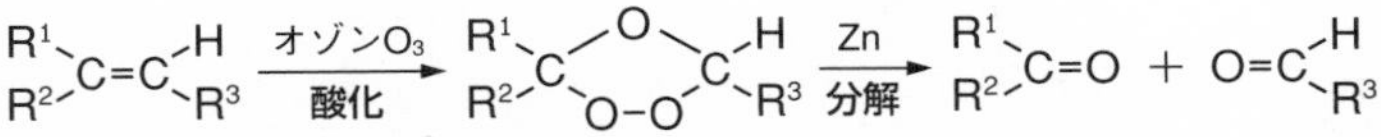

オゾニド　　ケトン　　アルデヒド

●過マンガン酸カリウムによる酸化

アルケンを硫酸酸性の過マンガン酸カリウム水溶液に加えて加熱すると，二重結合のところで切れて酸化されケトンまたはカルボン酸を生じる。

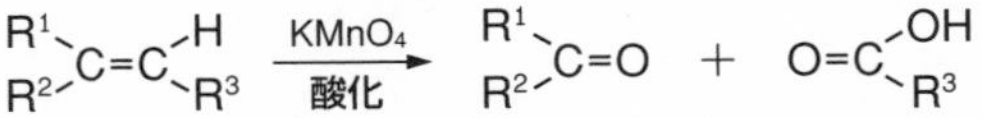

ケトン　　カルボン酸

また，二重結合がもとのアルケンの末端にある場合，生じる炭酸は分解して，二酸化炭素と水が生じる。

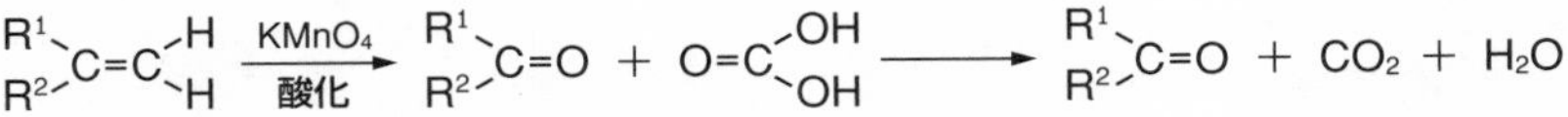

ケトン　　炭酸

C 鏡像異性体

乳酸 $CH_3-{}^{*}CH(OH)-COOH$ 分子の中で，＊印のついた炭素原子には互いに違う４つの原子や原子団が結合している。このような炭素原子を**不斉炭素原子**という。不斉炭素原子を四面体の中心に置いて乳酸分子の模型をつくると，右手と左手のような，実物と鏡像の関係にある分子模型ができる。これらを互いに**鏡像異性体**（光学異性体）という。鏡像異性体どうしは物理的性質や化学的性質はほとんど同じだが，光に対する性質が異なり，味やにおいなどの生理作用にも違いがある。

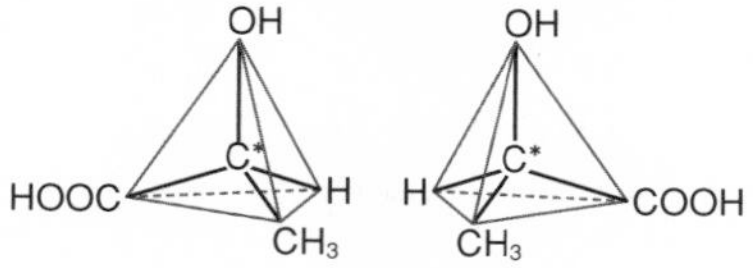

4 エステルと油脂

A エステル

●エステル カルボン酸とアルコールの混合物に触媒として濃硫酸を加えて加熱すると，カルボン酸のカルボキシ基－COOH とアルコールのヒドロキシ基－OH から，水分子がとれて縮合し，**エステル結合**－COO－ができる。エステル結合をもつ化合物を**エステル**といい，エステルを生成する反応を**エステル化**という。エステル化は脱水縮合反応の一つである。

$$\underset{\text{カルボン酸}}{R-\underset{\underset{O}{\|}}{C}-OH} + \underset{\text{アルコール}}{HO-R'} \underset{\text{加水分解}}{\overset{\text{エステル化}}{\rightleftarrows}} \underset{\text{エステル}}{R-\underset{\underset{O}{\|}}{C}-O-R'} + H_2O \qquad (24)$$

（エステル結合：$-\underset{\underset{O}{\|}}{C}-O-$）

エステルに希塩酸や希硫酸を加えて加熱すると，酸の H^+ が触媒となってエステル化の逆向きの反応が起こり，カルボン酸とアルコールが生じる。この反応をエステルの**加水分解**という。一般にエステル化やエステルの加水分解は可逆反応で，エステルは水に溶けにくい。

分子量の小さいエステルは芳香をもつ液体で，香料や有機溶媒として用いられ，果実の芳香はエステルによるものが多い。

●けん化 エステルに水酸化ナトリウムなど強塩基の水溶液を加えて加熱すると，加水分解が起こり，カルボン酸の塩とアルコールを生成する。このような，塩基によるエステルの加水分解を**けん化**という。けん化は，セッケンの製造に用いられる。一般にけん化は不可逆反応である。

$$RCOOR' + NaOH \xrightarrow[\text{けん化}]{\text{加熱}} RCOONa + R'OH \qquad (25)$$

●**酢酸エチル　CH₃COOC₂H₅**　酢酸とエタノールに触媒の濃硫酸を加えて加熱すると，酢酸エチルができる。

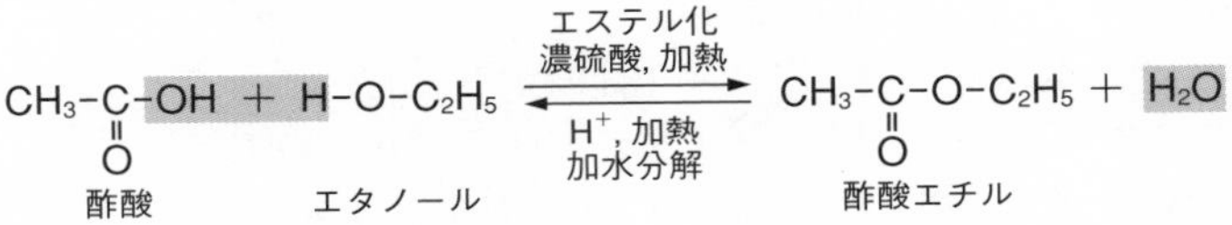

$$CH_3-\underset{\underset{\text{酢酸}}{O}}{\overset{\|}{C}}-OH \ + \ \underset{\text{エタノール}}{H-O-C_2H_5} \ \underset{\underset{\text{加水分解}}{H^+, 加熱}}{\overset{\overset{\text{エステル化}}{濃硫酸, 加熱}}{\rightleftarrows}} \ CH_3-\underset{\underset{\text{酢酸エチル}}{O}}{\overset{\|}{C}}-O-C_2H_5 \ + \ H_2O \tag{26}$$

酢酸エチルは果実のような芳香をもつ揮発性の液体で，水より軽い。

B 油脂

●**油脂の構造と分類**　グリセリン $C_3H_5(OH)_3$ の 3 つの -OH と，脂肪酸の -COOH とが脱水縮合してできた構造のエステルを**油脂**という。ごま油や牛脂など，植物や動物の体内に存在している。

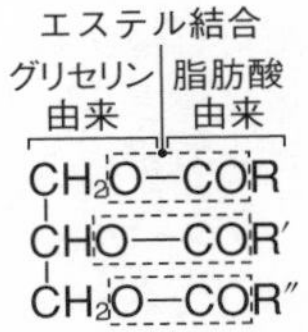

```
エステル結合
グリセリン │脂肪酸
由来      │由来
CH₂O-COR
CHO-COR′
CH₂O-COR″
```
▲**油脂の構造** R, R′, R″ は鎖式炭化水素基

天然の油脂を構成する脂肪酸は，パルミチン酸，ステアリン酸，オレイン酸，リノール酸，リノレン酸などの高級脂肪酸が多いが，その種類や含有率はさまざまである。

植物性の油脂には常温で液体のものが多く，これは構成する脂肪酸に低級飽和脂肪酸や高級不飽和脂肪酸が多いためである。常温で液体の油脂は**脂肪油**とよばれる。逆に，動物性の油脂には常温で固体のものが多く，これは高級飽和脂肪酸を多く含むためである。常温で固体の油脂は**脂肪**とよばれる。教 p.320 表8

二重結合をもつ不飽和脂肪酸を構成脂肪酸にもつ脂肪油は，ニッケルを触媒に用いて水素を付加すると，常温で固体になる。このようにした油脂を**硬化油**といい，セッケンやマーガリンの原料に使われる（教 p.321 図 11）。また，二重結合を多く含む脂肪油は，空気中に放置すると二重結合に酸素が結合して，分子どうしが酸素原子でつながったような架橋構造をつくり，固まりやすくなる。このような油脂を**乾性油**といい，塗料・油絵具や印刷インキなどの原料に用いられる。

●**油脂の反応**

(1)**油脂のけん化**　油脂をけん化すると，グリセリンと脂肪酸の塩になる。油脂 1 分子には 3 つのエステル結合があるため，油脂 1mol をけん化するには，水酸化ナトリウム NaOH や水酸化カリウム KOH などの 1 価の塩基が 3mol 必要である。よって，一定の質量の油脂をけん化するのに必要な塩基の質量は，油脂の分子量の大小を知る目安となる。

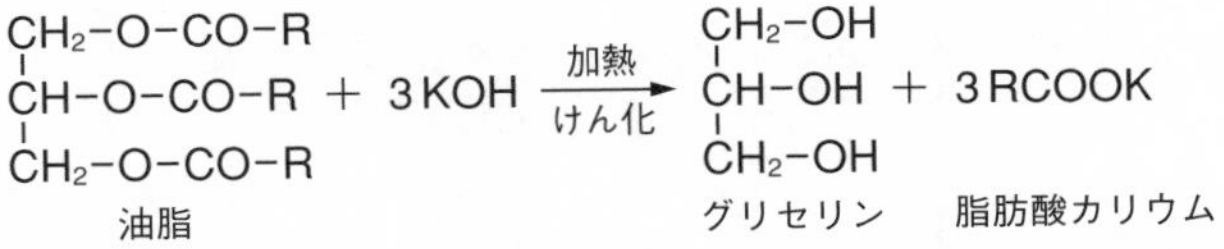

$$\begin{matrix}CH_2-O-CO-R\\CH-O-CO-R\\CH_2-O-CO-R\end{matrix} + 3KOH \xrightarrow[\text{けん化}]{\text{加熱}} \begin{matrix}CH_2-OH\\CH-OH\\CH_2-OH\end{matrix} + 3RCOOK \tag{27}$$

油脂　　　　　　　　　　　グリセリン　　脂肪酸カリウム

(2)**油脂の付加反応**　炭素原子間に二重結合をもつ油脂は，付加反応を起こしやすい。例えば，ヨウ素と反応させると，二重結合 1 個につきヨウ素分子が 1 個付加する。よって，一定の質量の油脂に付加するヨウ素の質量は，油脂に含まれる炭素原子間の二重結合の数を知る目安となる。

C セッケン

●セッケンの製法　油脂を水酸化ナトリウム水溶液でけん化するとグリセリンと脂肪酸のナトリウム塩が得られる。この脂肪酸のナトリウム塩を**セッケン**という。

$$\begin{array}{l} CH_2\text{-}O\text{-}CO\text{-}R \\ | \\ CH\text{-}O\text{-}CO\text{-}R \\ | \\ CH_2\text{-}O\text{-}CO\text{-}R \\ \text{油脂} \end{array} + 3NaOH \xrightarrow[\text{けん化}]{\text{加熱}} \begin{array}{l} CH_2\text{-}OH \\ | \\ CH\text{-}OH \\ | \\ CH_2\text{-}OH \\ \text{グリセリン} \end{array} + \begin{array}{c} 3RCOONa \\ \text{脂肪酸ナトリウム} \\ \text{（セッケン）} \end{array} \qquad (28)$$

●セッケンの洗浄作用　セッケンは，疎水基である炭化水素基部分と，親水基であり負の電荷を帯びたカルボキシ基部分からなる。セッケンはある濃度以上になると，水溶液中で疎水基を中心にして多数集まり，球状などのコロイド粒子になって分散する。これを**ミセル**という（下図ⓐ）。

セッケンは水の表面では，親水基を水中，疎水基を空気中に向けて並び，水の表面張力を小さくする。よって，セッケン水は繊維のすき間に入りこみやすい。また，セッケン水に油を入れて振り混ぜると，セッケンが油のまわりをとり囲んで水中に分散し，乳濁液になる。これをセッケンの**乳化作用**という。これらの総合作用により，セッケンは洗浄作用を示す（下図ⓑ）。

●セッケンの性質　セッケンは弱酸と強塩基からなる塩であり，水溶液中でその陰イオンの一部が加水分解して，弱塩基性を示す。

$$RCOO^- + H_2O \xrightleftharpoons{\text{加水分解}} RCOOH + OH^- \qquad (29)$$

セッケンは，Ca^{2+}やMg^{2+}を多く含む**硬水**の中や強酸性溶液中では洗浄作用が低下する。これは，水に溶けにくい$(RCOO)_2Ca$や$(RCOO)_2Mg$などが沈殿したり，水に溶けにくい脂肪酸が遊離したりするためである。

$$RCOONa + HCl \xrightarrow[\text{弱酸の遊離}]{} \underset{\text{脂肪酸}}{RCOOH\downarrow} + NaCl \qquad (30)$$

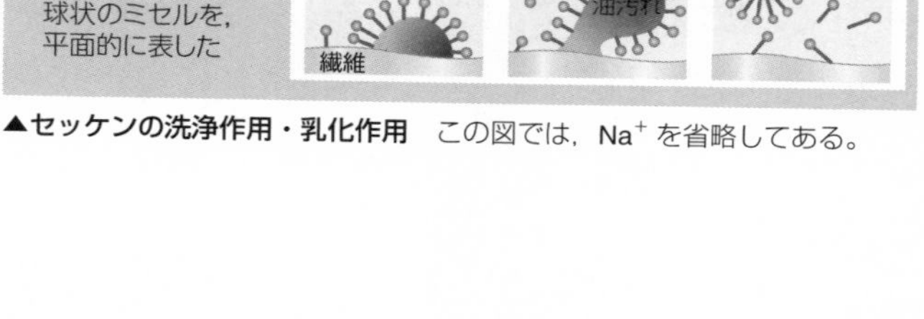

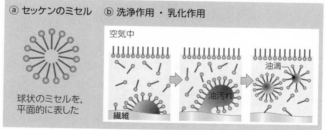

▲**セッケンの洗浄作用・乳化作用**　この図では，Na^+を省略してある。

D 合成洗剤

1-ドデカノール $C_{12}H_{25}OH$ と濃硫酸を反応させてから，水酸化ナトリウムで中和すると，硫酸ドデシルナトリウムが得られる。

$$\underset{\text{1-ドデカノール}}{C_{12}H_{25}OH} \xrightarrow[\text{エステル化}]{H_2SO_4} \underset{\text{硫酸水素ドデシル}}{C_{12}H_{25}OSO_3H} \xrightarrow[\text{中和}]{NaOH} \underset{\text{硫酸ドデシルナトリウム}}{C_{12}H_{25}OSO_3Na} \qquad (31)$$

分子量の大きい炭化水素基がついたベンゼン C_6H_6 を濃硫酸と反応（スルホン化）させてから，水酸化ナトリウムで中和すると，アルキルベンゼンスルホン酸ナトリウムが得られる。

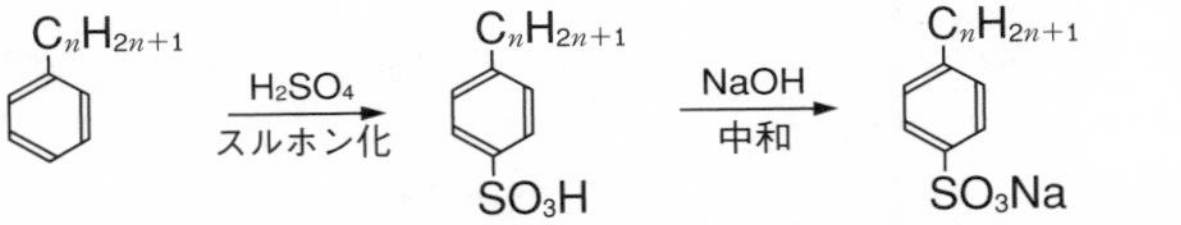

(32)

アルキルベンゼン　　アルキルベンゼンスルホン酸　　アルキルベンゼンスルホン酸ナトリウム

硫酸ドデシルナトリウムやアルキルベンゼンスルホン酸ナトリウムは，分子の中に疎水基と親水基をバランスよくもつため，セッケンと同じように洗浄作用があり，**合成洗剤**の主成分である。

これらは，いずれも強酸と強塩基からなる塩であるため，水溶液は中性である。また，カルシウム塩やマグネシウム塩も水に溶けるので，合成洗剤はセッケンとは違って Ca^{2+} や Mg^{2+} を多く含む硬水や海水中でも使用することができる。**教** p.323 図 14

参考　けん化価とヨウ素価

●けん化価

油脂 1g をけん化するのに必要な KOH の質量（単位 mg）の数値を**けん化価**といい，油脂の分子量の目安となる。油脂の平均分子量を M とすると，KOH の式量は 56 であるから，けん化価 s は次のように求められる。

$$s = \frac{1}{M} \times 3 \times 56 \times 10^3$$

このように，けん化価 s と平均分子量 M は反比例する。したがって，けん化価が大きいほど油脂の平均分子量は小さくなる。

●ヨウ素価

油脂 100g に付加する I_2 の質量（単位 g）の数値を**ヨウ素価**といい，油脂に含まれる C=C 結合の数を知る目安となる。

油脂の平均分子量を M，油脂 1 分子中の C=C 結合の数を n とすると，I_2 の分子量は 254 であるから，ヨウ素価 i は次のように求められる。

$$i = \frac{100}{M} \times n \times 254$$

よって，平均分子量 M が同じ油脂では，ヨウ素価 i は，油脂 1 分子中の C=C 結合の数 n に比例する。

─◦問　題◦─

問1
(教p.303)

分子式が $C_5H_{12}O$ で表されるアルコールの構造式をすべて書け。また，それぞれを第１級アルコール，第２級アルコール，第３級アルコールに分類せよ。

考え方　$C_5H_{12}O$ は一般式 $C_nH_{2n+2}O$ なので不飽和結合がないアルコールと考えられる。$-OH$ が結合している C 原子が何個の炭化水素基と結合しているかによって，アルコールは分類される。

解説&解答　$-OH$ と結合している C 原子が１個の炭化水素基と結合しているとき第１級アルコール，２個のとき第２級アルコール，３個のとき第３級アルコールである。

答　第１級アルコール：$CH_3-CH_2-CH_2-CH_2-CH_2-OH$,

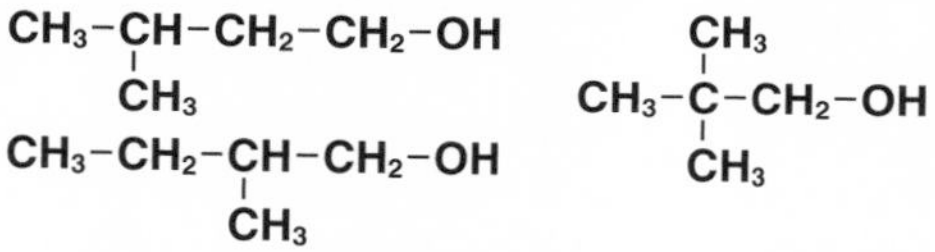

$$CH_3-\underset{\underset{CH_3}{|}}{CH}-CH_2-CH_2-OH \qquad CH_3-\underset{\underset{CH_3}{|}}{\overset{\overset{CH_3}{|}}{C}}-CH_2-OH$$

$$CH_3-CH_2-\underset{\underset{CH_3}{|}}{CH}-CH_2-OH$$

第２級アルコール：$CH_3-CH_2-CH_2-\underset{\underset{CH_3}{|}}{CH}-OH$

$$CH_3-CH_2-\underset{\underset{CH_2-CH_3}{|}}{CH}-OH \qquad CH_3-\underset{\underset{CH_3}{|}}{CH}-\underset{\underset{CH_3}{|}}{CH}-OH$$

第３級アルコール：$CH_3-CH_2-\underset{\underset{CH_3}{|}}{\overset{\overset{CH_3}{|}}{C}}-OH$

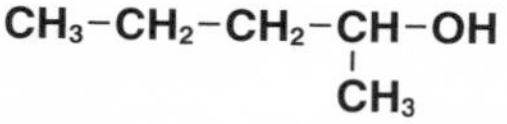

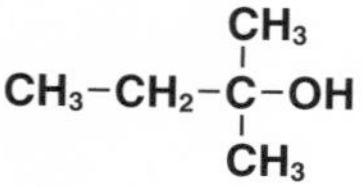

問2
(教p.305)

1-プロパノールと濃硫酸の混合物を(a)160 ～ 170℃で加熱，(b)130℃で加熱した際に生じると考えられる有機化合物の構造式をそれぞれ書け。

考え方　アルコールと濃硫酸の混合物を加熱して水がとれる反応は温度によって異なる。濃硫酸を触媒として 160 ～ 170℃で加熱すると，分子内脱水反応が起こる。一方，濃硫酸を触媒として 130℃で加熱すると，分子間脱水反応が起こる。

解説&解答　(a)　1-プロパノールは，濃硫酸を触媒として 160℃～ 170℃で加熱すると，分子内で脱水反応をし，プロペンを生成する。

$$C_3H_7-OH \xrightarrow[\text{160℃～170℃}]{\text{濃硫酸}} \underset{\text{プロペン}}{CH_3-CH=CH_2} + H_2O$$

答　$CH_3-CH=CH_2$

(b)　1-プロパノールは，濃硫酸を触媒として約 130℃で加熱すると，分子間で脱水反応が起き，ジプロピルエーテルを生じる。

$$2C_3H_7-OH \xrightarrow[\text{約130℃}]{\text{濃硫酸}} \underset{\text{ジプロピルエーテル}}{C_3H_7-O-C_3H_7} + H_2O$$

答　$CH_3-CH_2-CH_2-O-CH_2-CH_2-CH_3$

問A **(教p.305)** 右の分子の分子内脱水でおもに得られると考えられる生成物の名称を答えよ。

$$CH_3-CH_2-\underset{\underset{OH}{|}}{\overset{\overset{CH_3}{|}}{C}}-CH_3$$

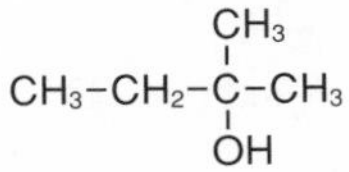

解説&解答 分子内脱水をすると，以下の２つの生成物が考えられる。

$$CH_3-CH_2-\underset{\underset{OH}{|}}{\overset{\overset{CH_3}{|}}{C}}-CH_3 \xrightarrow{\text{脱水}} CH_3-CH=\overset{\overset{CH_3}{|}}{C}-CH_3 \quad , \quad CH_3-CH_2-\overset{\overset{CH_3}{|}}{C}=CH_2$$

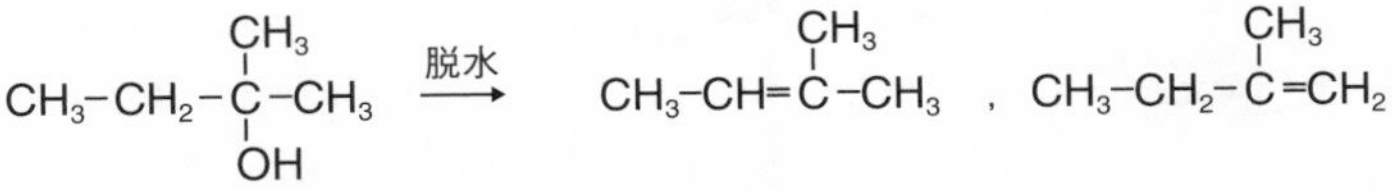

2-メチル-2-ブタノール　　　　2-メチル-2-ブテン　　　2-メチル-1-ブテン

ザイツェフ則より，−OH が結合している C 原子の隣の C 原子のうち，結合している H 原子の数が少ないほうから H 原子がとれた生成物がおもに得られるので，2-メチル-2-ブテンがおもな生成物となる。

答　2-メチル-2-ブテン

問3 **(教p.306)** (a) 1-プロパノール，(b) 2-プロパノールを硫酸酸性の二クロム酸カリウム水溶液で酸化させた際の，それぞれの最終生成物の構造式を書け。

考え方 第１級アルコールを酸化すると，アルデヒドを経てカルボン酸を生じる。第２級アルコールを酸化すると，ケトンを生じる。

解説&解答 **答** (a) $CH_3-CH_2-\underset{\underset{O}{\|}}{C}-OH$　(b) $CH_3-\underset{\underset{O}{\|}}{C}-CH_3$

問4 **(教p.307)** 分子式 $C_4H_{10}O$ で表される化合物の構造式をすべて書き，単体のナトリウムと反応するものとしないものに分類せよ。

考え方 $C_4H_{10}O$ は一般式 $C_nH_{2n+2}O$ なので不飽和結合がないアルコールまたはエーテルと考えられる。アルコールは単体のナトリウムと反応するが，エーテルは反応しない。

解説&解答 **答** Na と反応するもの：$CH_3-CH_2-CH_2-CH_2-OH$，

$CH_3-CH_2-\underset{\underset{CH_3}{|}}{CH}-OH$,　$CH_3-\underset{\underset{CH_3}{|}}{CH}-CH_2-OH$,

$CH_3-\underset{\underset{CH_3}{|}}{\overset{\overset{CH_3}{|}}{C}}-OH$

Na と反応しないもの：$CH_3-O-CH_2-CH_2-CH_3$，

$CH_3-CH_2-O-CH_2-CH_3$,　$CH_3-O-\underset{\underset{CH_3}{|}}{CH}-CH_3$

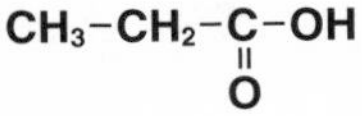

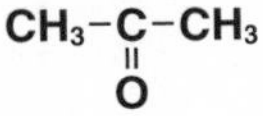

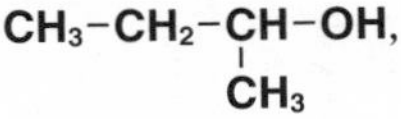

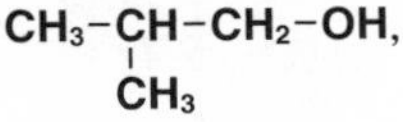

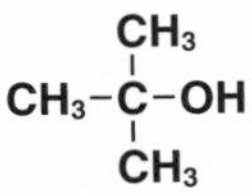

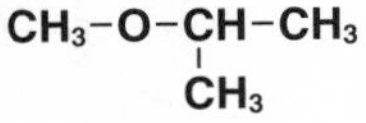

問5	次の(1), (2)に当てはまる物質を(ア)～(エ)からそれぞれ1つずつ選べ。

(教p.311)

(1) 酸化されてアルデヒドになるもの
(2) 酸化されてケトンになるもの

　　(ア)　1-プロパノール　　　(イ)　ジエチルエーテル
　　(ウ)　2-ブタノール　　　　(エ)　2-メチル-2-プロパノール

考え方　　(ア)　1-プロパノール　　　　　(イ)　ジエチルエーテル

$$CH_3-CH_2-CH_2-OH$$
　　　　第1級アルコール

$$CH_3-CH_2-O-CH_2-CH_3$$
　　　　　　エーテル

　　(ウ)　2-ブタノール　　　　　　(エ)　2-メチル-2-プロパノール

$$CH_3-CH_2-\underset{\underset{CH_3}{|}}{C}H-OH$$
　　第2級アルコール

$$CH_3-\underset{\underset{CH_3}{|}}{\overset{\overset{CH_3}{|}}{C}}-OH$$
　　　第3級アルコール

解説&解答　(1)　酸化されてアルデヒドになるのは，第1級アルコールである
　　　　　　　1-プロパノール。

　　　　　　(2)　酸化されてケトンになるのは，第2級アルコールである 2-ブ
　　　　　　　タノール。エーテルであるジエチルエーテルや第3級アルコール
　　　　　　　である 2-メチル-2-プロパノールは，酸化されにくい。

答　(1)　**(ア)**　　(2)　**(ウ)**

問6	分子式が C_4H_8O で表されるアルデヒドまたはケトンのうち，次の(1), (2)

(教p.311)　に当てはまる物質の構造式をそれぞれすべて書け。

(1)　フェーリング液を還元するもの
(2)　ヨードホルム反応を示すもの

考え方　まず，ホルミル基-CHO やカルボニル基-CO-をつくり，残りの3
　　　　つの炭素原子を配置する(H の一部を省略して示す)。

アルデヒド

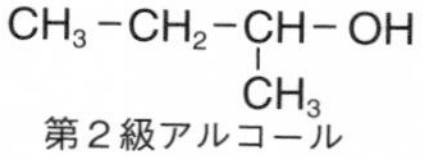

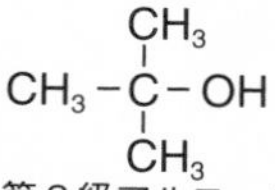

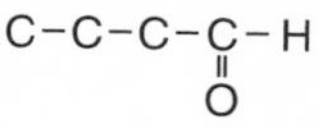

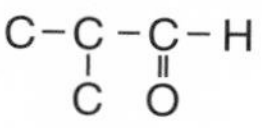

$$C-C-C-\underset{\underset{O}{\|}}{C}-H \qquad C-\underset{\underset{C}{|}}{C}-\underset{\underset{O}{\|}}{C}-H$$

ケトン

$$C-\underset{\underset{O}{\|}}{C}-C-C \quad \left(= C-C-\underset{\underset{O}{\|}}{C}-C\right)$$

解説&解答

(1)　フェーリング液を還元するのは，アルデヒドである。

答　$CH_3-CH_2-CH_2-\underset{\underset{O}{\|}}{C}-H$,　$CH_3-\underset{\underset{CH_3}{|}}{C}H-\underset{\underset{O}{\|}}{C}-H$

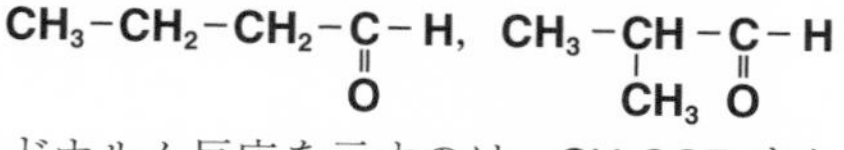

(2)　ヨードホルム反応を示すのは，CH_3COR または $CH_3CH(OH)R$ の構造を
　　もつ化合物である。**答**　$CH_3-\underset{\underset{O}{\|}}{C}-CH_2-CH_3$

問 7
(教 p.314)
次のうち，酢酸の性質として適当なものをすべて選べ。
(ｱ)　炭酸水素ナトリウムと反応して気体を発生する。
(ｲ)　脱水剤を加えて加熱すると，酸無水物ができる。
(ｳ)　フェーリング液を還元する。　　(ｴ)　ヨードホルム反応を示す。
(ｵ)　水酸化ナトリウムと反応する。

解説&解答　(ｱ)　カルボン酸に炭酸水素ナトリウムを加えると二酸化炭素が発生
する。

$$CH_3COOH + NaHCO_3 \longrightarrow CH_3COONa + H_2O + CO_2\uparrow$$

(ｲ)　酢酸に脱水剤を加えて加熱すると，酢酸 2 分子から 1 分子の水
がとれて縮合し，酸無水物を生じる。

$$2CH_3COOH \longrightarrow (CH_3CO)_2O + H_2O$$

(ｳ), (ｴ)　フェーリング液を還元するのはアルデヒドで，ヨードホル
ム反応を示すのは CH_3COR または $CH_3CH(OH)R$ の構造をもつ
化合物である。

(ｵ)　カルボン酸は塩基と反応すると，塩を生じる。

$$CH_3COOH + NaOH \longrightarrow CH_3COONa + H_2O$$

答　(ｱ), (ｲ), (ｵ)

第❹編

有機化合物

問 A
(教 p.315)
分子式 C_4H_8 で表されるアルケン A を硫酸酸性の過マンガン酸カリウム水
溶液で酸化すると，二酸化炭素が発生し，ヨードホルム反応を示す有機化
合物 B が得られた。A，B の構造式を書け。

考え方　アルケンを硫酸酸性の過マンガン酸カリウム水溶液に加えて加熱す
ると，二重結合のところで切れて酸化されケトンまたはカルボン酸
を生じる。

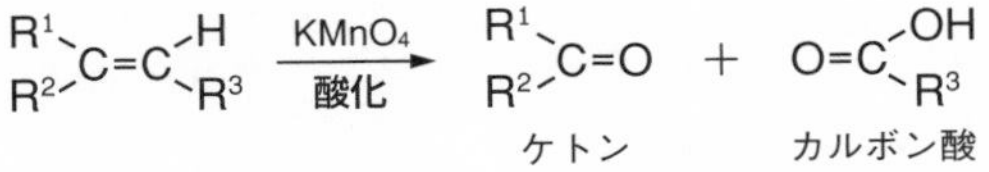

$$\begin{array}{c}R^1 \\ R^2\end{array}\!\!C=C\!\!\begin{array}{c}H \\ R^3\end{array} \xrightarrow[\text{酸化}]{KMnO_4} \begin{array}{c}R^1 \\ R^2\end{array}\!\!C=O \;+\; O=C\!\!\begin{array}{c}OH \\ R^3\end{array}$$

ケトン　　　カルボン酸

発生した二酸化炭素は，アルケン A の酸化で生じた炭酸

$O=C\!\!\begin{array}{c}OH \\ OH\end{array}$ が分解して生じたものなので，アルケン A は末端に二重

結合をもつと考えられる。

また，有機化合物 B はヨードホルム反応を示すので，CH_3COR
の構造をもつケトンであることがわかる。

解説&解答　アルケン A を硫酸酸性の過マンガン酸カリウム水溶液に加えて加
熱すると，以下のように反応が進む。

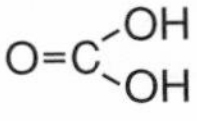

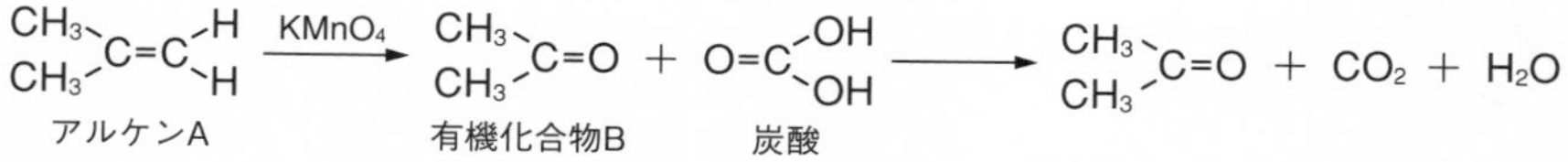

$$\underset{\text{アルケンA}}{\overset{CH_3}{\underset{CH_3}{>}}C=C\overset{H}{\underset{H}{<}}} \xrightarrow{KMnO_4} \underset{\text{有機化合物B}}{\overset{CH_3}{\underset{CH_3}{>}}C=O} + \underset{\text{炭酸}}{O=C\overset{OH}{\underset{OH}{<}}} \longrightarrow \overset{CH_3}{\underset{CH_3}{>}}C=O + CO_2 + H_2O$$

答 A：**CH₂=C(CH₃)-CH₃**， B：**CH₃-CO-CH₃**

（構造式を簡略化して示した）

問8
(教p.318)
分子式が $C_4H_8O_2$ で表されるエステルとカルボン酸の構造式をすべて示せ。

（考え方） エステルもカルボン酸も $-\overset{|}{\underset{O}{C}}-O-$ の構造をもつ。エステルはこの形の右側に必ず炭化水素基がつき，カルボン酸は必ず H 原子がつく。

（解説＆解答） **答** エステル：$\underset{O}{H-\overset{\|}{C}-O-CH_2-CH_2-CH_3}$， $\underset{O}{\underset{}{H-\overset{\|}{C}-O-\underset{CH_3}{\overset{|}{CH}}-CH_3}}$，

$\underset{O}{CH_3-\overset{\|}{C}-O-CH_2-CH_3}$， $\underset{O}{CH_3-CH_2-\overset{\|}{C}-O-CH_3}$

カルボン酸：$\underset{O}{CH_3-CH_2-CH_2-\overset{\|}{C}-OH}$， $\underset{CH_3}{\overset{}{CH_3-\underset{|}{CH}-\overset{\|}{\underset{O}{C}}-OH}}$

問9
(教p.320)
構成脂肪酸としてオレイン酸のみをもつ油脂の分子式と分子量を求めよ。
$(H = 1.0,\ C = 12,\ O = 16)$

（考え方） オレイン酸のみをもつ油脂を示性式で表すと $C_3H_5(OCOC_{17}H_{33})_3$

（解説＆解答） この油脂 $C_3H_5(OCOC_{17}H_{33})_3$ の分子量は，
$M = 12 \times 3 + 1 \times 5 + (16 + 12 + 16 + 12 \times 17 + 1 \times 33) \times 3 = 884$

答 分子式：**C₅₇H₁₀₄O₆** 分子量：**884**

問10
(教p.321)
構成脂肪酸としてリノール酸を2分子，リノレン酸を1分子もつ油脂 1mol に付加する水素は何 mol か。

（考え方） 炭素原子間に二重結合をもつ油脂は，C=C 結合1個につき，1分子の水素が付加する。

（解説＆解答） リノール酸1分子中には C=C 結合が2個含まれ，リノレン酸1分子中には C=C 結合が3個含まれる。したがって，この油脂1分子中に含まれる C=C 結合の数は，
$2 \times 2 + 3 \times 1 = 7$(個)
よって，この油脂1mol 中には 7mol の C=C 結合が含まれるので，付加する水素も 7mol である。

答 **7 mol**

問11
(教p.322)
セッケン（R-COO⁻）と硬水中の Mg^{2+} との反応を，イオン反応式で示せ。

考え方　セッケンはMg^{2+}と反応して，水に不溶のマグネシウム塩$(RCOO)_2Mg$を生じる。

解説&解答　**答**　$2RCOO^- + Mg^{2+} \longrightarrow (RCOO)_2Mg$

例題A
(教p.324)

(1)　リノール酸$C_{17}H_{31}COOH$(分子量 280)のみからなる油脂のけん化価を求めよ。　(H = 1.00，C = 12.0，O = 16.0，K = 39.0)

(2)　ある油脂の分子量は 884，ヨウ素価は 86 であった。この油脂１分子中の C=C 結合の数を求めよ。　(I = 127)

考え方　(1)　この油脂$C_3H_5(OCOC_{17}H_{31})_3$の分子量は，

$M = 12\times3+1\times5+(16+12+16+12\times17+1\times31)\times3 = 878$ である。

油脂 1 mol をけん化するには，KOH（式量 56.0）3 mol が必要である。

(2)　この油脂 100g に付加するI_2(分子量 254)の質量が 86g である。

解説&解答　(1)　油脂 1mol をけん化するのに必要な KOH の物質量は 3mol である。この油脂の分子量は 878 なので，油脂 1g をけん化するのに必要な KOH の質量〔mg〕の数値であるけん化価 s は

$$s = \frac{1}{878}\times 3\times 56.0\times 10^3 = 191.3\cdots \fallingdotseq \mathbf{191}$$　**答**

(2)　この油脂 100g は $\frac{100}{884}$ mol であり，油脂１分子中の C=C 結合の数を n とすると

$$86 = \frac{100}{884}\times n\times 254 \quad よって，n = 2.99\cdots \fallingdotseq 3$$

答　**3 個**

類題A
(教p.324)

(1)　パルミチン酸$C_{15}H_{31}COOH$(分子量 256)のみからなる油脂のけん化価を求めよ。　(H = 1.00，C = 12.0，O = 16.0，K = 39.0)

(2)　ある油脂の分子量は 872，ヨウ素価は 262 であった。この油脂１分子中の C=C 結合の数を求めよ。　(I = 127)

考え方　(1)　この油脂$C_3H_5(OCOC_{15}H_{31})_3$の分子量は，

$M = 12\times3+1\times5+(16+12+16+12\times15+1\times31)\times3 = 806$ である。

油脂 1 mol をけん化するには，KOH（式量 56.0）3 mol が必要である。

(2)　この油脂 100g に付加するI_2（分子量 254)の質量が 262g である。

解説&解答　(1)　油脂 1mol をけん化するのに必要な KOH の物質量は 3mol である。この油脂の分子量は 806 なので，油脂 1g をけん化するのに必要な KOH の質量〔mg〕の数値であるけん化価 s は

$$s = \frac{1}{806}\times 3\times 56.0\times 10^3 = 208.4\cdots \fallingdotseq \mathbf{208}$$　**答**

(2)　この油脂 100g は $\frac{100}{872}$ mol であり，油脂１分子中の C=C 結合の数を n とすると

$$262 = \frac{100}{872}\times n\times 254 \quad よって，n = 8.99\cdots \fallingdotseq 9$$

答　**9 個**

章末問題

教 p.325

必要があれば，原子量は次の値を使うこと。H＝1.0，C＝12，O＝16

1　炭素・水素・酸素だけからなる有機化合物 18.4mg を完全燃焼させると，二酸化炭素が 35.2mg と水が 21.6mg 得られた。この有機化合物の分子量は 46 で，単体のナトリウムとは反応しなかった。この有機化合物の構造式を書け。

考え方　化合物中の C，H，O の質量は，

C の質量：生成した CO_2 の質量 $\times \frac{12}{44}$

H の質量：生成した H_2O の質量 $\times \frac{2.0}{18}$

O の質量：化合物の質量－(C の質量＋H の質量)　で求まる。

組成式を $C_xH_yO_z$ とおくと，

$$x : y : z = \frac{\text{C の質量}}{12} : \frac{\text{H の質量}}{1.0} : \frac{\text{O の質量}}{16} \quad (\text{組成式})_n = \text{分子式}$$

より，分子式がわかる。また，単体のナトリウムと反応しないことからエーテルであると考えられる。

解説&解答

化合物中の C，H，O の質量はそれぞれ，

C の質量：$35.2\,\text{mg} \times \frac{12}{44} = 9.6\,\text{mg}$

H の質量：$21.6\,\text{mg} \times \frac{2.0}{18} = 2.4\,\text{mg}$

O の質量：$18.4\,\text{mg} - (9.6\,\text{mg} + 2.4\,\text{mg}) = 6.4\,\text{mg}$

化合物の組成式を $C_xH_yO_z$ とすると，

$$x : y : z = \frac{9.6}{12} : \frac{2.4}{1.0} : \frac{6.4}{16} = 2 : 6 : 1$$

よって，組成式は C_2H_6O(式量 46)。分子量は 46 なので，分子式は C_2H_6O である。一般式 $C_nH_{2n+2}O$ に該当し，ナトリウムと反応しないことから，エーテルとわかるので，CH_3-O-CH_3(ジメチルエーテル)である。

答　CH_3-O-CH_3

2　エタノール由来の化合物の関係を表す右図をもとに，問いに答えよ。

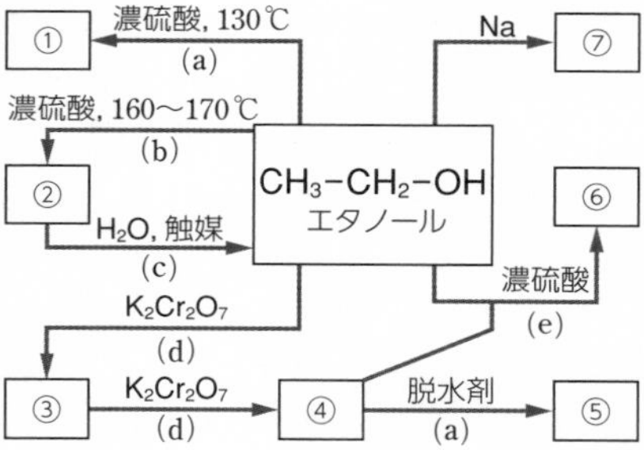

(1)　(a)～(e)に当てはまる反応名を次から選べ。ただし，同じ選択肢を 2 度用いてはならない。

〔選択肢〕　置換反応　付加反応
脱水反応　縮合
エステル化　酸化

(2)　①～⑦に当てはまる物質の構造式と名称を答えよ。

考え方

① エタノールは，濃硫酸を触媒として約 130℃で加熱すると，分子間で水がとれる縮合(a)が起き，ジエチルエーテルを生じる。

$$2CH_3-CH_2-OH \xrightarrow{\text{濃硫酸，約 130℃}} CH_3-CH_2-O-CH_2-CH_3 \quad + \quad H_2O$$

② エタノールは，濃硫酸を触媒として 160 ～ 170℃で加熱すると，分子内で脱水反応(b)が起こり，エチレンを生成する。

$$CH_3-CH_2-OH \xrightarrow{\text{濃硫酸，160 ～ 170℃}} CH_2=CH_2 \quad + \quad H_2O$$

リン酸触媒のもとでエチレンは水蒸気と付加反応(c)をし，エタノールを生じる。

$$CH_2=CH_2 \quad + \quad H_2O \xrightarrow{\text{触媒}} CH_3-CH_2-OH$$

③，④ エタノールは第１級アルコールなので，$K_2Cr_2O_7$ などで酸化(d)されアセトアルデヒド（アルデヒド）を経て酢酸（カルボン酸）を生じる。

$$CH_3-CH_2-OH \xrightarrow{-2H} CH_3-CHO \xrightarrow{+O} CH_3-COOH$$

⑤ 酢酸に脱水剤を加えて加熱すると，酢酸２分子から１分子の水がとれる縮合(a)が起き，無水酢酸を生じる。

$$2CH_3-COOH \xrightarrow{\text{脱水剤}} CH_3-CO-O-CO-CH_3 \quad + \quad H_2O$$

⑥ エタノール（アルコール）と酢酸（カルボン酸）は，濃硫酸を触媒として反応させると，縮合して酢酸エチル（エステル）を生成する（エステル化(e)）。

$$CH_3-COOH \quad + \quad CH_3-CH_2-OH \xrightarrow{\text{濃硫酸}} CH_3-COO-C_2H_5 \quad + \quad H_2O$$

⑦ エタノール（アルコール）はナトリウムを加えると，ヒドロキシ基の H が Na に置換してナトリウムエトキシド（アルコキシド）を生じる。

$$2CH_3-CH_2-OH \quad + \quad 2Na \longrightarrow 2CH_3-CH_2-ONa \quad + \quad H_2$$

解説&解答

(1) **答** (a) **縮合** (b) **脱水反応** (c) **付加反応** (d) **酸化** (e) **エステル化**

(2) **答**

① $CH_3-CH_2-O-CH_2-CH_3$，**ジエチルエーテル**

② $CH_2=CH_2$，**エチレン**

③ $CH_3-\underset{\underset{O}{\|}}{C}-H$，**アセトアルデヒド**

④ $CH_3-\underset{\underset{O}{\|}}{C}-OH$，**酢酸**

⑤ $CH_3-\underset{\underset{O}{\|}}{C}-O-\underset{\underset{O}{\|}}{C}-CH_3$，**無水酢酸**

⑥ $CH_3-\underset{\underset{O}{\|}}{C}-O-CH_2-CH_3$，**酢酸エチル**

⑦ CH_3-CH_2-ONa，**ナトリウムエトキシド**

3　分子式 C$_5$H$_{12}$O で表される有機化合物 A，B，C，D がある。A，B，C の炭素鎖は直鎖構造である。次の実験結果をもとに A～G の構造式を答えよ。なお，鏡像異性体は区別しなくてよいが，不斉炭素原子には「＊」をつけること。

　　A～D それぞれに単体のナトリウムを加えたところ，いずれも気体を発生した。また，硫酸酸性の二クロム酸カリウム水溶液を加えて加熱したところ，A，B，C は酸化され，それぞれ E，F，G を生じ，D は酸化されなかった。E，F，G にフェーリング液を加えて加熱したところ，E は赤色沈殿を生じたが，F，G は生じなかった。また，G はヨードホルム反応を示したが，E，F は示さなかった。

考え方　　　分子式 C$_5$H$_{12}$O は，一般式 C$_n$H$_{2n+2}$O に該当するのでアルコールまたはエーテルであると考えられる。さらに，A～D は単体のナトリウムと反応するので，すべてアルコールであると判断できる。また，A，B，C は直鎖の炭素骨格をもつので，次の(i)～(ⅲ)が考えられ，それらを酸化すると(ⅳ)～(ⅵ)となる(H の一部を省略して示す)。

(i)
C-C-C-C-C　　$\xrightarrow{\text{酸化}}$　(ⅳ)
　　　　　OH　　　　　　　　C-C-C-C-C-H
　　　　　　　　　　　　　　　　　　　　　　　‖
　　　　　　　　　　　　　　　　　　　　　　　O

(ⅱ)
C-C-C-C-C　　$\xrightarrow{\text{酸化}}$　(ⅴ)
　　　　OH　　　　　　　　　C-C-C-C-C
　　　　　　　　　　　　　　　　　　　　　　‖
　　　　　　　　　　　　　　　　　　　　　　O

(ⅲ)
C-C-C-C-C　　$\xrightarrow{\text{酸化}}$　(ⅵ)
　　　OH　　　　　　　　　　C-C-C-C-C
　　　　　　　　　　　　　　　　　　　　‖
　　　　　　　　　　　　　　　　　　　　O

解説&解答

　　A，B，C は K$_2$Cr$_2$O$_7$（酸化剤）で酸化され，A の酸化生成物 E はフェーリング液を還元して Cu$_2$O を生成するので，アルデヒドであることがわかる(ⅳ)。よってA は第１級アルコールである(i)。

　　B，C の酸化生成物 F，G はフェーリング液を還元しないので，ケトンである。このうち，G はヨードホルム反応を示すので，分子中に CH$_3$CO- の構造をもつ(ⅴ)。よって，C は端から２番目の C に -OH が結合した第２級アルコールである(ⅱ)。

　　F はヨードホルム反応を示さないので，CH$_3$CO- の構造をもたない(ⅵ)。よって，B は端から３番目の C に -OH が結合した第２級アルコールである(ⅲ)。

　　D は，K$_2$Cr$_2$O$_7$ で酸化されないので，第３級アルコールである。

答　A　CH$_3$-CH$_2$-CH$_2$-CH$_2$-CH$_2$-OH　　　　E　CH$_3$-CH$_2$-CH$_2$-CH$_2$-C-H
　　　‖
　　　O

　　　　B　CH$_3$-CH$_2$-CH-CH$_2$-CH$_3$　　　　　　F　CH$_3$-CH$_2$-C-CH$_2$-CH$_3$
　　　　　　　　　　　　　　｜　　　　　　　　　　　　　　　　　　　　‖
　　　　　　　　　　　　　　OH　　　　　　　　　　　　　　　　　　　O

　　　　C　CH$_3$-CH$_2$-CH$_2$-C̅H-CH$_3$　　　　　G　CH$_3$-CH$_2$-CH$_2$-C-CH$_3$
　　　　　　　　　　　　　　　　　｜　　　　　　　　　　　　　　　　　　　　　　‖
　　　　　　　　　　　　　　　　OH　　　　　　　　　　　　　　　　　　　　O
　　　　　　　　　　　　　CH$_3$
　　　　　　　　　　　　　　｜
　　　　D　CH$_3$-CH$_2$-C-CH$_3$
　　　　　　　　　　　　　　｜
　　　　　　　　　　　　　OH

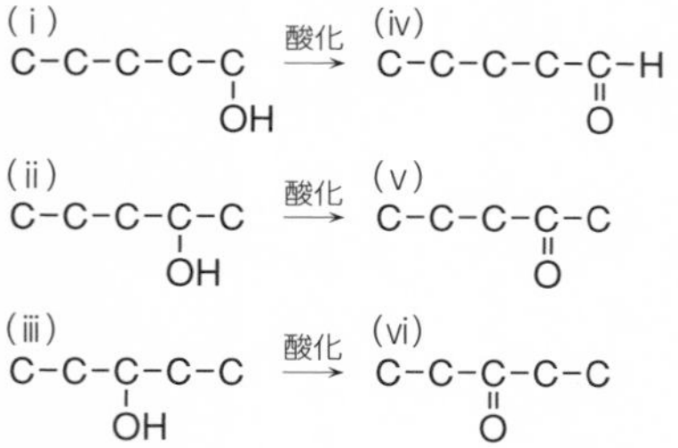

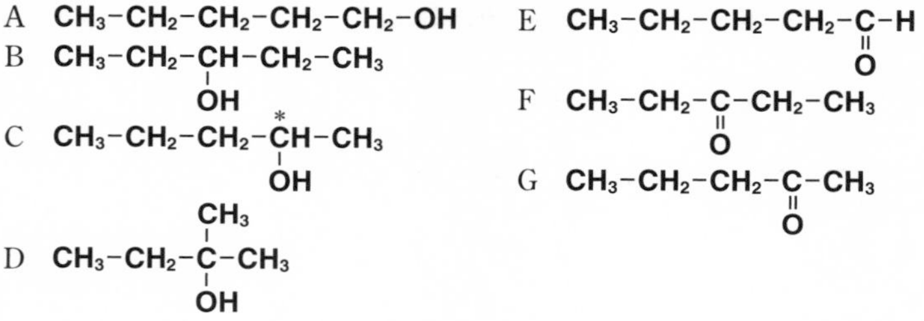

4　分子式 $C_4H_8O_2$ で表されるエステルA，B，C，Dがある。Aを加水分解すると，炭素数が等しいアルコールとカルボン酸が得られた。また，BとCを加水分解すると，同一のカルボン酸が得られた。Cを加水分解して得られたアルコールはヨードホルム反応を示した。A〜Dの構造式を答えよ。

(考え方)　分子式 $C_4H_8O_2$ のエステルは次の(i)〜(iv)が考えられ，それぞれ加水分解すると，次のようになる。

(i)　$H-COO-CH_2CH_2CH_3 \longrightarrow H-COOH + CH_3CH_2CH_2-OH$

(ii)　$H-COO-CH(CH_3)_2 \longrightarrow H-COOH + (CH_3)_2CH-OH$

(iii)　$CH_3-COO-CH_2CH_3 \longrightarrow CH_3-COOH + CH_3CH_2-OH$

(iv)　$CH_3CH_2-COO-CH_3 \longrightarrow CH_3CH_2-COOH + CH_3-OH$

(解説&解答)

　　Aを加水分解すると，炭素数が等しいアルコールとカルボン酸が得られたので，Aは(iii)。

　　B，Cを加水分解すると，同一のカルボン酸が得られたので，B，Cは(i)か(ii)のいずれかである。また，Cから得られたアルコールがヨードホルム反応を示したことから，このアルコールは $CH_3-CH(OH)-$ の構造をもつ2-プロパノールであり，Cは(ii)と決まる。よって，Bは(i)。

　　Dは残りの(iv)である。

答　A　$CH_3-\underset{O}{\overset{\parallel}{C}}-O-CH_2-CH_3$　　　　C　$H-\underset{O}{\overset{\parallel}{C}}-O-\underset{CH_3}{\overset{|}{C}H}-CH_3$

　　　B　$H-\underset{O}{\overset{\parallel}{C}}-O-CH_2-CH_2-CH_3$　　D　$CH_3-CH_2-\underset{O}{\overset{\parallel}{C}}-O-CH_3$

考　考えてみよう！ ・・・・・・・・・・・・・・・・・

5　酢酸ビニルに水酸化ナトリウム水溶液を加えて加熱したところ，銀鏡反応を示す化合物Aが得られた。化合物Aの構造式と名称を答えよ。

(考え方)　　銀鏡反応を示すので，化合物Aはアルデヒドであると考えられる。

(解説&解答)

　　酢酸ビニルをけん化するとビニルアルコールが生じるが，ビニルアルコールは不安定なため，アセトアルデヒドに変化する。

$\underset{\text{酢酸ビニル}}{\overset{H}{\underset{H}{>}}C=C\overset{H}{\underset{O-COCH_3}{<}}} \xrightarrow[\text{けん化}]{NaOH} \underset{\underset{\text{(不安定)}}{\text{ビニルアルコール}}}{\overset{H}{\underset{H}{>}}C=C\overset{H}{\underset{OH}{<}}} + \underset{\text{酢酸ナトリウム}}{CH_3COONa}$

$\overset{H}{\underset{H}{>}}C=C\overset{H}{\underset{OH}{<}} \longrightarrow \underset{\text{アセトアルデヒド}}{H-\underset{H}{\overset{H}{C}}-\underset{O}{\overset{\parallel}{C}}-H}$

答　$CH_3-\underset{O}{\overset{\parallel}{C}}-H$，アセトアルデヒド

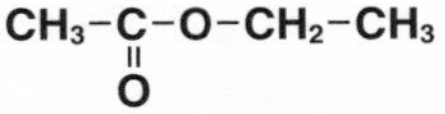

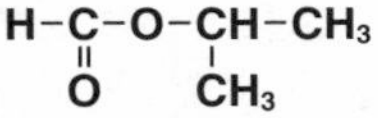

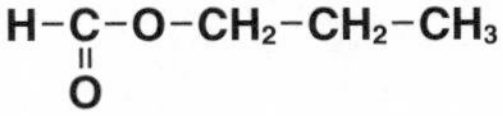

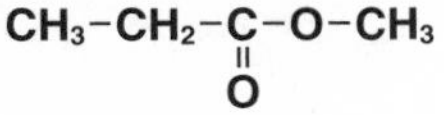

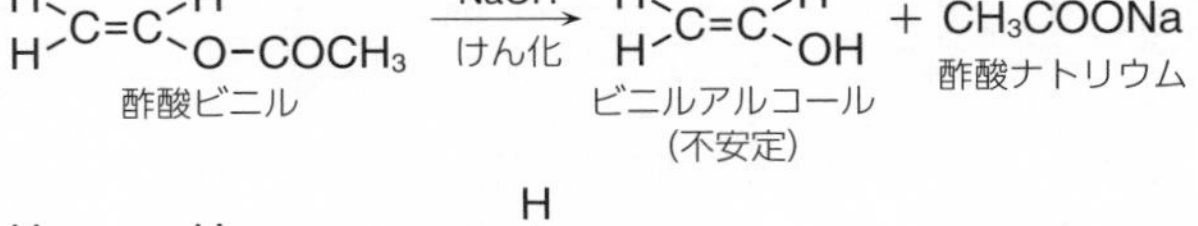

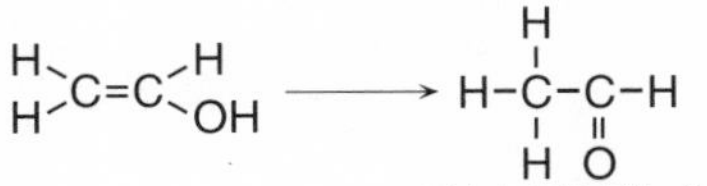

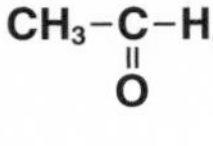

第４章　芳香族化合物　教 p.326 ～ p.350

1 芳香族炭化水素

A ベンゼン

ベンゼン C_6H_6 は無色の特有のにおいをもつ可燃性の液体で，水よりも密度が小さく，水に溶けにくい。ベンゼンは右下図のように炭素原子6個が正六角形の環状に結合し，それぞれの炭素原子に水素原子が結合した構造をもつ。ベンゼンは分子内のすべての原子が同一平面上にある。

ベンゼンの構造式は単結合と二重結合が交互に並んだもの(右図(a)，(b)(1)，(2))ではなく，炭素原子間の結合はすべて等価で，単結合と二重結合の中間的状態である。このことを示すため，右図(b)(3)のように表すこともある。

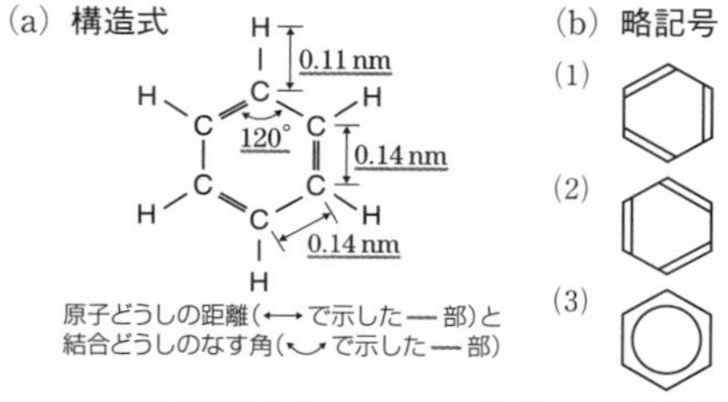

▲ベンゼンの構造式

B ベンゼン環と芳香族炭化水素

ベンゼン分子の環状構造を**ベンゼン環**という。ベンゼン環をもつ化合物を**芳香族化合物**といい，中でも炭素と水素だけからなるものを**芳香族炭化水素**という。芳香族炭化水素は，一般に無色で特有のにおいをもつ可燃性の化合物で，水には溶けにくい。また，炭素の含有率が高いため，燃やすと多量のすすが出る(教 p.327 図 2)。ベンゼンの他，**トルエン**，**キシレン**，ナフタレンなどがある。教 p.327 表 1

ベンゼン環のH原子の1つを置換基(教 p.286)で置換したものを一置換体，2つ，3つを置換したものを二置換体，三置換体という。キシレンのような二置換体では，その位置により *o*-(オルト)，*m*-(メタ)，*p*-(パラ)の3種類の異性体が存在する。

> **名称　ベンゼンの置換体**
>
> 置換基Xのついている C 原子の隣の位置を *o*-位，その隣を *m*-位，さらにその隣を *p*-位といい，二置換体の場合は置換基の位置関係を *o*-，*m*-，*p*-で示す。また，基準の置換基のついたC原子を1としてベンゼン環のC原子に番号をつけて，置換体を表すこともある。三置換体以上の名称は，おもにこの命名法による。
>
> 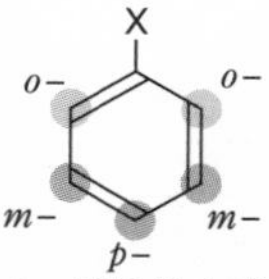
>

C ベンゼンの置換反応

ベンゼン環は不飽和結合をもつが，その構造が非常に安定しているため，脂肪族の不飽和炭化水素とは異なり，付加反応を起こしにくい。一方で，H原子が他の原子や原子団と置き換わる置換反応を起こしやすい。

●**ハロゲン化**　有機化合物の分子中のH原子をハロゲン原子で置換する反応を**ハロゲン化**といい，特に塩素原子で置換される反応を**塩素化**という。

ベンゼンに，鉄粉や塩化鉄(Ⅲ)を触媒に用いて塩素を作用させると，**クロロベンゼン** C_6H_5Cl が得られる。

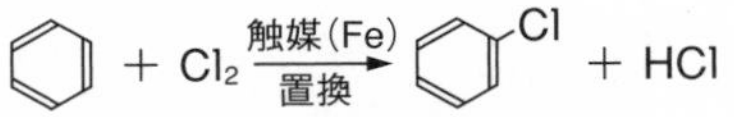

クロロベンゼン　(1)

クロロベンゼンは，無色で特有のにおいをもつ液体である。クロロベンゼンをさらに塩素化して得られる *p*-ジクロロベンゼン $C_6H_4Cl_2$ は，昇華性の無色の結晶で，衣類の防虫剤として用いられる。

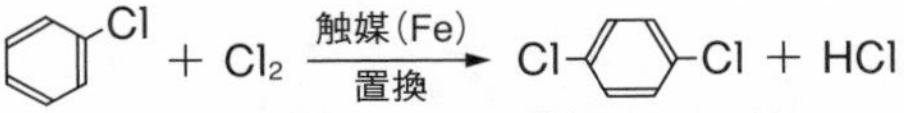

p-ジクロロベンゼン　(2)

●スルホン化　有機化合物の分子中の H 原子を**スルホ基** $-SO_3H$ で置換する反応を，**スルホン化**といい，スルホ基をもつ化合物を**スルホン酸**という。スルホン酸は水に溶けて強酸性を示す。

ベンゼンを濃硫酸とともに加熱すると，スルホン化されて**ベンゼンスルホン酸** $C_6H_5SO_3H$ が生成する。

硫酸(H_2SO_4)　ベンゼンスルホン酸　(3)

●ニトロ化　有機化合物の分子中の H 原子を**ニトロ基** $-NO_2$ で置換する反応を，**ニトロ化**という。C 原子に結合したニトロ基をもつ化合物を**ニトロ化合物**という。

ベンゼンに濃硫酸と濃硝酸の混合物(**混酸**)を加えて約60℃で反応させると H 原子がニトロ化されて**ニトロベンゼン** $C_6H_5NO_2$ を生じる。ニトロベンゼンは，無色～淡黄色の液体で特有のにおいがあり，水より重い。**教 p.329 図 3**

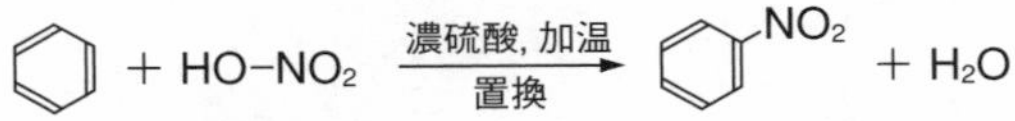

硝酸(HNO_3)　ニトロベンゼン　(4)

また，トルエンをニトロ化すると，おもに *o*-ニトロトルエンと *p*-ニトロトルエンを生じる。高温でトルエンをニトロ化すると，2,4,6-トリニトロトルエン(TNT)が得られる。TNT は爆薬の原料である。

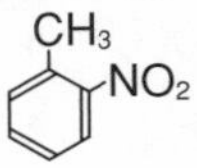

o-ニトロトルエン

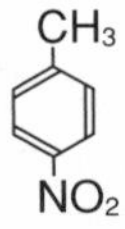

p-ニトロトルエン

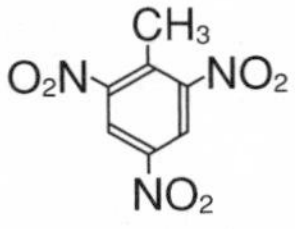

2, 4, 6-トリニトロトルエン

D ベンゼンの付加反応

ベンゼン環は安定であるが，特別な条件を加えれば付加反応を起こすこともある。

●水素の付加　白金またはニッケル触媒を用いて，ベンゼンに高圧の水素を作用させると，シクロヘキサン C_6H_{12} が生じる。

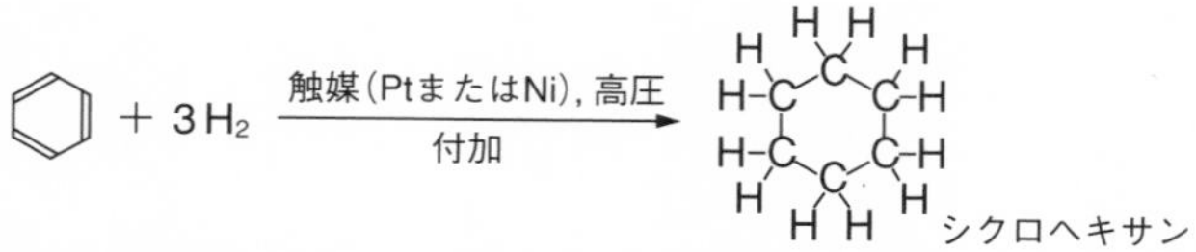

$$\text{（ベンゼン）} + 3\,H_2 \xrightarrow[\text{付加}]{\text{触媒（PtまたはNi），高圧}} \text{（シクロヘキサン）} \tag{5}$$

●**ハロゲンの付加**　紫外線を照射しながらベンゼンに塩素を反応させると，1,2,3,4,5,6-ヘキサクロロシクロヘキサン $C_6H_6Cl_6$ を生じる。

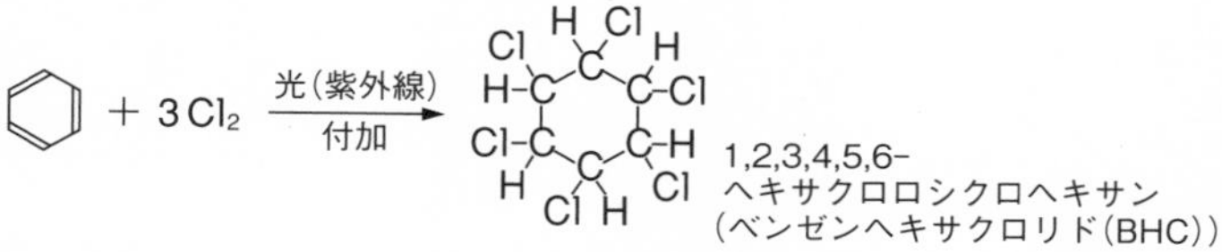

$$\text{（ベンゼン）} + 3\,Cl_2 \xrightarrow[\text{付加}]{\text{光（紫外線）}} \begin{array}{c} \text{1,2,3,4,5,6-} \\ \text{ヘキサクロロシクロヘキサン} \\ \text{（ベンゼンヘキサクロリド（BHC））} \end{array} \tag{6}$$

E　ベンゼンの酸化反応

ベンゼン環は酸化されにくいが，V_2O_5 触媒を用いて高温にすると，酸化される。

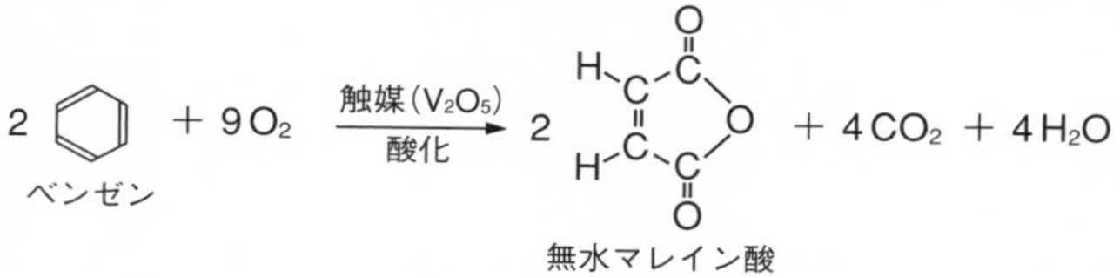

$$2\,\text{（ベンゼン）} + 9\,O_2 \xrightarrow[\text{酸化}]{\text{触媒（V}_2\text{O}_5\text{）}} 2\,\text{（無水マレイン酸）} + 4\,CO_2 + 4\,H_2O \tag{7}$$

|発|展|　**ベンゼン環とその安定性**

　ベンゼン環は，**教** p.326 図1の©(1)と(2)を重ねあわせたような構造であり（非局在化），二重結合が6個の炭素原子間に均等に分布していると考えられている。非局在化によって，ベンゼン環がどのくらい安定化しているかは，水素を付加させたときの反応エンタルピーから理解できる。

　ベンゼン C_6H_6 に水素を付加させて，シクロヘキサン C_6H_{12} が生成した場合の反応エンタルピー $\Delta H_1 = -208\,kJ/mol$ と，1,3,5-シクロヘキサトリエン C_6H_6（ベンゼンの二重結合

▲ベンゼン環の構造と安定性

が特定の原子間に固定された仮想の分子）に水素を付加させた場合の反応エンタルピー $\Delta H_2 = -360\,kJ/mol$ より，ベンゼンは非局在化によって，約 $152\,kJ/mol$ 安定化していることがわかった。

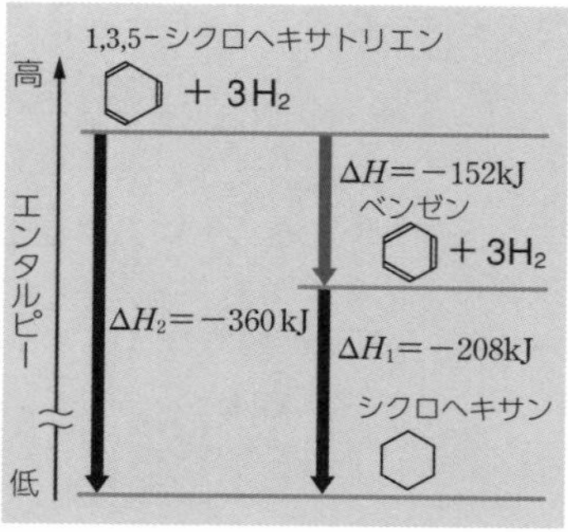

2 フェノール類と芳香族カルボン酸

A フェノール類

　ベンゼン環の炭素原子にヒドロキシ基 **-OH** が直接結合した化合物を**フェノール類**といい，フェノールやクレゾール，ナフトールなどがある。 **教 p.332 表3**

　フェノールは無色の固体で，特有の刺激臭をもち，水に溶けにくく，皮膚を侵す。フェノールは合成樹脂・医薬品・農薬・染料などの原料，クレゾールは消毒液の原料，ナフトールは染料の原料になる。

B フェノール類の性質

●アルコールとの相違点

(1)**弱酸としての性質**　フェノール類の **-OH** は水溶液中でわずかに電離して弱い酸性を示す。

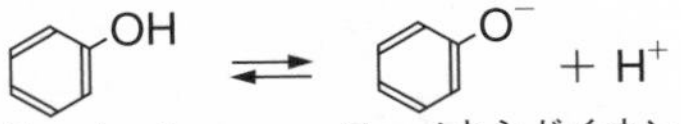

$$\text{フェノール} \rightleftharpoons \text{フェノキシドイオン} + H^+ \tag{8}$$

　水酸化ナトリウム水溶液などの塩基の水溶液と中和して塩をつくり，水に溶ける。

$$\text{フェノール} + NaOH \xrightarrow[\text{中和}]{} \text{ナトリウムフェノキシド} + H_2O \tag{9}$$

> **酸の強さの比較**
> 硫酸・塩酸・スルホン酸＞カルボン酸＞二酸化炭素の水溶液＞フェノール類

　酸の強さより，ナトリウムフェノキシドの水溶液に，二酸化炭素を通じたり，塩酸などの強酸やカルボン酸などを加えたりすると，フェノールが遊離する。

$$\text{ONa} + CO_2 + H_2O \xrightarrow[\text{弱酸の遊離}]{} \text{OH} + NaHCO_3 \tag{10}$$

(2)**フェノール類の検出**　フェノール類は，黄褐色の塩化鉄（Ⅲ）$FeCl_3$ の水溶液を加えると，青紫色〜赤紫色を呈する。 **教 p.333 図4**

●アルコールとの類似点

(1)**ナトリウムとの反応**　フェノール類は単体のナトリウムと反応し，水素を発生する。

$$2\,\text{OH} + 2Na \longrightarrow 2\,\text{ONa} + H_2\uparrow \tag{11}$$

ナトリウムフェノキシド

(2)**エステル化**　フェノール類はヒドロキシ基 **-OH** がエステルをつくる。フェノールと無水酢酸を反応させると，酢酸フェニルが生成する。この反応は，**アセチル基**（CH_3CO-）をもつ化合物ができるので，**アセチル化**ともよばれる。

$$\text{OH} + \text{無水酢酸} \xrightarrow[\text{(エステル化)}]{\text{アセチル化}} \text{酢酸フェニル} + CH_3\text{-}C\text{-}OH \tag{12}$$

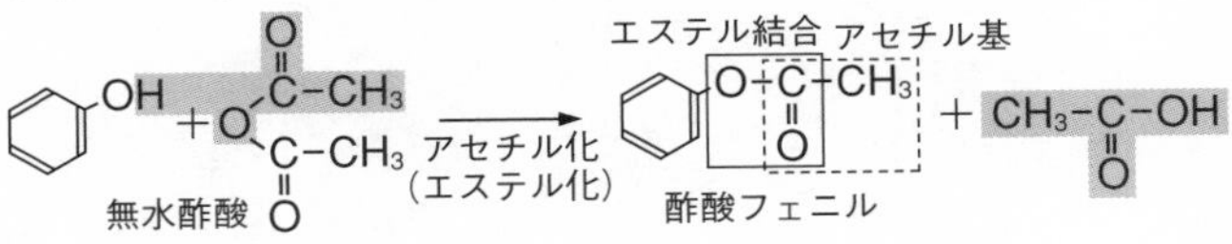

C フェノール

●フェノールの芳香族置換反応　フェノールは，ベンゼンよりも置換反応が起こりやすい。

(1)**臭素化**　フェノールの水溶液に臭素水を加えると，2,4,6-トリブロモフェノールの白色沈殿を生じる。

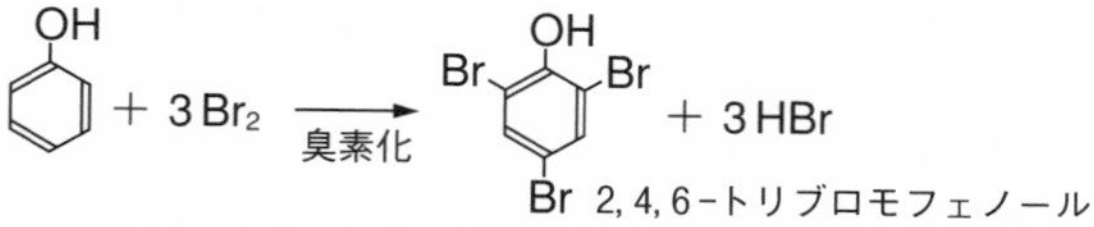

(13)

(2)**ニトロ化**　フェノールを混酸と反応させると，ニトロ基がo-位やp-位に結合した化合物が順次生成し，最終的にピクリン酸(2,4,6-トリニトロフェノール)が生じる。ピクリン酸は火薬として使われた。

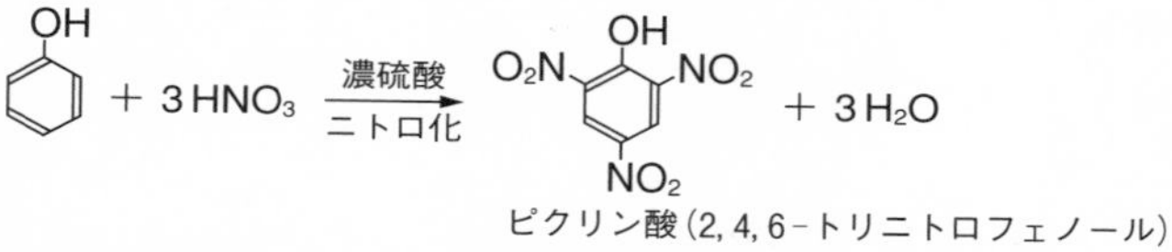

(14)

●フェノールの製法　フェノールは現在，工業的にはプロペンとベンゼンから得られるクメンを原料にした**クメン法**とよばれる製法でつくられる。このとき，副生成物としてアセトンが得られる。

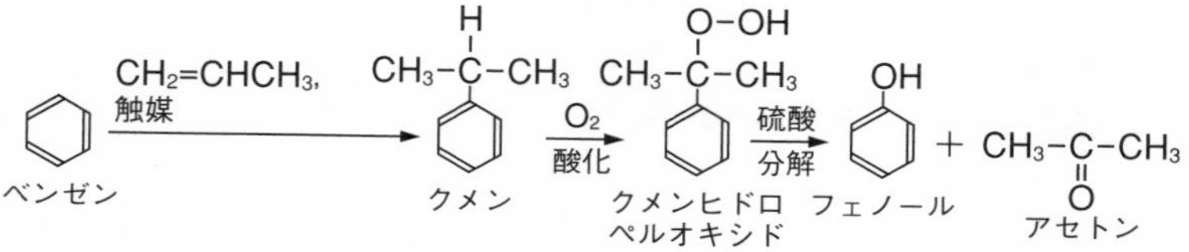

(15)

従来は，ベンゼンスルホン酸やクロロベンゼンを経て合成されていた。このように，水酸化ナトリウムなどの強塩基の固体を用いて融解する操作をアルカリ融解という。

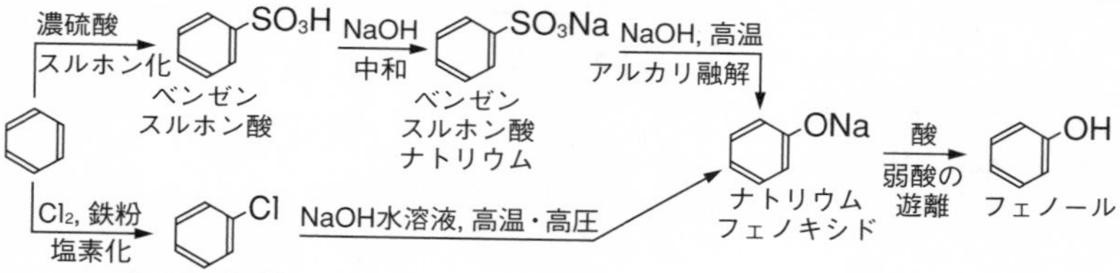

(16)

D 芳香族カルボン酸

ベンゼン環の炭素原子にカルボキシ基−COOHが直接結合した構造をもつ化合物を**芳香族カルボン酸**という。芳香族カルボン酸は水に溶けにくいが，水溶液中ではわずかに電離して弱い酸性を示す。

●安息香酸　安息香酸は，ベンゼン環の炭素原子に−COOHが１つ結合した化合物である。安息香酸は白色の固体で，かすかな香りがする。防腐剤・合成樹脂・染料などの原料に用いられる。ベンゼン環の側鎖は，酸化されるとその形によらずカルボキシ基となる。

例えば，トルエンを過マンガン酸カリウム水溶液と反応させると，側鎖($-CH_3$)が酸化されて安息香酸が得られる。

トルエン　安息香酸カリウム　安息香酸　(17)

参考　芳香族アルデヒド

トルエンを穏やかな条件下で酸化すると**ベンズアルデヒド**が得られる。ベンズアルデヒドは，還元するとベンジルアルコールになる。逆に，ベンジルアルコールを穏やかに酸化するとベンズアルデヒドを経て安息香酸となる。

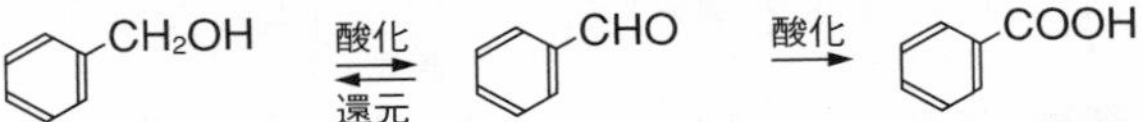

ベンジルアルコール　ベンズアルデヒド　安息香酸

ベンズアルデヒドはホルミル基をもつので，銀鏡反応を示す。しかし，フェーリング液を加えて加熱しても赤色沈殿を生じない。これは，フェーリング液のような塩基性の条件下では，ベンズアルデヒドどうしで酸化還元反応を起こし，ベンジルアルコールと安息香酸が生成するためである。

●フタル酸とその異性体　ベンゼン環の２個の水素原子を$-COOH$で置換した構造のジカルボン酸には右の３種類の異性体がある。

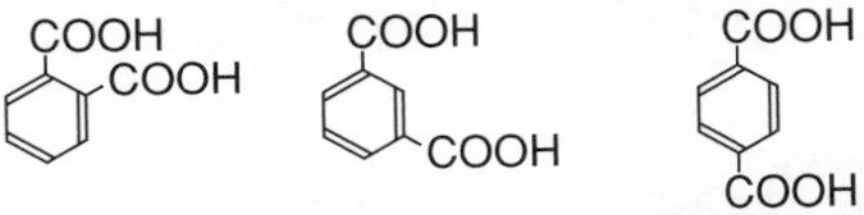

フタル酸　イソフタル酸　テレフタル酸

フタル酸は加熱すると酸無水物の無水フタル酸を生じる。無水フタル酸は染料や合成樹脂の原料に用いられる。

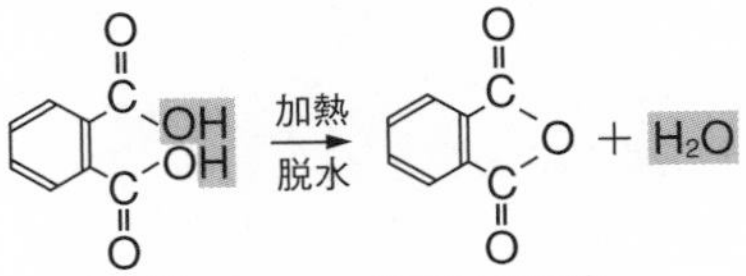

フタル酸　無水フタル酸　(18)

無水フタル酸は，触媒を用いてo-キシレンやナフタレンを高温で酸化しても得られる。

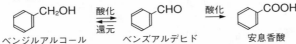

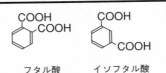

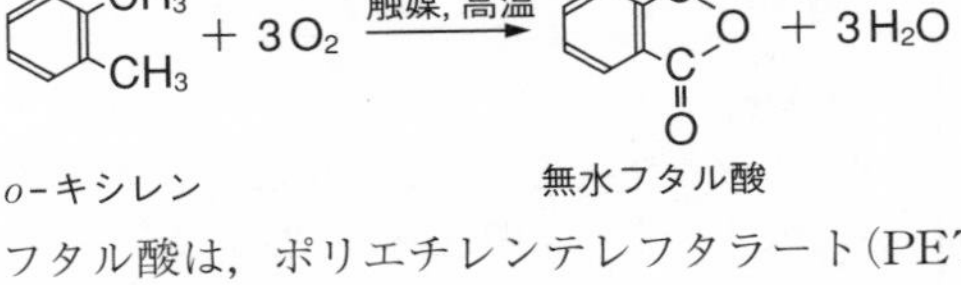

o-キシレン　無水フタル酸　(19)

テレフタル酸は，ポリエチレンテレフタラート(PET)の原料となる。

●**サリチル酸**　サリチル酸は，ベンゼン環にカルボキシ基−COOHとヒドロキシ基−OHが*o*-位の位置で結合した化合物である（**教 p.337 図**7）。サリチル酸は，カルボン酸とフェノール類の両方の性質を示す。サリチル酸はナトリウムフェノキシドと二酸化炭素を加熱・加圧してつくられる。

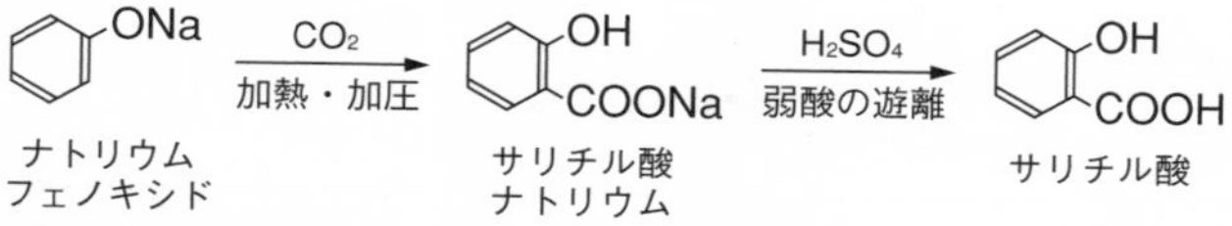

$$\underset{\text{ナトリウム}\atop\text{フェノキシド}}{\text{ONa}} \xrightarrow[\text{加熱・加圧}]{CO_2} \underset{\text{サリチル酸}\atop\text{ナトリウム}}{\text{OH, COONa}} \xrightarrow[\text{弱酸の遊離}]{H_2SO_4} \underset{\text{サリチル酸}}{\text{OH, COOH}} \tag{20}$$

(1)カルボン酸としての反応　サリチル酸とメタノールに濃硫酸を加えて加熱すると，エステル化して**サリチル酸メチル**を生成する。サリチル酸メチルは，芳香をもつ無色の油状の液体で，水より重く，消炎鎮痛剤として用いられる。

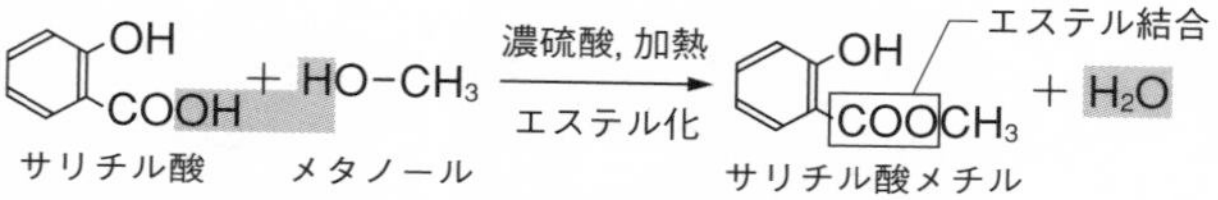

$$\underset{\text{サリチル酸}}{\text{OH, COOH}} + \underset{\text{メタノール}}{HO-CH_3} \xrightarrow[\text{エステル化}]{\text{濃硫酸, 加熱}} \underset{\text{サリチル酸メチル}}{\text{OH, COOCH}_3} \overset{\text{エステル結合}}{} + H_2O \tag{21}$$

(2)フェノール類としての反応　サリチル酸と無水酢酸に濃硫酸を加えて反応させると，ヒドロキシ基がアセチル化されて**アセチルサリチル酸**を生じる。アセチルサリチル酸は白色の固体で，解熱鎮痛剤に用いられる。

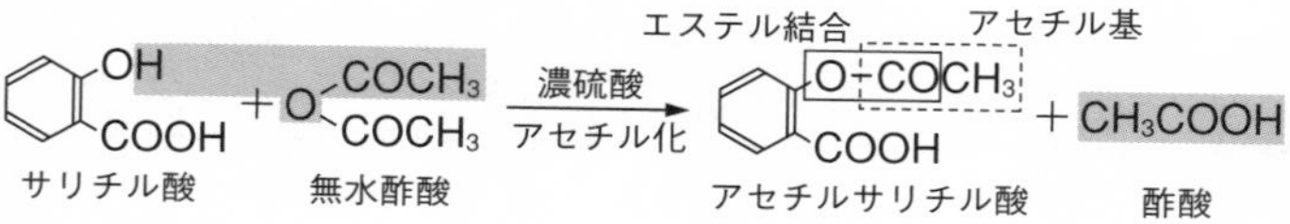

$$\underset{\text{サリチル酸}}{\text{OH, COOH}} + \underset{\text{無水酢酸}}{O\big\langle{\text{COCH}_3 \atop \text{COCH}_3}} \xrightarrow[\text{アセチル化}]{\text{濃硫酸}} \underset{\text{アセチルサリチル酸}}{\overset{\text{エステル結合　アセチル基}}{\text{O−COCH}_3, \text{COOH}}} + \underset{\text{酢酸}}{CH_3COOH} \tag{22}$$

3　芳香族アミンとアゾ化合物

A　芳香族アミン

●**アミン**　アンモニア分子NH_3の水素原子を炭化水素基で置き換えた構造の化合物を**アミン**といい，アンモニアと同じく弱塩基である。ベンゼン環の炭素原子に**アミノ基**−NH_2が直接結合した構造をもつ化合物を**芳香族アミン**とよぶ。

●**アニリンの性質と検出**　最も簡単な芳香族アミンであるアニリンは，特有のにおいのある無色・油状の物質である。酸化されやすく，空気中に放置すると徐々に酸化されて赤褐色になる。

　アニリンは水にはほとんど溶けないが，弱塩基なので，酸の水溶液には塩をつくってよく溶ける。塩酸との塩は，**アニリン塩酸塩**とよばれる。

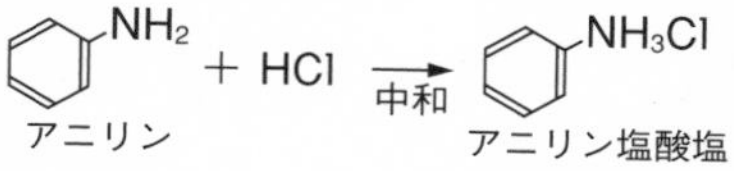

$$\underset{\text{アニリン}}{\text{NH}_2} + HCl \xrightarrow{\text{中和}} \underset{\text{アニリン塩酸塩}}{\text{NH}_3Cl} \tag{23}$$

　アニリンをさらし粉水溶液で酸化すると赤紫色を呈する（**教 p.342 図**8）。また，硫酸酸性の二クロム酸カリウム水溶液で酸化すると，黒色の**アニリンブラック**ができ，この物質は染料として用いられる。

●**アニリンのアセチル化** アニリンに無水酢酸を作用させてアセチル化すると，**アセトアニリド**を生じる。アセトアニリドのように，**アミド結合** $-\underset{H}{N}-\underset{O}{C}-$ をもつ化合物を**アミド**という。

$$\underset{\text{アニリン}}{\text{<ベンゼン環>}\overset{H}{\underset{H}{N}}} + \underset{\text{無水酢酸}}{O\overset{\diagup COCH_3}{\diagdown COCH_3}} \xrightarrow{\text{アセチル化}} \underset{\text{アセトアニリド}}{\text{<ベンゼン環>}\overset{\text{アミド結合}}{\boxed{\overset{H}{\underset{}{N}}-\overset{\text{アセチル基}}{\underset{O}{C}-CH_3}}}} + CH_3-COOH \quad (24)$$

アミド結合は，酸や塩基の水溶液を加えて加熱すると加水分解される。

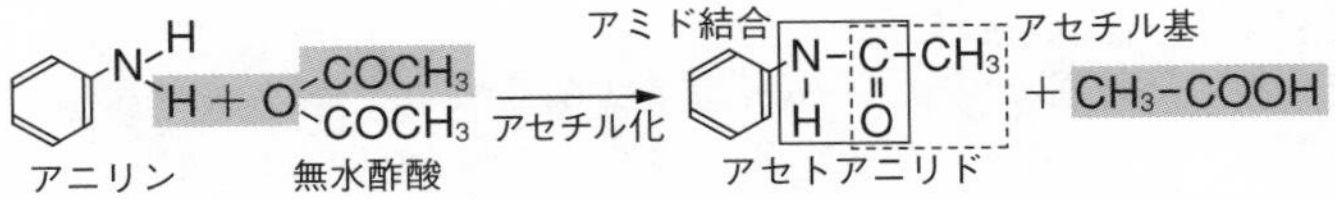

$$\underset{\text{アセトアニリド}}{\text{<ベンゼン環>}\overset{H}{\underset{O}{N}}-\overset{}{C}-CH_3} + HCl + H_2O \xrightarrow{\text{加水分解}} \underset{\text{アニリン塩酸塩}}{\text{<ベンゼン環>}NH_3Cl} + CH_3-COOH \quad (25)$$

●**アニリンの製法** 実験室では，ニトロベンゼンをスズまたは鉄と塩酸で還元し，得られたアニリン塩酸塩に強塩基である水酸化ナトリウム水溶液を加えて弱塩基であるアニリンを遊離させる。

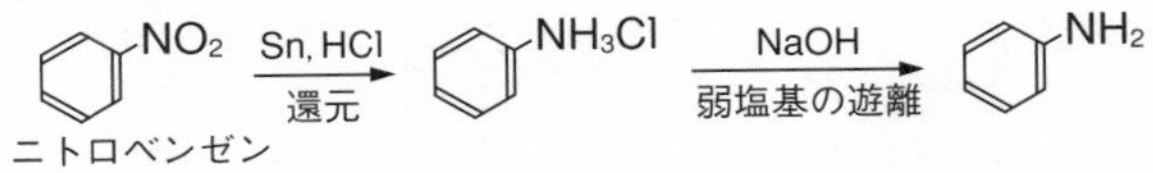

$$\underset{\text{ニトロベンゼン}}{\text{<ベンゼン環>}NO_2} \xrightarrow[\text{還元}]{Sn, HCl} \text{<ベンゼン環>}NH_3Cl \xrightarrow[\text{弱塩基の遊離}]{NaOH} \text{<ベンゼン環>}NH_2 \quad (26)$$

工業的には，ニッケルを触媒として，高温でニトロベンゼンを水素で還元する。

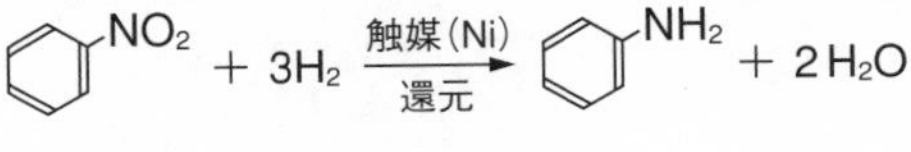

$$\text{<ベンゼン環>}NO_2 + 3H_2 \xrightarrow[\text{還元}]{\text{触媒}(Ni)} \text{<ベンゼン環>}NH_2 + 2H_2O \quad (27)$$

第④編 有機化合物

B アゾ化合物

●**ジアゾ化** アニリンを冷やしながら，塩酸と亜硝酸ナトリウム $NaNO_2$ を反応させると，塩化ベンゼンジアゾニウムが得られる。このように，$R-N^+\equiv N$ の構造をもつジアゾニウム塩をつくる反応を**ジアゾ化**という。

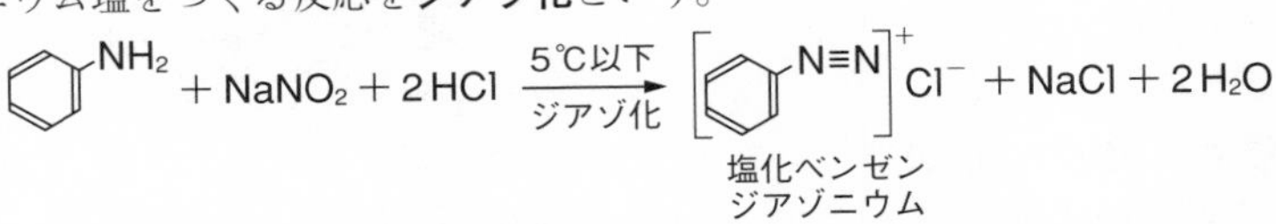

$$\text{<ベンゼン環>}NH_2 + NaNO_2 + 2HCl \xrightarrow[\text{ジアゾ化}]{5℃以下} \underset{\substack{\text{塩化ベンゼン}\\\text{ジアゾニウム}}}{\left[\text{<ベンゼン環>}N\equiv N\right]^+ Cl^-} + NaCl + 2H_2O \quad (28)$$

塩化ベンゼンジアゾニウムの水溶液を温めるとフェノールと窒素を生じる。

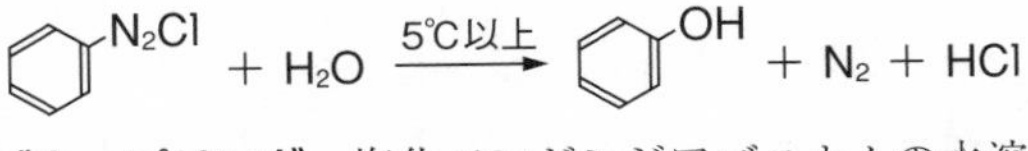

$$\text{<ベンゼン環>}N_2Cl + H_2O \xrightarrow{5℃以上} \text{<ベンゼン環>}OH + N_2 + HCl \quad (29)$$

●**ジアゾカップリング** 塩化ベンゼンジアゾニウムの水溶液にナトリウムフェノキシドの水溶液を加えると，橙赤色の p-フェニルアゾフェノール（p-ヒドロキシアゾベンゼン）が生じる（**教** p.344 図9）。**アゾ基** $-N=N-$ をもつ化合物を，**アゾ化合物**といい，ジアゾニウム塩からアゾ化合物を得る反応を**ジアゾカップリング**という。

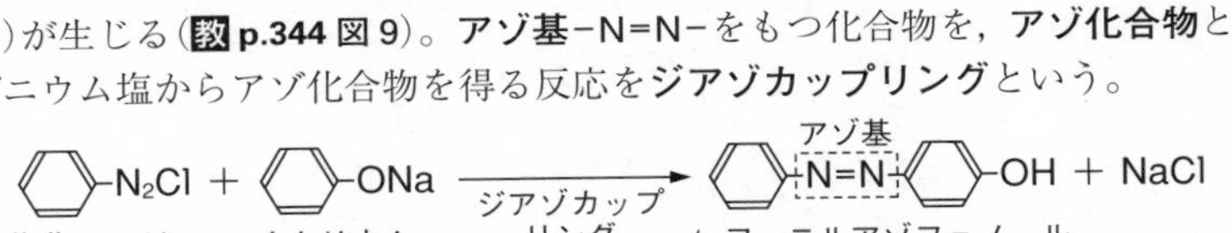

$$\underset{\substack{\text{塩化ベンゼン}\\\text{ジアゾニウム}}}{\text{<ベンゼン環>}N_2Cl} + \underset{\substack{\text{ナトリウム}\\\text{フェノキシド}}}{\text{<ベンゼン環>}ONa} \xrightarrow[\text{リング}]{\text{ジアゾカップ}} \underset{p\text{-フェニルアゾフェノール}}{\text{<ベンゼン環>}\overset{\text{アゾ基}}{\boxed{N=N}}\text{<ベンゼン環>}OH} + NaCl \quad (30)$$

芳香族のアゾ化合物は黄色〜赤色の化合物で，染料（**アゾ染料**）や顔料として用いられるものが多い。

4 有機化合物の分離

A 有機化合物の分離の原理

●中和反応を利用した分離 フェノールや安息香酸，アニリンは水に溶けにくいが，これらに酸や塩基を加えて中和すると，塩をつくって水に溶けるようになる。

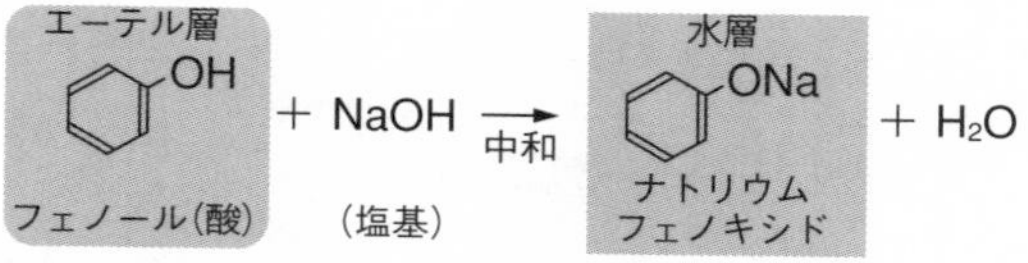

(31)

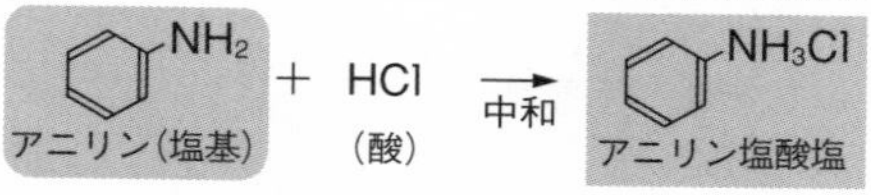

(32)

●酸・塩基の強弱を利用した分離 弱酸の塩に強酸を加えると弱酸が遊離する。また，弱塩基の塩に強塩基を加えると弱塩基が遊離する。

この反応により，水に溶けた塩をもとの有機化合物にもどし，ジエチルエーテルなどの有機溶媒で抽出して分離することができる。

(33)

(34)

B 有機化合物の分離の例

アニリン，安息香酸，フェノール，ニトロベンゼンの混合物を分離する場合，次のように分離できる。教 p.347 図 11

> 1 アニリン，安息香酸，フェノール，ニトロベンゼンを含むジエチルエーテル溶液を分液漏斗に入れ，希塩酸を加えて振り混ぜると，アニリンがアニリン塩酸塩となって，水層に移動する。
>
> 2 1のエーテル層に炭酸水素ナトリウム水溶液を加えて振り混ぜると，安息香酸が安息香酸ナトリウムとなって水層に移動する。
>
> 3 2のエーテル層に水酸化ナトリウム水溶液を加えて振り混ぜると，フェノールがナトリウムフェノキシドとなって水層に移動する。
>
> ※水層に移動した有機化合物の塩は，より強い酸や塩基を加えて遊離させると，もとの化合物にもどすことができる。

問　題

問1（教 p.328）　次の化合物の組成式を書き，化合物中の炭素の質量の割合〔%〕を求めよ。

（H = 1.0，C = 12）

(1)　メタン　　(2)　エチレン　　(3)　アセチレン　　(4)　ベンゼン

考え方　炭素の質量の割合 $= \dfrac{m \times \mathrm{C}}{\mathrm{C}_m\mathrm{H}_n} \times 100 = \dfrac{12}{\text{組成式の式量}} \times 100$

解説&解答　(1)　$\dfrac{\mathrm{C}}{\mathrm{CH_4}} : \dfrac{12}{16} \times 100 = 75$

(2)　$\dfrac{\mathrm{C}}{\mathrm{CH_2}} : \dfrac{12}{14} \times 100 = 85.7 \cdots \fallingdotseq 86$

(3)，(4)　$\dfrac{\mathrm{C}}{\mathrm{CH}} : \dfrac{12}{13} \times 100 = 92.3 \cdots \fallingdotseq 92$

答　(1) **CH_4，75%**　(2) **CH_2，86%**　(3) **CH，92%**　(4) **CH，92%**

問2（教 p.328）　分子式が C_9H_{12} で表される芳香族化合物の構造式をすべて書け。

考え方　C_9H_{12} の芳香族化合物なので，ベンゼン環 C_6H_6 とベンゼン環につく部分 C_3H_6 に分けて考えるとよい。一置換体ではベンゼン環は C_6H_5，ベンゼン環につくのは C_3H_7，二置換体ではベンゼン環は C_6H_4，ベンゼン環につくのは C_3H_8，三置換体ではベンゼン環は C_6H_3，ベンゼン環につくのは C_3H_9 となる。

解説&解答　**答**

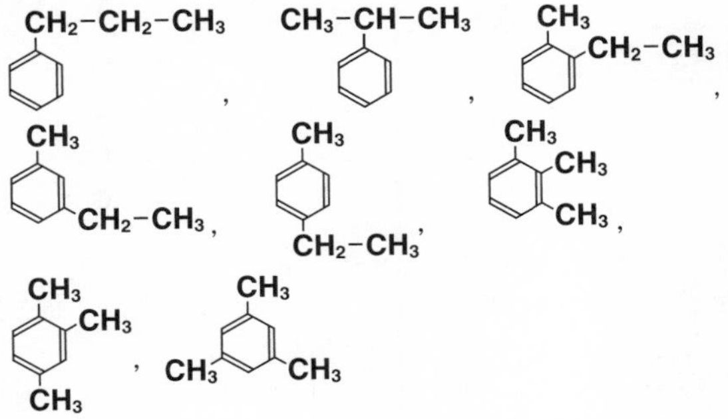

問3（教 p.328）　鉄粉を用いて，ベンゼンと臭素を反応させたときの化学反応式を書け。

考え方　臭素 Br_2 は塩素 Cl_2 と同じハロゲンの単体で，互いに性質がよく似ているので，ベンゼンに作用させると同様の反応が起こる。

解説&解答　**答**

問A
(教p.331)
ベンゼンの燃焼エンタルピーを−3268kJ/molとするとき，1,3,5-シクロヘキサトリエンの燃焼エンタルピーは何kJ/molと考えられるか。p.248（**教 p.331**）の**発展**をもとに計算せよ。

考え方 水素を付加させたときの反応エンタルピーの差から求める。

解説&解答 水素を付加させたときの反応エンタルピーは，ベンゼンは$\Delta H_1 = -208\,kJ/mol$, 1,3,5-シクロヘキサトリエンは$\Delta H_2 = -360\,kJ/mol$である。よって，1,3,5-シクロヘキサトリエンはベンゼンより約152kJ/mol不安定なので，

$$-3268\,kJ/mol - 152\,kJ/mol = -3420\,kJ/mol \quad 答$$

問A
(教p.336)
p.251（**教 p.336**）の**参考**の下線部の反応をイオン反応式で表せ。

考え方 塩基性の条件下では，還元性のあるベンズアルデヒドは，他のベンズアルデヒドを還元してベンジルアルコールにする。一方で，自身は酸化されてカルボン酸イオンになる。

解説&解答 答
$$2\,C_6H_5CHO + OH^- \longrightarrow C_6H_5CH_2OH + C_6H_5COO^-$$

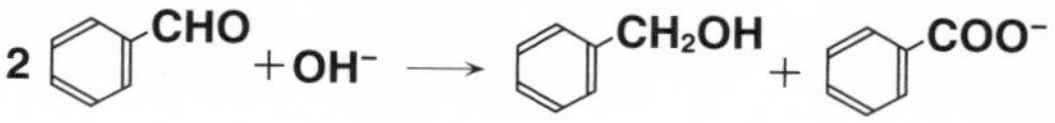

問4
(教p.337)
ナフタレンを高温で酸化して無水フタル酸を得る反応を，化学反応式で表せ。

考え方 ナフタレンを高温で酸化すると，無水フタル酸のほかに，二酸化炭素，水が生じる。

解説&解答 答
$$2\,C_{10}H_8 + 9\,O_2 \longrightarrow 2\,C_6H_4(CO)_2O + 4\,CO_2 + 4\,H_2O$$

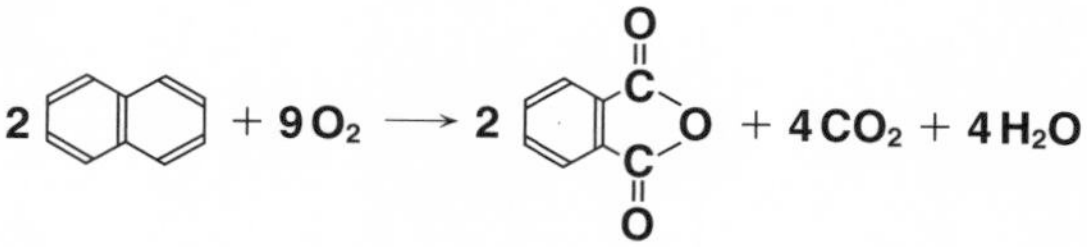

問5
(教p.338)
次の各記述を化学反応式で表せ。
(1) サリチル酸に水酸化ナトリウムを完全に反応させた。
(2) (1)の水溶液に二酸化炭素を十分に通じた。

考え方 −OH，−COONそれぞれが中和されて塩をつくり，水に溶ける。酸の強さは，カルボン酸＞二酸化炭素の水溶液＞フェノール類の順より，二酸化炭素を通じると弱酸の遊離が起こり，−ONaは−OHに変化するが，−COONaは反応しない。

解説&解答
(1) 答 サリチル酸(−OH, −COOH) + 2NaOH ⟶ (−ONa, −COONa) + 2H₂O

(2) 答 (−ONa, −COONa) + CO₂ + H₂O ⟶ (−OH, −COONa) + NaHCO₃

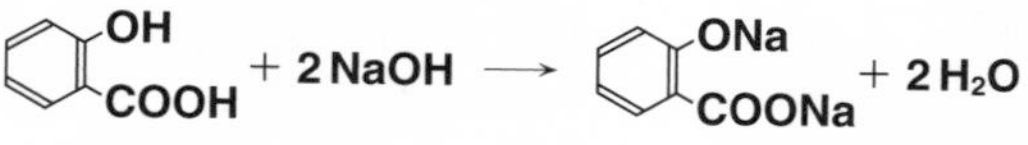

思考学習　置換基の配向性

教 p.340 ～ p.341

フェノールのニトロ化では，おもに *o*-ニトロフェノールと *p*-ニトロフェノールが生じ，*m*-ニトロフェノールはほとんど生じない。一方，ニトロベンゼンをさらにニトロ化すると，おもに *m*-ジニトロベンゼンが生じ，*o*-ジニトロベンゼンや *p*-ジニトロベンゼンはほとんど生じない。

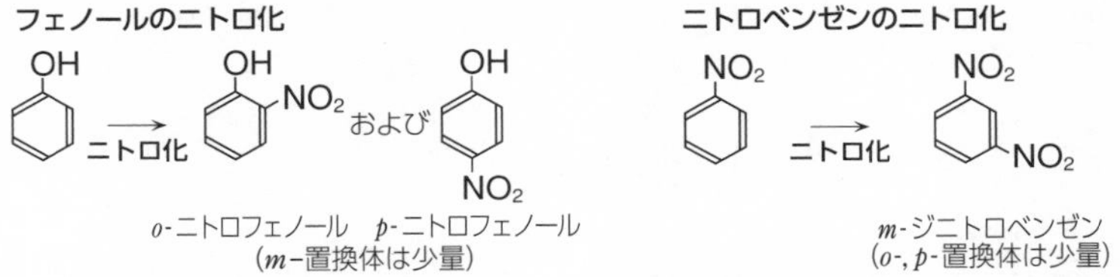

このように，ベンゼンの一置換体に，さらに置換反応を行う場合，すでに結合している置換基により，2つ目の置換基の入りやすい位置が決まる。これを**置換基の配向性**という。

●オルト・パラ配向性　$-OH$，$-NH_2$，$-CH_3$，$-Cl$ などの基が結合している場合，*o*-位と *p*-位が置換されやすくなる。これを，**オルト・パラ配向性**という。

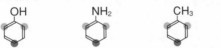

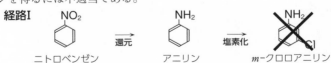

●メタ配向性　$-NO_2$，$-COOH$，$-SO_3H$ などの基が結合している場合，*o*-位と *p*-位が置換されにくくなり，*m*-位が相対的に置換されやすくなる。これを，**メタ配向性**という。

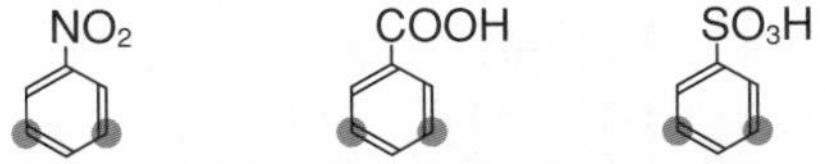

置換基の配向性を利用すると，目的物質を効率的に合成することができる。例えば，ニトロベンゼンから *m*-クロロアニリンを合成する経路を考えてみよう。

アニリンを経由する**経路 I** は可能だろうか。まず，ニトロベンゼンからアニリンを得る。$-NH_2$ はオルト・パラ配向性なので，アニリンを塩素化すると *o*-クロロアニリンや *p*-クロロアニリンがおもに得られる。よって，**経路 I** は *m*-クロロアニリンを得るには不適当である。

経路I

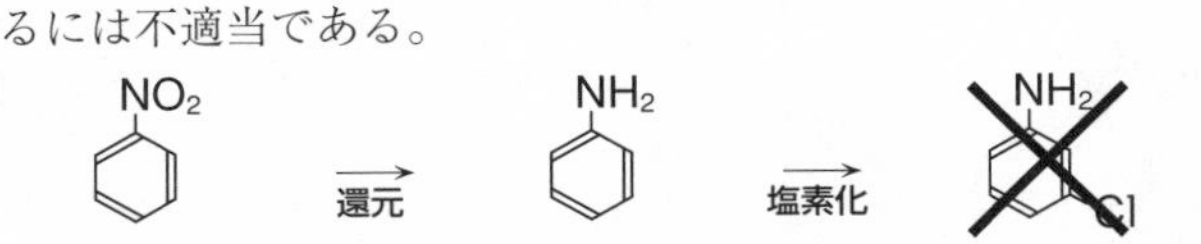

では，*m*-クロロニトロベンゼンを経由する**経路 II** は可能だろうか。$-NO_2$ はメタ配向性なので，ニトロベンゼンを塩素化すると *m*-クロロニトロベンゼンがおもに得られる。これを還元すれば *m*-クロロアニリンが得られるため，**経路 II** は適当である。

経路Ⅱ

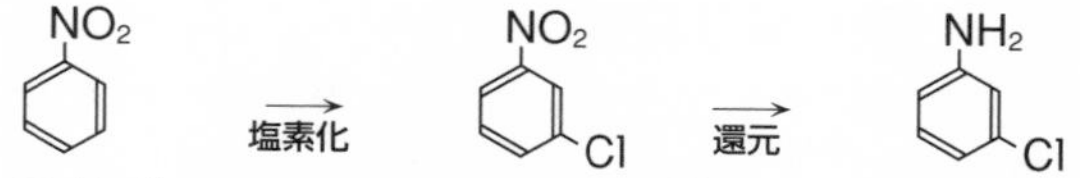

ニトロベンゼン　m-クロロニトロベンゼン　m-クロロアニリン

考察1 次のように，p-クロロニトロベンゼンと p-ニトロ安息香酸を効率的に合成する実験を計画した。化合物 A ～ C の構造式を答えよ。また，操作１～４として最も適当なものを，(a)～(e)からそれぞれ１つずつ選べ。同じものをくり返し選んでもよい。

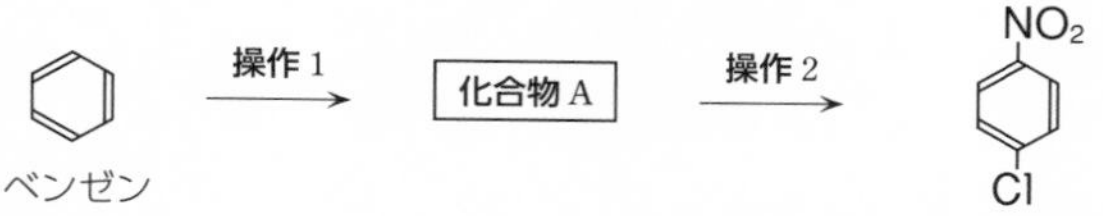

ベンゼン　p-クロロニトロベンゼン

p-ニトロ安息香酸

(a) 濃硫酸と濃硝酸を加えて加熱する。
(b) 紫外線を当てて塩素を反応させる。
(c) 鉄を触媒にして塩素を反応させる。
(d) 過マンガン酸カリウムを反応させ，希硫酸で処理する。
(e) 二酸化炭素を高温・高圧で反応させる。

考え方 操作の選択肢(a)～(e)で考えられる反応は，次の通り。

(a) ベンゼン環の$-H$が$-NO_2$に置換される(ニトロ化)。
(b) ベンゼン環に塩素が付加する。
(c) ベンゼン環の$-H$が$-Cl$に置換される(塩素化)。
(d) ベンゼン環の側鎖の炭化水素基が酸化され，$-COOH$となる。
(e) ナトリウムフェノキシド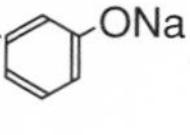

との反応で，サリチル酸ナトリウム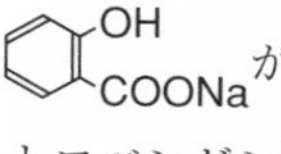

が生じる。

解説＆解答 クロロニトロベンゼンにおいて，$-NO_2$はメタ配向性，$-Cl$はオルト・パラ配向性なので，p-位を置換させるためには，まずクロロベンゼン(化合物 A)を合成し，それをニトロ化すればよい。

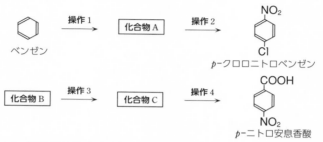

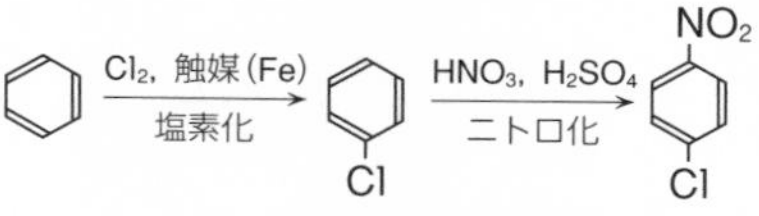

ニトロ安息香酸においては，$-COOH$，$-NO_2$ともにメタ配向性なので，p-位は置換されにくい。

(d)の操作で，オルト・パラ配向性である炭化水素基を酸化して $-COOH$ にすることができるので，まずはトルエンなどの芳香族炭化水素（化合物 B）をニトロ化し（化合物 C），その後，炭化水素基を酸化することで目的の化合物が得られる。

答　化合物 A：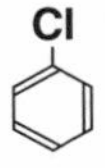

化合物 B：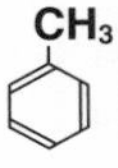

など（側鎖は炭化水素基であれば可）　化合物 C：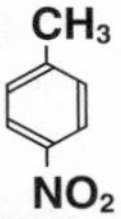

操作 1：(c)　操作 2：(a)　操作 3：(a)　操作 4：(d)

例題 1
（教 p.348）

フェノール，アニリン，安息香酸をジエチルエーテルに溶解させた混合溶液に，希塩酸を加えて混合し，水層 1 とエーテル層 1 に分離した。次に，エーテル層 1 に水酸化ナトリウム水溶液を加えて混合し，水層 2 とエーテル層 2 に分離した。

(1)　水層 1，水層 2 に含まれる物質を答えよ。
(2)　水層 1 に溶解している塩をもとの物質にもどす方法を答えよ。
(3)　水層 2 に含まれている 2 つの物質を分離する方法を答えよ。

考え方　フェノールと安息香酸は酸性の物質で，アニリンは塩基性の物質である。酸性の物質は塩基と，塩基性の物質は酸と反応して塩になり，水層へ移る。また，水層に溶けている弱酸の塩は，より強い酸と反応して弱酸が遊離する（塩基も同様）。酸の強さは，カルボン酸＞二酸化炭素（炭酸）＞フェノール類である。

解説&解答　(1)　塩基性のアニリンのみが希塩酸と反応し，アニリン塩酸塩となって，水層 1 に移動する。エーテル層 1 にはフェノールと安息香酸が残る。ここに水酸化ナトリウム水溶液を加えると，酸性のフェノールと安息香酸がナトリウム塩となって水層 2 に移動する。

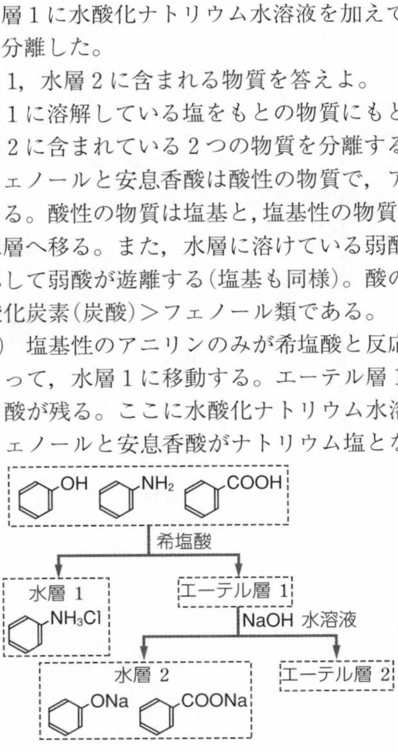

答
水層 1：**アニリン塩酸塩**
水層 2：**ナトリウムフェノキシド，安息香酸ナトリウム**

(2)　アニリン塩酸塩は弱塩基の塩なので，強塩基である水酸化ナトリウム水溶液を加えると，弱塩基のアニリンが遊離する。

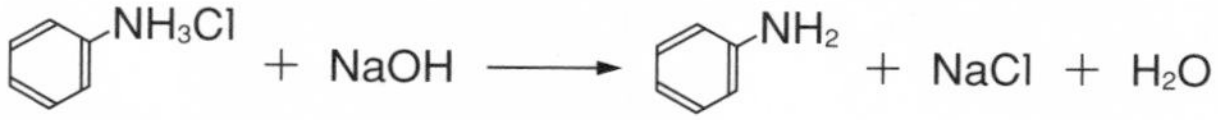

答　水酸化ナトリウム水溶液を加える。

(3)　**答　水層２に二酸化炭素を通じると，フェノールが遊離する。そこに，ジエチルエーテルを加えるとフェノールがエーテル層に移動し，水層には安息香酸ナトリウムが残る。**

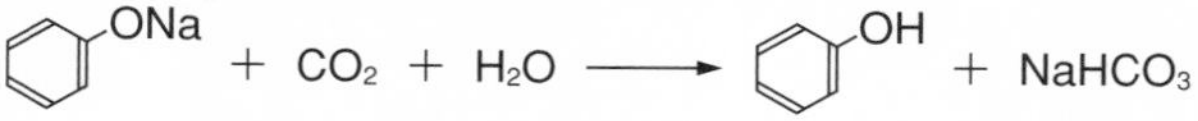

類題 1
(教 p.348)

フェノール，アニリン，安息香酸をジエチルエーテルに溶解させた混合溶液に，希塩酸を加えて水層１とエーテル層１に分離した。次に，エーテル層１に炭酸水素ナトリウム水溶液を加えて混合し，水層２とエーテル層２に分離した。水層１，水層２，エーテル層２に分離された物質をその状態での構造式で答えよ。

考え方　炭酸水素ナトリウム水溶液は，水溶液中で炭酸イオンを生じ，これを加えることは二酸化炭素を通じるのと同じ意味をもつ。

$$NaHCO_3 \rightleftarrows HCO_3^- + Na^+$$
$$HCO_3^- + H_2O \rightleftarrows \underset{H_2O + CO_2}{H_2CO_3} + OH^-$$

解説&解答

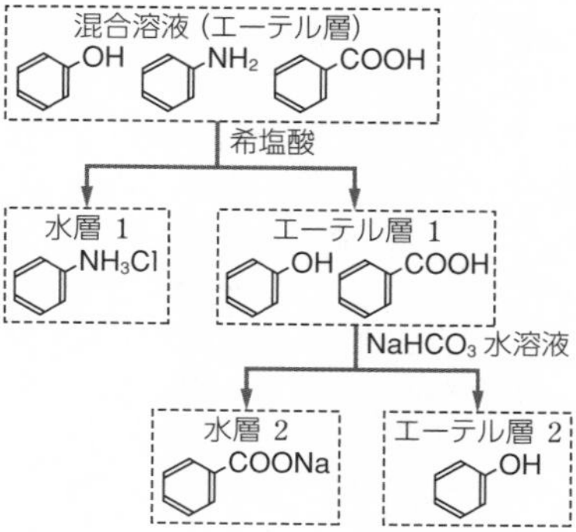

答

水層１：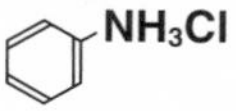

水層２：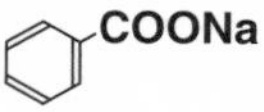

エーテル層２：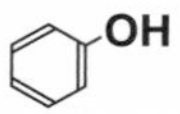

章 末 問 題

教 p.350

1　分子式 $C_8H_{10}O$ で表される芳香族化合物について，次の(1)，(2)に当てはまる構造式をそれぞれ答えよ。

(1)　ベンゼンの一置換体であるアルコールで，酸化するとケトンを生じる。

(2)　ベンゼンの二置換体であるフェノール類で，ベンゼン環に直接結合する水素原子の１つを塩素原子に置き換えたときに，得られる化合物は２種類である。

考え方　ベンゼンの一置換体の置換基の化学式は，$C_8H_{10}O - C_6H_5 = C_2H_5O$ となる。同様に，ベンゼンの二置換体の置換基の化学式は，$C_8H_{10}O - C_6H_4 = C_2H_6O$ となる。−OH がベンゼン環に直接結合するとフェノール類となるので，ベンゼンの置換体がアルコールである場合は，ベンゼン環との間に原子をはさむ必要がある。

解説&解答　(1)　置換基の化学式が C_2H_5O で，この分子がアルコールなので，次の(ⅰ)，(ⅱ)の構造が考えられる(H の一部を省略して示す)。

(ⅰ)
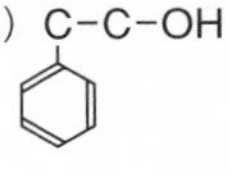

(ⅱ)
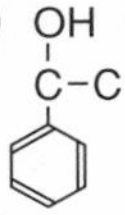

このうち，酸化するとケトンを生じるのは，第２級アルコールの(ⅱ)。

答
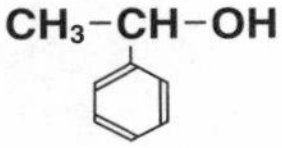

(2)　置換基の化学式が C_2H_6O で，この分子がフェノール類なので，次の(ⅲ)〜(ⅴ)の構造が考えられる(H の一部を省略して示す)。

(ⅲ)　(ⅳ)　(ⅴ)
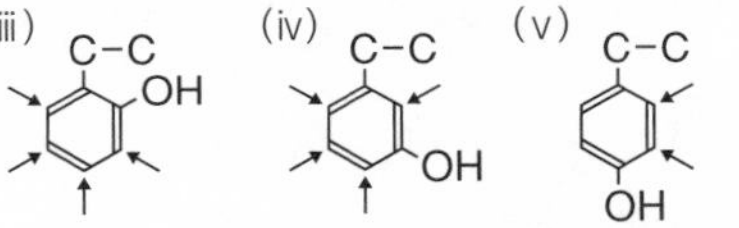

4 種類　4 種類　2 種類

ベンゼン環の H 原子の１つを Cl 原子で置換した化合物(Cl 原子の置換位置を→で示す)は，(ⅲ)，(ⅳ)では４種類，(ⅴ)では２種類考えられる。よって，(ⅴ)。

答
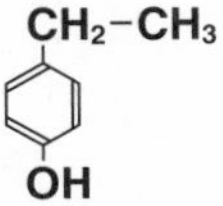

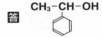

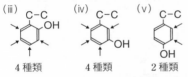

2　(1)フェノール，(2)エタノール，(3)安息香酸，(4)アニリン　について，次の(ア)〜(カ)の記述のうち，それぞれに当てはまるものをすべて選べ。

(ア)　水酸化ナトリウムと反応する。　　(イ)　水溶液は中性である。
(ウ)　塩化鉄(Ⅲ)水溶液によって呈色する。
(エ)　炭酸水素ナトリウム水溶液を加えると，気体を発生して溶解する。
(オ)　さらし粉水溶液によって呈色する。　　(カ)　酸化するとアルデヒドを生じる。

考え方　エタノールもフェノールも−OH をもつ有機化合物である。フェノールがアルコールと違う点は，①弱酸性(塩基と反応する)，②ヒドロキシ基が酸化されない，③塩化鉄(Ⅲ)で紫系の色になる。安息香酸は，芳香族カルボン酸の一つであり，水溶液中ではわずかに電離して弱い酸性を示す。アニリンをさらし粉水溶液で酸化すると，赤紫色を呈する。

解説&解答　(ア)　NaOH と反応するのは，酸性物質の(1)，(3)である。
(イ)　水溶液が中性なのは，アルコールの(2)である。(4)は弱塩基である。
(ウ)　$FeCl_3$ 水溶液によって呈色するのは，フェノール類の(1)である。

(エ)　酸の強さは，塩酸，硫酸，スルホン酸＞カルボン酸＞炭酸＞フェノール類である。$NaHCO_3$ 水溶液を加えると，気体を発生して溶解するのは，炭酸より強い酸である(3)である。フェノール類は炭酸よりも弱い酸なので，(1)は反応しない。

(オ)　アニリンをさらし粉水溶液で酸化すると，赤紫色を呈する。この反応は，アニリンの検出に用いられる。

(カ)　第１級アルコールを酸化すると，アルデヒドを経てカルボン酸を生じる。

答　(1)　(ア)，(ウ)　　(2)　(イ)，(カ)　　(3)　(ア)，(エ)　　(4)　(オ)

3　フェノール，サリチル酸，アニリン，ナフタレンをジエチルエーテルに溶解させた混合溶液を，右図に従って分離した。

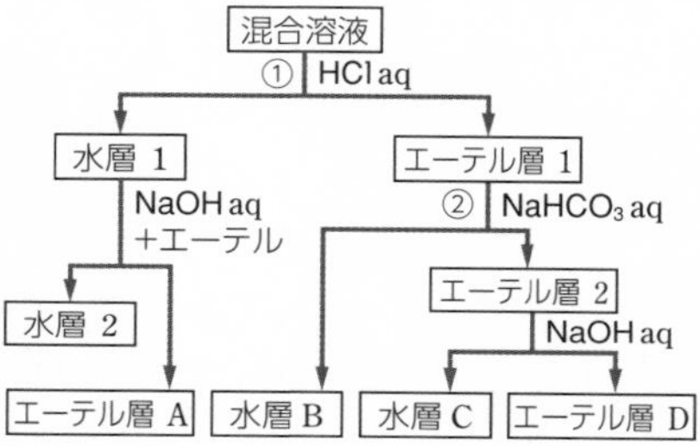

(1)　操作①，②で起こる反応の化学反応式を書け。

(2)　A～Dの各層に含まれる物質を，その状態での構造式で示せ。

考え方　フェノールとサリチル酸は酸性の物質，アニリンは塩基性の物質，ナフタレンは中性の物質である。酸に塩基，または塩基に酸を加えると，強さに関係なく中和する。また，酸の強さは，カルボン酸＞炭酸＞フェノール類である。

解説&解答　(1)　**答**　①

②

(2)

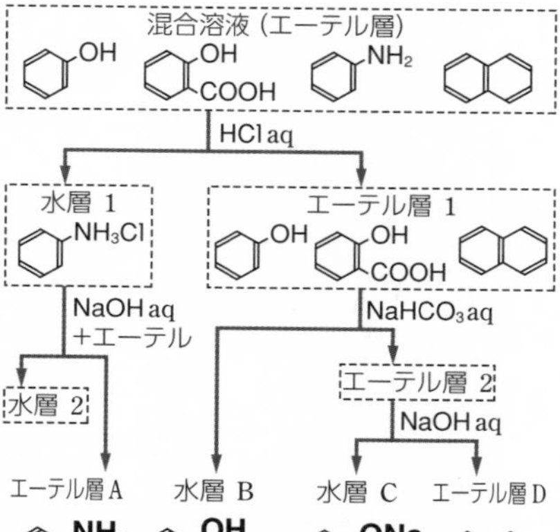

答

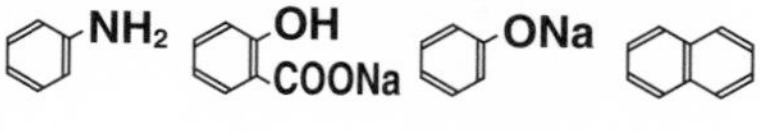

考えてみよう！

4　分子式 $C_{10}H_{12}O_2$ で表される芳香族化合物 A がある。A を加水分解したところ，芳香族化合物 B と化合物 C が得られた。B に炭酸水素ナトリウム水溶液を加えたところ，二酸化炭素を発生した。B を酸化剤を用いて酸化したところ，D が生じた。D は 230℃に加熱すると水が脱離して E が生じた。また，D の異性体は合成樹脂や合成繊維の原料となる。C に濃硫酸を加えて約 130℃に加熱すると F を，あるいは濃硫酸を加えて約 170℃に加熱すると G を生じた。A ～ G の構造式を答えよ。

考え方　芳香族化合物 A は，加水分解されることからエステルであることがわかる。A の加水分解で生じた生成物のうち，B は芳香族化合物で，$NaHCO_3$ 水溶液と反応したので芳香族カルボン酸であり，もう一方の生成物 C はアルコールであることがわかる。

解説&解答

B の酸化で生じた D の異性体が合成樹脂や合成繊維の原料となることと，D は加熱すると容易に脱水することから，D はフタル酸と決まる（D の異性体はテレフタル酸）。

B は酸化されて D のフタル酸になることから，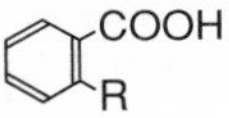（R は炭化水素基）と表せる。よって A の構造は 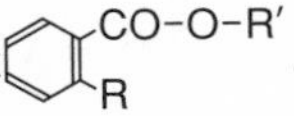 と表せる。A の分子式 $C_{10}H_{12}O_2$ から既知の部分を除くと，R′，R の合計は，$C_{10}H_{12}O_2 - C_7H_4O_2 = C_3H_8$ となるので，A の構造は次の 2 通りが考えられる。

（i）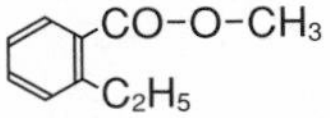　（ii）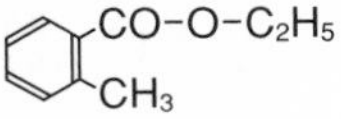

A が（i）のとき C はメタノールで，濃硫酸を加えて加熱すると分子間脱水によりジメチルエーテルを生じる。しかし，分子内脱水は起こらない。一方，A が（ii）のとき C はエタノールで，濃硫酸を加えて約 130℃に加熱すると，分子間脱水によりジエチルエーテル（F）を生じ，約 170℃に加熱すると分子内脱水が起こり，エチレン（G）が生成する。よって，A は（ii）なので，B の構造も決まる。

答　A 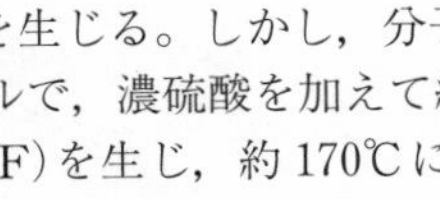　B 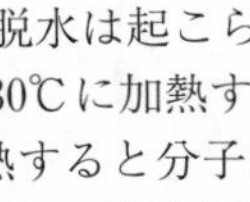　C $CH_3{-}CH_2{-}OH$

D 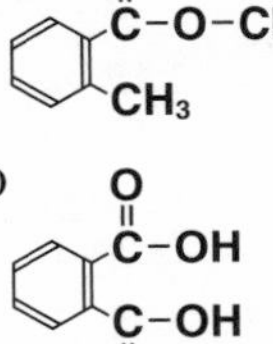　E 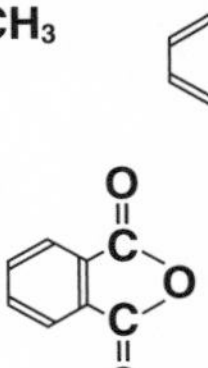　F $CH_3{-}CH_2{-}O{-}CH_2{-}CH_3$

G $CH_2{=}CH_2$

第 1 章 高分子化合物の性質 教 p.352 ～ p.357

1 高分子化合物の構造と性質

A 高分子化合物の分類（教 p.353 表 1）

一般に，分子量が 10000 程度以上の分子からなる物質を**高分子化合物**という。

●**有機高分子化合物と無機高分子化合物** 高分子化合物のうち，有機化合物であるものを**有機高分子化合物**といい，無機化合物であるものを**無機高分子化合物**という。

●**天然高分子化合物と合成高分子化合物** 高分子化合物のうち，自然界に存在するものを**天然高分子化合物**という。

（例） 多糖，タンパク質，核酸，天然ゴム，二酸化ケイ素，ケイ酸塩

一方，石油などから人工的につくられるものを**合成高分子化合物**という。

（例） 合成繊維，合成樹脂，合成ゴム，シリカゲル，ガラス

B 高分子化合物の構造

高分子化合物は，1 種類または数種類の小さな分子（**単量体**または**モノマー**という）が，10^2 ～ 10^3 個以上，次々に共有結合でつながってできる大きな分子（**重合体**または**ポリマー**という）からなる。また，重合体の中でくり返しつながっている単量体の個数のことを **重合度**といい，多くの場合 n で表す。

$$\underset{\text{デンプン分子}}{(C_6H_{10}O_5)_n} = \underbrace{\cdots-(C_6H_{10}O_5)-(C_6H_{10}O_5)-(C_6H_{10}O_5)-\cdots}_{n\text{個}}$$

▲**重合体の化学式** 1 個の重合体の中で n 個の単量体がくり返しつながっている。

単量体どうしのつながり方によって，直鎖状構造・枝分かれ構造・立体網目状構造などになる。これらが混ざっていることもある。

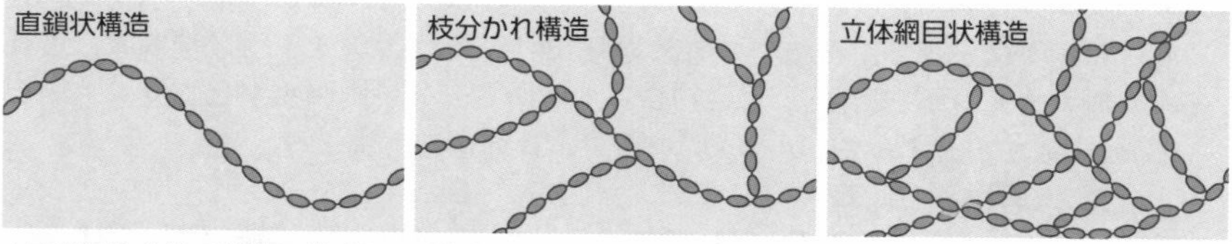

▲**高分子化合物の構造の模式図** ⬭は，くり返しの単位構造を示す。

C 重合

多数の単量体が次々と結合して重合体ができる反応を**重合**という。また，単量体が2種類以上であるときの重合を，特に**共重合**という。

●付加重合　二重結合 C=C や三重結合 C≡C をもつ単量体が付加反応で次々に結合する反応を**付加重合**という。

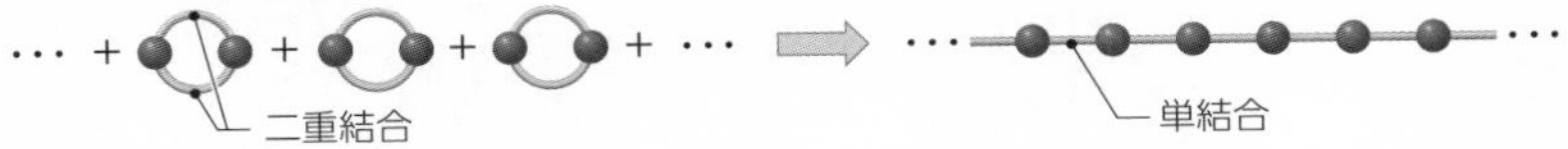

▲付加重合

●縮合重合　分子内に2個以上の官能基をもつ単量体が縮合反応で次々に結合する反応を**縮合重合**という。このとき，H_2O や HCl などの簡単な分子が生じる。

▲縮合重合

●付加縮合　付加反応と縮合反応の両方が起こる重合を**付加縮合**という。

●開環重合　環状構造をもつ単量体の環が開いて次々に結合する反応を**開環重合**という。

D 高分子化合物の特徴

高分子化合物は，次のような特徴をもつ。

●固体の構造　高分子化合物の固体は，分子が規則正しく並んでいる結晶構造の部分と分子が不規則に並んでいる非結晶構造の部分(すべてが非結晶構造である状態を，**アモルファス**または無定形という)からなる。結晶構造の部分が多いと硬く高密度で不透明になり，非結晶構造の部分が多いとやわらかく低密度で透明になる。

●分子量　高分子化合物は，重合度の異なるさまざまな分子量をもつ重合体から成りたっているため，高分子化合物の分子量を表すときには，**平均分子量**を用いる。

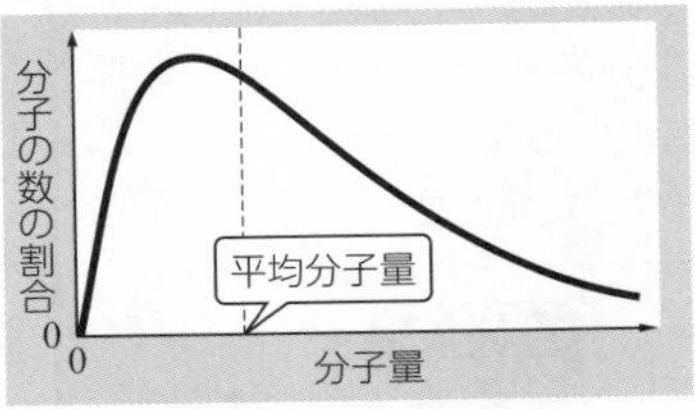

▲高分子化合物の分子量の分布

$$平均分子量 = \frac{各分子の分子量の総和}{全体の分子の数}$$

●加熱による変化　高分子化合物は非結晶構造をもち，分子量にばらつきがあるので，加熱時に明確な融点を示さず，ある温度以上で徐々にやわらかくなることが多い。このやわらかくなり始める温度を**軟化点**という。軟化点をこえて加熱を続けると，しだいに流動性が増して液体になり，さらに加熱を続けると気体にならず分解する。

●溶液　高分子化合物は一般に溶媒に溶解しにくいが，適切な液体中では分子コロイド（直径 10^{-9} ～ 10^{-7} m）として分散し，コロイド溶液となることがある。

参考　高分子化合物の分子量の測定

一般に，分子量を測定するときには，次のような方法が用いられる。
・気体にして密度を測定し，気体の状態方程式から求める。
・沸点上昇や凝固点降下を測定して求める。
・浸透圧を測定し，ファントホッフの法則から求める。教 p.79 参考

これらの方法で，高分子化合物の分子量を求めることはできるのだろうか。

●気体の密度を利用する方法

高分子化合物は気体にならないので，気体の密度から分子量を求めることはできない。

●沸点上昇や凝固点降下を利用する方法

高分子化合物は分子量が大きいので，質量モル濃度がきわめて小さくなり，その温度変化は測定できる限界以下になるため，測定は不可能である。

●浸透圧を利用する方法

溶かす溶媒があれば，液柱の高さを十分に精度よく測定できる。

以上より，高分子化合物の分子量を測定するときには，浸透圧から求める方法が適切である

問題

問A （教 p.356）　27℃において，デンプン 1.0 g を含む溶液 100 mL の浸透圧は 6.6×10^2 Pa であった。このデンプンの分子量はいくらか。
（H ＝ 1.0，C ＝ 12，O ＝ 16，気体定数 $R = 8.3 \times 10^3$ Pa·L/(mol·K)）

考え方　浸透圧がわかっているので，ファントホッフの法則を用いて分子量を求める。

解説&解答　デンプンのモル質量を x〔g/mol〕とすると，水溶液のモル濃度は，

$$\frac{\dfrac{1.0\,\text{g}}{x}}{\dfrac{100}{1000}\,\text{L}} = \frac{10}{x}\,\text{〔mol/L〕}$$

溶液の浸透圧が 6.6×10^2 Pa であることから，

$$6.6 \times 10^2\,\text{Pa} = \frac{10}{x}\,\text{〔mol/L〕} \times 8.3 \times 10^3\,\text{Pa·L/(mol·K)} \times 300\,\text{K}$$

$$x = 3.77\cdots \times 10^4\,\text{g/mol} \fallingdotseq 3.8 \times 10^4\,\text{g/mol}$$

答　3.8×10^4

章末問題

教 p.357

必要があれば，原子量は次の値を使うこと。
H = 1.0，C = 12，O = 16

1 次の物質のうち，(a)有機高分子化合物，(b)無機高分子化合物，(c)天然高分子化合物，(d)合成高分子化合物に当てはまるものを，それぞれすべて選べ。

(ア) デンプン　(イ) 石英　(ウ) ポリプロピレン
(エ) セルロース　(オ) ナイロン　(カ) 水晶
(キ) タンパク質　(ク) ポリ塩化ビニル　(ケ) シリカゲル

考え方　高分子化合物は一般に有機高分子化合物が多いが，無機高分子化合物としては二酸化ケイ素やケイ酸塩などがある。天然高分子化合物は自然界に存在する高分子化合物で，多糖，タンパク質などがある。また，合成高分子化合物は石油などから人工的につくられたもので，合成繊維，合成樹脂などに分類される。

解説&解答　(a)，(b) 一般に高分子化合物といえば，炭素原子を骨格とする有機高分子化合物のことをいうが，石英や水晶は二酸化ケイ素を主成分とする無機高分子化合物である。ケイ酸 $SiO_2 \cdot nH_2O$ を乾燥させたものがシリカゲルである。

(c) 植物を構成するセルロース，エネルギー源として重要なデンプン，生体を構成するタンパク質，石英や水晶は，自然界に存在する天然高分子化合物である。

(d) 合成繊維や合成樹脂として広く用いられているポリプロピレン，ナイロン，ポリ塩化ビニルとシリカゲルは，人工的につくられる合成高分子化合物である。

答　(a) **(ア)，(ウ)，(エ)，(オ)，(キ)，(ク)**　(b) **(イ)，(カ)，(ケ)**
(c) **(ア)，(イ)，(エ)，(カ)，(キ)**　(d) **(ウ)，(オ)，(ク)，(ケ)**

2 次の空欄に最も適当な語句や式を入れて文章を完成させよ。

単量体が付加反応で次々に結合して高分子化合物ができる反応を[(ア)]という。このとき，単量体の分子量を M，高分子化合物の重合度を n とすると，生成した高分子化合物の分子量は[(イ)]と表される。

一方，単量体が縮合反応で次々に結合して高分子化合物ができる反応を[(ウ)]という。例えば，分子量 M の1種類の単量体の分子間で，水分子 H_2O が次々にとれて結合し，重合度 n の高分子化合物になるとすると，この高分子化合物の分子量は，n が十分大きいとき[(エ)]と表される。

考え方　(エ) 脱水縮合の場合，2個の単量体から1個の水分子 H_2O(分子量18)がとれていくので，その分，分子量が減少する。重合度 n が十分大きい高分子化合物では，$18n$ の分子量が減ると考えられる。

解説&解答　答 (ア) **付加重合**　(イ) $\boldsymbol{Mn}$　(ウ) **縮合重合**　(エ) $\boldsymbol{Mn - 18n}$

第5編 高分子化合物

3 高分子化合物の性質について，次の問いに答えよ。

(1) 高分子化合物の多くは明確な融点をもたないが，加熱してある温度をこえると徐々にやわらかくなり変形する。この温度を何というか。

(2) 高分子化合物を加熱すると，徐々にやわらかくなり流動性をもつようになる。この後，さらに加熱すると，どうなるか。

(3) 高分子化合物には,重合度の異なるさまざまな分子が混在している。このため,高分子化合物の分子量はどのように表されることが多いか。

(4) 高分子化合物は一般に溶媒に溶解しにくいが，溶けるものもある。その場合,その溶液はどのような種類の溶液となるか。

(5) 高分子化合物の固体には，分子が規則正しく並んでいる部分(a)と，不規則に並んでいる部分(b)がある。(a)，(b)の部分をそれぞれ何というか。

考え方　高分子化合物は加熱時に明確な融点を示さず，ある温度(軟化点)以上でやわらかくなることが多く，さらに加熱しても分解してしまう。また，単量体がさまざまな重合度で重合体を形成するため，一定の分子量をとらず，分子量を表すときには，それぞれの重合体の分子量の平均を用いる。高分子化合物は一般に溶媒に溶解しにくく，溶けても分子量が大きいために液体中に分子が分散してコロイド溶液になる。高分子化合物の固体は分子が規則正しく並んでいる結晶構造の部分と分子が不規則に並んでいる非結晶構造の部分からなり，その割合は化合物ごとに異なる。

解説&解答　**答** (1) **軟化点**　(2) **分解する。**
(3) **重合体分子の分子量の平均値で表される。**　(4) **コロイド溶液**
(5) (a) **結晶構造**　(b) **非結晶構造**

考えてみよう！

4 縮合重合で得られる重合体と付加重合で得られる重合体について，それぞれの単量体の構造にどのような特徴があるかを述べよ。

考え方　単量体がそれぞれどのような結合反応をするかを考える。

解説&解答　**答** **縮合重合で得られる重合体の単量体は，分子内に2個以上の官能基をもつ。付加重合で得られる重合体の単量体は，分子内に二重結合 C=C や三重結合 C≡C をもつ。**

第 2 章　天然高分子化合物

教 p.358 ～ p.395

A 天然高分子化合物

有機化合物のうち，自然界に存在するものを**天然有機化合物**という。

天然有機化合物には，**糖類**，**タンパク質**，**脂質**，**核酸**，**ビタミン**などがあり，高分子化合物であるものも多い。

1 糖類

天然有機化合物のうち，ホルミル基-CHO またはカルボニル基-CO-と 2 つ以上のヒドロキシ基-OH をもつ化合物を総称して**糖類**という。分子式が $C_m(H_2O)_n$ の形であることが多いので，**炭水化物**ともよばれる。

糖類には，最小単位である**単糖**が脱水縮合でつながった構造をもつものが多い。2 つの単糖がつながった糖を**二糖**といい，多数の単糖がつながった糖を**多糖**という。逆に，多糖や二糖を適切な条件のもとで加水分解すると，単糖ができる。

A 単糖

●グルコース（ブドウ糖） $C_6H_{12}O_6$

⑴**所在**　グルコースは白色粉末状の結晶で水によく溶け，甘味をもつ。多くの動植物の体内に存在し，エネルギー源になる。植物の光合成により二酸化炭素と水からつくられる。

$$6CO_2 + 6H_2O \xrightarrow[\text{光合成}]{\text{光}} \underset{\text{グルコース}}{C_6H_{12}O_6} + 6O_2 \quad (1)$$

工業的には，デンプンを加水分解することによって得られる。

$$\underset{\text{デンプン}}{(C_6H_{10}O_5)_n} + nH_2O \xrightarrow[\text{加水分解}]{} \underset{\text{グルコース}}{nC_6H_{12}O_6} \quad (2)$$

⑵**構造**　グルコースは，水溶液中では 3 種類（次のページの上図ⓐ，ⓑ，ⓒ）が平衡状態で存在している。鎖状構造（ⓑ）にホルミル基があるため，グルコース水溶液は還元性があり，フェーリング液を還元し，銀鏡反応を示す。

ⓐやⓒのような 6 個の原子からなる環状構造を六員環といい，糖類では特に**ピラノース形**という。これに対して，次のページの水溶液中にあるフルクトースのような 5 個の原子からなる環状構造（次のページの下図ⓒ）を五員環といい，糖類では特に**フラノース形**とよばれる。

グルコースの環状構造のうち，C1 に結合している -OH と -H の向きによって，ⓐ（α-グルコース）とⓒ（β-グルコース）が区別される。これらは互いに立体異性体である。教 p.360 図 4

第5編　高分子化合物

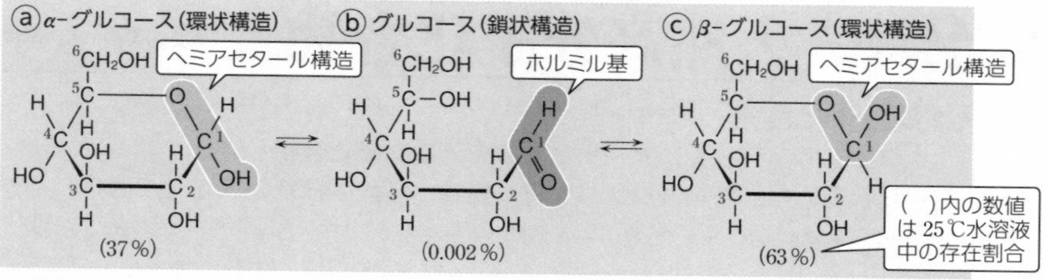

▲**グルコースの水溶液中の平衡**　1, 2, …, 6は，グルコース分子の中の炭素原子の番号である。ⓐやⓒの▒部分のような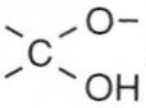を**ヘミアセタール構造**という。この部分で環が開き，ホルミル基をもつ鎖状構造(ⓑ)になるため，還元性を示す。

●フルクトース(果糖)　$C_6H_{12}O_6$

⑴**所在**　フルクトースは白色粉末状の結晶で水によく溶け，糖類の中で最も強い甘味をもつ。グルコースの異性体で，蜂蜜や果実中に存在する。

⑵**構造**　結晶中のフルクトースは，六員環構造(下図のⓐ)をとるが，水溶液中では3種類の構造(ⓐ，ⓑ，ⓒ)が平衡状態で存在している。鎖状構造(ⓑ)はホルミル基をもたないが，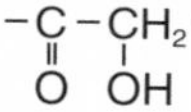が水溶液中で 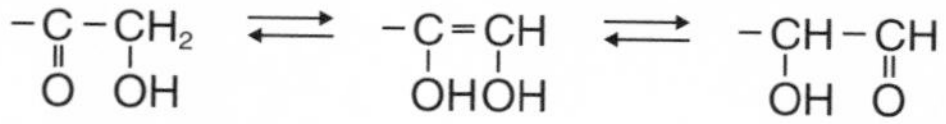 のように変化するので，還元性を示す。

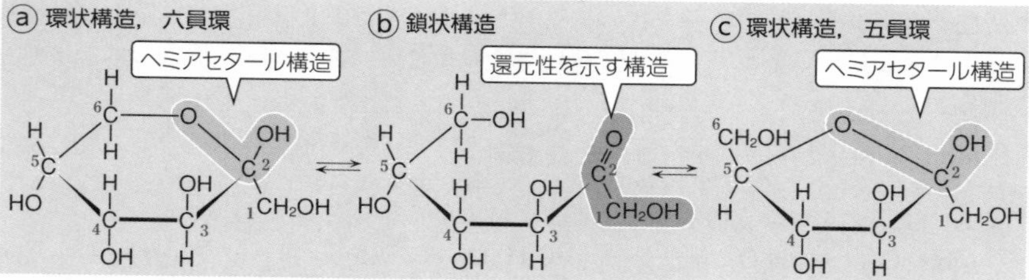

▲**フルクトースの水溶液中の平衡**　フルクトースの環状構造のα形とβ形は，C2に結合した$-OH$と$-CH_2OH$の向きによって区別される。ⓐとⓒはいずれもβ-フルクトースである。

●ガラクトース $C_6H_{12}O_6$　ガラクトースは二糖のラクトースの構成成分で，寒天に含まれる多糖のガラクタンを加水分解すると得られる。弱い甘味をもつ。水溶液中では，環状構造と鎖状構造が平衡状態で存在し，鎖状構造にホルミル基があるため，還元性を示す。

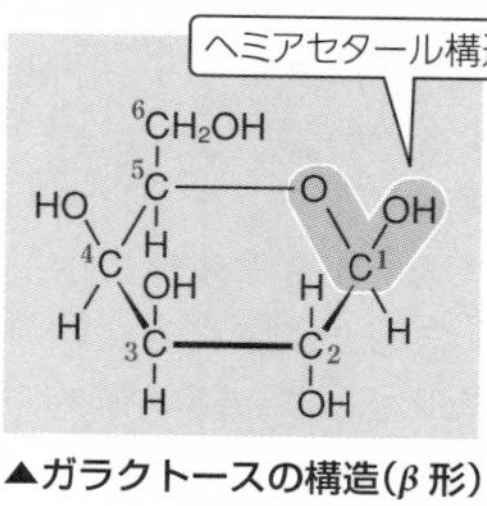

▲**ガラクトースの構造(β形)**

●アルコール発酵　グルコースやフルクトースは，酵母がつくる酵素のはたらきによってエタノールと二酸化炭素になる。このような反応を**アルコール発酵**という。

$$\underset{\text{グルコース，フルクトース}}{C_6H_{12}O_6} \xrightarrow[\text{発酵}]{\text{酵素}} 2C_2H_5OH + 2CO_2 \qquad (3)$$

B 二糖

2つの単糖が脱水縮合でつながった糖を**二糖**という。

●マルトース(麦芽糖) $C_{12}H_{22}O_{11}$

(1)**所在**　デンプンに**アミラーゼ**という酵素を作用させて加水分解するとマルトースが得られる。マルトースは，ほどよい甘味をもつ。

(2)**構造**　マルトース分子は，α-グルコースのC1原子と別のグルコース分子のC4原子が，ヒドロキシ基-OHどうしの脱水縮合でつながった構造をもつ。一方の環にヘミアセタール構造があるので，水溶液は還元性を示す。

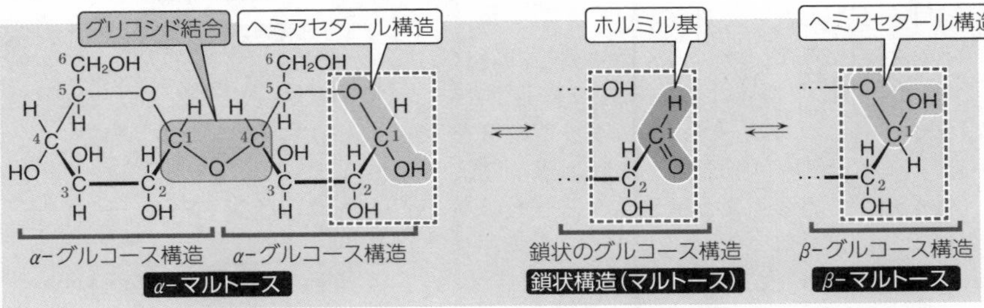

▲**マルトースの水溶液中の平衡**　単糖のヘミアセタール構造のC原子に結合した-OHと別の分子の-OHとの間の脱水縮合によりできるC-O-Cの構造を**グリコシド結合**という。

(3)**加水分解**　マルトースに希硫酸などの希酸(H^+が触媒)を加えて加熱したり，**マルターゼ**という酵素を作用させたりすると，グリコシド結合の部分が加水分解されて，マルトース1分子からグルコース2分子ができる。

●スクロース(ショ糖) $C_{12}H_{22}O_{11}$

(1)**所在**　無色の結晶で，サトウキビやテンサイなどの植物に存在し，砂糖の主成分で甘味がある。

(2)**構造**　スクロース分子は，α-グルコース分子のC1原子とβ-フルクトース分子のC2原子がグリコシド結合でつながった構造をもつ。ヘミアセタール構造がなく，水溶液中で開環できないため，還元性を示さない。水溶液が還元性を示す糖を**還元糖**，示さない糖を非還元糖という。

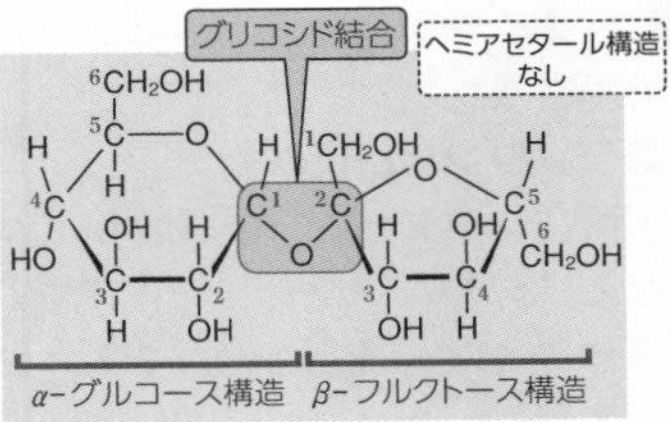

▲**スクロースの構造**　右側のβ-フルクトース構造の部分は，前ページの下図ⓒの構造を180°回転させて書いてある。

(3)**加水分解**　スクロースに希酸を加えて加熱したり，**インベルターゼ**(またはスクラーゼ)という酵素を作用させたりすると，加水分解されて，スクロース1分子からグルコース1分子とフルクトース1分子ができる。

$$C_{12}H_{22}O_{11} + H_2O \xrightarrow[\text{転化}]{H^+\text{またはインベルターゼ}} \underset{\text{グルコース}}{C_6H_{12}O_6} + \underset{\text{フルクトース}}{C_6H_{12}O_6} \quad (4)$$

この反応を**転化**といい，転化でできるグルコースとフルクトースの等量混合物を**転化糖**という。転化糖の水溶液は還元性を示す。

●セロビオース $C_{12}H_{22}O_{11}$

(1)**所在**　セロビオースは，セルロースに**セルラーゼ**という酵素を作用させて加水分解すると得られる。甘味をほとんどもたない。

⑵**構造**　セロビオース分子は，β-グルコース分子のC1原子と別のグルコース分子のC4原子がつながった構造をもつ。一方の環にヘミアセタール構造があるので，水溶液は還元性を示す。

⑶**加水分解**　セロビオースに希酸を加えて加熱したり，**セロビアーゼ**という酵素を作用させたりすると，加水分解されて，セロビオース1分子からグルコース2分子が生じる。

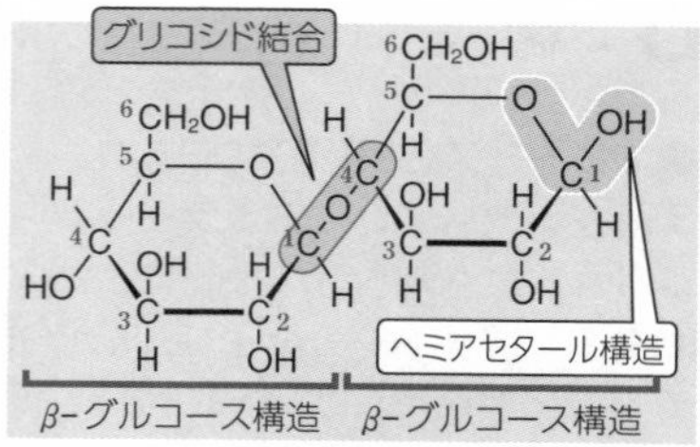

▲セロビオースの構造(β形)

●**ラクトース(乳糖)** $C_{12}H_{22}O_{11}$　ラクトースは白色粉末状の結晶で，水によく溶ける。弱い甘味をもつ。哺乳類の乳汁の中に含まれる。β-ガラクトースとグルコースがつながった構造をもち，ヘミアセタール構造があるため水溶液は還元性を示す。希酸，または**ラクターゼ**という酵素により加水分解すると，ガラクトースとグルコースができる。

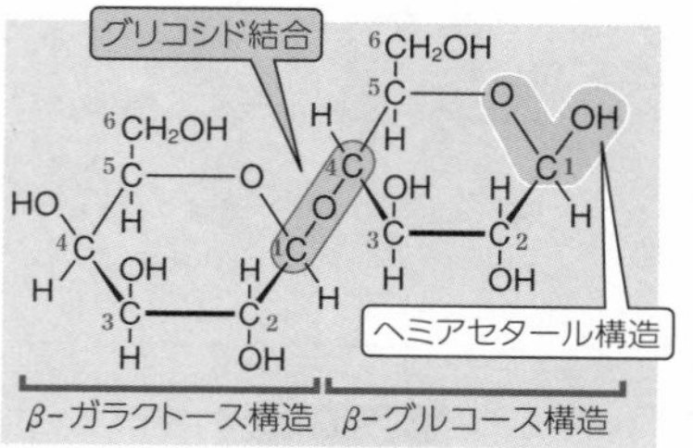

▲ラクトースの構造(β形)

C 多糖

多数の単糖が縮合重合でつながった構造をもつ糖を**多糖**という。多糖の分子量は 10^4 ～ 10^7 程度と非常に大きい。

多糖は，生物のはたらきで合成され，天然に広く分布している。無定形で水に溶けにくいものが多いが，溶けてコロイド溶液になるものもある。甘味をもたず，還元性も示さない。

第5編　高分子化合物

●**デンプン** $(C_6H_{10}O_5)_n$

⑴**所在**　デンプンは，植物がグルコースを貯蔵する形の一つで，種子・塊根・地下茎などにデンプン粒として存在する(教 p.365 図13)。デンプンには，熱水に溶けやすい成分**アミロース**と熱水にも溶けにくい成分**アミロペクチン**の2つがある。うるち米に含まれるデンプンは，20～25％がアミロース，75～80％がアミロペクチンである。もち米に含まれるデンプンは，ほぼ100％がアミロペクチンである。

⑵**構造**　アミロースとアミロペクチンは，どちらも多数のα-グルコースが重合した構造をもつ(教 p.365 図14)が，枝分かれの有無が異なる。

アミロースは，10^2 ～ 10^3 個程度のα-グルコースが，C1原子とC4原子の間の脱水縮合で直鎖状に重合した構造をもつ。分子量は 10^4 ～ 10^5 程度である。

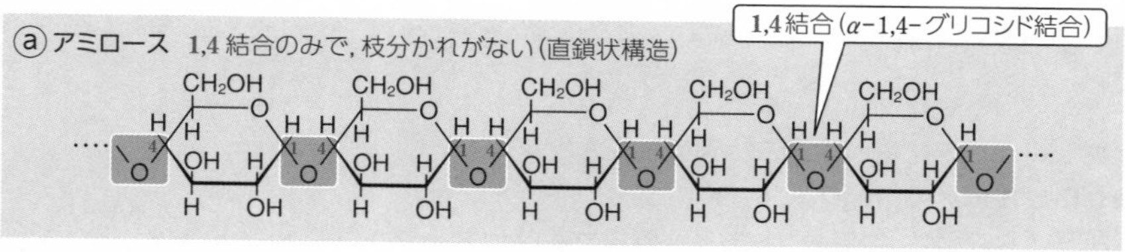

▲アミロースの構造　アミロースは，1,4結合のみからなるので，直鎖状構造である。

アミロペクチンは，$10^4 \sim 10^5$ 個程度の α-グルコースが重合したもので，C1 原子と C4 原子の間でつながった部分に加えて，C1 原子と C6 原子の間でつながった部分もあり，枝分かれ構造をもつ。分子量は $10^6 \sim 10^7$ 程度である。

ⓑ アミロペクチン　1,4 結合と 1,6 結合をもち，枝分かれがある

1,4 結合　　1,6 結合（α-1,6-グリコシド結合）

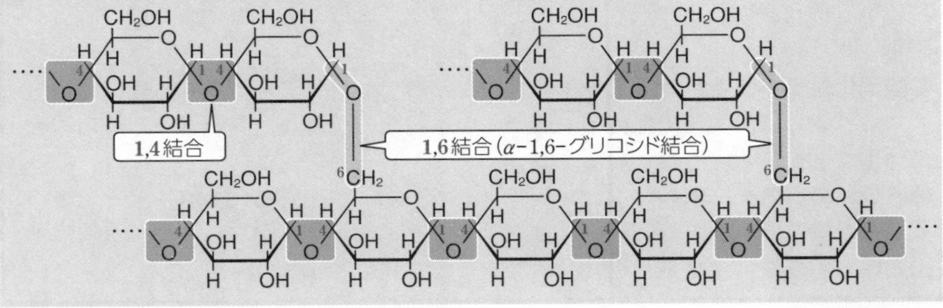

▲アミロペクチンの構造　アミロペクチンは，1,4 結合のほかに，1,6 結合も含むので，直鎖状構造に加えて枝分かれ構造ももつ。

アミロースとアミロペクチンのどちらについても，鎖状の部分は，α-グルコース約 6 分子で 1 回転するらせん構造になっており，ヒドロキシ基 -OH どうしの水素結合によって固定されている。**教** p.366 図 16

(3)**性質**　デンプンに希酸を加えて加熱すると，加水分解され，最終的には多数のグルコース（単糖）ができる。**教** p.367 図 17

$$(C_6H_{10}O_5)_n + nH_2O \xrightarrow[\text{加水分解}]{\text{希酸（H}^+\text{が触媒）}} nC_6H_{12}O_6 \tag{5}$$
デンプン　　　　　　　　　　　　　　　　　　　グルコース

また，デンプンに**アミラーゼ**という酵素を作用させると，加水分解されて多数のマルトース（二糖）ができる。マルトースは希酸やマルターゼにより加水分解されて，グルコースになる。

$$(C_6H_{10}O_5)_n \xrightarrow[\text{加水分解}]{\text{アミラーゼ}} C_{12}H_{22}O_{11} \xrightarrow[\text{加水分解}]{\text{マルターゼ}} C_6H_{12}O_6 \tag{6}$$
デンプン　　　　　　　　　マルトース　　　　　　　　グルコース

デンプンの加水分解を途中で停止させると，デンプンよりも分子量がやや小さい多糖が得られる。この多糖を**デキストリン**という。デキストリンはデンプンと異なり水に溶けやすい。糊，水溶性フィルム（オブラート），酒造原料などに用いられる。

デンプン溶液にヨウ素ヨウ化カリウム水溶液（ヨウ素溶液）を加えると，青〜青紫色に呈色する。この反応は**ヨウ素デンプン反応**（**教** p.368 図 18）とよばれる。デンプン分子のらせん構造に I_2 や I_3^- などが取りこまれることによって起こる。

この反応の呈色は，アミロースは濃青色，アミロペクチンは赤紫色である。また，加水分解すると，紫色から赤，褐色を経てしだいに薄い色になる。**教** p.368 図 19

参考　**糖類の利用**

●**甘味料**　糖類や，糖類を還元して得られるキシリトールや D-ソルビトールなどは，甘味料として使用されている。キシリトールは右図のような構造である。

$$CH_2-CH-CH-CH-CH_2$$
$$\ \ |\ \ \ \ |\ \ \ \ |\ \ \ \ |\ \ \ \ |$$
$$\ OH\ OH\ OH\ OH\ OH$$
キシリトール

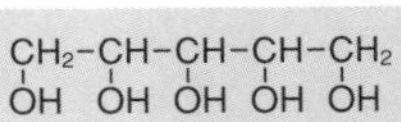

また，D-ソルビトールはグルコースの鎖状構造の$-CHO$が$-CH_2OH$に還元された構造である。

●シクロデキストリン シクロデキストリンは，内部が疎水性なので，水に溶けにくい有機化合物を中に取りこむことができる。医療や食品などの分野で幅広く利用されている。

●難消化性デキストリン トウモロコシなどのデンプンより得られる難消化性デキストリンには，食後の血糖値や血中の中性脂肪の急激な上昇を抑える作用や整腸作用などがあるとされている。

●トレハロース 二糖の一つで，2つのα-グルコース分子がC1原子どうしでつながった構造をもつトレハロースは，ヘミアセタール構造がないので，水溶液は還元性を示さない。化粧水や食品添加物に広く利用されている。

●グリコーゲン$(C_6H_{10}O_5)_n$

(1)所在 グリコーゲンは，動物の肝臓や筋肉中などに存在する。動物がグルコースを貯蔵する形の一つであることから，**動物デンプン**ともよばれる。グリコーゲンから生じるグルコースは，各器官で消費されて最終的には二酸化炭素と水になり，その際に取り出されるエネルギーの一部が生命活動に使われる。

$$C_6H_{12}O_6(固) + 6O_2(気) \longrightarrow 6CO_2(気) + 6H_2O(液) \quad \Delta H = -2803\,kJ \tag{7}$$

(2)構造 グリコーゲンは，多数のα-グルコースが重合した構造をもつ。アミロペクチンよりもさらに多くの枝分かれ構造があるため，分子の形は球状である(教 p.369 図20)。分子量は10^6程度で，水に溶け，溶液は還元性を示さない。ヨウ素デンプン反応の呈色は赤褐色である。

●セルロース$(C_6H_{10}O_5)_n$

(1)所在 植物の細胞壁の主成分である多糖で，植物の質量の30～50%を占める。

(2)構造 多数のβ-グルコースがC1原子とC4原子の間の脱水縮合で重合した構造をもつ。デンプンとは異なり，らせん構造ではなく，単純な直線状構造になっている。分子量は10^5～10^7程度である。

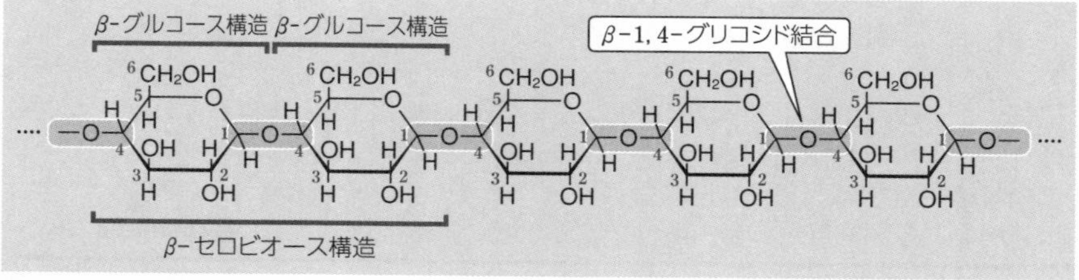

▲セルロースの構造

(3)性質 熱水や有機溶媒に溶けにくく，還元性を示さない。ヨウ素デンプン反応も示さない。希酸を加えて長時間煮沸すると，徐々に加水分解され，最終的にはグルコース(単糖)ができる。

$$(C_6H_{10}O_5)_n + nH_2O \xrightarrow[\text{加水分解}]{\text{希酸}(H^+\text{が触媒})} nC_6H_{12}O_6 \quad (8)$$

セルロース　　　　　　　　　　　　グルコース

セルラーゼという酵素を作用させると加水分解され，セロビオース(二糖)ができる。

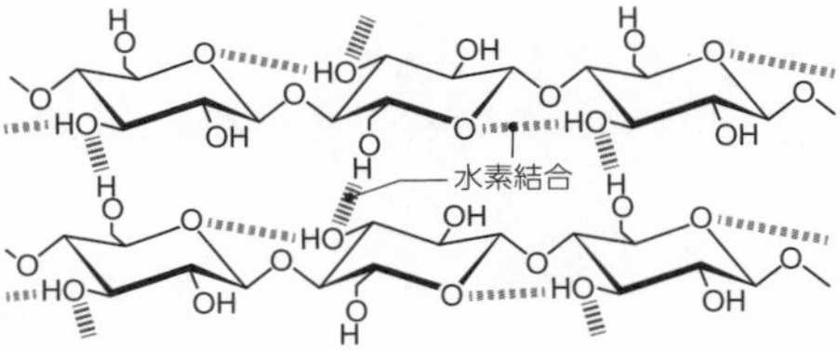

◀**セルロース分子の水素結合**
分子内の水素結合▪▪▪▪▪▪により，β-グルコース構造の環が交互に向きを変えてつながり，直線状構造の分子ができる。
分子間の水素結合▮▮▮▮▮▮により，セルロース分子どうしが強く結びついて，部分的に結晶構造をつくる。

D セルロースの誘導体

セルロースの1つのβ-グルコース構造には3つのヒドロキシ基−OHがあるので，化学式を$[C_6H_7O_2(OH)_3]_n$のように書くことがある。この3つの−OHを化学的に変化させると，セルロースをもとにした有用な高分子化合物が得られる。

●ニトロセルロース　セルロースに濃硫酸と濃硝酸の混合物(混酸)を加えて反応させると，−OHが硝酸と反応して硝酸エステルになる。これを**ニトロセルロース**という。硝酸との反応の進み具合によって，ジニトロセルロース$[C_6H_7O_2(OH)(ONO_2)_2]_n$やトリニトロセルロース$[C_6H_7O_2(ONO_2)_3]_n$などが得られる。

$$[C_6H_7O_2(OH)_3]_n + 3nHONO_2 \longrightarrow [C_6H_7O_2(ONO_2)_3]_n + 3nH_2O \quad (9)$$

セルロース　　　　硝酸　　　　トリニトロセルロース

●アセテート　セルロースと無水酢酸を酢酸と硫酸の存在下で反応させると，−OHが無水酢酸と反応して酢酸エステルになる。

$$[C_6H_7O_2(OH)_3]_n + 3n(CH_3CO)_2O$$

セルロース　　　　無水酢酸

$$\xrightarrow{\text{アセチル化}} [C_6H_7O_2(OCOCH_3)_3]_n + 3nCH_3COOH \quad (10)$$

アセチル化　トリアセチルセルロース　　　　酢酸

トリアセチルセルロースは溶媒に溶けにくいが，一部のエステル結合を加水分解してジアセチルセルロース$[C_6H_7O_2(OH)(OCOCH_3)_2]_n$にすると，溶けるようになる。これをアセトンに溶かして，細孔(小さい穴)から押し出し，アセトンを蒸発させると**アセテート**という繊維が得られる。

アセテートは，天然繊維であるセルロースをもとにして，構造の一部を変化させた繊維なので，**半合成繊維**とよばれる。

●銅アンモニアレーヨン(キュプラ)　水酸化銅(Ⅱ)に濃アンモニア水を加えてできる，テトラアンミン銅(Ⅱ)イオンを含む濃アンモニア水を**シュバイツァー試薬**という。セルロースをシュバイツァー試薬に溶かして希硫酸中で細孔から押し出すと，再びセルロースにもどる。このようにして得られるセルロースの繊維を**銅アンモニアレーヨン**または**キュプラ**という。

●ビスコースレーヨン　セルロースを水酸化ナトリウム水溶液および二硫化炭素CS_2と反応させ，薄い水酸化ナトリウム水溶液に溶かしたものを，**ビスコース**という。

これを希硫酸中で細孔から押し出すと，再びセルロースにもどる。こうして得られるセルロースの繊維を**ビスコースレーヨン**（または単にレーヨン）という。ビスコースをスリットから押し出すと，膜状に固まって**セロハン**が得られる。教 p.375 図 27

銅アンモニアレーヨンやビスコースレーヨンの原料となるセルロースは，木材パルプやコットンリンター（綿の短い繊維）などから得られる短いものである。短いセルロースを化学反応により長い繊維に再生したものであることから，**再生繊維**ともよばれる。

2 アミノ酸とタンパク質

分子内にアミノ基 $-NH_2$ とカルボキシ基 $-COOH$ がある化合物を**アミノ酸**といい，おもにアミノ酸からなり，生命活動においてさまざまな役割をもつ高分子化合物を**タンパク質**という。

A アミノ酸

アミノ酸のうち，$-NH_2$ と $-COOH$ が同じ C 原子に結合しているものを特に **α-アミノ酸**という。

タンパク質に含まれる主要なアミノ酸は α-アミノ酸であり，20 種類が知られている。このうち 9 種類はヒトの体内で合成されない，または合成されにくいため，外部から摂取する必要があり，**必須アミノ酸**といわれる。

グルタミン酸のような側鎖 R に $-COOH$ などの酸性を示す官能基があるものを**酸性アミノ酸**といい，リシンのような側鎖 R に $-NH_2$ などの塩基性を示す官能基があるものを**塩基性アミノ酸**という。教 p.377 表 2

●**鏡像異性体**　主要な α-アミノ酸 $R-{}^{*}CH(NH_2)-COOH$ のうちグリシン以外は，＊印の炭素原子に結合する原子または原子団が 4 個とも異なる**不斉炭素原子**をもつ。そのため，**鏡像異性体**が存在する。α-アミノ酸の鏡像異性体は多くの場合「L 形」「D 形」と区別してよばれ，天然に存在するものの多くは右図ⓐのような L 形である。

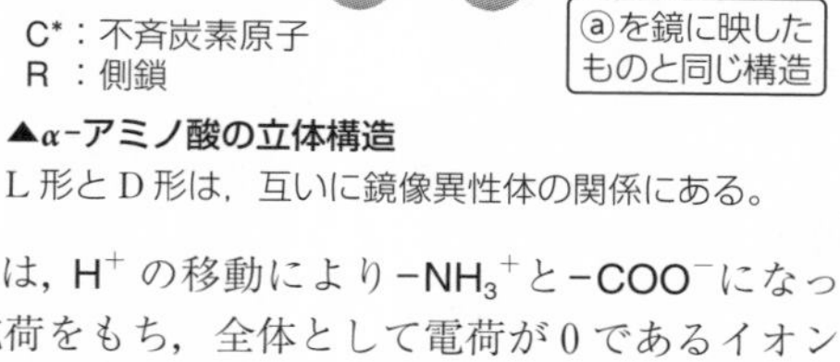

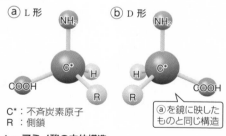

▲**α-アミノ酸の立体構造**
L 形と D 形は，互いに鏡像異性体の関係にある。

●**双性イオン**　結晶中や水溶液中において，アミノ酸分子の $-NH_2$ と $-COOH$ は，H^+ の移動により $-NH_3^+$ と $-COO^-$ になっている。このような，正と負の両方の電荷をもち，全体として電荷が 0 であるイオンを**双性イオン**という。アミノ酸は，双性イオンになるので，多くは水に溶けやすく，有機溶媒には溶けにくい。また，結晶の構造は，双性イオンどうしが互いに静電気力で引きあうので，イオン結晶に近い。双性イオンは，分子内にイオン結合があると考えることもできるので**分子内塩**ともよばれる。

●電離平衡　アミノ酸は，－COOH と－NH₂ の両方をもつので，酸と塩基の両方の性質を示す。水溶液中では，双性イオン，陽イオン，陰イオンが電離平衡の状態で存在している(**両性電解質**)。

$$R-\underset{NH_3^+}{CH}-COOH \underset{H^+}{\overset{OH^-}{\rightleftharpoons}} R-\underset{NH_3^+}{CH}-COO^- \underset{H^+}{\overset{OH^-}{\rightleftharpoons}} R-\underset{NH_2}{CH}-COO^-$$

陽イオン　　　　　　　双性イオン　　　　　　　陰イオン

酸性　　　　　　　　　　　　　　　　　　　　　　　　　　塩基性

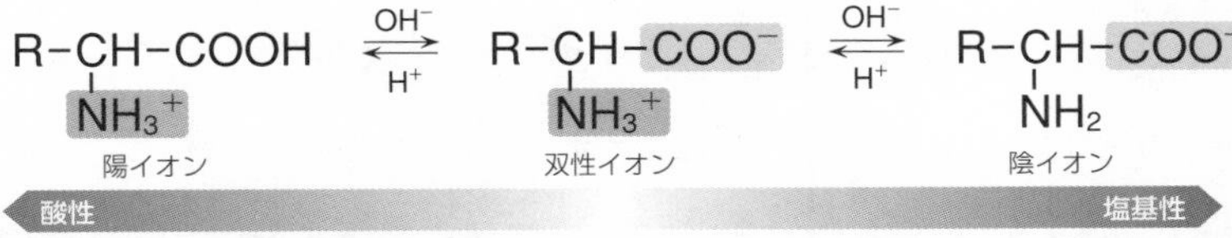

▲**水溶液中のアミノ酸の電離平衡**　酸性の水溶液中では，－COO⁻ が H⁺ を受け取って－COOH になり，ほとんどのアミノ酸は陽イオンになっている。塩基性の水溶液中では，－NH₃⁺ が H⁺ を放出して－NH₂ になり，ほとんどのアミノ酸は陰イオンになっている。

●等電点　アミノ酸の水溶液に直流電圧を加えると，酸性の水溶液中ではほとんどのアミノ酸が陽イオンなので陰極側へ，塩基性の水溶液中では陰イオンなので陽極側へ移動する。アミノ酸のほとんどが双性イオンになっているとき，全体の電荷が 0 になるので，アミノ酸はどちらの電極へも移動しない。このときの pH を**等電点**という。

　等電点はアミノ酸によって異なる。アミノ酸の混合水溶液に直流電圧を加え，pH を変えていくと，等電点の違いによってアミノ酸を分離・特定することができる。

●検出反応　アミノ酸の水溶液にニンヒドリン水溶液を加えて加熱すると，－NH₂ がニンヒドリンと反応して赤紫～青紫色に呈色する。これを**ニンヒドリン反応**という。

教 p.378 図 31

第⑤編　高分子化合物

●カルボキシ基やアミノ基の反応　アミノ酸は－COOH をもつので，アルコールと反応してエステルになる。また，アミノ酸は－NH₂ ももつので，カルボン酸無水物と反応してアミドになる。

発展　アミノ酸の立体構造と DL 表示法

●鏡像異性体と DL 表示法

　グリシン以外の α－アミノ酸には，不斉炭素原子 C* がある。そのため，実物と鏡像との関係にある**鏡像異性体**が存在する。

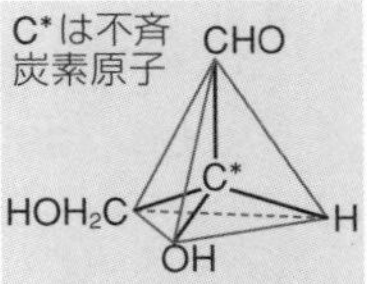

　鏡像異性体の立体的な構造を表す方法の一つとして，グリセルアルデヒド $C_3H_6O_3$ 分子の構造との対応をもとにした

C*は不斉炭素原子

L-グリセルアルデヒド

DL 表示法がある。アミノ酸の場合，次の手順によって D 形か L 形かを判断できる。

(1)　不斉炭素原子 C* を中心として，H 原子が奥側になるように見たとき，－COOH，－R，－NH₂ の配置がどのようになっているかを調べる。

(2)　－COOH，－R，－NH₂ の配置がこの順に反時計回り◯になっていれば L 形で，時計回り◯になっていれば D 形である。

参考　アミノ酸の電離平衡

●電離平衡と等電点

水溶液中のアミノ酸は，次のような３種類のイオンの形で存在している。

$$\underset{\text{陽イオン}}{\underset{NH_3^+}{R-CH-COOH}} \underset{H^+}{\overset{OH^-}{\rightleftharpoons}} \underset{\text{双性イオン}}{\underset{NH_3^+}{R-CH-COO^-}} \underset{H^+}{\overset{OH^-}{\rightleftharpoons}} \underset{\text{陰イオン}}{\underset{NH_2}{R-CH-COO^-}}$$

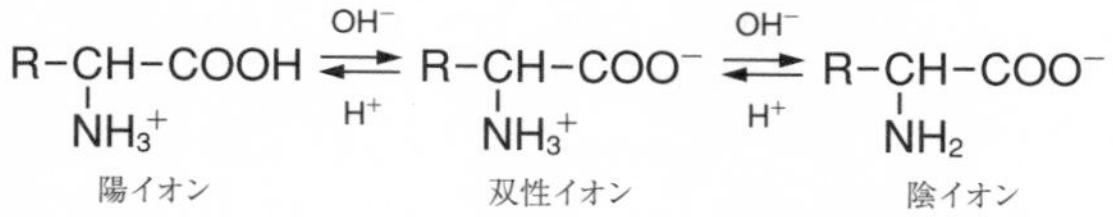

ここで，陽イオンを A^+，双性イオンを $A^{\pm}$，陰イオンを A^- で表すと，実際には次の２つの平衡が成りたっている。

$$A^+ \rightleftharpoons A^{\pm} + H^+ \qquad A^{\pm} \rightleftharpoons A^- + H^+$$

それぞれの電離定数 K_1，K_2 は，

$$K_1 = \frac{[A^{\pm}][H^+]}{[A^+]} \qquad K_2 = \frac{[A^-][H^+]}{[A^{\pm}]} \qquad \text{と表されるから，}$$

$$K_1 \times K_2 = \frac{[A^{\pm}][H^+]}{[A^+]} \times \frac{[A^-][H^+]}{[A^{\pm}]} = \frac{[A^-][H^+]^2}{[A^+]} \qquad \text{となる。}$$

等電点では $[A^+] = [A^-]$ だから，

$$K_1 \times K_2 = [H^+]^2 \qquad [H^+] > 0 \text{ より，} \quad [H^+] = \sqrt{K_1 \times K_2} \qquad \text{となる。}$$

例えば，アラニンでは，

$K_1 = 1.0 \times 10^{-2.3} \,\text{mol/L}$，$K_2 = 1.0 \times 10^{-9.7} \,\text{mol/L}$ だから，アラニンの等電点の水素イオン濃度 $[H^+]$ は，

$$[H^+] = \sqrt{1.0 \times 10^{-2.3} \times 1.0 \times 10^{-9.7}} = \sqrt{1.0 \times 10^{-(2.3+9.7)}}$$
$$= \sqrt{1.0 \times 10^{-12.0}} = 1.0 \times 10^{-6.0} \,\text{mol/L}$$

よって，pH $= 6.0$ となる。

●酸性アミノ酸・塩基性アミノ酸の電離平衡

酸性アミノ酸や塩基性アミノ酸の水溶液では，３つの電離平衡が成りたっている。

（例）　酸性アミノ酸のグルタミン酸

$$\underset{NH_3^+}{HOOC-(CH_2)_2-CH-COOH} \underset{H^+}{\overset{OH^-}{\rightleftharpoons}} \underset{NH_3^+}{HOOC-(CH_2)_2-CH-COO^-}$$

$$\underset{H^+}{\overset{OH^-}{\rightleftharpoons}} \underset{NH_3^+}{{}^-OOC-(CH_2)_2-CH-COO^-} \underset{H^+}{\overset{OH^-}{\rightleftharpoons}} \underset{NH_2}{{}^-OOC-(CH_2)_2-CH-COO^-}$$

（例）　塩基性アミノ酸のリシン

$$\underset{NH_3^+}{H_3N^+-(CH_2)_4-CH-COOH} \underset{H^+}{\overset{OH^-}{\rightleftharpoons}} \underset{NH_3^+}{H_3N^+-(CH_2)_4-CH-COO^-}$$

$$\underset{H^+}{\overset{OH^-}{\rightleftharpoons}} \underset{NH_2}{H_3N^+-(CH_2)_4-CH-COO^-} \underset{H^+}{\overset{OH^-}{\rightleftharpoons}} \underset{NH_2}{H_2N-(CH_2)_4-CH-COO^-}$$

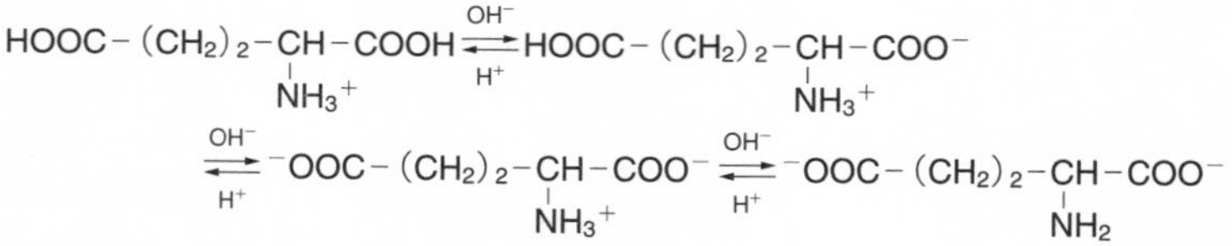

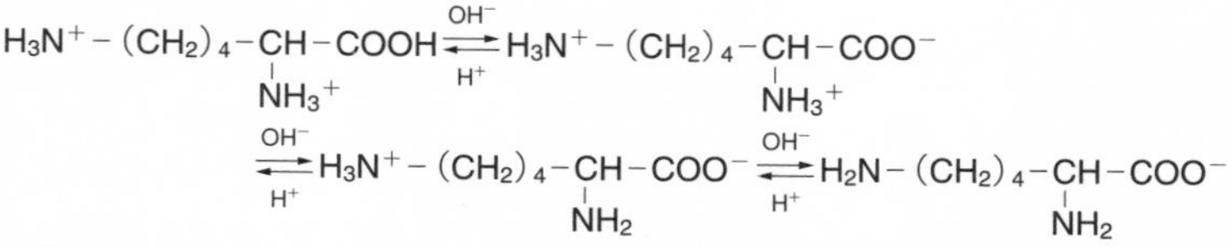

B ペプチド

アミノ酸分子にはカルボキシ基−COOH とアミノ基$-NH_2$があり，分子間の脱水縮合により，アミド結合−CO−NH−ができる。アミノ酸がアミド結合でつながってできる化合物を**ペプチド**といい，ペプチドに含まれるアミド結合を**ペプチド結合**という。

・**ジペプチド**…2つのアミノ酸が結合した化合物

・**トリペプチド**…3つのアミノ酸が結合した化合物

・**ポリペプチド**…多数のアミノ酸が鎖状に結合した化合物（教 p.382 図 32）

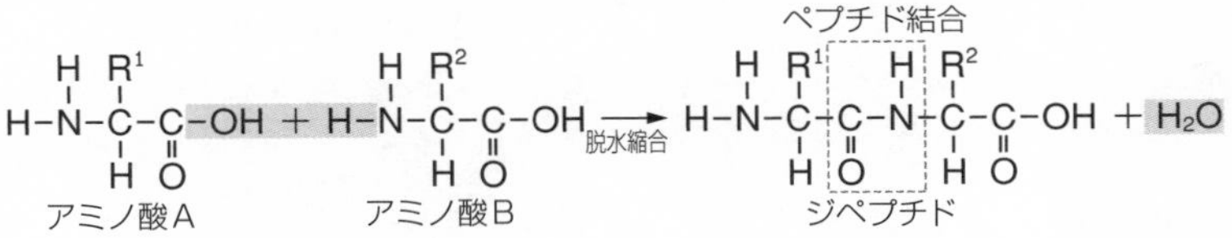

(11)

C タンパク質

タンパク質は，おもにポリペプチドからなり特定の立体構造をもつ高分子化合物である。タンパク質の分子量は$10^4 \sim 10^6$程度である。

●タンパク質の構造　タンパク質の性質は，単量体であるアミノ酸の種類や数だけでなく，その配列順序やポリペプチドの立体構造によって大きく変わる。

(1)**一次構造**　ポリペプチドにおけるアミノ酸の配列順序を，タンパク質の一次構造という。

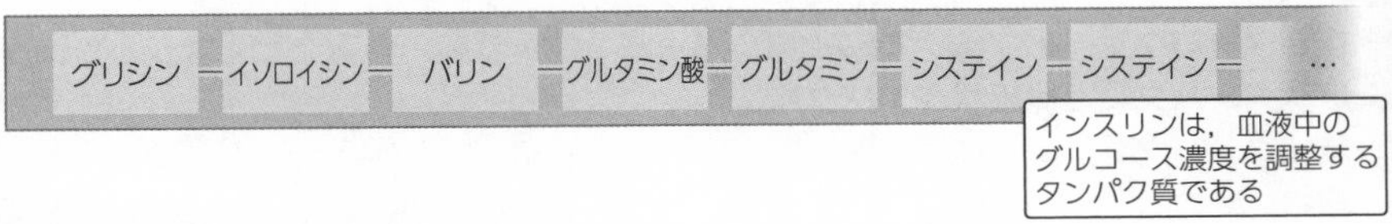

▲一次構造の例（ヒトのインスリンの一部）

(2)**二次構造**　ポリペプチド鎖は，ペプチド結合間の水素結合により，規則的な立体構造をとる。これを二次構造といい，α−ヘリックス（らせん構造）やβ−シート（ひだ状の平面構造）などがある。

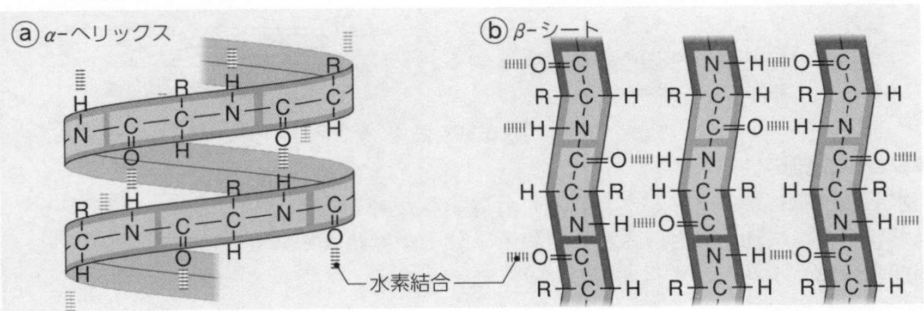

▲二次構造の例

(3)三次構造　二次構造のα−ヘリックスやβ−シートなどはさらに複雑に折れ曲がり，側鎖間のイオン結合やジスルフィド結合−S−S−(2か所のシステインの−SHが酸化されてできる結合)などによって特定の立体構造に固定される。これを三次構造という。

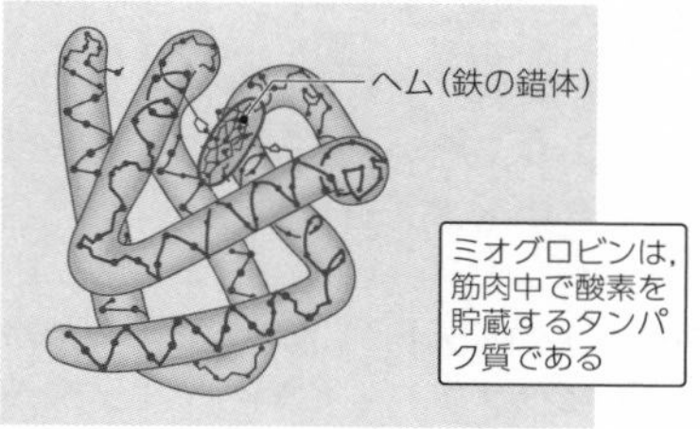

▲三次構造の例(ミオグロビン)

(4)四次構造　三次構造をもつ複数のポリペプチド鎖(サブユニット)が組み合わさった構造を四次構造という。

二次構造・三次構造・四次構造をまとめて，タンパク質の**高次構造**という。生体内ではたらくタンパク質は，多くの場合三次構造か四次構造をもつ。

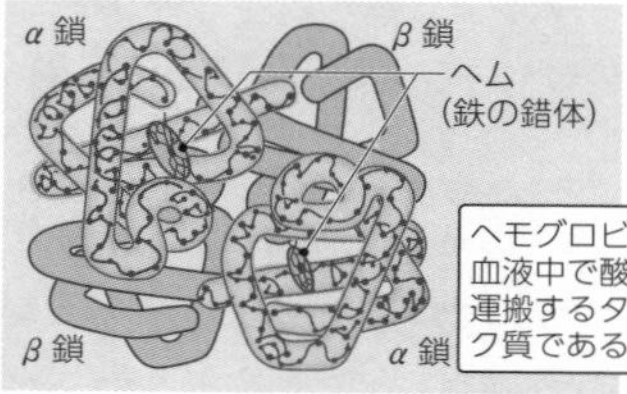

▲四次構造の例(ヘモグロビン)　2種類のサブユニット(α鎖とβ鎖)が2個ずつ，計4個が組み合わさっている。

●タンパク質の分類

(1)単純タンパク質と複合タンパク質(教 p.384 表4)

・**単純タンパク質**…α−アミノ酸のみからなるもの。

・**複合タンパク質**…α−アミノ酸に加えて糖・リン酸・核酸・色素などを含むもの。

(2)球状タンパク質と繊維状タンパク質

・**球状タンパク質**…ポリペプチド鎖の立体構造が球状のもの。

多くは外側に親水基があるので水に溶けやすく，細胞内や体液中に存在する。

(例)　アルブミン，グロブリン

・**繊維状タンパク質**…ポリペプチド鎖の立体構造が繊維状であり集まって束になるもの。

水に溶けにくく，筋肉や組織に含まれる。

(例)　ケラチン，コラーゲン，フィブロイン

教 p.384 表4

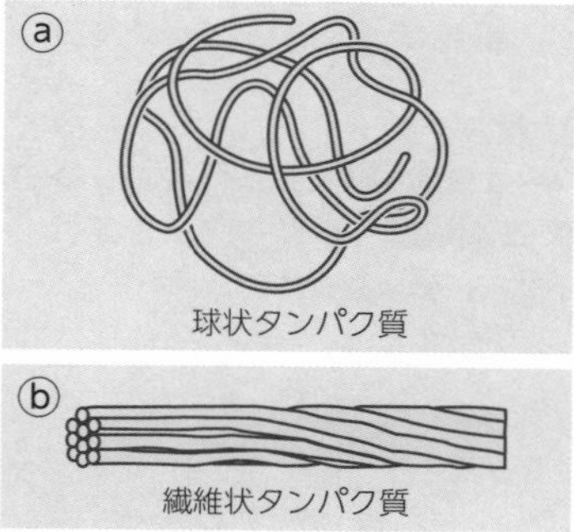

▲タンパク質の形状

●タンパク質の性質

(1)水溶液　水溶性のタンパク質が水に分散すると，親水コロイドになる。したがって，電解質を多量に加えると，水和している水分子が奪われて，塩析により沈殿する。

(2)加水分解　タンパク質は希酸を加えて加熱したり，プロテアーゼなどのタンパク質分解酵素を作用させたりすると，加水分解されて構成成分のα−アミノ酸などが生じる。

(3)変性　タンパク質に熱・酸・塩基・重金属イオン(Cu^{2+}，Hg^{2+}，Pb^{2+}など)・有機溶媒などを加えると，タンパク質の立体的な構造が変化して，凝固や沈殿が起こる。

これを**タンパク質の変性**という(教 p.385 図 38)。変性により，タンパク質に特有の性質や生理的な機能は失われる。一度変性したタンパク質は，高次構造を固定している水素結合や，イオン結合が失われると，もとの高次構造にはもどれない。

(4)**ビウレット反応**　タンパク質の溶液に，薄い水酸化ナトリウム NaOH 水溶液を加えて混ぜた後，薄い硫酸銅(Ⅱ) $CuSO_4$ 水溶液を少量加えると，赤紫色に呈する。この反応は**ビウレット反応**とよばれ，3 分子以上のアミノ酸からなるペプチドが Cu^{2+} と錯イオンをつくることによって起こる。教 p.386 図 39

(5)**キサントプロテイン反応**　タンパク質の溶液に濃硝酸 HNO_3 を加えて加熱すると黄色になり，さらに冷却後アンモニア NH_3 水を加えて塩基性にすると橙黄色を示す。この反応は**キサントプロテイン反応**とよばれる。これは，タンパク質中のチロシンなどに含まれるベンゼン環がニトロ化されることによって起こる。教 p.386 図 39

(6)**ニンヒドリン反応**　タンパク質の溶液にニンヒドリン水溶液を加えて温めると，赤紫～青紫色を示す。この反応を，**ニンヒドリン反応**という。これは，アミノ基 $-NH_2$ がニンヒドリンと反応することによって起こる。教 p.386 図 39，教 p.378 図 31

(7)**硫黄 S の検出**　タンパク質の溶液に水酸化ナトリウム水溶液を加えて加熱し，酢酸鉛(Ⅱ) $(CH_3COO)_2Pb$ 水溶液を加えると黒色沈殿が生じる。タンパク質中のシステインなどに含まれる硫黄原子 S からできた硫化物イオン S^{2-} が Pb^{2+} と反応して，硫化鉛(Ⅱ) PbS ができることによって起こる。教 p.386 図 39

(8)**窒素 N の検出**　タンパク質の溶液に固体の水酸化ナトリウムを加えて加熱すると，タンパク質が分解されてアンモニア NH_3 の気体が発生するので，水で湿らせた赤色リトマス紙を近づけると青くなる。教 p.386 図 39

D 酵素

生体内では，さまざまな化学反応が絶えず起こっている。それぞれの反応について，生体内には，触媒としてはたらくタンパク質が存在する。このようなタンパク質を**酵素**という。現在では 6000 種類以上の酵素が知られている。

●酵素のはたらき　酵素が触媒になる反応(酵素反応)において，反応物を**基質**という。例えば，デンプンはアミラーゼの基質である。

酵素反応では，酵素の特定の部位(**活性部位**または**活性中心**という)が基質と立体的に結合し，**酵素-基質複合体**になる。その後，基質が生成物に変化し，生成物が酵素から離れて，酵素がもとにもどる(次のページの上図)。酵素の反応は活性化エネルギーが非常に小さいため，低温でも反応が進む。

酵素は特定の基質とのみ結合する(**基質特異性**)。また，酵素は特定の反応のみの触媒となる(**反応特異性**)。例えば，アミラーゼは，デンプンの加水分解反応でのみ触媒としてはたらく酵素である。

基質と似た構造をもつ別の物質があるとき，酵素が基質ではなくその別の物質と結合し，反応が進まなくなってしまうことがある。このような物質を**酵素阻害剤**といい，医薬品に利用されている。

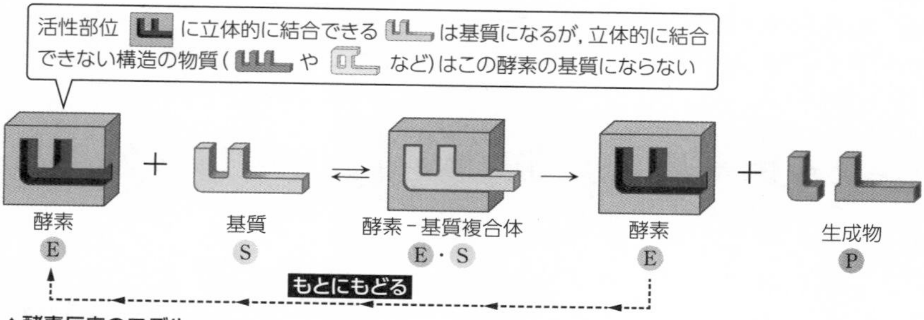

▲酵素反応のモデル

●酵素の反応条件　酵素は適した反応条件から大きく外れると，変性により触媒としてのはたらきを失う。これを酵素の**失活**という。

⑴**温度**　一般に化学反応の反応速度は温度が高いほど大きくなる。しかし，酵素反応の反応速度は，約40℃までは温度が上がると大きくなるが，40℃をこえると急激に小さくなっていく。これは，酵素が熱によって失活するからである。酵素がはたらくとき，反応速度が最も大きくなる温度を**最適温度**といい，35～40℃付近が多い（右図上）。

⑵**pH**　酵素のはたらきはpHによっても大きく変化する。酵素がはたらくときに，反応速度が最も大きくなるpHを**最適pH**という。

最適pHは酵素によって異なる。多くの酵素について，最適pHは5～8の中性付近であるが，胃液に含まれるペプシン（最適pHが2付近）のような，最適pHが中性から大きく外れているものもある（右図下）。

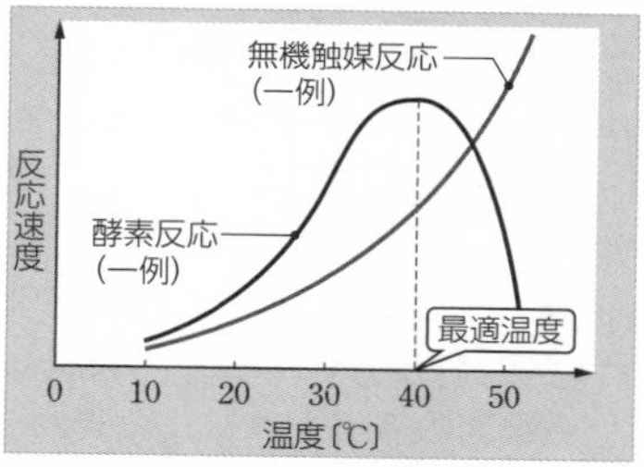

▲酵素反応の反応速度と温度の関係

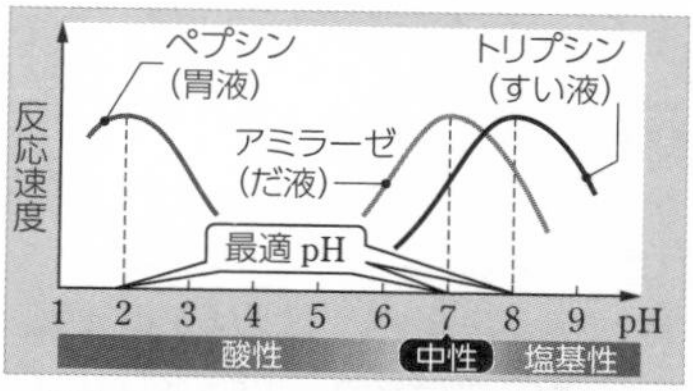

▲酵素反応の反応速度とpHの関係

発展　酵素反応の反応速度

酵素反応では，酵素Eと基質Sが結合した酵素–基質複合体E·Sを経て，生成物Pが生じる（①式）。生体内の酵素反応では，一般にv_2がきわめて小さいため，①式全体の反応速度（Pの生成速度）もv_2である。

$$\mathrm{E}+\mathrm{S} \underset{v_{-1}}{\overset{v_1}{\rightleftarrows}} \mathrm{E{\cdot}S} \xrightarrow{v_2} \mathrm{E}+\mathrm{P} \qquad (v_1,\ v_{-1},\ v_2：\text{反応速度}) \qquad ①$$

ここで，v_1，v_{-1}，v_2が，それぞれの反応速度定数k_1，k_{-1}，k_2を用いて，

$$v_1 = k_1[\mathrm{E}][\mathrm{S}],\ v_{-1} = k_{-1}[\mathrm{E{\cdot}S}],\ v_2 = k_2[\mathrm{E{\cdot}S}]$$

と表され，かつ，[E]と[E·S]がそれぞれ一定(E·S の生成速度と分解速度が等しい)と仮定すると，P の生成速度 v_2 を次のようにかけることが知られている。

$$v_2 = \frac{k_2[\mathrm{E}]_0[\mathrm{S}]}{[\mathrm{S}]+K} \qquad \left(K = \frac{k_2 + k_{-1}}{k_1},\ [\mathrm{E}]_0 = [\mathrm{E}] + [\mathrm{E{\cdot}S}]\right) \qquad ②$$

（$[\mathrm{E}]_0$：酸素の全濃度）

②式のグラフは右図のようになる。②式において，$V_{\max} = k_2[\mathrm{E}]_0$ を代入すると，$v_2 = \dfrac{V_{\max}[\mathrm{S}]}{[\mathrm{S}]+K}$ と表すこともでき，この式をミカエリス・メンテンの式という。

[S]が小さい([S]≪K)とき(図の▓)，$[\mathrm{S}] + K \fallingdotseq K$ と近似できるので，$v_2 \fallingdotseq \dfrac{k_2[\mathrm{E}]_0}{K}[\mathrm{S}]$ となり，v_2 が[S]に比例するとみなせる。

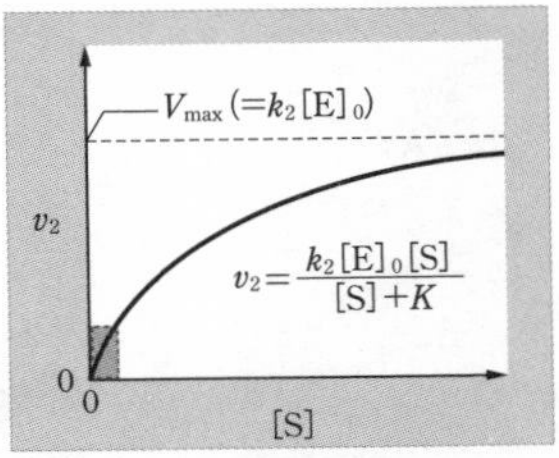

▲酵素反応の反応速度

3 核酸

生物の細胞には，遺伝に深くかかわる，**核酸**という高分子化合物が存在する。

核酸では，リン酸・糖・塩基がこの順に脱水縮合でつながった分子である**ヌクレオチド**を単量体としている。多数のヌクレオチドが糖の C3 の−OH とリン酸の−OH の脱水縮合で鎖状に結合したものを**ポリヌクレオチド**という。ポリヌクレオチドのうち，生物の細胞内にあるものを特に核酸という。

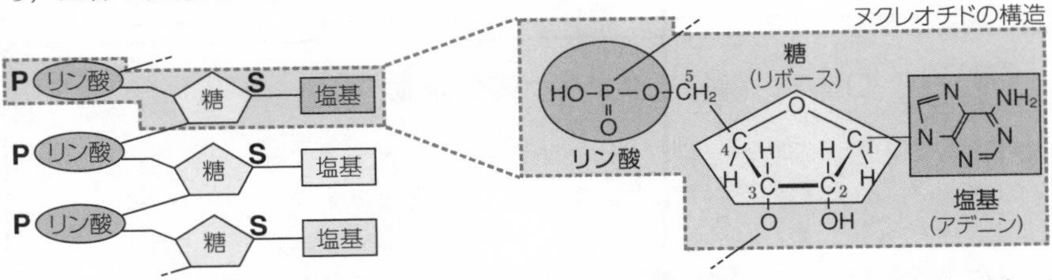

▲ポリヌクレオチドの構造　ヌクレオチドの構造の例としてアデノシン一リン酸を示した。また，糖と塩基のみがつながった分子をヌクレオシドという。

A DNA と RNA

核酸には **DNA**（デオキシリボ核酸）と **RNA**（リボ核酸）の 2 種類がある。

● DNA と RNA の成分　DNA の糖はデオキシリボース $C_5H_{10}O_4$ であり，塩基はアデニン(A)，グアニン(G)，シトシン(C)，チミン(T)の 4 種類である。一方，RNA の糖はリボース $C_5H_{10}O_5$ であり，塩基はアデニン(A)，グアニン(G)，シトシン(C)，ウラシル(U)の 4 種類である。

● DNA と RNA の構造　DNA は，2 本の分子がらせん状に組み合わさって存在している。これを**二重らせん構造**という。二重らせん構造は，2 本の分子の A と T，G と C の間での水素結合によって固定されている。

RNAは，１本の分子で存在しており，生体内でのタンパク質の合成に深く関わっている。mRNA（伝令RNA），tRNA（転移RNA），rRNA（リボソームRNA）の３種類が代表的である。

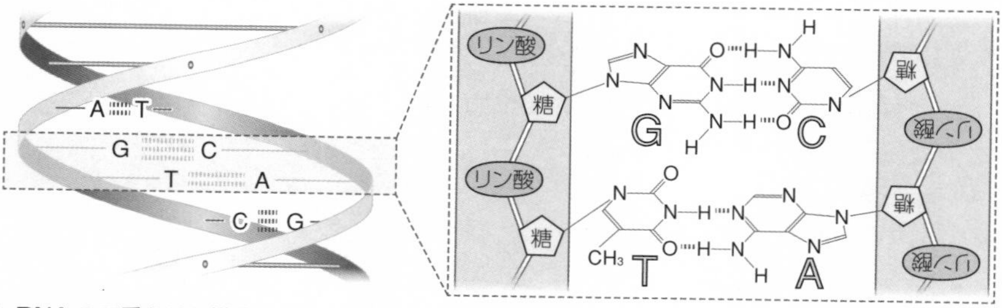

▲ **DNAの二重らせん構造**　２本のポリヌクレオチド鎖の間のAとT，GとCのペアを塩基対という。AとTの塩基対には２つの水素結合，GとCの塩基対には３つの水素結合があり，DNAの二重らせん構造を固定している。

発展　ATP

ヌクレオチドであるアデノシン一リン酸(AMP)にリン酸が１分子結合した物質をアデノシン二リン酸(ADP)，２分子結合した物質をアデノシン三リン酸(ATP)という(教 p.392 図A)。ATPの構造のうちリン酸どうしが脱水縮合で結合している部分を，高エネルギーリン酸結合といい，この結合が切れるときに放出されるエネルギーが，生体内での糖類や脂質の代謝，核酸の合成，筋肉の運動，生物発光などに使われている。

発展　DNAの複製とタンパク質の合成

● **DNAの複製**　細胞が分裂して増殖するとき，DNAの二重らせん構造がほどけて部分的に１本鎖になる。１本鎖の塩基の部分と塩基対をつくるヌクレオチドが次々と結合し，もとのDNAと同じ二重らせん構造が新たに形成される。これをDNAの**複製**という。教 p.393 図A

● **タンパク質の合成**　生体内のDNAからタンパク質が合成されるときは，DNAの二重らせん構造の一部がほどけて，その部分の遺伝情報を塩基配列の形でもつmRNAがつくられる。これを遺伝情報の**転写**という。このとき，DNAのA，G，C，Tに対して，RNAのU，C，G，Aが対応する。つくられたmRNAが細胞の核から出てリボソーム(rRNAによりつくられる細胞小器官)が付着すると，mRNAの塩基配列に対応するアミノ酸がtRNAにより運ばれてくる。運ばれてきたアミノ酸が次々とペプチド結合でつながって，ポリペプチドやタンパク質が合成される。教 p.393 図B

このようにmRNAのもつ遺伝情報をもとに，タンパク質が合成されることを，遺伝情報の**翻訳**という。

問　題

考 **問A**（教p.369）　D–ソルビトールとトレハロースの構造式を書け。

考え方　D–ソルビトールはグルコースの鎖状構造の$-CHO$が$-CH_2OH$に還元された構造である。トレハロースは2つのα–グルコース分子がC1原子どうしでつながった構造である。

解説&解答　トレハロースの右側のα–グルコース構造の部分については，左側の構造式を180°回転させたものを示した。

答　D–ソルビトール　　　トレハロース

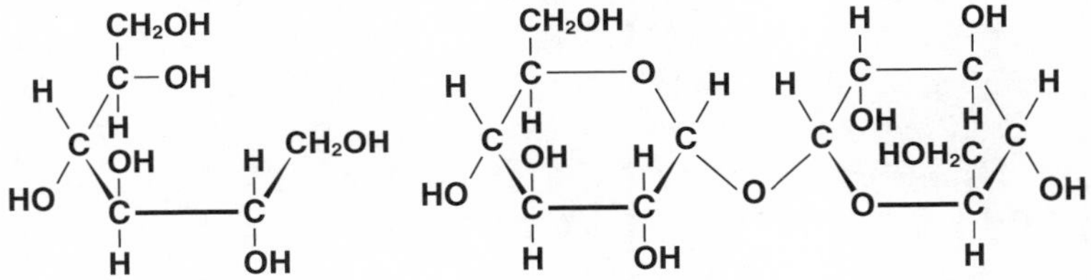

思考学習　アミロペクチンの構造の推定

教 p.370 ～ p.371

アミロースとアミロペクチンは，どちらもα–グルコースからなる多糖であるが，分子の枝分かれの有無が異なる。

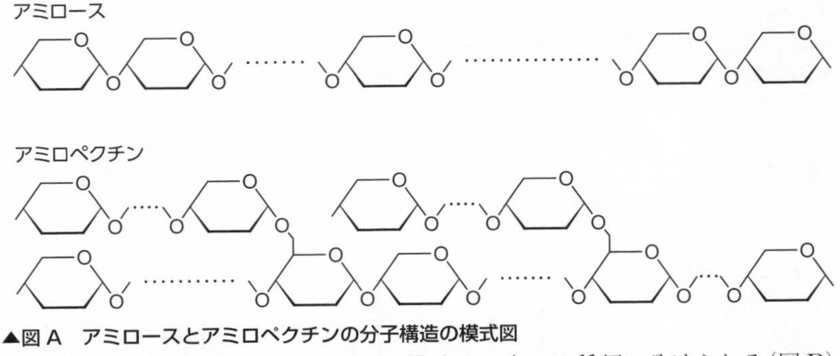

▲図A　アミロースとアミロペクチンの分子構造の模式図

これらの分子に含まれるグルコース構造は，次の4種類に分けられる(図B)。

(a)　C1とC4で結合しているもの　　　　（(a)部分）
(b)　C1とC4とC6で結合しているもの　（(b)部分）
(c)　C1だけで結合しているもの　　　　（(c)部分）
(d)　C4だけで結合しているもの　　　　（(d)部分）

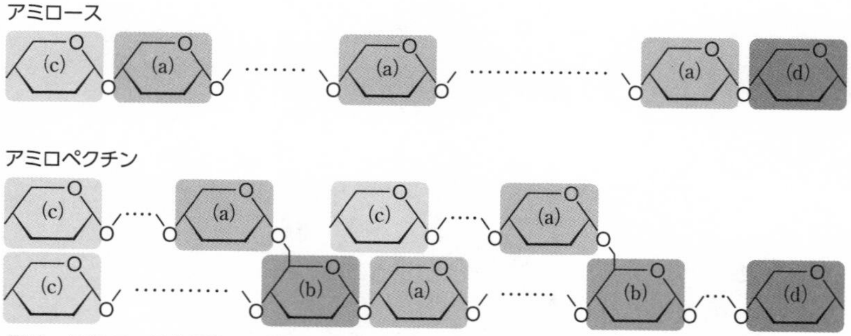

▲図Ｂ　アミロースとアミロペクチンに含まれるグルコース構造の種類

デンプンの枝分かれの数を測定する方法の一つに，デンプン分子の$-OH$を$-O-CH_3$に変化させた（メチル化した）後に加水分解して，生成物を調べる，というものがある。アミロースとアミロペクチンを例にして考えてみよう。

まず，枝分かれのないアミロースについて考えてみる。アミロース分子の$-OH$をすべて$-O-CH_3$にメチル化した後，希硫酸とともに加熱すると，グリコシド結合が加水分解され，次の(a)'，(c)'のような生成物が混合物として得られる。

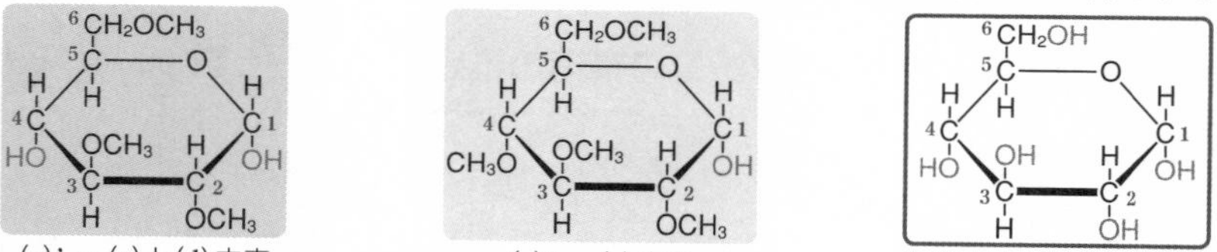

(a)'…(a)と(d)由来　(c)'…(c)由来　参考：α-グルコース分子

▲図Ｃ　メチル化したアミロースを加水分解したときの生成物

(d)のC1の$-OH$はいったんメチル化されるが，加水分解時にグリコシド結合と同様に$-OH$にもどる。したがって，(a)からも(d)からも(a)'が得られる。

次に，枝分かれのあるアミロペクチンについて考えてみる。アミロペクチン分子の$-OH$をすべて$-O-CH_3$にメチル化した後，希硫酸とともに加熱すると，グリコシド結合が加水分解され，次の(a)'，(b)'，(c)'のような生成物が混合物として得られる。

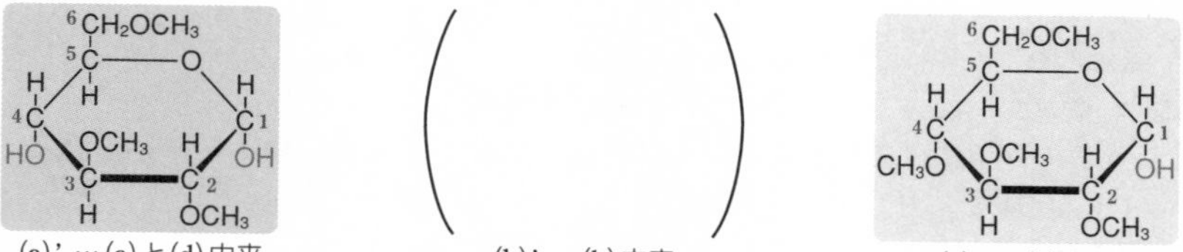

(a)'…(a)と(d)由来　(b)'…(b)由来　(c)'…(c)由来

▲図Ｄ　メチル化したアミロペクチンを加水分解したときの生成物

混合物中のこれらの含有量は，もとのアミロペクチン分子の枝分かれの数によって変わる。したがって，含有量を調べると，枝分かれの数を推定することができる。

第５編 高分子化合物

いま，平均分子量が 3.24×10^5 であるアミロペクチン 3.24g の−OH をすべて −O−CH_3 にメチル化した後，加水分解すると，上記の物質(a)'，(b)'，(c)' がそれぞれ 0.018mol，0.0010mol，0.0010mol 得られた。

考察1 図Dの空欄に当てはまる構造を書け。

考察2 このアミロペクチン分子の平均重合度はいくらか。

(H = 1.0，C = 12，O = 16)

考察3 このアミロペクチン分子中の枝分かれの数は，1分子当たり何個か。

考え方 アミロペクチンは α-グルコースが重合したもので，(b)があるため，枝分かれ構造をもつ。

解説&解答 **1** **答**

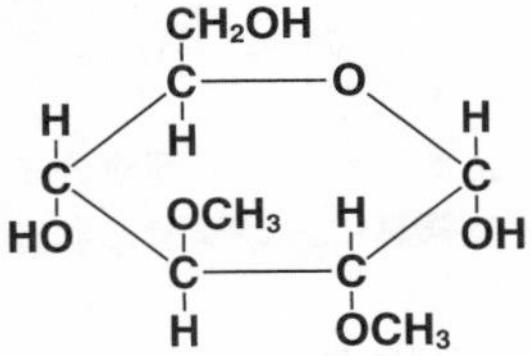

2 アミロペクチンの平均重合度を n とすると，分子式は $(C_6H_{10}O_5)_n$，分子量は $162n$ である。平均分子量が 3.24×10^5 であることから，

$162n = 3.24 \times 10^5 \qquad n = 2.00 \times 10^3$ **答** $\mathbf{2.00 \times 10^3}$

3 アミロペクチン分子に含まれる枝分かれの数は，(b)' の数に相当する。得られた(a)'，(b)'，(c)' の物質量の比は，

(a)'：(b)'：(c)' = 18：1.0：1.0

であるので，このアミロペクチン分子にはグルコース構造 20 個当たり 1 個の枝分かれがある。よって，1分子当たりの枝分かれの数は，

$2.00 \times 10^3 \times \dfrac{1}{20} = 1.0 \times 10^2$ **答** $\mathbf{1.0 \times 10^2}$ **個**

問1 (**教**p.373) 次の(ア)〜(エ)の水溶液について，(a)ヨウ素デンプン反応を示すもの，(b)銀鏡反応を示すものをそれぞれすべて選べ。

(ア) アミロース水溶液

(イ) グリコーゲン水溶液

(ウ) デンプンにアミラーゼを十分に作用させた水溶液

(エ) セルロースにセルラーゼを十分に作用させた水溶液

考え方 ヨウ素デンプン反応は，デンプン分子のらせん構造に I_2 や I_3^- などが取りこまれることによって呈色する。らせん構造を形成しないレベル(マルトース)まで加水分解すると呈色しない。

銀鏡反応は Ag^+ が還元されて銀になる反応で，還元性を示す糖において起こる反応である。

第5編 高分子化合物

解説&解答 (ウ)はマルトース水溶液，(エ)はセロビオース水溶液である。

(a) ヨウ素デンプン反応は，多数のα-グルコースが鎖状につながってできるらせん構造の中にI_2やI_3^-などが取り込まれることによって起こる。よって(ア)と(イ)がヨウ素デンプン反応を示す。

(b) 銀鏡反応は，Ag^+がAgに還元されることによって起こる。よって，分子内にヘミアセタール構造があり水溶液が還元性を示す(ウ)と(エ)が銀鏡反応を示す。 **答** (a) **(ア)，(イ)** (b) **(ウ)，(エ)**

考 **問2**（教p.377） アミノ酸の融点は，有機化合物としては比較的高い。この理由を考えよ。

考え方 一般に，分子からなる物質よりイオンからなる物質のほうが融点が高い。

解説&解答 **答 双性イオンになったアミノ酸が分子間力に加えて静電気力でも引きあい，イオン結晶に近い構造になっているから。**

問3（教p.379） アミノ酸の化学式を$R-CH(NH_2)-COOH$として，次の反応の化学反応式を答えよ。

(1) アルコールR^1-OHと反応するとエステルができる。

(2) カルボン酸無水物$(R^2-CO)_2O$と反応するとアミドができる。

考え方 (1) アミノ酸は$-COOH$をもつので，アルコールと反応してエステルになる。

(2) アミノ酸は$-NH_2$をもつので，カルボン酸無水物と反応してアミドになる。

解説&解答 (1) $R-CH(NH_2)-COOH + R^1-OH$

$\longrightarrow R-CH(NH_2)-C(=O)-O-R^1 + H_2O$

（点線で囲んだ $-C(=O)-O-$：エステル結合）

答 $\mathbf{R-CH(NH_2)-COOH + R^1-OH}$

$\mathbf{\longrightarrow R-CH(NH_2)-COO-R^1 + H_2O}$

(2) $R-CH(NH_2)-COOH + (R^2-CO)_2O$

$\longrightarrow R-CH(N(H)-C(=O)-R^2)-COOH + R^2-COOH$

（点線で囲んだ $-N(H)-C(=O)-$：アミド結合）

答 $\mathbf{R-CH(NH_2)-COOH + (R^2-CO)_2O}$

$\mathbf{\longrightarrow R-CH(NHCO-R^2)-COOH + R^2-COOH}$

問A（教p.379） 右図のセリン分子は，D形とL形のどちらか。

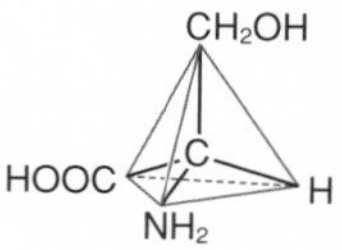

考え方 不斉炭素原子C^*を中心として，H原子が奥側になるように見たとき，他の置換基の配置を考える。

(解説&解答)　$-COOH$，$-CH_2OH$，$-NH_2$ の順に時計回りになっているので，D形である。　**答　D形**

例題A
(教p.381)

グリシンの陽イオンを A^+，双性イオンを $A^\pm$，陰イオンを A^- と表す。グリシンの水溶液中では，次の電離平衡が成りたつ。

$A^+ \rightleftarrows A^\pm + H^+$ …①　　$A^\pm \rightleftarrows A^- + H^+$ …②

①式の電離定数を $K_1 = 1.0 \times 10^{-2.3}$ mol/L，②式の電離定数を K_2 とする。有効数字2桁で答えよ。

(1)　$[A^+] = [A^\pm]$ となるときの水溶液の pH を求めよ。

(2)　グリシンの水溶液に水酸化ナトリウム水溶液を加えて $[A^\pm] = [A^-]$ となったときの水溶液の pH は 9.6 であった。K_2 を求めよ。

(考え方)　K_1，K_2 をイオンの濃度で表して，問題の条件を代入する。

(解説&解答)　(1)　K_1 は次のように表される（K_2 は無視してよい）。

$$K_1 = \frac{[A^\pm][H^+]}{[A^+]}$$

$[A^+] = [A^\pm]$ のとき，$[H^+] = K_1 = 1.0 \times 10^{-2.3}$ mol/L

したがって，$\mathrm{pH} = -\log_{10}(1.0 \times 10^{-2.3}) = 2.3$　**答　pH 2.3**

(2)　水溶液が塩基性なので，溶液中には $A^\pm$ と A^- がおもに存在する。よって，K_2 は次のように表される。

$$K_2 = \frac{[A^-][H^+]}{[A^\pm]}$$

$[A^\pm] = [A^-]$ のとき，$K_2 = [H^+]$ である。

pH = 9.6 のとき，$[H^+] = 1.0 \times 10^{-9.6}$ mol/L であるから，

$K_2 = 1.0 \times 10^{-9.6}$ mol/L　である。　**答　$1.0 \times 10^{-9.6}$ mol/L**

類題A
(教p.381)

アラニンの陽イオンを A^+，双性イオンを $A^\pm$，陰イオンを A^- と表す。アラニンの水溶液中では，次の電離平衡が成りたつ。

$A^+ \rightleftarrows A^\pm + H^+$　　$K_1 = 1.0 \times 10^{-2.3}$ mol/L

$A^\pm \rightleftarrows A^- + H^+$　　$K_2 = 1.0 \times 10^{-9.7}$ mol/L

(1)　アラニン水溶液中の A^+ と A^- の濃度の比 $\dfrac{[A^+]}{[A^-]}$ が $1.0 \times 10^{-6.0}$ となるのは，溶液の pH がいくらのときか。整数値で求めよ。

(2)　pH = 8.0 のアラニン水溶液中に存在する A^- の数は A^+ の何倍か。

(考え方)　(1)　$K_1 = \dfrac{[A^\pm][H^+]}{[A^+]}$，$K_2 = \dfrac{[A^-][H^+]}{[A^\pm]}$ より $K_1 \times K_2$ を行い $[A^\pm]$ を消去する。$K_1 \times K_2 = \dfrac{[A^-][H^+]^2}{[A^+]}$ を変形した

$[H^+]^2 = \dfrac{[A^+]}{[A^-]} \times K_1 \times K_2$ に数値を代入し，$[H^+]$ を求める。

(2)　pH = 8.0 から $[H^+] = 1.0 \times 10^{-8.0}$ mol/L

$[H^+]^2 = \dfrac{[A^+]}{[A^-]} \times K_1 \times K_2$ より，$\dfrac{[A^-]}{[A^+]}$ を求める。

解説&解答 (1) $K_1 \times K_2 = 1.0 \times 10^{-2.3}\,\text{mol/L} \times 1.0 \times 10^{-9.7}\,\text{mol/L}$
$= 1.0 \times 10^{-12.0}\,\text{mol}^2/\text{L}^2$

$[\text{H}^+]^2 = \dfrac{[\text{A}^+]}{[\text{A}^-]} \times 1.0 \times 10^{-12.0}\,\text{mol}^2/\text{L}^2$ …(A)

$\dfrac{[\text{A}^+]}{[\text{A}^-]} = 1.0 \times 10^{-6.0}$ のとき，

$[\text{H}^+]^2 = 1.0 \times 10^{-6.0} \times 1.0 \times 10^{-12.0}\,\text{mol}^2/\text{L}^2$
$= 1.0 \times 10^{-18.0}\,\text{mol}^2/\text{L}^2$

$[\text{H}^+] > 0$ より，$[\text{H}^+] = 1.0 \times 10^{-9.0}\,\text{mol/L}$

よって，pH ＝ 9.0 **答 pH 9**

(2) (A)式より，

$(1.0 \times 10^{-8.0}\,\text{mol/L})^2 = \dfrac{[\text{A}^+]}{[\text{A}^-]} \times 1.0 \times 10^{-12.0}\,\text{mol}^2/\text{L}^2$

$\dfrac{[\text{A}^-]}{[\text{A}^+]} = 1.0 \times 10^{4.0}$

よって，A^-の数は，A^+の $1.0 \times 10^{4.0}$ 倍である。 **答 $1.0 \times 10^{4.0}$ 倍**

問 4 (教 p.382) グリシンとアラニンからなるジペプチドの構造式をすべて答えよ。ただし，鏡像異性体は考慮しなくてよい。

考え方 グリシンのカルボキシ基とアラニンのアミノ基がペプチド結合する場合と，アラニンのカルボキシ基とグリシンのアミノ基がペプチド結合する場合の２通りがある。

解説&解答 **答**

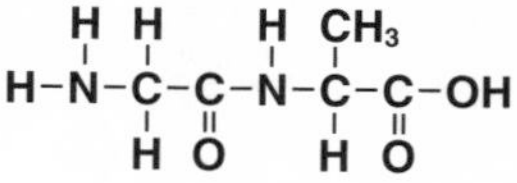

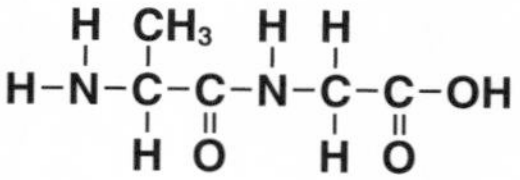

問 5 (教 p.384) ある食品 1.0g を分解したところ，0.068g のアンモニアが発生した。この食品のタンパク質含有率は何％か。ただし，アンモニアの窒素原子はすべてタンパク質から生じたものとし，タンパク質の窒素含有率を 16％とする。 (H ＝ 1.0，C ＝ 12，N ＝ 14，O ＝ 16)

考え方 タンパク質中に含まれる窒素をアンモニアとして発生させたので，まずアンモニア NH_3 0.068g のうち窒素が占める質量を求める。そこからタンパク質の窒素含有率 16％をもとに食品 1.0g に含まれるタンパク質の質量を求める。

解説&解答 NH_3(分子量 17) 0.068g に含まれる N(原子量 14)の質量は，

$$0.068\,\text{g} \times \frac{14}{17} = 0.056\,\text{g}$$

食品 1.0g 中のタンパク質の質量を m〔g〕とすると，問題文よりタンパク質の窒素含有率が 16％なので，

$$m \times \frac{16}{100} = 0.056\,\text{g} \qquad m = 0.35\,\text{g}$$

したがって，この食品のタンパク質含有率は，

$\frac{0.35\text{g}}{1.0\text{g}} = 0.35$　　よって，35%　　**答**　**35%**

問A
(教 p.390)　[S]が大きい([S]$\gg K$)とき，[S]$+ K \fallingdotseq$[S]と近似して，v_2と[S]の関係を説明せよ。

考え方　p.283 発展の図(教 p.390 図A)で[S]が大きいときのグラフの形に注目する。

解説&解答　[S]が大きいとき，[S]$+ K \fallingdotseq$[S]と近似すると，②式は次のようになる。

$$v_2 = \frac{k_2[\text{E}]_0[\text{S}]}{[\text{S}]+K} = \frac{k_2[\text{E}]_0[\text{S}]}{[\text{S}]} = k_2[\text{E}]_0$$

よって，**v_2は[S]によらず一定であるとみなせる。**　**答**

問A
(教 p.392)　ATPが加水分解されてADPができるときQkJ/molの熱が放出されるとする。このことを，エンタルピー変化を付した反応式で表せ。

考え方　ATPは，ADPにリン酸1分子がリン酸どうしで脱水縮合して結合した物質なので，ATPを加水分解すると，ADPとリン酸に分解される。リン酸どうしの結合が切れるとき，エネルギーが放出される。

解説&解答　**答**　**$\text{ATPaq} + \text{H}_2\text{O} \longrightarrow \text{ADPaq} + \text{H}_3\text{PO}_4\text{aq}\quad \Delta H = -Q\,\text{kJ}$**

問A
(教 p.393)　あるDNAの塩基配列CGGTCAATTを転写したRNAの塩基配列を答えよ。

考え方　DNAのA，G，C，Tに対して，RNAのU，C，G，Aが対応する。

解説&解答　DNAとRNAの塩基は対応しているので以下のようになる。

DNA：CGGTCAATT
RNA：**GCCAGUUAA**　**答**

章末問題

教 p.394～p.395

必要があれば，原子量は次の値を使うこと。
H = 1.0，C = 12，N = 14，O = 16

1　次の(1)～(8)に当てはまる糖を，下の(ア)～(ケ)からすべて選べ。

(1)　分子式が$C_6H_{12}O_6$であるもの。
(2)　分子式が$C_{12}H_{22}O_{11}$であるもの。
(3)　高分子化合物であるもの。
(4)　十分に加水分解したときに，グルコースだけが生じるもの。
(5)　十分に加水分解したときに，グルコースとフルクトースの両方が生じるもの。

(6) 水溶液がフェーリング液を還元するもの。
(7) ホルミル基をもたないが，水溶液が還元性を示すもの。
(8) ヨウ素デンプン反応を示すもの。

(ア) グルコース　(イ) フルクトース　(ウ) ガラクトース
(エ) マルトース　(オ) スクロース　(カ) セロビオース
(キ) ラクトース　(ク) アミロース　(ケ) セルロース

考え方 (1) 炭素数が6個である単糖の分子式である。
(2) 炭素数が12個である二糖の分子式である。
(3) 多糖の多くは，分子量が10^4～10^7程度に及ぶ高分子化合物である。
(4)，(5) 加水分解するのは二糖や多糖である。構成単位の糖を考える。
(6)，(7) 単糖と二糖(スクロース以外)は還元性を示す。フルクトースは，ホルミル基をもたないが，$-CO-CH_2OH$ の構造部分で組み換えが起こって $-CH(OH)-CHO$ となり，ホルミル基ができて還元性を示す。
(8) ヨウ素デンプン反応は，多糖のうち，デンプン(アミロース，アミロペクチン)やグリコーゲンで起こる。セルロースはヨウ素デンプン反応を示さない。

解説&解答 **答** (1) **(ア)，(イ)，(ウ)**　(2) **(エ)，(オ)，(カ)，(キ)**　(3) **(ク)，(ケ)**
(4) **(エ)，(カ)，(ク)，(ケ)**　(5) **(オ)**
(6) **(ア)，(イ)，(ウ)，(エ)，(カ)，(キ)**　(7) **(イ)**　(8) **(ク)**

2 (1) 次の(ア)～(ウ)の糖を加水分解する酵素の名称を答えよ。
(ア) マルトース　(イ) セロビオース　(ウ) ラクトース
(2) 次の(ア)，(イ)の酵素により加水分解される糖の名称を答えよ。
(ア) インベルターゼ　(イ) セルラーゼ

考え方 (1) 糖の加水分解酵素の名称は，分解される糖の名前の語尾の -ose(オース)が，-ase(アーゼ)になっているものが多い。
(2) インベルターゼは，スクロースをグルコースとフルクトースに，セルラーゼは，セルロースをセロビオースに加水分解する酵素である。

解説&解答 (1) (ア) マルトースはマルターゼにより加水分解が促進されてグルコース2分子となる。
答 マルターゼ
(イ) セロビオースはセロビアーゼにより加水分解が促進されてグルコース2分子となる。
答 セロビアーゼ
(ウ) ラクトースはラクターゼにより加水分解が促進されてグルコースとガラクトースになる。
答 ラクターゼ
(2) **答** (ア) **スクロース**　(イ) **セルロース**

3 (1) デンプンをグルコースまで加水分解するために必要な酵素をすべて答えよ。
(2) デンプン486gを加水分解してすべてグルコースにしたときに得られるグルコースの質量は何gか。

考え方　(1)　デンプンを酵素で加水分解してグルコースを得るには，まず二糖のマルトースを生成する必要がある。

(2)　デンプン$(C_6H_{10}O_5)_n$の加水分解の化学反応式を書き，1molのデンプンから何molのグルコース$C_6H_{12}O_6$が得られるかを考える。

解説&解答　(1)　デンプンはアミラーゼを作用させると二糖のマルトースを生じ，さらにマルターゼを作用させると単糖のグルコースが得られる。

答　アミラーゼ，マルターゼ

(2)　$(C_6H_{10}O_5)_n + nH_2O \longrightarrow nC_6H_{12}O_6$

反応式より，重合度nのデンプン(分子量$162n$)1molを加水分解すると，グルコース(分子量180)n〔mol〕が得られる。

よって，得られるグルコースの質量をx〔g〕とすると，

$$\frac{486\,\mathrm{g}}{162n\,〔\mathrm{g/mol}〕} : \frac{x}{180\,\mathrm{g/mol}} = 1 : n \qquad x = 540\,\mathrm{g}$$

答　540g

4　(1)　セルロース48.6gに無水酢酸を十分に反応させると，何gのトリアセチルセルロースが得られるか。

(2)　セルロース48.6gに濃硫酸と濃硝酸の混合物(混酸)を作用させたところ，ヒドロキシ基の一部が硝酸エステルになったニトロセルロース72.9gが得られた。反応したヒドロキシ基の割合は何%か。

考え方　(1)　セルロースと無水酢酸は次のように反応する。

$$[C_6H_7O_2(OH)_3]_n + 3n(CH_3CO)_2O \longrightarrow [C_6H_7O_2(OCOCH_3)_3]_n + 3nCH_3COOH$$

(2)　セルロース分子の$-OH$のすべてが$-ONO_2$になったと仮定した場合の増加量と，実際の反応の増加量から，反応した$-OH$の割合を求める。

また，セルロースと混酸は次のように反応する。

$$[C_6H_7O_2(OH)_3]_n + 3nHONO_2 \longrightarrow [C_6H_7O_2(ONO_2)_3]_n + 3nH_2O$$

解説&解答　(1)　セルロースの重合度をnとすると，セルロースの分子量は$162n$，トリアセチルセルロースの分子量は$288n$となる。セルロース1molからトリアセチルセルロースが1mol得られるので，求める質量をx〔g〕とすると，

$$\frac{48.6\,\mathrm{g}}{162n\,〔\mathrm{g/mol}〕} : \frac{x}{288n\,〔\mathrm{g/mol}〕} = 1 : 1 \qquad x = 86.4\,\mathrm{g}$$

答　86.4g

(2)　セルロースの重合度をnとする。仮に，セルロース分子の$-OH$のすべてが$-ONO_2$になったとすると，セルロース1molからトリニトロセルロース(分子量$297n$)1molが得られる。そのトリニトロセルロースの質量をx〔g〕とすると，

$$\frac{48.6\,\mathrm{g}}{162n\,〔\mathrm{g/mol}〕} : \frac{x}{297n\,〔\mathrm{g/mol}〕} = 1 : 1 \qquad x = 89.1\,\mathrm{g}$$

よって，質量は89.1g − 48.6g = 40.5g増加する。

一方で，実際は，質量が72.9g − 48.6g = 24.3g増加していたことから，反応した$-OH$の割合は，$\dfrac{24.3\,\mathrm{g}}{40.5\,\mathrm{g}} = 0.600$　よって，**60.0%　答**

5 (1) グリシン２分子からなるジペプチドの構造式を書け。

(2) システイン HS−CH_2−CH(NH_2)−COOH を穏やかに酸化すると，システイン２分子が−SH どうしで結合した物質が得られた。この物質の構造式を書け。

(3) グリシン２分子とシステイン１分子からなるトリペプチドには，何種類の構造異性体があるか。

考え方 (1) カルボキシ基−COOH とアミノ基−NH_2 で脱水縮合が起こり，アミド結合−CO−NH−ができる。

(2) システインを穏やかに酸化すると，側鎖−CH_2−SH２つから H がとれて(酸化されて)，ジスルフィド結合−S−S−ができる。

(3) どの分子のアミノ基とどの分子のカルボキシ基が縮合するかを注意して考える。

解説&解答 (1) 答 **H_2N−CH_2−CO−NH−CH_2−COOH**

(2) 答 **H_2N−CH(COOH)−CH_2−S−S−CH_2−CH(NH_2)−COOH**

(3) 次の３種類の構造異性体が存在する(グリシンを Gly，システインを Cys と表す)。

(H_2N−)Gly−Gly−Cys(−COOH)　　(H_2N−)Gly−Cys−Gly(−COOH)
(H_2N−)Cys−Gly−Gly(−COOH)

答 **3種類**

6 タンパク質が 7.0g 含まれている食品に 6.0mol/L 硫酸を十分に加えて加熱した後，濃い水酸化ナトリウム水溶液を加えると，アンモニアが発生した。

考(1) アンモニアを簡単に検出する方法を２つ述べよ。

(2) このタンパク質は成分元素として 16％(質量パーセント濃度)の窒素を含むものとする。発生したアンモニアの質量は何 g か。ただし，発生したアンモニアの窒素原子はすべて食品中のタンパク質から生じたものであるとする。

考え方 濃硫酸を加えて加熱すると分解してタンパク質中の窒素はすべてアンモニウムイオン NH_4^+ になる。ここに濃い水酸化ナトリウム水溶液を加えると，弱塩基のアンモニアが発生する。

(1) アンモニアは水に溶けて塩基性を示す。

(2) タンパク質 7.0g 中に含まれる窒素 N の質量から N の物質量を求める。その N がすべてアンモニア NH_3 になったときの NH_3 の物質量より，発生した NH_3 の質量を計算する。

解説&解答 (1) 生じた気体はアンモニアなので次の方法が考えられる。

答 **・水で湿らせた赤色リトマス紙を近づけ，青色に変化することを確認する。**
・濃塩酸をつけたガラス棒を近づけ，白煙が生じることを確認する。

(2) タンパク質 7.0g 中に含まれる窒素原子 N の物質量は，

$$7.0\,\text{g} \times \frac{16}{100} \times \frac{1}{14\,\text{g/mol}} = 0.080\,\text{mol}$$

N 原子 0.080mol からは NH_3(分子量 17)0.080mol が発生するので，求める質量は，

$$17\,\text{g/mol} \times 0.080\,\text{mol} = 1.36\,\text{g} \fallingdotseq 1.4\,\text{g}$$

答 **1.4g**

7 次の空欄に入る最も適当な語句を下から選べ。同じ語句をくり返し使ってもよい。

核酸は，（　1　）・（　2　）・（　3　）がつながってできる（　4　）が脱水縮合で鎖状に多数結合した（　5　）である。核酸のうち，（　6　）の（　2　）はペントースのデオキシリボースであり，（　7　）の（　2　）はリボースである。また，（　6　）に固有の（　3　）は（　8　）であり，（　7　）に固有の（　3　）は（　9　）である。

(ア) RNA　(イ) DNA　(ウ) ヌクレオチド　(エ) ポリヌクレオチド
(オ) リン酸　(カ) 塩基　(キ) 糖　(ク) アデニン
(ケ) チミン　(コ) ウラシル　(サ) グアニン　(シ) シトシン

考え方　DNA（デオキシリボ核酸）とRNA（リボ核酸）は，リン酸・糖・塩基からなるヌクレオチドが，脱水縮合して鎖状に多数結合したポリヌクレオチドである。糖がデオキシリボースからなるDNAと，リボースからなるRNAがある。DNAはチミン(T)，RNAはウラシル(U)といった，それぞれ固有の塩基をもつ。

解説&解答　**答**　(1) **(オ)**　(2) **(キ)**　(3) **(カ)**　(4) **(ウ)**　(5) **(エ)**　(6) **(イ)**　(7) **(ア)**　(8) **(ケ)**　(9) **(コ)**

考えてみよう！

8 グリシン，アラニン，リシン，チロシン，グルタミン酸のうち異なる3種類のアミノ酸A，B，CからなるトリペプチドXがある。このXの中のアミノ酸の結合順をA–B–Cと表す。次の(1)～(3)の実験結果をもとにして，アミノ酸A，B，Cの名称を答えよ。なお，各アミノ酸の等電点は，グリシンが6.0，アラニンが6.0，リシンが9.7，チロシンが5.7，グルタミン酸が3.2である。

(1) ある酵素でXを加水分解すると，アミノ酸AとジペプチドB–Cが生じた。アミノ酸Aは，pH = 6.0の水溶液中での電気泳動により，陽極側へ移動した。

(2) ジペプチドB–Cは，キサントプロテイン反応を示した。

(3) (1)と別の酵素でXを加水分解すると，アミノ酸CとジペプチドA–Bが生じた。アミノ酸Cは，pH = 6.0の水溶液中での電気泳動により，陰極側へ移動した。

考え方　アミノ酸は，等電点よりpHが小さい水溶液中ではほとんどが陽イオンになっているので陰極側へ，pHが大きい水溶液中ではほとんどが陰イオンになっているので陽極側へ移動する。

(1)より，pH = 6.0の水溶液中で，アミノ酸Aが陰イオンになっているとわかる。

(2)より，ジペプチドB–Cがキサントプロテイン反応を示すことから，BとCのどちらかがベンゼン環をもつチロシンであることがわかる。

(3)より，pH = 6.0の水溶液中で，アミノ酸Cが陽イオンになっているとわかる。

解説&解答　(1)より，アミノ酸Aは，等電点がpH = 6.0より小さいチロシンまたはグルタミン酸である。(2)より，BとCのどちらかがチロシンである。問題文より，A，B，Cは異なるアミノ酸なので，Aはグルタミン酸である。(3)より，Cは等電点がpH = 6.0より大きいリシンであることがわかるので，Bがチロシンになる。

答　A　**グルタミン酸**　B　**チロシン**　C　**リシン**

第5編　高分子化合物

第 3 章 合成高分子化合物

教 p.396 ～ p.419

A 合成高分子化合物

高分子化合物のうち，石油などから人工的につくられるものを合成高分子化合物といい，用途によって**合成繊維**・**合成樹脂**(プラスチック)・**合成ゴム**などに分類される。現在，私たちの身のまわりでは多くの合成高分子化合物がさまざまな形で利用されている。教 p.396 図 1

1 合成繊維

合成高分子化合物を紡糸して繊維にしたものを**合成繊維**という(教 p.397 図 2)。合成繊維は，半合成繊維・再生繊維とともに**化学繊維**とよばれる。

化学繊維に対して，植物や動物から得られる繊維を**天然繊維**という。天然繊維には，綿や麻などの植物繊維と，羊毛や絹などの動物繊維がある。

A 縮合重合・開環重合による合成繊維

●ポリアミド系繊維　多価アミンと多価カルボン酸の縮合重合で得られる高分子化合物を**ポリアミド**といい，分子内にアミド結合−NH−CO−ができている。鎖状のポリアミドを繊維にしたものを**ポリアミド系繊維**という。

(1)**ナイロン 66**　ヘキサメチレンジアミン $H_2N-(CH_2)_6-NH_2$ とアジピン酸 $HOOC-(CH_2)_4-COOH$ の縮合重合によって，**ナイロン 66**(6,6−ナイロンともいう)が得られる。

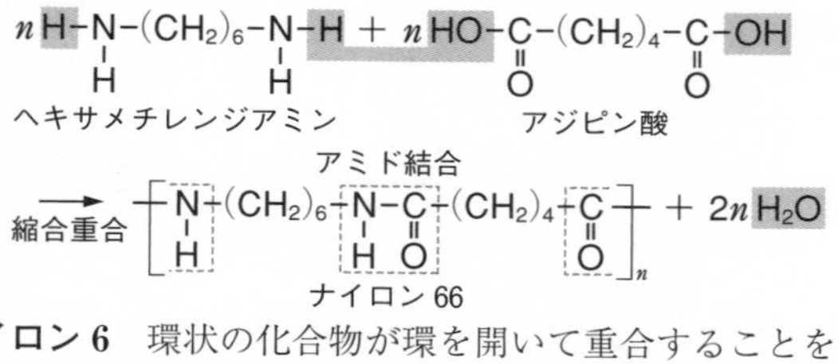
ヘキサメチレンジアミン
アジピン酸
アミド結合
縮合重合
ナイロン 66

(1)

(2)**ナイロン 6**　環状の化合物が環を開いて重合することを**開環重合**という。環状のアミドであるカプロラクタムに少量の水を加えて加熱し，開環重合させると**ナイロン 6**が得られる。

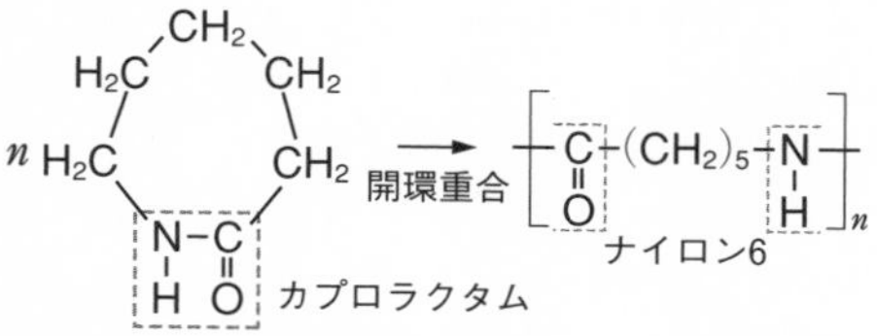
開環重合
ナイロン6
カプロラクタム

(2)

●ポリエステル系繊維　多価アルコールと多価カルボン酸の縮合重合で得られる高分子化合物を**ポリエステル**といい，分子内にエステル結合−COO−ができている。

鎖状のポリエステルを繊維にしたものを**ポリエステル系繊維**という。

(1)**ポリエチレンテレフタラート**　エチレングリコール $HO-(CH_2)_2-OH$ とテレフタル酸 $HOOC-\langle\ \rangle-COOH$ の縮合重合によって，**ポリエチレンテレフタラート（PET）**が得られる。強度が高く，乾きやすくてしわになりにくい。また，合成樹脂としてもペットボトルなどに用いられる。

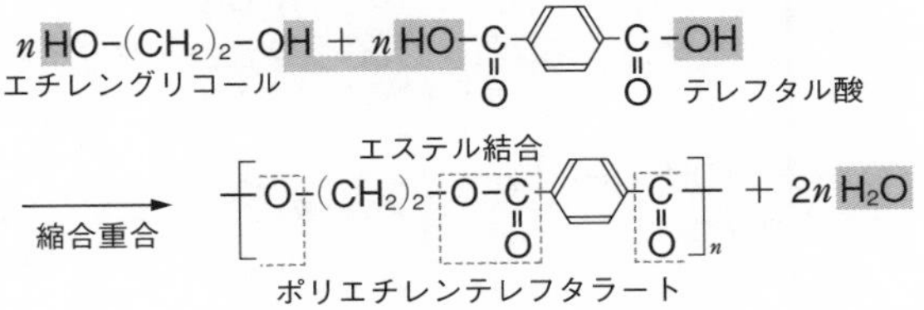

$$n\,HO-(CH_2)_2-OH + n\,HO-\overset{}{\underset{O}{C}}-\langle\ \rangle-\overset{}{\underset{O}{C}}-OH$$
エチレングリコール　　　　　　　　　　テレフタル酸

エステル結合

$$\xrightarrow[縮合重合]{} \left[O-(CH_2)_2-O-\overset{}{\underset{O}{C}}-\langle\ \rangle-\overset{}{\underset{O}{C}} \right]_n + 2n\,H_2O \tag{3}$$

ポリエチレンテレフタラート

B 付加重合による合成繊維

●**オレフィン系繊維**　アルケンの付加重合で得られる鎖状の高分子化合物を繊維にしたものを**オレフィン系繊維**という。

(1)**ポリエチレン・ポリプロピレン**　エチレンの付加重合によって**ポリエチレン**，プロペン（プロピレン）の付加重合によって**ポリプロピレン**が得られる。軽くて強いので，紐やロープ類に用いられる。合成樹脂に使われることも多い。

$$n\,CH_2{=}CH_2 \xrightarrow[付加重合]{} \left[CH_2{-}CH_2 \right]_n \tag{4}$$
エチレン　　　　　　　　ポリエチレン

●**ポリアクリロニトリル系繊維**　アクリロニトリルの付加重合で得られる**ポリアクリロニトリル**を主成分とする合成繊維を**アクリル繊維**という。羊毛に似た肌ざわりで，保温性に優れ，衣料・毛布などに用いられる。

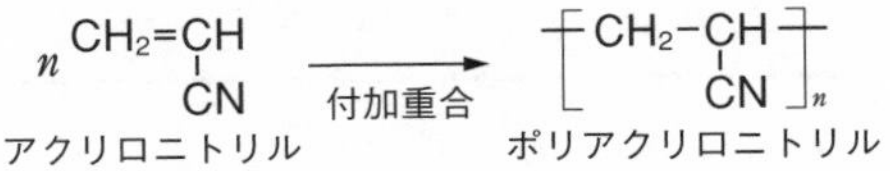

$$n\,\underset{CN}{CH_2{=}CH} \xrightarrow[付加重合]{} \left[\underset{CN}{CH_2{-}CH} \right]_n \tag{5}$$
アクリロニトリル　　　　　　ポリアクリロニトリル

　また，単量体としてアクリロニトリルだけでなく酢酸ビニルやアクリル酸メチル $CH_2{=}CH-COOCH_3$ なども用いた付加重合で得られる合成繊維を**モダクリル繊維**という（日本ではアクリロニトリルの含有量（質量比）が 85 ％以上のものを**アクリル繊維**，35 ％以上 85 ％未満のものを**モダクリル繊維**と分類している）。

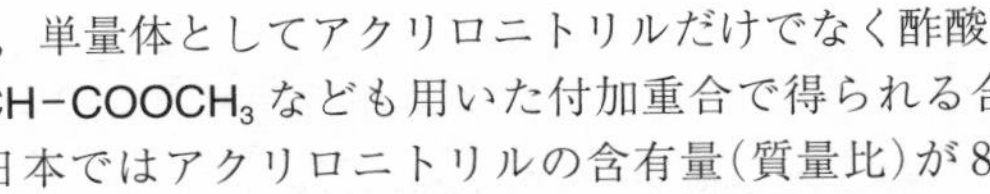

$$\cdots{-}CH_2{-}\underset{CN}{CH}{-}CH_2{-}\underset{COOCH_3}{CH}{-}CH_2{-}\underset{CN}{CH}{-}CH_2{-}\underset{CN}{CH}{-}\cdots$$
アクリル酸メチル構造を含むモダクリル繊維の構造の一部

　モダクリル繊維のように 2 種類以上の単量体を用いる重合を**共重合**といい，共重合で得られる重合体を**共重合体**という。これと区別して，1 種類の単量体による重合を単独重合，重合体を単独重合体ということがある。

●**ビニロン**　酢酸ビニルの付加重合によって得られるポリ酢酸ビニルのエステル結合を水酸化ナトリウム水溶液でけん化すると，**ポリビニルアルコール**が得られる。

ポリビニルアルコールはヒドロキシ基−OH を多くもつので水に溶けやすい。濃い溶液(コロイド溶液)をつくり，細孔から硫酸ナトリウム水溶液中に押し出すと，塩析により固まる。これを紡糸し乾燥させた後，ホルムアルデヒドと反応させると，一部の−OH HO−が−O−CH_2−O−に変化(**アセタール化**)して水に溶けにくくなり，**ビニロン**となる。

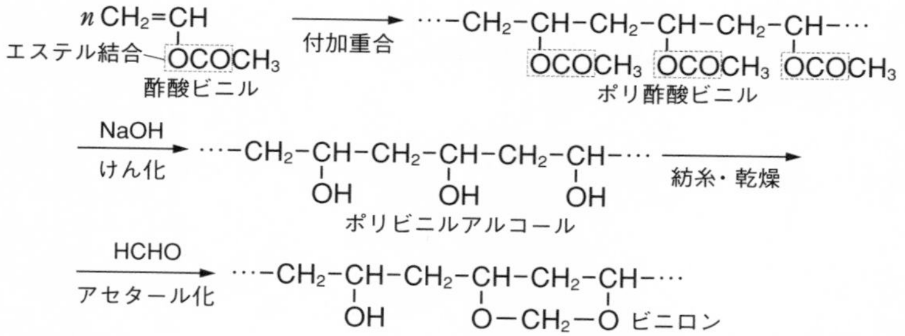

n CH₂=CH
エステル結合
OCOCH₃
酢酸ビニル
付加重合
…−CH₂−CH−CH₂−CH−CH₂−CH−…
OCOCH₃ OCOCH₃ OCOCH₃
ポリ酢酸ビニル
NaOH
けん化
…−CH₂−CH−CH₂−CH−CH₂−CH−…
OH OH OH
ポリビニルアルコール
紡糸・乾燥
HCHO
アセタール化
…−CH₂−CH−CH₂−CH−CH₂−CH−…
OH O−CH₂−O
ビニロン

(6)

アセタール化により，ポリビニルアルコールに含まれる−OH の 30 ～ 40％が−O−CH_2−O−になるので，ビニロンは水に溶けない。残った一部の−OH のため，適度な吸湿性と，綿に似た感触をもつ。また，強度が高く，耐薬品性にも優れるので，漁網やロープ，作業着，産業資材などに広く用いられる。教 p.402 図 5

参考　炭素繊維(カーボンファイバー)

ポリアクリロニトリルを紡糸して繊維にし，窒素などの不活性な気体の中(非酸化条件下)で加熱し炭化させると，炭素を主成分とする**炭素繊維**が得られる。軽く，弾性率や引っ張り強度が高く，耐薬品性・耐食性も高いので，釣り竿・ゴルフクラブのほか，吸着材・断熱材に利用されている。

2 合成樹脂

松脂や漆のような，植物から得られる油脂状の物質を**天然樹脂**という。一方，合成高分子化合物を主成分とし，天然樹脂に似た性質をもつものを**合成樹脂**または**プラスチック**という。

●熱可塑性樹脂　合成樹脂のうち，加熱するとやわらかくなり冷却すると再び硬くなる(教 p.406 図 6 ⓐ)ものを**熱可塑性樹脂**という。長い鎖状の高分子化合物は，熱加塑性樹脂になることが多い。耐熱性や耐薬品性が低いが，加熱して自由に成形することができる。

●熱硬化性樹脂　合成樹脂のうち，加熱すると硬くなるものを**熱硬化性樹脂**という。加熱すると，分子間に立体網目状の結合ができて硬化する。一度硬化すると，加熱してもやわらかくならない(教 p.406 図 6 ⓑ)ので熱による成形はできないが，耐熱性や耐薬品性が高い。

A 熱可塑性樹脂（教 p.407 表2）

$CH_2=CH-R$ の構造をもつ単量体の付加重合によって得られる直鎖状の高分子化合物は，熱可塑性樹脂として用いられることが多い。

$$n \ \begin{array}{c} CH_2=CH \\ | \\ R \end{array} \xrightarrow[\text{付加重合}]{} \begin{array}{c} \left[CH_2-CH \right] \\ | \\ R \end{array}_n \tag{7}$$

単量体　　　　　　　　重合体

B 熱硬化性樹脂（教 p.409 表3）

●**フェノール樹脂**　フェノールとホルムアルデヒドに酸触媒または塩基触媒を加えて加熱すると，**ノボラック**や**レゾール**が得られる。これを型に入れて加圧・加熱すると，立体網目状構造をもった**フェノール樹脂**（ベークライト）が得られる（教 p.408 図7）。フェノール樹脂が生成する反応では，フェノールがホルムアルデヒドに付加した後，別のフェノールとの脱水縮合により，ベンゼン環どうしがつながる。このような，付加と縮合が次々にくり返される重合反応を**付加縮合**という。

ホルムアルデヒドに由来する構造

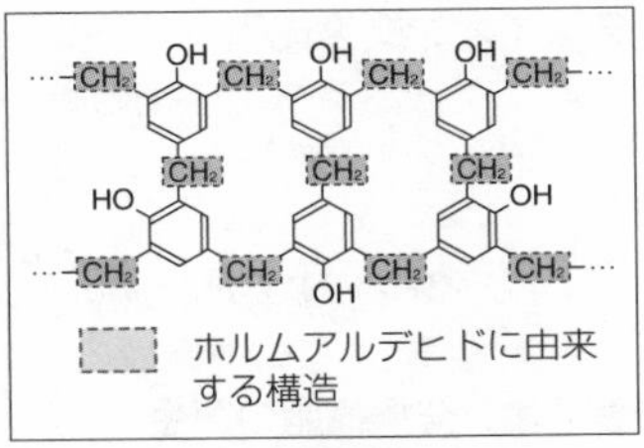

▲フェノール樹脂の構造
（フェノール＋ホルムアルデヒド）

●**アミノ樹脂**　尿素 $(NH_2)_2CO$ やメラミン $C_3N_3(NH_2)_3$ などの多価アミンとホルムアルデヒドの付加縮合で得られる熱硬化性樹脂を**アミノ樹脂**という。尿素を用いると，**尿素樹脂**（ユリア樹脂），メラミンを用いると**メラミン樹脂**が得られる。

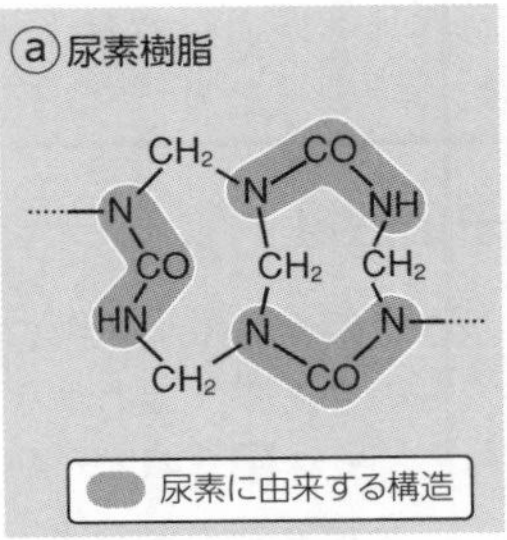

ⓐ 尿素樹脂

尿素に由来する構造

▲尿素樹脂の構造

ⓑ メラミン樹脂

メラミンに由来する構造

▲メラミン樹脂の構造

ⓐ アルキド樹脂　　　　　ⓑ 不飽和ポリエステル樹脂

スチレンに由来する構造

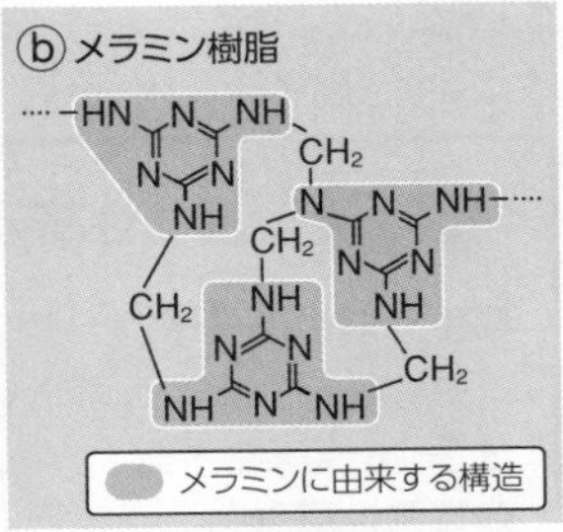

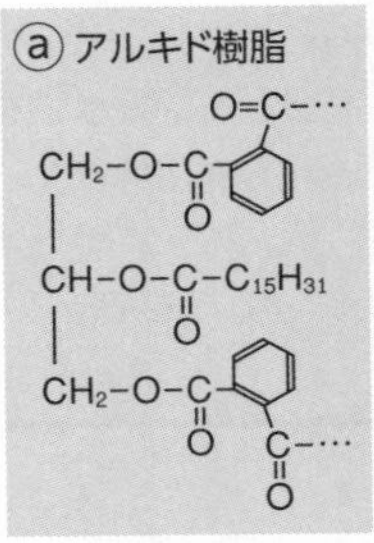

▲アルキド樹脂の構造　▲不飽和ポリエステル樹脂の構造

C イオン交換樹脂

溶液中のイオンを別のイオンと交換するはたらきをもつ合成樹脂を**イオン交換樹脂**といい，陽イオンを交換するものを**陽イオン交換樹脂**，陰イオンを交換するものを**陰イオン交換樹脂**という。

第❺編

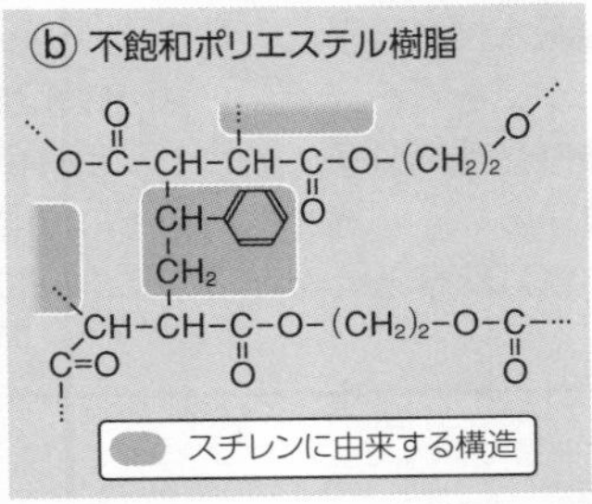

イオン交換樹脂には，スチレンと p-ジビニルベンゼンの共重合体に官能基を導入したものがよく用いられる。

●**陽イオン交換樹脂**　スチレンと p-ジビニルベンゼンの共重合体にスルホ基$-SO_3H$やカルボキシ基$-COOH$を導入すると，陽イオン交換樹脂になる。樹脂の$-SO_3H$や$-COOH$のH^+が，水溶液中の陽イオンと交換される。

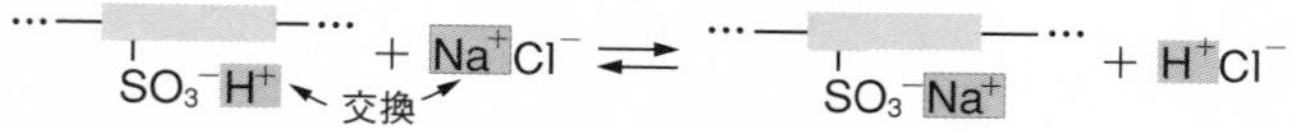

$$\cdots\underset{SO_3^-\ H^+}{\overset{\cdots\quad\cdots}{\rule{0pt}{0pt}}}\cdots + \boxed{Na^+}\ Cl^- \rightleftharpoons \cdots\underset{SO_3^-\ \boxed{Na^+}}{\overset{\cdots\quad\cdots}{\rule{0pt}{0pt}}}\cdots + H^+Cl^- \tag{8}$$

陽イオン交換樹脂（　　　は樹脂の炭化水素の部分を表す）

●**陰イオン交換樹脂**　スチレンと p-ジビニルベンゼンの共重合体に$-N^+(CH_3)_3OH^-$のような官能基を導入すると，陰イオン交換樹脂になる。樹脂のOH^-が，水溶液中の陰イオンと交換される。

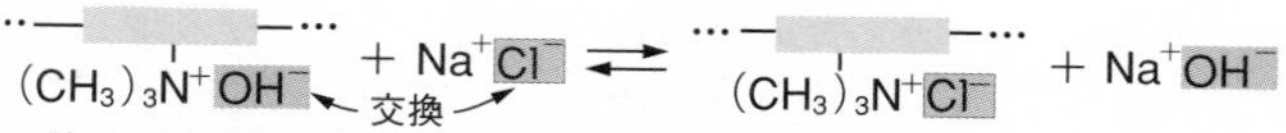

$$\cdots\underset{(CH_3)_3N^+\ OH^-}{\overset{\cdots\quad\cdots}{\rule{0pt}{0pt}}}\cdots + Na^+\boxed{Cl^-} \rightleftharpoons \cdots\underset{(CH_3)_3N^+\boxed{Cl^-}}{\overset{\cdots\quad\cdots}{\rule{0pt}{0pt}}}\cdots + Na^+OH^- \tag{9}$$

陰イオン交換樹脂（　　　は樹脂の炭化水素の部分を表す）

●**イオン交換樹脂の再生**　(8)，(9)式の反応は可逆反応で，使用後の陽イオン交換樹脂には強酸，陰イオン交換樹脂には強塩基の水溶液を加えると，もとの状態にもどる。再生することにより，イオン交換樹脂を何度も使える。

●**脱イオン水**　さまざまなイオンを含む水溶液を陽イオン交換樹脂と陰イオン交換樹脂の両方に通すと，水溶液中のイオンが樹脂のH^+やOH^-と交換されて，電解質を含まない水（**脱イオン水**）が得られる。生じたH^+とOH^-はH_2Oになる。**教** p.411 図 11

参考　**機能性高分子化合物**

●**生分解性高分子**　土壌・水中の微生物や生体内の酵素のはたらきによって水や二酸化炭素などに分解されるものもあり，このような高分子化合物を**生分解性高分子**（生分解性プラスチック）という。**教** p.412 図 A
●**導電性高分子**　金属と同じくらい電気をよく通すものもあり，このような高分子化合物を**導電性高分子**（導電性樹脂）という。
●**吸水性高分子**　大量の水（自身の質量の 10 ～ 1000 倍程度）を吸収・保持することができる高分子化合物を**吸水性高分子**（高吸水性樹脂）という。**教** p.413 図 B
●**感光性高分子**　光により物理的・化学的性質が変わる高分子化合物を**感光性高分子**という。感光性高分子のうち，光（おもに紫外線）を当てると重合が進んで立体網目状構造となり溶媒に溶けにくくなるものを，特に**光硬化性樹脂**という。
教 p.413 図 C

3　ゴム

　小さい力でよく伸び，かつ力を除くともとにもどる性質をもつ高分子化合物を**ゴム**といい，天然ゴムと合成ゴムに分けられる。

A 天然ゴム

ラテックスというゴムノキの樹液に，ギ酸や酢酸などを加えると沈殿が生じる。この沈殿を乾燥させると**天然ゴム**(生ゴム)が得られる。

●天然ゴム　天然ゴムの主成分は，ポリイソプレン$(C_5H_8)_n$である。ポリイソプレンは鎖状の天然高分子化合物で，多数のイソプレン$CH_2=C(CH_3)-CH=CH_2$が付加重合でつながった構造をもつ。

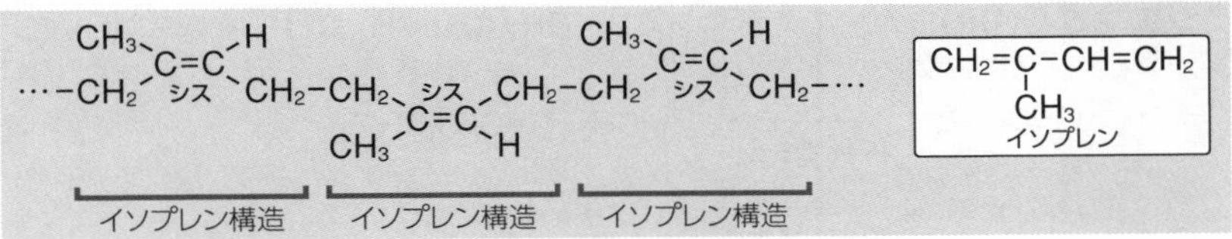

▲ポリイソプレンの構造

天然ゴムのポリイソプレン分子の二重結合C=Cはすべてシス形で，分子が折れ曲がり分子間にすき間のある構造が安定である。そのため，天然ゴムには力を加えて変形させても，力を除くともとにもどる性質(弾性)がある。ゴムが示す弾性のことを特にゴム弾性という。空気中の酸素やオゾンがC=Cと反応すると，分子の構造が変化してゴム弾性が失われる。

●加硫　天然ゴムに数％の硫黄粉末を混ぜて加熱すると，ポリイソプレン分子どうしがS原子により結びつく。この操作を**加硫**という。加硫によりゴムの分子が立体網目状になるので，強度が上がり，有機溶媒にも溶けにくくなる。また，空気中の酸素やオゾンとも反応しにくくなる。

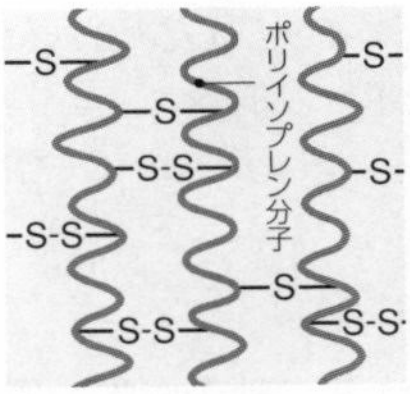

▲加硫したゴム

重合体どうしが−S−S−などによって結びついた構造を**架橋構造**という。加硫した天然ゴムに含まれる架橋構造の数は，イソプレン構造100個につき1個程度で，多いほど変形しにくく硬いゴムになる。さらに架橋構造の数を増やす(天然ゴムに対して30～40％の硫黄を用いて加硫する)と，硬いゴムである**エボナイト**が得られる。万年筆の軸や電気絶縁体，楽器の部品などに使われていたが，近年はプラスチックに代替されつつある。

参考　グタペルカ

天然ゴムに含まれるポリイソプレン分子のC=Cはすべてシス形だが，マレー半島周辺に生息するある植物の樹液からは，C=Cがすべてトランス形であるポリイソプレン(**グタペルカ**)が得られる。分子が直線状で強い分子間力がはたらくため，硬い固体でゴム弾性をほとんど示さない。以前は，海底ケーブルの絶縁体やゴルフボールなどに用いられていた。

第5編　高分子化合物

B 合成ゴム

　天然ゴムに似た性質をもつ合成高分子化合物を**合成ゴム**といい，単量体の種類によって，ジエン系ゴム，オレフィン系ゴム，シリコーンゴムなどに分けられる。

●**ジエン系ゴム**　分子内に二重結合 C=C が2つある化合物（ジエン）の付加重合で得られる合成ゴムをジエン系ゴムという。天然ゴムと同様，加硫により性質を向上させることができる。

(1)ブタジエンゴム(BR)　1,3-ブタジエン $CH_2=CH-CH=CH_2$ の付加重合によって，ブタジエンゴムが得られる。

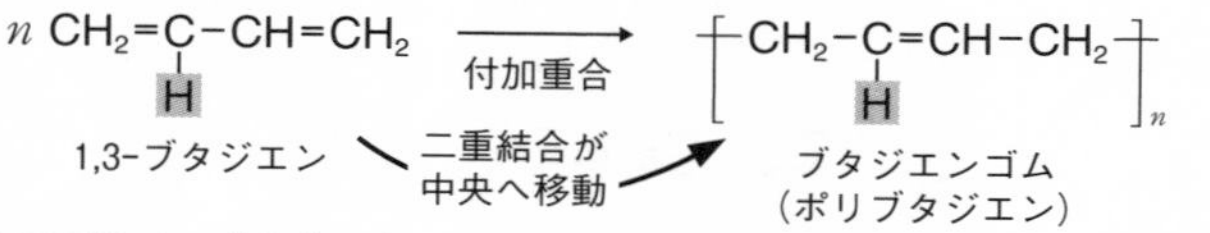

$$n\ CH_2=\underset{H}{C}-CH=CH_2 \xrightarrow[\text{二重結合が中央へ移動}]{\text{付加重合}} \left[CH_2-\underset{H}{C}=CH-CH_2\right]_n \tag{10}$$

1,3-ブタジエン　　　　　　　　　　　ブタジエンゴム（ポリブタジエン）

(2)クロロプレンゴム(CR)　クロロプレン（2-クロロ-1,3-ブタジエン）の付加重合によって，クロロプレンゴムが得られる。

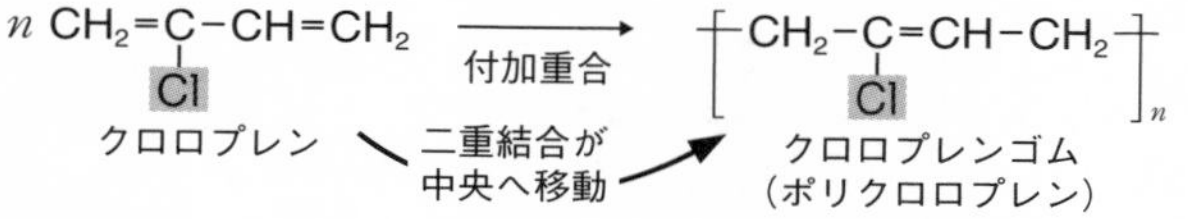

$$n\ CH_2=\underset{Cl}{C}-CH=CH_2 \xrightarrow[\text{二重結合が中央へ移動}]{\text{付加重合}} \left[CH_2-\underset{Cl}{C}=CH-CH_2\right]_n \tag{11}$$

クロロプレン　　　　　　　　　　　クロロプレンゴム（ポリクロロプレン）

(3)イソプレンゴム(IR)　イソプレン（2-メチル-1,3-ブタジエン）の付加重合によって，イソプレンゴムが得られる。

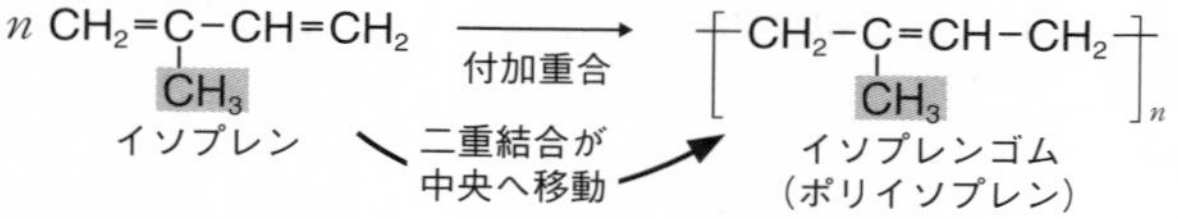

$$n\ CH_2=\underset{CH_3}{C}-CH=CH_2 \xrightarrow[\text{二重結合が中央へ移動}]{\text{付加重合}} \left[CH_2-\underset{CH_3}{C}=CH-CH_2\right]_n \tag{12}$$

イソプレン　　　　　　　　　　　イソプレンゴム（ポリイソプレン）

(4)その他のジエン系ゴム

・スチレン-ブタジエンゴム（SBR）…スチレン $CH_2=CH-$⬡と 1,3-ブタジエンの共重合によって，スチレン-ブタジエンゴムが得られる。

・アクリロニトリル-ブタジエンゴム（NBR）…アクリロニトリル $CH_2=CH-CN$ と 1,3-ブタジエンの共重合によって，アクリロニトリル-ブタジエンゴムが得られる。

●**オレフィン系ゴム**　分子内に二重結合 C=C が1つある化合物（オレフィン）の付加重合で得られる合成ゴムをオレフィン系ゴムという。

・ブチルゴム（IIR）…イソブテン（2-メチルプロペン）$(CH_3)_2C=CH_2$ と少量のイソプレンの共重合で得られる。イソプレンを加えると，重合体に C=C ができるので，加硫しやすくなる。

・アクリルゴム…アクリル酸エステル $CH_2=CH-COOR$ と少量のアクリロニトリルの共重合で得られる。

・フッ素ゴム…フッ化ビニリデン $CH_2=CF_2$ とヘキサフルオロプロペン $CF_3-CF=CF_2$ の共重合で得られる。

●**シリコーンゴム**　シリコーン樹脂と同じように-Si-O-Si-の構造をもつ重合体のうち，架橋構造をつくることでゴム弾性を示すものをシリコーンゴムという。ジクロロジメチルシラン $(CH_3)_2SiCl_2$ を原料とするものが多い。

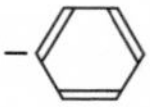

─○ 問　題 ○─

例題 1
(教p.400)
あるポリエチレンテレフタラート（PET）分子の分子量が 5.0×10^4 である
とする。　　　　　　　　　　　　　（H＝1.0，C＝12，O＝16）
(1)　この PET 1 分子に，構成単位は何個あるか。
(2)　この PET 1 分子に，エステル結合は何個あるか。

(考え方)　PET の構成単位は

$$-\!\!\left[\!O\!-\!(CH_2)_2\!-\!O\!-\!CO\!-\!\!\bigcirc\!\!-\!CO\!-\!\right]\!\!-$$　である。（□□□エステル結合）

(解説&解答)　(1)　PET の構成単位の式量は $C_{10}H_8O_4 = 192$ であるので，

$$\frac{5.0 \times 10^4}{192} = 2.60\cdots \times 10^2 \fallingdotseq 2.6 \times 10^2$$　　　**答　2.6×10^2 個**

(2)　PET の構成単位にはエステル結合が 2 個あるので，

$$2 \times \frac{5.0 \times 10^4}{192} = 5.20\cdots \times 10^2 \fallingdotseq 5.2 \times 10^2$$　　**答　5.2×10^2 個**

類題 1 a
(教p.400)
分子量 4.8×10^4 のポリエチレンテレフタラート（PET）1 分子に，エス
テル結合は何個あるか。　　　　　　　　（H＝1.0，C＝12，O＝16）

(考え方)　例題 1 と同様に，構成単位の数を求めてから，エステル結合の数を
考える。

(解説&解答)　PET の構成単位の式量は 192 であるので，重合度 n は，

$$n = \frac{4.8 \times 10^4}{192} = 2.5 \times 10^2$$

構成単位にはエステル結合が 2 個あるので，

$$2n = 2 \times 2.5 \times 10^2 = 5.0 \times 10^2$$　　　**答　5.0×10^2 個**

類題 1 b
(教p.400)
分子量 3.6×10^4 のナイロン 66 1.0g に，アミド結合は何個あるか。
（アボガドロ定数 6.0×10^{23}/mol，H＝1.0，C＝12，N＝14，O＝16）

(考え方)　ナイロン 66 の構成単位は

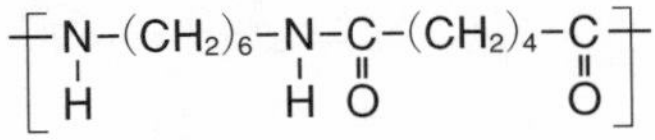

$$-\!\!\left[\!\!\begin{array}{c}N\!-\!(CH_2)_6\!-\!N\!-\!C\!-\!(CH_2)_4\!-\!C\\ |\qquad\qquad\quad |\ \ \|\qquad\qquad\quad\|\\ H\qquad\qquad\quad H\ \ O\qquad\qquad\quad O\end{array}\!\!\right]\!\!-$$　である。

(解説&解答)　ナイロン 66 の構成単位 $-NH-(CH_2)_6-NH-CO-(CH_2)_4-CO-$ の式

量は 226 であるので，重合度 n は $\dfrac{3.6 \times 10^4}{226}$

構成単位にはアミド結合が 2 個あるので，ナイロン 66 1.0g に含ま
れるアミド結合の数は，

$$\frac{1.0\,\mathrm{g}}{3.6 \times 10^4\,\mathrm{g/mol}} \times 6.0 \times 10^{23}/\mathrm{mol} \times 2n$$
$$= 5.30\cdots \times 10^{21} \fallingdotseq 5.3 \times 10^{21}$$　　　**答　5.3×10^{21} 個**

問1
(教p.402)
ポリビニルアルコール分子に含まれるヒドロキシ基の割合は，質量比で何%か。有効数字2桁で答えよ。　　　　　　　　　　$(H = 1.0,\ C = 12,\ O = 16)$

考え方　ポリビニルアルコールの構成単位は，$-CH_2-CH(OH)-$ である。

解説&解答　ポリビニルアルコールの構成単位の式量は44なので，ヒドロキシ基(式量17)の割合は，

$$\frac{17}{44} = 0.386\cdots \fallingdotseq 0.39 \qquad よって，39\%$$

答 **39%**

例題2
(教p.403)
ポリビニルアルコール 44.0g を 15%ホルムアルデヒド水溶液で処理したところ，ポリビニルアルコールのヒドロキシ基の35%がアセタール化され，ビニロンが得られた。　　　　　　　$(H = 1.0,\ C = 12,\ O = 16)$

(1)　得られたビニロンの質量は何gか。

(2)　必要なホルムアルデヒド水溶液の質量は何gか。

考え方　ポリビニルアルコールをアセタール化すると，

$$\cdots CH_2-CH-CH_2-CH-\cdots \xrightarrow[\text{アセタール化}]{HCHO} \cdots CH_2-CH-CH_2-CH-\cdots$$
$$\qquad\quad | \qquad\quad | \qquad\qquad\qquad\qquad\quad | \qquad\qquad |$$
$$\qquad\quad OH \qquad\quad OH \qquad\qquad\qquad\quad O-CH_2-O$$

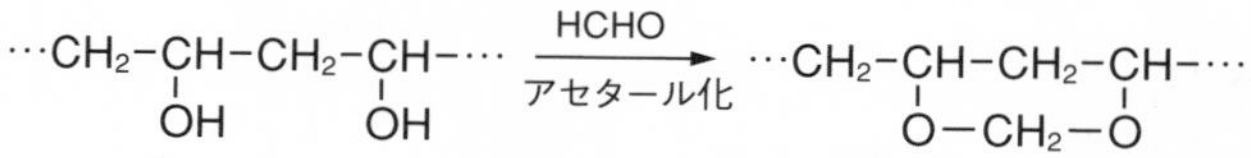

となり，ポリビニルアルコールの構成単位2つとホルムアルデヒド1分子が反応する。

解説&解答　(1)　アセタール化されていない部分の構成単位2つの式量は $(C_2H_4O)_2 = 88$，アセタール化された部分の構成単位の式量は $C_5H_8O_2 = 100$ なので，

$$\frac{44.0g}{88g/mol} \times \frac{35}{100} \times 100\,g/mol + \frac{44.0g}{88g/mol} \times \frac{100-35}{100} \times 88\,g/mol$$
$$= 46.1g \fallingdotseq 46g$$

答 **46g**

(2)　求める質量を x〔g〕とする。ホルムアルデヒド $HCHO$ 1分子が反応すると，C 1原子分の質量が増える。アセタール化による質量増加は $46.1g - 44.0g = 2.1g$ であるので，

$$2.1g = x \times \frac{15}{100} \times \frac{12}{30} \qquad x = 35g$$

答 **35g**

類題2
(教p.403)
39%ホルムアルデヒド水溶液を用いて，ポリビニルアルコールのヒドロキシ基の30%がアセタール化されたビニロンを 100.0g つくりたい。
　　　　　　　　　　　　　　　　　　　　　$(H = 1.0,\ C = 12,\ O = 16)$

(1)　必要なポリビニルアルコールの質量は何gか。

(2)　必要なホルムアルデヒド水溶液の質量は何gか。

考え方　必要なポリビニルアルコールの質量をx〔g〕，ホルムアルデヒド水溶液の質量をy〔g〕とおく。ポリビニルアルコールの構成単位2つ(式量 $44 \times 2 = 88$)がアセタール化されて式量100の構成単位となる。

解説&解答　(1)　ポリビニルアルコールの質量をx〔g〕とすると，アセタール化された部分の式量は100，アセタール化されていない部分の式量は88であるから，

$$\frac{x}{88\,\mathrm{g/mol}} \times \frac{30}{100} \times 100\,\mathrm{g/mol} + \frac{x}{88\,\mathrm{g/mol}} \times \frac{100-30}{100} \times 88\,\mathrm{g/mol} = 100.0\,\mathrm{g}$$

$$x = \frac{88000}{916}\,\mathrm{g} = 96.06\cdots\mathrm{g} \fallingdotseq 96\,\mathrm{g}$$

答　**96 g**

(2)　ホルムアルデヒド水溶液の質量をy〔g〕とする。アセタール化により，HCHO(分子量30) 1分子が反応すると，C(原子量12) 1原子分の質量が増える。アセタール化による質量増加は

$100.0\,\mathrm{g} - 96.06\cdots\mathrm{g} = 3.93\cdots\mathrm{g}$ であるので，

$$3.93\cdots\mathrm{g} = y \times \frac{39}{100} \times \frac{12}{30} \qquad y \fallingdotseq 25\,\mathrm{g}$$

答　**25 g**

問A
(教p.403)
鉄線と比べたときの炭素繊維の長所と短所を調べ，まとめよ。

考え方　密度や強度，価格などを比較する。

解説&解答　答　長所：(例)**密度が小さい(軽い)，強度が高い，腐食されにくい，熱膨張率が小さい(温度変化による体積変化が小さい)。**

短所：(例)**高価である，リサイクルが難しい。**

問2
(教p.411)
0.10 mol/L 硝酸カリウム水溶液 10 mL を陽イオン交換樹脂に通した後，樹脂を完全に水洗した。水洗液もあわせてすべての流出液を中和するために必要な 0.10 mol/L 水酸化ナトリウム水溶液の体積は何 mL か。

考え方　陽イオン交換樹脂に通すとK^+がH^+に交換される。この場合，すべてのK^+がH^+に交換されたと考える。

解説&解答　KNO_3水溶液を陽イオン交換樹脂に通すと，樹脂のH^+と水溶液中の陽イオンK^+が1：1の物質量の比で交換される。よって，流出液中のH^+の物質量は，

$$0.10\,\mathrm{mol/L} \times \frac{10}{1000}\,\mathrm{L} = 1.0 \times 10^{-3}\,\mathrm{mol}$$

流出液を中和するために必要なNaOH水溶液の体積をV〔L〕とすると，中和の関係式より，

$$1.0 \times 10^{-3}\,\mathrm{mol} = 1 \times 0.10\,\mathrm{mol/L} \times V$$

$$V = 1.0 \times 10^{-2}\,\mathrm{L} \qquad \text{よって，}10\,\mathrm{mL}$$

答　**10 mL**

問A
(教p.413)
ポリ乳酸12gが完全に分解されたときに生じる水と二酸化炭素の質量は，それぞれ何gか。　(H = 1.0，C = 12，O = 16)

考え方　ポリ乳酸の重合度をnとすると，分子式は$(C_3H_4O_2)_n$である。ポリ乳酸1molに含まれるH，C原子の物質量から，生じるH_2O，CO_2の質量を求める。

解説&解答　ポリ乳酸(分子量$72n$) 1molにはH原子が$4n$mol含まれるので，その分解でH_2Oは$2n$mol生じる。よって，ポリ乳酸12gの分解で生じるH_2O(分子量18)の質量は，

$$18\,\mathrm{g/mol}\times\left(\frac{12\,\mathrm{g}}{72n\,[\mathrm{g/mol}]}\times 2n\right)=6.0\,\mathrm{g}$$

同様に，ポリ乳酸1molの分解でCO_2は$3n$〔mol〕生じるから，ポリ乳酸12gの分解で生じるCO_2(分子量44)の質量は，

$$44\,\mathrm{g/mol}\times\left(\frac{12\,\mathrm{g}}{72n\,[\mathrm{g/mol}]}\times 3n\right)=22\,\mathrm{g}$$

答　水：**6.0g**　二酸化炭素：**22g**

考 **問A**
(教p.415)
グタペルカの構造式をp.301の上図(教 p.414 図13)にならって書け。

考え方　C=Cがすべてトランス形であるポリイソプレンを考える。

解説&解答　**答**

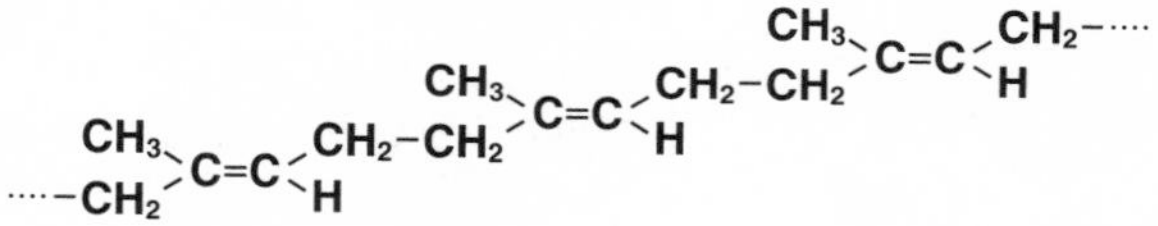

章末問題

教 p.419

> 必要があれば，原子量は次の値を使うこと。
> H = 1.0，C = 12，N = 14，O = 16

1　次の(1)～(5)の合成繊維の原料となる単量体を，(ア)～(ク)からそれぞれすべて選べ。また，その重合の種類を(a)～(d)からそれぞれ選べ。

(1)　ナイロン66　(2)　ナイロン6　(3)　ポリエチレンテレフタラート
(4)　ポリアクリロニトリル　(5)　ポリプロピレン

〔単量体〕(ア)　エチレン　(イ)　プロペン　(ウ)　アクリロニトリル
(エ)　エチレングリコール　(オ)　アジピン酸　(カ)　カプロラクタム
(キ)　ヘキサメチレンジアミン　(ク)　テレフタル酸

〔重　合〕(a)　付加重合　(b)　縮合重合　(c)　付加縮合　(d)　開環重合

考え方　合成高分子化合物の名前は，単量体の名前にポリをつけたものが多い。

解説&解答　**答**　(1)　(オ)，(キ)，(b)　(2)　(カ)，(d)　(3)　(エ)，(ク)，(b)
(4)　(ウ)，(a)　(5)　(イ)，(a)

2 (1) ナイロン6を45.2kg得るためには，何molのカプロラクタムが必要か。
(2) 酢酸ビニル1.0molから得られるポリ酢酸ビニルの質量は何gか。
(3) ポリ酢酸ビニル129gに0.50mol/L水酸化ナトリウム水溶液を加え，すべてをポリビニルアルコールにしたい。必要な水酸化ナトリウム水溶液の体積は何Lか。

考え方 高分子化合物の反応では，まずそれぞれの構成単位と重合反応の種類を考える。ナイロン6は開環重合，ポリ酢酸ビニルは付加重合によってできるため，原料物質がすべて重合すれば生成物となっても質量の総和は変化しない。

解説&解答 (1) カプロラクタムの開環重合において，反応の前後で質量の総和は変化しない。よって，ナイロン6を45.2kg得るためには，45.2kgのカプロラクタムが必要である。カプロラクタムの分子量は113であるから，求める物質量は，

$$\frac{45.2 \times 10^3\,\mathrm{g}}{113\,\mathrm{g/mol}} = \mathbf{4.00 \times 10^2\,mol}$$ 答

(2) 酢酸ビニルの付加重合において，反応の前後で質量の総和は変化しない。よって，求める質量は酢酸ビニル(分子量86) 1.0molの質量に等しい。

$86\,\mathrm{g/mol} \times 1.0\,\mathrm{mol} = \mathbf{86\,g}$ 答

(3) ポリ酢酸ビニルの構成単位 $-CH_2-CH(OCOCH_3)-$ (式量86) 1molをけん化するためには，NaOH 1molが必要である。ポリ酢酸ビニル129g中の構成単位の物質量は，$\dfrac{129\,\mathrm{g}}{86\,\mathrm{g/mol}} = 1.5\,\mathrm{mol}$ であるから，求める体積をV〔L〕とすると，

$0.50\,\mathrm{mol/L} \times V = 1.5\,\mathrm{mol}$　　$V = \mathbf{3.0\,L}$ 答

3 次の(1)～(6)の記述に当てはまる合成樹脂の名称を，下の(ア)～(カ)から選べ。
(1) 合成樹脂の中で最も簡単な構造をもち，ごみ袋などに利用される。
(2) ベンゼン環をもち，透明で硬い。発泡させたものは断熱性が高い。
(3) 接着剤に用いられる。ビニロンの原料にもなる。
(4) 水族館の水槽や航空機の窓に利用される。
(5) 耐熱性・耐薬品性が高い。水や油をよくはじく。
(6) 燃えにくい。水道管などに利用される。

(ア) ポリエチレン　(イ) ポリ酢酸ビニル　(ウ) ポリ塩化ビニル
(エ) ポリスチレン　(オ) ポリメタクリル酸メチル　(カ) フッ素樹脂

考え方 (1) 合成樹脂の中で最も簡単な構造のものは，エチレンが付加重合したポリエチレンである。
(2) 断熱材は発泡ポリスチレンともいわれる。
(3) ビニロンはポリビニルアルコールをアセタール化したものだが，単量体のビニルアルコールは不安定でポリビニルアルコールを合成できない。ビニル基をアセチル化した単量体の酢酸ビニルの付加重合によってポリ酢酸ビニルにしてからけん化することで，ポリビニルアルコールを合成する。

(4)　ポリメタクリル酸メチルは透明度が高く，光沢がある。

(5)　フッ素樹脂(テフロン)は耐熱性，耐薬品性が高く，水や油をよくはじくなどの性質を利用してフライパンの内面加工などに用いられている。

(6)　ポリ塩化ビニルは燃えにくく，電気絶縁性が高いが，成分元素に塩素を含み，燃焼により塩化水素などの有毒ガスを生じる。

解説&解答

答　(1)　(ア)　　(2)　(エ)　　(3)　(イ)　　(4)　(オ)　　(5)　(カ)　　(6)　(ウ)

考えてみよう！

4　スチレン-ブタジエンゴム(SBR)の構造の一部を図に示す。SBR 160g に十分量の水素を加えて反応させたところ，標準状態で 44.8L の水素が消費された。このSBRに含まれるスチレン部分とブタジエン部分の物質量の比を最も簡単な整数比で答えよ。ただし，ベンゼン環は水素と反応しないものとする。

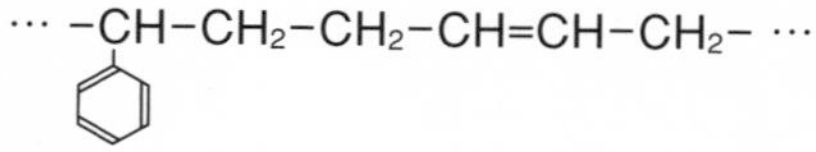

考え方　それぞれの単量体の構造式は，次の通りである。

スチレン：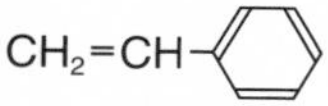

1,3-ブタジエン：$CH_2{=}CH{-}CH{=}CH_2$

C=C 1つにつき H_2 1分子が消費される。SBRの構成単位のうち，ブタジエン部分のみに C=C が1つあるため，消費された H_2 の物質量から，ブタジエン部分の物質量が求められる。

全体の質量から，ブタジエン部分の質量を引いた残りが，スチレン部分の質量なので，スチレンの物質量も求められる。

解説&解答　消費された H_2 の物質量は，

$$\frac{44.8\,\mathrm{L}}{22.4\,\mathrm{L/mol}} = 2.00\,\mathrm{mol}$$

SBRの構成単位のうち，ブタジエン部分のみに C=C が1つあるから，SBR中のブタジエン部分(式量 54)の物質量は 2.00mol であり，質量は

$54\,\mathrm{g/mol} \times 2.00\,\mathrm{mol} = 108\,\mathrm{g}$　である。

SBR全体の質量は 160g であるので，スチレン部分(式量 104)の質量は

$160\,\mathrm{g} - 108\,\mathrm{g} = 52\,\mathrm{g}$ で，物質量は，$\dfrac{52\,\mathrm{g}}{104\,\mathrm{g/mol}} = 0.50\,\mathrm{mol}$ である。

よって，物質量の比は，

スチレン：ブタジエン $= 0.50\,\mathrm{mol} : 2.00\,\mathrm{mol} = 1 : 4$

答　スチレン：ブタジエン＝1：4

本文の資料

教 p.441 ～ p.443

3 化学で扱う数値ー指数

問1 (教p.441) 次の数値を指数を使って表せ。

(1) 100　(2) 1 000 000　(3) 0.01　(4) 0.000 000 1

考え方 1000 や 0.001 のような数値を指数を使って表すには，位どりの 0 の数を指数の値にすればよい。

$$1000 = 10 \times 10 \times 10 = 10^3$$

また，$\dfrac{1}{10^n} = 10^{-n}$ と定義されるので，

$$0.001 = \frac{1}{1000} = \frac{1}{10 \times 10 \times 10} = \frac{1}{10^3} = 10^{-3}$$

解説&解答 (1) $100 = 10 \times 10 = \mathbf{10^2}$ 答

(2) $1\,000\,000 = 10 \times 10 \times 10 \times 10 \times 10 \times 10 = \mathbf{10^6}$ 答

(3) $0.01 = \dfrac{1}{100} = \dfrac{1}{10 \times 10} = \dfrac{1}{10^2} = \mathbf{10^{-2}}$ 答

(4) $0.000\,000\,1 = \dfrac{1}{10000000} = \dfrac{1}{10 \times 10 \times 10 \times 10 \times 10 \times 10 \times 10}$

$= \dfrac{1}{10^7} = \mathbf{10^{-7}}$ 答

問2 (教p.441) 次の数値を指数を使って表せ。

(1) 224000　(2) 96500　(3) 0.067　(4) 0.00024

考え方 602 000 000 000 000 000 000 000 のような数を指数を使って表すには，$A \times 10^n$（ふつう $1 \leqq A < 10$）の形で書く。

$$602\,000\,000\,000\,000\,000\,000\,000 = 602 \times 10^{21} = 6.02 \times 10^{23}$$

解説&解答 (1) $224\,000 = 224 \times 10^3 = \mathbf{2.24 \times 10^5}$ 答

(2) $96500 = 965 \times 10^2 = \mathbf{9.65 \times 10^4}$ 答

(3) $0.067 = \mathbf{6.7 \times 10^{-2}}$ 答

(4) $0.00024 = \mathbf{2.4 \times 10^{-4}}$ 答

問3 (教p.441) 次の指数計算をせよ。

(1) $10^5 \times 10^9$　(2) $10^3 \div 10^8$　(3) $(10^5)^3$

(4) $(7.0 \times 10^3) \times (8.0 \times 10^5)$　(5) $\dfrac{2.0 \times 10^5}{8.0 \times 10^{10}}$

考え方 指数の計算の公式

① $10^0 = 1$　② $10^a \times 10^b = 10^{a+b}$

③ $10^a \div 10^b = 10^{a-b}$　④ $(10^a)^b = 10^{a \times b}$

⑤ $(A \times 10^a) \times (B \times 10^b) = AB \times 10^{a+b}$

資料編

⑥ $\dfrac{A \times 10^a}{B \times 10^b} = \dfrac{A}{B} \times 10^{a-b}$

解説&解答 (1) $10^5 \times 10^9 = 10^{5+9} = \mathbf{10^{14}}$ 答

(2) $10^3 \div 10^8 = \dfrac{10^3}{10^8} = 10^{3-8} = \mathbf{10^{-5}}$ 答

(3) $(10^5)^3 = 10^{5 \times 3} = \mathbf{10^{15}}$ 答

(4) $(7.0 \times 10^3) \times (8.0 \times 10^5) = 7.0 \times 8.0 \times 10^{3+5}$

$= 56 \times 10^8 = \mathbf{5.6 \times 10^9}$ 答

(5) $\dfrac{2.0 \times 10^5}{8.0 \times 10^{10}} = \dfrac{2.0}{8.0} \times 10^{5-10} = 0.25 \times 10^{-5} = \mathbf{2.5 \times 10^{-6}}$ 答

4 化学で扱う数値―有効数字

A 測定値と誤差

問 4 (教 p.442) ある水溶液に温度計を入れてしばらく待ったところ右のようになった。この水溶液の温度は何℃か。

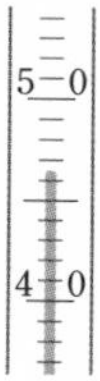

考え方 器具を用いて長さ，質量，体積，温度などの測定値を読むときは，最小目盛りの $\dfrac{1}{10}$ までを読みとる。

解説&解答 答 **46.4℃**

B 有効数字とその扱い方

問 5 (教 p.442) 次の測定値の有効数字は何桁か。

(1) 0.00050　(2) 1.50×10^4

考え方 有効数字の桁数は，小数点以下にある末位の 0 は数えるが，位どりの 0 は数えない。

解説&解答 (1) 5.0×10^{-4}　答 **2 桁**

(2) 1.50×10^4　答 **3 桁**

問 6 (教 p.442) 次の測定値(有効数字 3 桁)を $A \times 10^n$ の形で表せ。

(1) 1780000　(2) 0.0000567

考え方 有効数字をはっきり示すときは，$A \times 10^n$ ($1 \leqq A < 10$) で表す。

解説&解答 有効数字が 3 桁なので，

答 (1) $\mathbf{1.78 \times 10^6}$

(2) $\mathbf{5.67 \times 10^{-5}}$

C 測定値の計算の基礎

問7
(教p.443)

有効数字を考慮して，計算せよ。

(1)　1.2×1.9　　(2)　1.34×2.3　　(3)　$2.35 \div 1.1$

考え方　有効数字の桁数が異なる値のかけ算とわり算の結果は，四捨五入して有効数字の桁数が最も少ないものに合わせる。

解説&解答　(1)　$1.2 \times 1.9 = 2.28 \fallingdotseq \mathbf{2.3}$　**答**

(2)　2.3 に合わせて，有効数字 2 桁にする。
$1.34 \times 2.3 = 3.082 \fallingdotseq \mathbf{3.1}$　**答**

(3)　1.1 に合わせて有効数字 2 桁にする。
$2.35 \div 1.1 = 2.13\cdots \fallingdotseq \mathbf{2.1}$　**答**

問8
(教p.443)

有効数字を考慮して，計算せよ。

(1)　$5.46 + 1.5$　　(2)　$3.42 - 2.2$

考え方　有効数字の桁数が異なる値の足し算と引き算の結果は，四捨五入して測定値の末位が最も高いものに合わせる。

解説&解答　(1)　1.5 に合わせて小数第 1 位までにする。
$5.46 + 1.5 = 6.96 \fallingdotseq \mathbf{7.0}$　**答**

(2)　2.2 に合わせて小数第 1 位までにする。
$3.42 - 2.2 = 1.22 \fallingdotseq \mathbf{1.2}$　**答**

●表紙デザイン
株式会社リーブルテック

第1刷　2023年3月1日　発行

教科書ガイド
数研出版 版　【化学／706】
化学

ISBN978-4-87740-667-7

発行所　数研図書株式会社
〒604-0861　京都市中京区烏丸通竹屋町上る
大倉町205番地
［電話］　075-254-3001